周明德 编著

微型计算机系统
原理及应用

（第六版）

清华大学出版社

北京

内 容 简 介

本书是《微型计算机系统原理及应用》的第六版。新版本根据微处理器的最新发展，从 80x86 系列微处理器整体着眼，落实到最基本的 8086 微处理器，介绍了微型计算机系统原理、80x86 系列微处理器结构、8086 指令系统和汇编语言程序设计、主存储器及与 CPU 的接口、输入输出、中断、常用的微型计算机接口电路、数模转换与模数转换接口以及 64 位微处理器与嵌入式微处理器。根据教学改革的要求与授课教师的意见，本书对计算机的新技术及应用做了介绍，每章末都附有习题。全书观点新、实用性强。

另有配套的习题解答与实验指导。

本书适合各类高等院校、各种成人教育学校和培训班作为教材使用。

图书在版编目（CIP）数据

微型计算机系统原理及应用/周明德编著. —6 版. —北京：清华大学出版社，2018（2025.1重印）
ISBN 978-7-302-49806 3

Ⅰ．①微…　Ⅱ．①周…　Ⅲ．①微型计算机　Ⅳ．①TP36

中国版本图书馆 CIP 数据核字（2018）第 037121 号

责任编辑：张瑞庆
封面设计：何凤霞
责任校对：时翠兰
责任印制：杨　艳

出版发行：清华大学出版社

  网　　　址：https：//www.tup.com.cn，https：//www.wqxuetang.com
  地　　　址：北京清华大学学研大厦 A 座　　　　　　邮　　编：100084
  社 总 机：010-83470000　　　　　　　　　　　　邮　　购：010-62786544
  投稿与读者服务：010-62776969，c-service@tup.tsinghua.edu.cn
  质量反馈：010-62772015，zhiliang@tup.tsinghua.edu.cn
  课件下载：https：//www.tup.com.cn，010-83470236

印 装 者：涿州市般润文化传播有限公司

经　　销：全国新华书店

开　　本：185mm×260mm　　　印　张：28.25　　　字　数：689 千字

版　　次：1985 年 9 月第 1 版　2018 年 7 月第 6 版　　印　次：2025 年 1 月第 8 次印刷

印　　数：1054001～1054800

定　　价：69.99 元

产品编号：078057-02

前　言

本书的第一版是在 1985 年出版的。从计算机技术的发展来看,20 世纪 80 年代,微处理器、微型计算机进入飞速发展时期。1981 年,当时计算机界的巨头——IBM 公司推出了第一代微型计算机 IBM-PC,它是以 Intel 公司研制的 Intel 8088 作为 CPU 的 8 位个人计算机(PC),IBM-PC 的问世极大地推动了个人计算机的迅猛发展。

1984 年正值我国改革开放,工业、农业、科学技术飞速发展之际。当时国家号召学习、推广和发展微型计算机技术及应用。在这样的背景下,我们编写了本书,为当时我国科技界学习和推广微型计算机做出了一定的贡献。

本书第二版是在 1990 年出版的。当时微处理器和微型计算机已经有了巨大的发展。微处理器已由 8088、8086、80286 发展到 80386,由 16 位机发展到 32 位机,性能和功能也都有了崭新的发展和提升。以 0520 系列为代表的国产微型计算机也有了长足的发展和进步,应用十分广泛。第二版按照适用于我国各类高校和继续教育的要求,以满足学习和推广标准的 16 位微型计算机原理与应用为目标,做了重大修改。

1998 年,根据微型计算机发展的需要和教学的要求,本书再次做了修订,出版了第三版。

随着网络时代的来临和多媒体信息的数字化,信息量呈爆炸式增长,信息的存储、处理、交换和传输,强烈地要求和促进了微处理器向 64 位时代过渡。本书也根据需要做了两次修订,前后出版了第四版和第五版。

自 2007 年本书第五版出版以来,微处理器技术、计算机技术、存储技术以及网络技术仍然按照摩尔定律飞速发展。

以 Intel 公司的芯片为例,现在大量使用的第七代酷睿处理器,就是以更高的频率、更多的核、更多的线程、更多的高速缓存来提高并行处理能力,以满足应用的需要。目前,台式计算机和移动设备能够以更快的速度启动、更长的时间工作,并且以支持高分辨率图形与视频为发展方向。第七代智能 Intel 酷睿处理器就是为满足这些需要而研制开发的,它以前所未有的方式为用户带来了身临其境般的逼真游戏娱乐感受。无论是在速度方面,还是在灵活性方面,这一代智能处理器都远胜于前代产品。

Intel 酷睿处理器有 4 个系列,分别为 i3 系列、i5 系列、i7 系列和 i9 系列。它们的主要特点和应用领域如下。

(1) Intel 酷睿 i3-7100 处理器:2 个内核,4 个线程,3.9GHz 基本频率,该处理器快速充电、强力续航、内置移动性,主要应用于处理日常任务的 PC。

(2) Intel 酷睿 i5-7500 处理器:4 个内核,4 个线程,3.40GHz 基本频率,该处理器可以快速启动、按需加速,主要应用于家用与商用 PC,其 4K 图形呈现效果能够展示生动的视频与游戏画面。

(3) Intel 酷睿 i7-7820X 处理器:8 个内核,16 个线程,3.60GHz 基本频率。具有出众的高速与非凡的性能,主要应用于下一代台式计算机、笔记本电脑及二合一 PC,以及高端游戏、多任务处理及内容创作。

（4）Intel 酷睿 i9-7900 处理器：10 个内核，20 个线程，3.30GHz 基本频率。主要应用于高性能台式机、首款 18 核处理器，以及极致游戏、超级任务、高端内容创作。

与 5 年前的 PC 相比，现在的 PC 多任务处理速度提升了 65%，能以 4K 清晰度畅玩 Overwatch 这类游戏，而且电池续航时间超过 10 小时。

芯片技术、计算机技术以及网络技术应用已经渗透到人们社会生活的各个领域。嵌入式应用(如手机)已经成为人们日常生活中不可缺少的工具。

技术的发展和进步要求本书必须修订。本次修订中增加了新技术的内容，对计算机的最新技术及应用做了介绍与说明。本版也改正了前一版中的错误。期望广大读者提出宝贵意见和建议。

周明德

2018 年 1 月

目　　录

第1章 概　　述

　　自从 1981 年 IBM 公司进入微型计算机领域并推出了 IBM-PC 以后,计算机的发展开创了一个新的时代——微型计算机时代。微型计算机的迅速普及,使计算机真正广泛地应用于工业、农业、科学技术领域以及社会生活的各个方面。以前的大型机、中型机、小型机的界线已经日趋模糊与消失。随着微型计算机应用的普及和技术的发展,芯片与微型计算机的功能和性能迅速提高,其功能已经远远超过了 20 世纪 80 年代以前的中型机、小型机甚至超过了大型机。

　　到了 20 世纪 90 年代,随着局域网、广域网、城域网以及 Internet 的迅速普及与发展,微型计算机从功能上可分为网络工作站(客户端,Client)和网络服务器(Server)两大类型。网络客户端又称为个人计算机(台式 PC 或笔记本 PC)。

　　在个人计算机中,其核心是中央处理单元(CPU)。Intel 公司的芯片在个人计算机中占据了统治地位(约占 80%),形成了个人计算机芯片的主流——80x86 系列结构。80x86 系列结构从 8 位的 8088、16 位的 8086 发展到 32 位的 Pentium 4(简称 P4 或奔腾 4)以及双核心的 Pentium D,其功能与性能都有近千倍的提升。由于应用广泛,80x86 系列结构已经成为事实上的工业标准。其他厂商,例如 AMD 也推出了依从这样的体系结构的兼容 CPU,并且得到了大量的应用。所以,我们认为把这样的体系结构称为 80x86 系列体系结构更为合宜。

1.1　80x86 系列结构的概要历史

　　1971 年,Intel 公司发布了 Intel 4004,这是一个 4 位微处理器,也被认为是世界上第一个微处理器。从此,微处理器得到了极其迅速的发展。直至今天,微处理器基本上按摩尔定律(每 18 个月微处理器芯片上的晶体管数翻一番)指出的那样发展。

　　到了 20 世纪 70 年代中期,微处理器的主流是 Intel 公司的 8080、8085,Motorola 公司的 6800 和 Zilog 公司的 Z80 等 8 位微处理器。3 家公司的产品三分天下,其中 Z80 稍占优势。随后,各个公司都向 16 位微处理器发展。

　　1981 年,计算机界的巨头——IBM 公司(当时,IBM 一个公司的销售额占整个计算机行业销售额的 50% 以上)进入个人计算机(Personal Computer,PC)领域,推出了 IBM-PC。在 IBM-PC 中采用的 CPU 是 Intel 公司研制的 8088 微处理器。

　　IBM-PC 的推出极大地推动了个人计算机的迅猛发展,到 20 世纪 80 年代中期,个人计算机的年产量已经超过了 200 万台,到 20 世纪 80 年代后期,已经超过了 1000 万台。

　　个人计算机的迅猛发展,造就了两大新的巨人——Microsoft 公司和 Intel 公司。Intel 公司在微处理器市场占据着绝对的垄断地位。

　　此后 20 年间,Intel 公司的微处理器有了极大的发展,从 8086(8088)到 80286、80386、80486、Pentium(也称为 80586)、Pentium MMX、Pentium PRO(也称为 80686)、Pentium

Ⅱ、Pentium Ⅲ,直至最新的 Pentium 4、Pentium D,形成了 IA(Intel Architecture)-32 结构。目前推出了 IA-64 结构,微处理器正在向 64 位发展。

计算机功能和个人计算机拥有量的指数增长趋势,使得计算机成为 20 世纪后半世纪社会发展的最重要的力量。而且,在将来的技术、业务和其他新的领域中,我们预期计算机将继续扮演决定性的角色,因为新的应用(例如互联网、数字媒体和遗传学研究等)强烈地依赖于计算机功能的增强。

领先的计算机结构和强大的功能及优越的性能,使得 80x86 系列结构已经处于计算机大变革的最前沿。80x86 系列结构得到如此广泛应用的两个关键因素是:①在 80x86 系列上运行的软件的兼容性;②每一代交付的 80x86 系列处理器的性能都大大高于上一代产品。下面简要介绍 80x86 系列结构的发展历史——从 80x86 系列结构初始的 Intel 8086 处理器到 Pentium 4 处理器的最新版本。

1.1.1　Intel 8086

80x86 系列结构的最新版本的发展可以追溯到 Intel 8086。在 80x86 系列结构引进 32 位处理器之前是 16 位的处理器,包括 8086 处理器和随后很快开发出来的 80186 与 80286。从历史的观点来看,80x86 系列结构同时包括了 16 位处理器和 32 位处理器。现在,32 位 80x86 系列结构对于许多操作系统和应用十分广泛的应用程序来说,是最流行的计算机结构。

80x86 系列结构的最重要的成就之一是:从 1978 年开始的那些处理器上建立的目标程序仍然能够在 80x86 系列结构的最新处理器上执行。

8086 处理器有 16 位寄存器和 16 位外部数据总线,具有 20 位地址总线,可寻址 1MB 地址空间。

Intel 286(80286)处理器在 80x86 系列结构中引进了保护方式操作。这种新的操作方式用段寄存器的内容作为选择子或描述符表的指针。描述符提供 24 位基地址,允许最大的物理存储器的尺寸至 16MB,支持在段对换基础上的虚拟存储器管理和各种保护机制。这些保护机制包括段界限检查、只读和只执行段选择以及多至 4 个特权级(用于从应用程序和用户程序保护操作系统代码)。此外,硬件任务切换和局部描述符表允许操作系统在应用程序和用户程序相互之间实现保护。

1.1.2　Intel 80386

Intel 80386 处理器是 80x86 系列结构中的第一个 32 位处理器。它在结构中引入了 32 位寄存器,用于容纳操作数和地址。每个 32 位寄存器的后一半保留两个早期处理器版本(8086 和 80286)的 16 位寄存器的特性,以提供完全的向后兼容性。Intel 80386 还提供了一种新的虚拟 8086 方式,以便在新的 32 位处理器上最有效地执行为 8086 处理器建立的程序。

Intel 80386 处理器有 32 位地址总线,能支持多至 4GB 的物理存储器。32 位结构为每个软件进程提供逻辑地址空间。32 位结构同时支持分段的存储模式和"平面"(flat)存储模式。在"平面"存储模式中,段寄存器指向相同地址,且每个段中的所有 4GB 可寻址空间对于软件程序员来说是可访问的。

原始的 16 位指令用新的 32 位操作数和新的寻址方式得到增强,并提供了一些新的指令,包括位操作指令。

Intel 80386 处理器把分页引进了 80x86 系列结构,用 4KB 固定尺寸的页提供一种虚拟存储管理方法,它比分段更为优越。分页对于操作系统更为有效,且对应用程序完全透明,对执行速度没有明显影响。4GB 虚拟地址空间的支持能力、存储保护与分页支持一起,使 80x86 系列结构成为高级操作系统和使用广泛的应用程序的最常见选择。

80x86 系列结构已经考虑到维护在目标码级向后兼容的任务,以保护 Intel 公司产品用户在软件上的大量投资。同时,最有效的微结构和硅片制造技术已用于生产高性能的处理器。在 80x86 系列处理器的每一代中,Intel 公司已经构思并将不断发展的技术应用到它的微结构中,以追求运行速度更快的计算机。各种形式的并行处理已经使这些技术得到最大的性能增强,Intel 80386 处理器是包括若干并行操作部件的第一个 80x86 系列结构处理器。

1.1.3　Intel 80486

Intel 80486 处理器把 Intel 80386 处理器的指令译码和执行单元扩展为 5 个流水线段,增加了更多的并行执行能力,其中每个段(当需要时)与其他的并行操作最多可以在不同段上同时执行 5 条指令。每个段以能在一个时钟周期内执行一条指令的方式工作,所以,Intel 80486 处理器能在每个时钟周期执行一条指令。

80486 的一个重大改进是在 80x86 系列处理器的芯片中引入了缓存。在芯片上增加了一个 8KB 的一级缓存(Cache),大大增加了每个时钟周期执行一条指令的百分比,包括操作数在一级 Cache 中的存储器访问指令。

Intel 80486 处理器也是第一次把 80x87 FPU(浮点处理单元)集成到处理器上并且增加了新的引脚、位和指令,以支持更复杂和更强有力的系统(二级 Cache 支持和多处理器支持)。

直至 Intel 80486 处理器这一代,Intel 公司把设计以支持电源保存及其他系统功能加入到 80x86 系列主流结构和 Intel 80486 SL 增强的处理器中。这些特性是在 Intel 80386 SL 和 Intel 80486 SL 处理器中开发的,是特别为快速增长的使用电池的笔记本 PC(笔记本电脑)市场提供的。这些特性包括新的用专用的中断引脚触发的系统管理模式,允许复杂的系统管理特性(例如在 PC 内的各种子系统的电源管理),透明地加至主操作系统和所有的应用程序中。停止时钟(Stop Clock)和自动暂停电源下降(Auto Halt Powerdown)特性允许处理器在减慢的时钟速率下执行,以节省电源或关闭(保留状态),从而进一步节省电源。

1.1.4　Intel Pentium

Intel Pentium(奔腾)处理器增加了第二个执行流水线以达到超标量性能(两个已知的流水线 u 和 v 一起工作能实现每个时钟执行两条指令)。

芯片上的一级 Cache 容量也加倍了,8KB 用于代码,另外 8KB 用于数据。数据 Cache 使用 MESI 协议,以支持更有效的回写方式,以及由 Intel 80486 处理器使用的写通方式。加入的分支预测和芯片上的分支表增加了循环结构中的性能。加入了扩展以使虚拟 8086 方式更有效,并像允许 4KB 页一样允许 4MB 页。主要的寄存器仍是 32 位,但内部数据通路是 128 位和 256 位以加速内部数据传送,且猝发的外部数据总线已经增加至 64 位。增加了高级的可编程中断控制器(Advanced Programmable Interrupt Controller,APIC)以支持多奔腾处理器系统,新的引脚和特殊的方式(双处理)设计以支持无连接的两个处理器系统。

奔腾系列的最后一个处理器(具有 MMX 技术的奔腾处理器)把 Intel MMX 技术引入 IA-32 结构。Intel MMX 技术用单指令多数据(SIMD)执行方式,在包含 64 位 MMX 寄存器中包装的整型数据上执行并行计算。此技术应用在高级媒体、影像处理和数据压缩应用程序上,极大地增强了 IA-32 处理器的性能。

1.1.5　Intel P6 系列处理器

1995 年,Intel 公司引入了 P6 系列处理器。此处理器系列基于新的超标量微结构,并建立了新的性能标准。P6 系列微结构设计的主要目的之一是:在仍使用相同的 $0.6\mu m$、4 层金属 BICMOS 制造过程的情况下,使处理器的性能明显地超过奔腾处理器。用与奔腾处理器同样的制造过程要提高性能只能在微结构上有实质的改进。

Intel Pentium Pro 处理器是基于 P6 微结构推出的第一个处理器。P6 处理器系统随后推出的成员是 Intel Pentium Ⅱ、Intel Pentium Ⅱ Xeon(至强)、Intel Celeron(赛扬)、Intel Pentium Ⅲ 和 Intel Pentium Ⅲ Xeon(至强)处理器。

1.1.6　Intel Pentium Ⅱ

Intel Pentium Ⅱ 处理器把 MMX 技术加入 P6 系列处理器,并且具有新的包装和若干硬件增强。处理器核心包装在 SECC 上,这使其具有更灵活的母板结构。每个第一级数据和指令 Cache 扩展至 16KB,支持二级 Cache 的尺寸为 256KB、512KB 和 1MB。

Intel Pentium Ⅱ Xeon(至强)处理器组合了 Intel 处理器前一代的若干额外特性,例如 4way、8way(最高)可伸缩性和运行在"全时钟速度"后沿总线上的 2MB 二级 Cache,以满足中等性能和高性能服务器与工作站的要求。

1.1.7　Intel Pentium Ⅲ

Intel Pentium Ⅲ 处理器引进流 SIMD 扩展(SSE)至 80x86 系列结构。SSE 扩展把由 Intel MMX 引进的 SIMD 执行模式扩展为新的 128 位寄存器,并且能在包装的单精度浮点数上执行 SIMD 操作。

Intel Pentium Ⅲ Xeon 处理器采用 Intel 公司的 $0.18\mu m$ 处理技术的全速高级传送缓存(Advanced Transfer Cache)扩展了 IA-32 处理器的性能级。

1.1.8　Intel Pentium 4

Intel Pentium 4 处理器是 2000 年推出的 IA-32 处理器,并且是第一个基于 Intel NetBurst 微结构的处理器。Intel NetBurst 微结构是新的 32 位微结构,它允许处理器能在比以前的 IA-32 处理器更高的时钟速度和性能等级上进行操作。Intel Pentium 4 处理器有以下高级特性:

① Intel NetBurst 微结构的第一个实现。

——快速的执行引擎。

——Hyper 流水线技术。

——高级的动态执行。

——创新的新 Cache 子系统。

② 流 SIMD 扩展 2(SSE2)。

——用 144 条新指令扩展 Intel MMX 技术和 SSE 扩展,它包括支持:

- 128 位 SIMD 整数算术操作。
- 128 位 SIMD 双精度浮点操作。
- Cache 和存储管理操作。

——进一步增强和加速了视频、语音、加密、影像和照片处理。

③ 400MHz Intel NetBurst 微结构系统总线。

——提供 3.2GB/s 的吞吐率(比 Pentium Ⅲ 处理器快 3 倍)。

——4 倍 100MHz 可伸缩总线时钟,以达到 400MHz 有效速度。

——分开的交易,深度流水线。

——128 字节线具有 64 字节访问。

④ 与在 Intel 80x86 系列结构处理器上所写和运行的已存在的应用程序和操作系统兼容。

1.1.9 Intel 超线程处理器

Intel 公司于 2002 年推出了具有超线程技术的 IA-32 系列处理器。超线程(Hyper-Threading,HT)技术允许单个物理处理器用共享的执行资源并发地执行两个或多个分别的代码流(线程),以提高 80x86 系列处理器执行多线程操作系统与应用程序代码的性能。

从体系结构上说,支持 HT 技术的 IA-32 处理器,在一个物理处理器核中由两个或多个逻辑处理器构成,每个逻辑处理器有它自己的 IA-32 体系结构状态。每个逻辑处理器由全部的 IA-32 数据寄存器、段寄存器、控制寄存器与大部分的 MSR 构成。

图 1-1 显示了支持 HT 技术(用两个逻辑处理器实现)的 IA-32 处理器与传统的双处理器系统的比较。

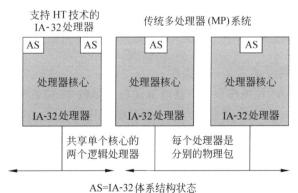

图 1-1 支持 HT 技术的 IA-32 处理器与传统的双处理器系统的比较

不像使用两个或多个独立的 IA-32 物理处理器的传统的 MP 系统配置,在支持 HT 技术的 IA-32 处理器中的逻辑处理器共享物理处理器的核心资源。这包括执行引擎和系统总线接口。在上电和初始化以后,每个逻辑处理器能独立地直接执行规定的线程、中断或暂停。

HT 技术由在单个芯片上提供两个或多个逻辑处理器,支持在现代操作系统和高性能应用程序中找到的进程与线程级并行,以便在每个时钟周期期间最大限度地使用执行单元,从而提高了处理器的性能。

1.1.10　Intel 双核技术处理器

2005 年,Intel 公司推出了使用双核技术的奔腾处理器极品版 840 IA-32 处理器。这是在 IA-32 处理器系列中引入双核技术的第一个成员。此处理器用双核技术与超线程技术一起提供硬件多线程支持。双核技术是在 IA-32 处理器系列中体现硬件多线程能力的另一种形式。双核技术由用在单个物理包中的两个分别的执行核心提供硬件多线程能力。因此,Intel Pentium 处理器极品版在一个物理包中提供 4 个逻辑处理器(每个处理器核有两个逻辑处理器)。

Intel Pentium D 处理器也以双核技术为特色。此处理器用双核技术提供硬件多线程支持,但它不提供超线程技术。因此,Intel Pentium D 处理器在一个物理包中提供两个逻辑处理器,每个逻辑处理器拥有处理器核的执行资源,支持双核的 IA-32 处理器如图 1-2 所示。

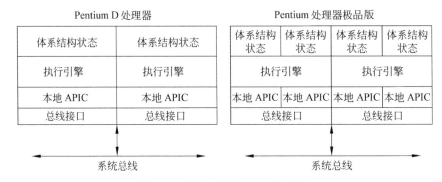

图 1-2　支持双核的 IA-32 处理器

Intel Pentium 处理器极品版中引入了 Intel 扩展的存储器技术(Intel EM64T),对于软件增加至 64 位线性地址空间,并且支持 40 位物理地址空间。此技术也引进了称为 IA-32e 模式的新的操作模式。

IA-32e 模式在两种子模式之一上操作:

① 兼容模式允许 64 位操作系统不修改地运行大多数 32 位软件。

② 64 位模式允许 64 位操作系统运行应用程序访问 64 位地址空间。

在 Intel EM64T 的 64 位模式,应用程序可以访问:

- 64 位平面线性寻址。
- 8 个附加的通用寄存器(GPR)。
- 为了流 SIMD 扩展(SSE、SSE2 与 SSE3)的 8 个附加的寄存器。
- 64 位宽的 GPR 与指令指针。
- 统一的字节寄存器寻址。
- 快速中断优先权机制。
- 一种新的指令指针相对寻址方式。

Intel EM64T 的处理器可以支持 80x86 系列软件,因为它能运行在非 64 位传统模式。大多数已经存在的 IA-32 应用程序也能在兼容模式运行。

AMD 公司是 x86 系列处理器的另一重要供应商,成立于 1969 年。AMD 公司于 1991 年推出了 AM386 系列,1993 年推出了 AM486,1997 年推出了 AMD-K6(相当于具有 MMX 技术的奔腾处理器),2001 年推出了 AMD Athlon(速龙)MP 双处理器,2003 年推出了 AMD 速龙™64 FX 处理器(具有 64 位的 x86-64 内核),此后还推出了双核的 64 位处理器。

1.2 计算机基础

1.2.1 计算机的基本结构

计算机诞生以来,经历了电子管、半导体、小规模集成电路和超大规模集成电路 4 代,计算机的规模、运行速度、用途等有极大的不同。拿最常用的台式计算机来说,有 CPU、主板、内存条、硬盘、软盘、光盘、U 盘、网卡、显卡、显示器、键盘、鼠标、打印机、扫描仪等。这些都是计算机的部件,虽然这些部件的功能与性能都有了巨大的发展,但是从计算机的原理来看,计算机的基本结构未变,如图 1-3 所示。

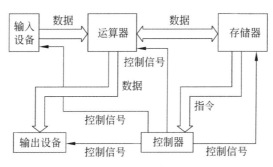

图 1-3　计算机的基本结构

计算机最早是作为运算工具出现的。显然,它首先要有能进行运算的部件,这种部件就称为运算器;其次要有能记忆原始题目、原始数据和中间结果以及为了使机器能自动进行运算而编制的各种命令,这种器件就称为存储器;再次,要有能代替人的控制作用的控制器,它能根据事先给定的命令发出各种控制信息,使整个计算过程能一步步地自动进行。但是,仅有这三部分还不够,原始的数据与命令要输入,所以需要有输入设备;而计算的结果(或中间过程)需要输出,就要有输出设备,这样就构成了如图 1-3 所示的一个基本的计算机系统。

在计算机中,基本上有两种信息在流动。一种信息为数据,即各种原始数据、中间结果、程序等,这些数据由输入设备输入至运算器,再存放在存储器中。在运算处理过程中,数据从存储器读入运算器进行运算,运算的中间结果要存入存储器中,或者最后由运算器经输出设备输出。人向计算机发出的各种命令(即程序)在计算机运行之前也以数据的形式存放在存储器中。计算机启动后由存储器送入控制器,由控制器经过译码后变为各种控制信号。所以,另一种信息流为控制命令,由控制器控制输入装置的启动或停止,控制运算器按规定一步步地进行各种运算和处理,控制存储器的读和写,控制输出设备输出结果等。

图 1-3 中的各个部分构成了计算机硬件(Hardware)。在上述的计算机硬件中,人们往往把运算器、控制器和存储器合在一起称为计算机的主机,而把各种输入、输出设备统称为计算机的外围设备或外部设备(Peripheral)。

在主机部分中,又把运算器和控制器合在一起称为中央处理单元(Central Processing Unit,CPU)。随着半导体集成电路技术的发展,可以把整个 CPU 集成在一个集成电路芯片上,人们就把它称为微处理器(Microprocessor)。现在在市场上销售的 Intel 公司的奔腾芯片(Pentium Ⅱ、Pentium Ⅲ 和 Pentium 4)以及 AMD 公司的速龙芯片等都是这样的微处理器,它们从功能上说是一个中央处理单元(运算器与控制器的集合)。以微处理器(CPU)为核心加上一定数量的存储器以及若干个外部设备(通过 I/O 接口芯片与 CPU 接口),就构成了微型计算机。早期的微型计算机,例如 1981 年推出的 IBM-PC,由于 CPU 的速度较低(当时 CPU 的工作频率为 5MHz),内存容量较小(如 128KB),外部设备的数量很少,所以能力有限,只能用于处理个人事务,故称之为个人计算机(Personal Computer,PC)。目前,人们仍把这种微型计算机称为 PC,但实际上 CPU 的工作频率已超过 1GHz,内存容量已达 GB 级,硬盘容量已达 TB 级,其性能已经远远超过 20 世纪 80 年代的大型机。

总之,人们把以微处理器为核心构成的计算机称为微型计算机,最典型的就是上述的 PC。若内存的容量较小,输入输出设备少,那么整个计算机可只安装在一块印刷电路板上,这样的计算机就称为单板计算机,简称单板机。若把整个计算机集成在一个芯片上,这样的计算机就称为单片机。

不论计算机的规模大小,CPU 只是计算机的一个部件。必须同时具有 CPU、存储器和输入输出设备,才能构成一台计算机。

随着计算机应用的普及推广,输入输出设备的种类越来越多。目前,PC 的典型输入设备为键盘和鼠标,典型的输出设备仍为显示器。

1.2.2 常用的名词术语和二进制编码

1. 位、字节、字及字长

位、字节、字及字长是计算机常用的名词术语。

(1) 位

"位"(Bit)指一个二进制位。它是计算机中信息存储的最小单位,一般用 b 表示。

(2) 字节

"字节"(Byte)指相邻的 8 个二进制位。1024 字节构成 1 千字节,用 1KB 表示。1024KB 构成 1 兆字节,用 1MB 表示。1024MB 构成 1 千兆(吉)字节,用 1GB 表示。B、KB、MB、GB 都是计算机存储器容量的单位。

(3) 字和字长

"字"(Word)是计算机内部进行数据传递处理的基本单位。通常它与计算机内部的寄存器、运算装置、总线宽度相一致。

一个字所包含的二进制位数称为字长。常见的微型计算机的字长,有 8 位、16 位、32 位和 64 位之分。

但是,目前在 PC 中,把字(Word)定义为 2 字节(16 位),双字(Double Word)定义为 4 字节(32 位),四字(Quad Word)定义为 8 字节(64 位)。

2. 数字编码

由于二进制有很多优点,所以计算机中的数用二进制表示,但人们与计算机打交道时仍习惯用十进制,在输入时计算机自动将十进制转换为二进制,而在输出时将二进制转换为十进制。为便于机器识别和转换,计算机中的十进制数的每一位用二进制编码表示,这就是所谓的十进制数的二进制编码,简称二-十进制编码(BCD码)。

二-十进制编码的方法很多,最常用的是8421 BCD码。8421 BCD码有10个不同的数字符号,逢10进位,每位用4位二进制表示。例如,83.123对应的8421 BCD码是1000 0011.0001 0010 0011,而8421 BCD码0111 1001 0010.0010 0101对应的十进制数是792.25。

3. 字符编码

字母、数字、符号等各种字符也必须按特定的规则用二进制编码才能在计算机中表示。字符编码的方式很多,世界上最普遍采用的一种字符编码是ASCII码(美国信息交换标准码)。

ASCII码用7位二进制编码,它有128种组合,可以表示128种字符,包括0~9(10个阿拉伯数字字符)和大、小写英文字母(52个)等。在计算机中用一个字节表示一个ASCII码字符,最高位置为0。例如,00110000~00111001(即30H~39H)是数字0~9的ASCII码,而01000001~01011010(即41H~5AH)是大写英文字母A~Z的ASCII码。

4. 汉字编码

用计算机处理汉字,每个汉字必须用代码表示。键盘输入汉字时使用的是汉字的外部码。外部码必须转换为内部码才能在计算机内进行存储和处理。为了将汉字以点阵的形式输出,还要将内部码转换为字形码。不同的汉字处理系统之间交换信息采用交换码。

(1)外部码

汉字主要是从键盘输入,每个汉字对应一个外部码,外部码是计算机输入汉字的代码,是代表某一个汉字的一组键盘符号。外部码也称为输入码。汉字的输入方法不同,同一个汉字的外部码可能不一样。目前已有数百种汉字外部码的编码方案,大致可以归纳为4种类型:数字码、音码、形码和音形码。数字码是将汉字按某种规律排序,然后赋予它们数字编号,这个数字编号就作为汉字的编码。常见的数字码有区位码等,这种编码方法无重码,可以找到其他编码方法难于找到的汉字,但是难于记忆,要有手册备查。音码是以汉语拼音作为汉字的编码,只要学习过汉语拼音,一般不需要经过专门训练就可以掌握,但是用拼音方法输入汉字同音字多,需要选字,影响输入速度,不知道读音的汉字也无法输入。形码是把一个汉字拆成若干偏旁、部首、字根,或者拆成若干种笔画,使偏旁、部首、字根或笔画与键盘对应编码,按字形敲击键盘输入汉字。形码输入汉字重码率低、速度快,只要能看到的字形就可以拆分输入,但是必须经过专门训练,并需要大量记忆编码规则和汉字拆分原则,最常见的形码方案有五笔字型码等。音形码是拼音和字形相结合的一种汉字编码方案,如自然码、钱码等。

(2)内部码

汉字内部码也称为汉字内码或汉字机内码。在不同的汉字输入方案中,同一汉字的外部码不同,但同一汉字的内部码是唯一的。内部码通常是用其在汉字字库中的物理位置表示,可以用汉字在汉字字库中的序号或者用汉字在汉字字库中的存储位置表示。汉字在计算机中至少要用两字节表示(有用三字节、四字节表示的)。在微型计算机中常用的是两字节汉字内码。两字节汉字内码就是将汉字的国标码(用两个 7 位编码)的两个字节的最高位都改为"1"形成的。例如,汉字"啊",国标码为 0110000、0100001,即 30H、21H。内码为 10110000、10100001,即 B0H、A1H。在计算机中通常处理的是以 ASCII 码表示的字符,一个字符在机器内以一个字节的二进制编码表示。实际上,ASCII 码只需 7 位,故在计算机内的字符编码的最高位是"0"。由此可见,根据字节的最高位是 0 还是 1,很容易区分是 ASCII 字符还是汉字。

(3) 交换码

计算机之间或计算机与终端之间交换信息时,要求其间传送的汉字代码信息完全一致。为此,国家根据汉字的常用程度定出了一级和二级汉字字符集,并规定了编码,这就是国标 GB 2312—1980《信息交换用汉字编码字符集基本集》。GB 2312—1980 中汉字的编码即国标码。该标准编码字符集共收录汉字和图形符号 7445 个,其中包括:

① 一般符号 202 个,包括间隙符、标点、运算符、单位符号和制表符等。

② 序号 60 个。它们是 1～20(20 个),(1)～(20)(20 个),①～⑩(10 个)和(一)～(十)(10 个)。

③ 数字 22 个,包括 0～9 和 I～XII。

④ 英文字母 52 个,大、小写各 26 个。

⑤ 日文假名 169 个,其中平假名 83 个,片假名 86 个。

⑥ 希腊字母 48 个,其中大、小写各 24 个。

⑦ 俄文字母 66 个,其中大、小写各 33 个。

⑧ 汉语拼音符号 26 个。

⑨ 汉语注音字母 37 个。

⑩ 汉字 6763 个。这些汉字分为两级,第一级汉字 3755 个,第二级汉字 3008 个。

这个字符集中的任何一个图形、符号及汉字都是用两个 7 位的字节表示(在计算机中当然用两个 8 位字节,每个字节的最高位为 1 来表示)。其中汉字占 6763 个。第一级汉字 3755个,按汉语拼音字母顺序排列,同音字以笔画顺序为序;第二级汉字 3008 个,按部首顺序排列。GB 2312—1980 中,7445 个字符和汉字分布在 87 个区中,每区最多 94 个字符。分布情况如下:

- 1～9 区图形字符;
- 10～15 区空间未用;
- 16～55 区一级汉字;
- 56～87 区二级汉字。

在 GB 2312—1980 标准中,对每个图形字符或汉字给出了两种汉字代码。一种是用两个字节二进制数给出的国标码(即内部码中所用到的);另一种是 4 位十进制的区位码,其中高 2 位是某字符或汉字所在的区号,低 2 位是在区中的位置号。例如,"啊"字的国标码是 3021H,区位码是 1601H。

随着计算机应用的扩展,GB 2312—1980 中的六千多个汉字已远远不能满足需要,从而制定了 GB 18030、GB 13000 等标准。

（4）输出码

汉字输出码又称汉字字形码或汉字发生器的编码。众所周知,汉字无论字形有多少变化,也无论笔画有多有少,都可以写在一个方块中;一个方块可以看作 m 行 n 列的矩阵,称为点阵。一个 m 行 n 列的点阵共有 $m×n$ 个点。例如,16×16 点阵的汉字共有 256 个点。

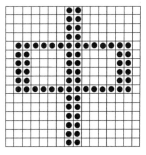

每个点可以是黑点或非黑点,凡是笔画经过的点用黑点,于是利用点阵描绘出了汉字字形,汉字的点阵字形在计算机中称为字模。如图 1-4 表示的是汉字"中"的 16×16 点阵字模。

在计算机中用一组二进制数字表示点阵,用二进制数 1 表示点阵中的黑点,用二进制数 0 表示点阵中的非黑点。一个 16×16 点阵的汉字可以用 16×16＝256 位的二进制数来表示,这种用二进制数表示汉字点阵的方法称为点阵的数字化。汉字字形经过点阵的数字化后转换成一串数字,称为汉字的输出码。

图 1-4　汉字"中"的
16×16 点阵字模

同一汉字的输出码,即字形码,因选择点阵的不同而不同。一个字节含 8 个二进位,所以 16×16 点阵汉字需要 2×16＝32 个字节表示,24×24 点阵汉字需要 3×24＝72 个字节表示,32×32 点阵汉字需要 4×32＝128 个字节表示。点阵的行列数越多,所描绘的汉字越精细,但占用的存储空间也越多。16×16 点阵基本上能表示 GB 2312—1980 中的所有简体汉字。24×24 点阵则能表示宋体、楷体、黑体等多字体的汉字。这两种点阵是比较常用的,前一种一般用于显示,而后一种一般用于打印,除此之外,还有 32×32、40×40、48×48、64×64、72×72、96×96、108×108 等点阵,这些主要用于印刷。

1.2.3　指令程序和指令系统

1.2.1 节提到了计算机的几个主要部分,这些构成了计算机的硬件的基础,也是计算机进行计算的物质条件。但是,仅有这样的硬件,还只是具有了计算的可能。要使计算机真正能够进行计算,还必须使这些硬件按照人的要求动作(运行)起来,这就必须要有软件的配合,首先就是各种程序(Program)。

我们知道,计算机之所以能脱离人的直接干预,自动地进行计算,是由于人把实现这个计算的一步步操作用命令的形式——即一条条指令(Instruction)预先输入到存储器中,在执行时,机器把这些指令一条条地取出来,加以翻译和执行。

就拿两个数相加这一最简单的运算来说,就需要以下几步(假定要运算的数已在存储器中)。

第一步:把第一个数从它所在的存储单元(Location)中取出来,送至运算器;

第二步:把第二个数从它所在的存储单元中取出来,送至运算器;

第三步:相加;

第四步:把加完的结果送至存储器中指定的单元。

所有这些取数、送数、相加、存数等都是一种操作,我们把要求计算机执行的各种操作用命令的形式写下来,这就是指令。通常一条指令对应着一种基本操作,但是计算机怎么能辨别和执行这些操作呢?这是由设计时设计人员赋予它的指令系统决定的。一台计算机能执行什么样的操作,能做多少种操作,是由设计计算机时所规定的指令系统决定的。一条指令,对应着一种基本操作;计算机所能执行的全部指令,就是计算机的指令系统(Instruction Set),这是计算机所固有的。

在使用计算机时,必须把要解决的问题编成一条条指令,但是这些指令必须是所用的计算机能识别和执行的指令,也即每一条指令必须是一台特定的计算机的指令系统中具有的指令,而不能随心所欲。这些指令的集合称为程序。用户为解决自己的问题所编的程序称为源程序(Source Program)。

指令通常分成操作码(Opcode,即 Operation code)和操作数(Operand)两大部分。操作码表示计算机执行什么操作,操作数指明参加操作的数的本身或操作数所在的地址。

因为计算机只认得二进制数码,所以计算机的指令系统中的所有指令都必须以二进制编码的形式来表示。例如在 Intel 8086 中,从存储区取数(以 SI 变址寻址)至累加器 AL 中的指令的编码为 8A04H(两字节指令),一种加法指令的编码为 02C3H,向存储器存数(一种串操作指令)的编码为 AAH(一字节指令)等。这就是指令的机器码(Machine Code)。一字节的编码能表达的范围(256 种)较小,不能充分表示各种操作码和操作数。所以,有一字节指令,有两字节指令,也有多字节指令(如四字节指令。)

计算机发展的初期,就是用指令的机器码直接来编制用户的源程序,这就是机器语言阶段。但是,机器码是由一连串的 0 和 1 组成的,没有明显的特征,不好记忆,不易理解,容易出错。所以,编程序成为一种十分困难且十分烦琐的工作。因而,人们就用一些助记符(Mnemonic)——通常是指令功能的英文词的缩写来代替操作码。例如在 Intel 8086 中,数的传送指令用助记符 MOV(MOVE 的缩略),加法用 ADD,转移用 JMP 等。这样,每条指令有明显的特征,易于理解和记忆,也不容易出错,这就前进了一大步,这就是汇编语言阶段。用户用汇编语言(操作码用助记符代替,操作数也用一些符号来表示)来编写源程序。

要求机器能自动执行这些程序,就必须把这些程序预先存放到存储器的某个区域。程序通常是顺序执行的,所以程序中的指令也是一条条顺序存放的。计算机在执行时要能把这些指令一条条取出来加以执行,必须要有一个电路能追踪指令所在的地址,这就是程序计数器(Program Counter,PC)。在开始执行时,给 PC 赋以程序中第一条指令所在的地址,然后每取出一条指令(确切地说,是每取出一个指令字节)PC 中的内容自动加 1,指向下一条指令的地址(Address),以保证指令的顺序执行。只有当程序中遇到转移指令、调用子程序指令或遇到中断时,PC 才把控制转到所需的地方去。

1.2.4 初级计算机

在我们开始接触计算机内部结构时,一个实际的微型计算机结构就显得太复杂了,会使人不知所措,抓不住基本部件、基本概念和基本工作原理。所以,我们先从一个以实际结构为基础,经过简化的模型机着手来分析基本原理,然后加以扩展,回到实际结构。

图 1-5 是微型计算机的结构图。它是由微处理器、存储器、接口电路组成,通过 3 条总线(Bus)——地址总线(Address Bus)、控制总线

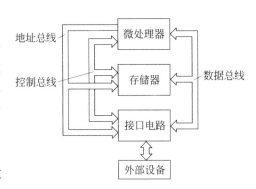

图 1-5 微型计算机结构

(Control Bus)和双向数据总线(Data Bus)来连接。为了简化问题,我们先不考虑外部设备以及接口电路,认为要执行的程序以及数据已经存入存储器内。

1. CPU 的结构

模型机的 CPU 结构如图 1-6 所示。

算术逻辑单元(Arithmetic Logic Unit,ALU)是执行算术和逻辑运算的装置,它以累加器(AccumuLator,AL)的内容作为一个操作数;另一个操作数由内部数据总线供给,可以是寄存器(Register)BL 中的内容,也可以是由数据寄存器(Data Register,DR)供给的由内存读出的内容等;操作的结果通常放在累加器(AL)中。

F(Flag)是标志寄存器,由一些标志位组成,我们在后面分析它的功用。

要执行的指令的地址由程序计数器(PC)提供,AR(Address Register)是地址寄存器,由它把要寻址的单元的地址(可以是指令——地址由 PC 提供,也可以是数据——地址要由指令中的操作数部分给定)通过地址总线送至存储器。

从存储器中取出的指令,由数据寄存器送至指令寄存器(Instruction Register,IR),经过指令译码器(Instruction Decoder,ID)译码,通过控制电路,发出执行一条指令所需要的各种控制信息。

在模型机中,字(Word)长(通常是以存储器一个单元所包含的二进制信息的位数表示的)为 8 位,即为一个字节(在字长较长的机器中为了表示方便,把 8 位二进制位定义为一个字节),故这里的累加器、寄存器、数据寄存器都是 8 位的,因而双向数据总线也是 8 位的。假定内存为 256 个单元,为了能寻址这些单元,则地址也需 8 位,可寻址 256($2^8 = 256$)个单元。因此,这里的 PC 及地址寄存器都是 8 位的。

在 CPU 内部各个寄存器之间及 ALU 之间数据的传送也采用内部总线结构,这样扩大了数据传送的灵活性,减少了内部连线,因而减少了这些连线所占的芯片面积,但是采用总线结构,在任一瞬时总线上只能有一个信息在流动,因而使速度降低。

2. 存储器

存储器的结构如图 1-7 所示。

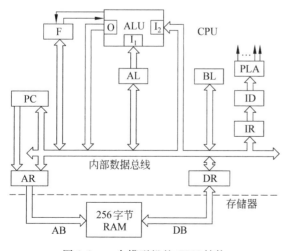

图 1-6 一个模型机的 CPU 结构

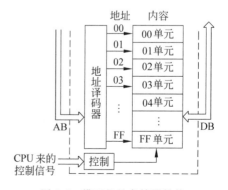

图 1-7 模型机的存储器结构

它由 256 个单元组成,为了能区分不同的单元,对这些单元分别编了号,用 2 位十六进制数表示,这就是它们的地址,如 00、01、02、…、FF 等;而每一个单元可存放 8 位二进制信息(通常也用 2 位十六进制数表示),也就是它们的内容。每一个存储单元的地址和这个地址中存放的内容这两者是完全不同的,千万不能混淆。

存储器中的不同存储单元,是由地址总线上送来的地址(8 位二进制数)经过存储器中的地址译码器来寻找的(每给定一个地址号,可从 256 个单元中找到相应于这个地址号的某一单元),然后就可以对这个单元的内容进行读或写的操作。

(1) 读操作

若已知在 04 号存储单元中,存的内容为 10000100(即 84H),我们要把它读出至数据总线上,则要求 CPU 的地址寄存器先给出地址号 04,然后通过地址总线送至存储器,存储器中的地址译码器对它进行译码,找到 04 单元;再要求 CPU 发出读的控制命令,于是 04 号单元的内容 84H 就出现在数据总线上,由它送至数据寄存器,如图 1-8 所示。信息从存储单元读出后,存储单元的内容并不改变,只有当把新的信息写入该单元时,才由新的内容代替旧的内容。

(2) 写操作

若要把数据寄存器中的内容 26H 写入 10 号存储单元,则要求 CPU 的地址寄存器先给出地址 10,通过地址总线(AB)送至存储器,经译码后找到 10 号单元;然后把 DR 数据寄存器中的内容 26H 经数据总线(DB)送给存储器;且 CPU 发出写的控制命令,于是数据总线上的信息 26H 就可以写入 10 号单元中,如图 1-9 所示。

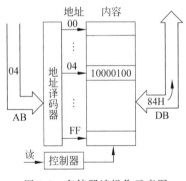

图 1-8　存储器读操作示意图

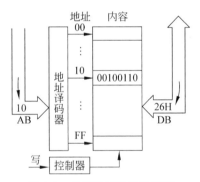

图 1-9　存储器写操作示意图

信息写入后,在没有新的信息写入以前是一直保留的,且存储器的读出操作是非破坏性的,即信息读出后,存储单元的内容是不变的。

3. 执行过程

若程序已存放在内存中,大部分 8 位机执行过程就是取出指令和执行指令这两个阶段的循环(8086 与此不同,我们将在后面介绍)。

机器从停机状态进入运行状态,要把第一条指令所在的地址赋给 PC,然后就进入取指(取出指令)阶段。在取指阶段从内存中读出的内容必为指令,所以 DR 把它送至 IR,然后由指令译码器译码,就知道此指令要执行什么操作,在取指阶段结束后就进入执行阶段。当一条指令执行完以后,就进入下一条指令的取指阶段。这样的循环一直进行到程序结束(遇到停机指令)。

1.2.5 简单程序举例

下面以一个极简单的例子来说明程序执行的过程。

若要求机器把两个数 7 和 10 相加。在编程序时,首先要查一下机器的指令系统,看机器能用什么指令完成这样的操作。查到可用表 1-1 所示的 3 条指令。

表 1-1　完成两数相加的指令

名　称	助 记 符	操 作 码		说　明
立即数取入累加器	MOV AL,n	10110000 n	B0 n	这是一条两字节指令,把指令第二字节的立即数 n 送累加器 AL
加立即数	ADD AL,n	00000100 n	04 n	这是一条两字节指令,累加器 AL 中的内容与指令第二字节的立即数相加,结果在 AL 中
停机	HLT	11110100	F4	停止操作

用助记符形式表示的程序为:

MOV　　AL,7

ADD　　AL,10

HLT

但是,模型机不认识助记符,指令必须用机器码表示,同样数也只能用二进制(或十六制)表示。

第一条指令　1011 0000（MOV AL,n）

　　　　　　0000 0111（n=7）

第二条指令　0000 0100（ADD AL,n）

　　　　　　0000 1010（n=10）

第三条指令　1111 0100（HLT）

总共是 3 条指令,需要 5 个字节。

如前所述,程序应放在存储器中,若它们放在以 00H*（2 位十六进制数）开始的存储单元内,则需要如图 1-10 所示的连续的 5 个存储单元。

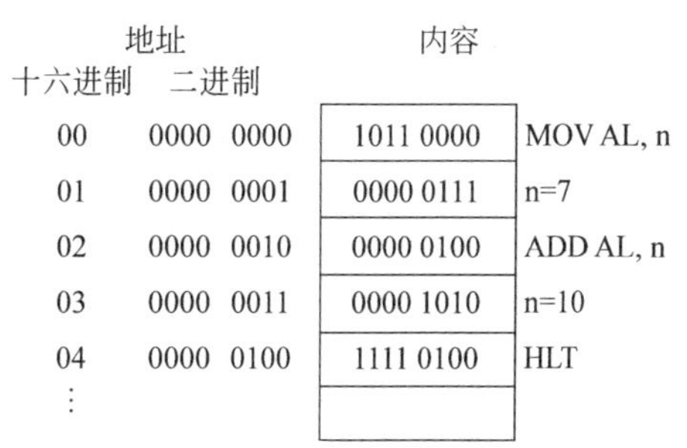

在执行时,给 PC 赋以第一条指令的地址 00H,然后就进入第一条指令的取指阶段,具体的操作过程如下:

① PC 的内容（00H）送至地址寄存器;

② 当 PC 的内容可靠地送入地址寄存器后,PC 的内容加 1 变为 01H;

③ 地址寄存器把地址号 00H 通过地址总

地址		内容	
十六进制	二进制		
00	0000 0000	1011 0000	MOV AL,n
01	0000 0001	0000 0111	n=7
02	0000 0010	0000 0100	ADD AL,n
03	0000 0011	0000 1010	n=10
04	0000 0100	1111 0100	HLT
⋮			

图 1-10　指令的存放

---

*　以后在一个数字后面有字母 B 表示二进制数,数字后有字母 D 或没有字母表示十进制数,数字后有字母 H 表示十六进制数。

线送至存储器。经地址译码器译码,选中 00 号单元;

④ CPU 给出读命令;

⑤ 所选中的 00 号单元的内容 B0H 读至数据总线上;

⑥ 读出的内容经过数据总线送至数据寄存器;

⑦ 因是取指阶段,取出的为指令,故 DR 把它送至 IR,然后经过译码发出执行这条指令的各种控制命令。

取第一条指令的操作过程如图 1-11 所示。

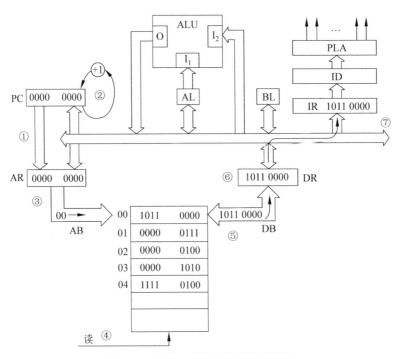

图 1-11　取第一条指令的操作示意图

此后就转入执行第一条指令的阶段。经过对操作码译码后知道,这是一条把操作数送累加器 AL 的指令,而操作数在指令的第二个字节。所以,执行第一条指令就必须把指令第二个字节中的操作数取出来。

取指令第二个字节的过程为:

① 把 PC 的内容 01H 送至地址寄存器;

② 待 PC 的内容可靠地送至地址寄存器后,PC 自动加 1 变为 02H;

③ 地址寄存器通过地址总线把地址号 01H 送至存储器,经过译码选中相应的存储单元;

④ CPU 发出读命令;

⑤ 选中的存储单元的内容 07H 读至数据总线上;

⑥ 通过数据总线,把读出的内容送至 DR;

⑦ 因已知读出的是操作数,且指令要求把它送累加器(AL),故由 DR 通过内部数据总线送至 AL。

取第一条指令操作数的过程如图 1-12 所示。

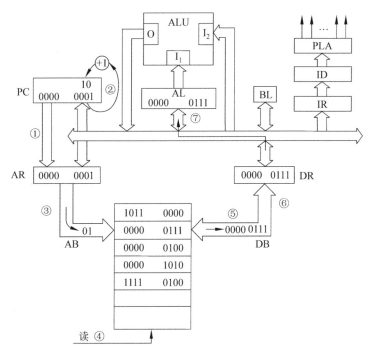

图 1-12　取第一条指令操作数的操作示意图

至此,第一条指令执行完毕进入第二条指令的取指阶段。

取第二条指令的过程为:

① 把 PC 的内容 02H 送至地址寄存器;

② 在 PC 的内容已可靠送入地址寄存器后,PC 自动加 1;

③ AR 通过地址总线把地址号 02H 送至存储器,经译码后,选中相应的 02 号存储单元;

④ CPU 发出读命令;

⑤ 选中的存储单元的内容 04H,读出到数据总线上;

⑥ 读出的内容通过数据总线送至 DR;

⑦ 因是取指阶段,所以读出的为指令,DR 把它送至 IR,经过译码发出各种控制信息。

取第二条指令的过程如图 1-13 所示。

经过对指令译码后知道,此为加法指令,以 AL 的内容为一个操作数,另一个操作数在指令的第二字节中,执行第二条指令,必须取出指令的第二字节。

取第二字节及执行指令的过程为:

① 把 PC 的内容 03H 送至 AR;

② 当把 PC 内容可靠地送至 AR 以后,PC 自动加 1;

③ AR 通过地址总线把地址号 03H 送至存储器,经过译码,选中相应的 03 号存储单元;

④ CPU 发出读命令;

⑤ 选中的存储单元的内容 0AH 读出至数据总线上;

⑥ 数据通过数据总线送至 DR;

⑦ 因由指令译码已知读出的为操作数,且要与 AL 中的内容相加,故数据由 DR 通过内

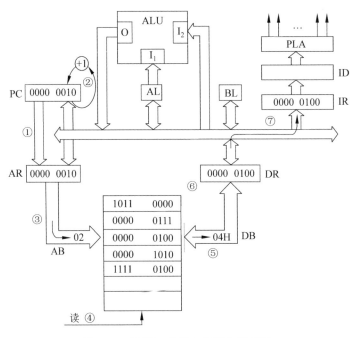

图 1-13　取第二条指令的操作示意图

部数据总线送至 ALU 的另一输入端；

 ⑧ AL 中的内容送 ALU，且执行加法操作；

 ⑨ 相加的结果由 ALU 输出至累加器 AL 中。

 执行第二条指令的操作过程如图 1-14 所示。

 至此，第二条指令的执行阶段结束了，就转入第三条指令的取指阶段。

 按上述类似的过程取出第三条指令，经译码后就停机。

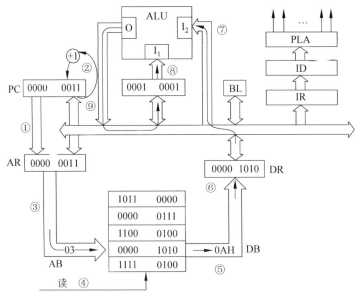

图 1-14　执行第二条指令的操作示意图

1.2.6 寻址方式

在上例中,操作数就包含在指令中,但是更一般的情况是操作数在存储器中的某一单元中,例如操作数是前面操作的中间结果。上例中的和是放在累加器中,但如果还要进行别的运算,则必须把和放到存储器中暂时存放。于是就存在一个如何寻找操作数的问题,这就是寻址方式。

1. 立即寻址

上例中的操作数就包含在指令中,这种规定操作数的方式称为立即寻址(Immediate Addressing)。指令中的操作数称为立即数。

2. 寄存器寻址

若操作数在某一寄存器中,这种寻址方式就称为寄存器寻址(Register Addressing)。

例如指令:

MOV AL,BL

是两字节指令,它的机器码为8AC3,它是把存在寄存器 BL 中的操作数送至累加器 AL 中。

又如:

ADD AL,BL

也是两字节指令,它的机器码为02C3H,它是把寄存器 BL 中的内容作为一个操作数与累加器 AL 中的内容相加,结果送至 AL 中。

3. 直接寻址

例如指令:

MOV AL,[n]

是一条两字节指令,其中:

1010	0000	操作码
n(8 位)		操作数的地址

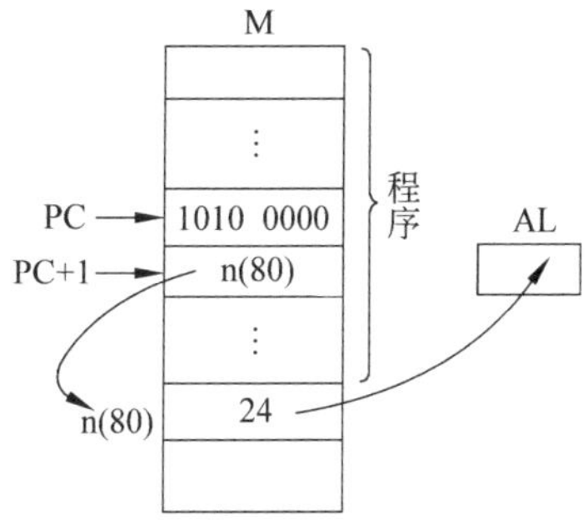

与立即寻址方式不同,它不是把指令的第二字节作为立即数送至累加器 AL;此指令的第二字节不是操作数本身,而是操作数所在的地址,它是把地址 n 所指的存储单元的内容送至累加器 AL,如图 1-15 所示。

在这种寻址方式中,指令中包含操作数的直接地址,故称为直接寻址(Direct Addressing)。

图 1-15 直接寻址方式示意图

4. 寄存器间接寻址

例如指令:

MOV AL,[BL]

也是两字节指令,它的操作码为 8A07H。与寄存器寻址方式不同,它不是把寄存器 BL 中的内容作为操作数送 AL,而是把 BL 中的内容作为操作数的地址,把此地址所指的内存单元的内容送 AL,如图 1-16 所示。

这种寻址方式,操作数的地址并不直接包含在指令中,而是在某一个寄存器中,故称为寄存器间接寻址(Register Indirect Addressing)。又如:

ADD   AL,[BL]

也是一个两字节指令,机器码为0207H,它是以寄存器BL的内容作为操作数的地址,由它所指的存储单元的内容作为一个操作数,与AL中的内容相加,结果放在AL中,如图1-17所示。

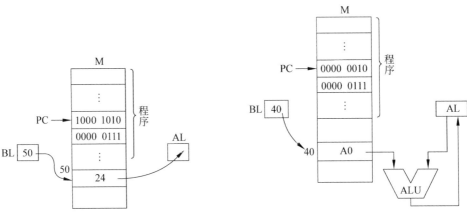

图1-16 寄存器间接寻址方式示意图　　　图1-17 寄存器间接寻址加法指令示意图

在本模型机中,有上述4种不同的寻址方式,相应的指令列于表1-2中。

表1-2 4种寻址方式及相应的指令

指令名称	寻址方式	助记符	操作码	说　　明
取数指令	立即寻址	MOV AL,n	B0　n	把指令第二字节的立即数送累加器AL中:n→AL
	立即寻址	MOV BL,n	B3　n	把指令第二字节的立即数送至寄存器BL中:n→BL
	寄存器寻址	MOV AL,BL	8A　C3	把寄存器BL中的内容,送至累加器AL中:BL→AL[①]
		MOV BL,AL	8A　D8	把累加器AL中的内容送至BL中:AL→BL[①]
	寄存器间接寻址	MOV AL,[BL]	8A　07	以寄存器BL中的内容为操作数的地址,操作数送至AL中:[BL]→AL[②]
	直接寻址	MOV AL,[n]	A0　n	指令中的第二字节为操作数的地址,操作数送至AL中:[n]→AL[②]
存数指令	直接寻址	MOV [n],AL	A2　n	指令中的第二字节为地址,把AL中的内容存入此地址单元:AL→[n]
	寄存器间接寻址	MOV [BL],AL	88　07	以寄存器BL中的内容作为地址,把AL中的内容存入此地址单元:AL→[BL]

指令名称	寻址方式	助记符	操作码		说　明
加法指令	立即寻址	ADD AL,n	04	n	n 为立即数,AL+n→AL
	寄存器寻址	ADD AL,BL	02	C3	以 BL 中的内容为操作数,AL+BL→AL
	寄存器间接寻址	ADD AL,[BL]	02	07	以 BL 中的内容为操作数的地址,AL+[BL]→AL

① 用 AL→BL 或 BL→AL,表示把 AL 中的内容送 BL,或把 BL 中的内容送 AL。

② 用 AL←[BL] 或 AL←[n],表示把某地址单元的内容(操作数)送至 AL 中,其中[]中为操作数的地址。

若仍是 7 和 10 两个数相加,但数 7 已存在存储器中,另外要求把相加后的和放在存储器中。通常为了避免运算的数据与指令混淆,程序和数据在存储器中是分开存放的。但为了节省内存单元,也可以把数据放在程序的后边。

能实现上述要求的程序为:

MOV　AL,[M₁]

ADD　AL,0AH

MOV　[M₂],AL

HLT

其中,M₁ 和 M₂ 都是一个符号,表示存放数据的存储单元的地址(2 位十六进制数)。若数据与程序是放在不同的存储区域,且地址已知,则 M₁ 和 M₂ 是确定的地址号。若数据是紧接着程序,放在它的后面,则要在存放程序所需的所有存储单元确定后,才能确定它们。在本例中是属于第二种情况。

如前所述,在本模型机中指令与数据都必须以十六进制数表示,且若它们存放在以 10H 开始的存储单元内,则如图 1-18 所示。

4 条指令占用 10H～16H 共 7 个存储单元,17H 即为 M₁ 单元,用以存放操作数 7,18H 即为 M₂ 单元,用作存放和。故把 17H 和 18H 分别代入指令中的 M₁ 和 M₂ 处。

下面,我们来分析这个程序是怎么执行的。

首先,把第一条指令的地址 10H 赋予 PC,然后就进入第一条指令的取指阶段。

第一条指令的取指阶段与上述的类似:

① 把 PC 的内容 10H 送至 AR;

② 在 PC 的内容已经可靠地送至 AR 后,PC 自动加 1;

③ AR 通过地址总线,把地址号 10H 送至存储器,经译码后,找到相应的存储单元;

④ CPU 发出读命令;

⑤ 选中的存储单元的内容 A0H 读出至数据总线;

⑥ 读出的内容通过数据总线送至 DR;

地址	M		
10H	1010	0000	MOV AL, [n]
11H	0001	0111	M₁
12H	0000	0100	ADD AL,[n]
13H	0000	1010	0AH
14H	1010	0010	MOV[n],A
15H	0001	1000	M₂
16H	1111	0100	HLT
17H	0000	0111	07H(M₁ 单元)
18H			存放和的 M₂ 单元

图 1-18　程序在存储器中存放示意图

⑦ 因是取指阶段,读出的是指令。故 DR 把它送至指令寄存器,经过译码后,发出执行指令的各种控制信息。

第一条指令取指阶段结束后的 CPU 中的状态如图 1-19 所示。

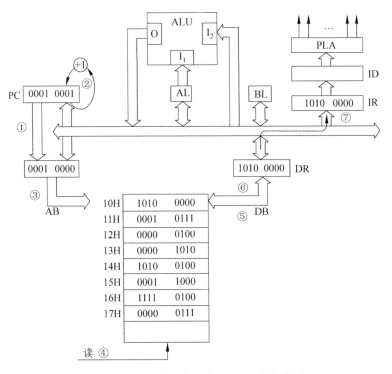

图 1-19　取出第一条指令后 CPU 的状态图

第一条指令经译码后就转入执行第一条指令的阶段。这个阶段又可以分成两步:第一步要把操作数的地址从指令的第二字节取出来,第二步从这个地址取出操作数送累加器 AL。取操作数的地址的过程与前述的类似:

① 把 PC 的内容 11H 送至 AR;

② 当 PC 把内容可靠地送给 AR 以后,PC 自动加 1;

③ AR 通过地址总线把地址 11H 送至存储器,经译码找到指定的单元;

④ CPU 发出读命令;

⑤ 指定单元的内容(即操作数的地址)17H 读出至数据总线上;

⑥ 从 17H 单元读出的数据经数据总线送至 DR;

⑦ 由于读出的是操作数的地址,故由 DR 经内部数据总线送至 AR。

上述过程如图 1-20 所示。

在上述过程结束以后 AR 的内容为操作数的地址 17H。然后就进入执行指令的第二步:

① AR 通过地址总线把地址信息 17H 送至存储器,经译码后找到指定的单元;

② CPU 发出读命令;

③ 指定的 17H 单元的内容 07H 读出到数据总线上;

④ 读出的内容通过数据总线送至 DR;

⑤ 指令要求这个操作数送 AL,故由 DR 通过内部数据总线送至 AL。

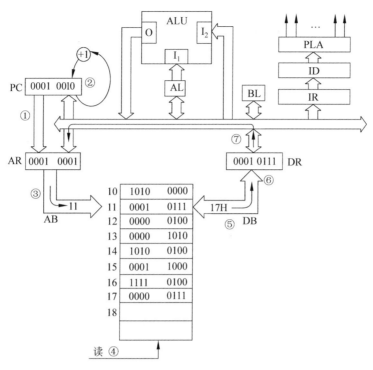

图 1-20　直接寻址方式操作示意图

上述取操作数的过程如图 1-21 所示。

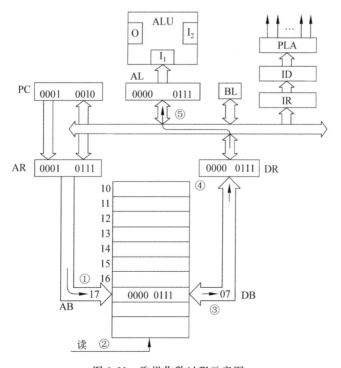

图 1-21　取操作数过程示意图

其他指令的执行过程与上述指令的执行过程类似,此处不再赘述。只是如上所述,凡是直接寻址的指令(寄存器间接寻址也如此)的执行过程要分成两步,先要把操作数的地址送地址寄存器(若是寄存器间接寻址,则要把 BL 的内容送 AR;若是直接寻址,则要从指令中取出操作数的地址),然后再对指定的单元进行操作(取数、送数或运算等)。

上面介绍的是最简单、最基本的操作,这些是计算机最基本的原理。计算机中的一切复杂、高级的运算与处理,都是分解为一些最简单、最基本的操作的集合,即计算机的指令集合来实现的。本章只介绍指令及其操作的基本概念。我们将在后面介绍目前微型计算机中最常用的 8086 指令系统。

1.3　计算机的硬件和软件

如上所述,计算机的基本结构构成了计算机的硬件。但是仅有硬件,计算机还是什么事也干不了的,要使计算机能正确地运行以解决各种问题,必须为它编制各种程序。为了运行、管理和维护计算机所编制的各种程序的总和就称为软件。软件的种类很多,开发各种软件的目的都是为了扩大计算机的功能和方便用户,使用户编制解决各种问题的源程序更为方便、简单和可靠。

1.3.1　系统软件

在计算机发展的初期,人们是用机器指令码(二进制编码)来编写程序的,这就称为机器语言。但是,机器语言无明显的特征,不好理解和记忆,也不便于学习,在编制程序时容易出错。所以,人们就用助记符代替操作码,用符号来代替地址,这就是汇编语言阶段。汇编语言使指令易理解记忆,便于交流,这大大前进了一步。但是,机器还是只认识机器码,所以用汇编语言写的源程序在机器中还必须经过翻译,变成用机器码表示的程序,成为目标程序(Object Program)后,机器才能识别和执行。开始,这种翻译工作是程序员用手工完成的。逐渐地,人们就编一个程序让机器来完成上述的翻译工作,具有这样功能的程序称为汇编程序(Assembler)。但是,汇编语言的语句与机器指令是一一对应的,程序的语句数仍然很多,编程序仍然是一件十分烦琐、困难的工作,而且用汇编语言编写程序必须对机器的指令系统十分熟悉,即还不能脱离具体的机器,因而汇编语言的程序还不能在不同的机器上通用。

为了使用户编程更容易,程序中所用的语句与实际问题更接近,而且使用户可以不必了解具体的机器就能编写程序,因而这样的程序的通用性更强,于是就出现了各种高级语言(high level language),例如 BASIC、FORTRAN、PASCAL、COBOL、C 等。高级语言易于理解、学习和掌握,用户用高级语言编程也就方便多了,大大减少了工作量。但是在计算机执行时,仍必须把用高级语言编写的源程序翻译成用机器指令表示的目标程序才能执行,这样就需要有各种解释程序(Interpreter),例如对 BASIC,或者编译程序(Compiler),例如对 FORTRAN、C、COBOL 等。

随着计算机本身的发展(更快速,容量更大)以及计算机应用的普及,计算机的操作也就由手工操作方式(用户直接通过控制台操作运行机器)过渡到多道程序成批地在计算机中自动运行的方式,于是就出现了控制计算机中的所有资源(CPU、存储器、输入输出设备以及计算机中的各种软件)、使多道程序能成批地自动运行,且充分发挥各种资源的最大效能的操作系统(Operating System)。

以上这些都是由机器的设计者提供的,为了使用和管理计算机的软件,统称为系统软件。系统软件包括:

① 各种语言和它们的汇编或解释、编译程序;

② 机器的监控管理程序(Moniter)、调试程序(Debugger)、故障检查和诊断程序;

③ 程序库。为了扩大计算机的功能,便于用户使用,机器中设置了各种标准子程序,这些子程序的总和就形成了程序库;

④ 操作系统。

1.3.2 应用软件

用户利用计算机以及计算机所提供的各种系统软件编制的、用于解决用户各种实际问题的程序称为应用软件。应用软件也可以逐步标准化、模块化,逐步形成了解决各种典型问题的应用程序的组合,这就是软件包(Package)。

1.3.3 支撑软件

随着计算机的硬件和软件的发展,计算机在信息处理、情报检索以及各种管理系统中的应用越来越普及。计算机需要处理大量的数据,检索和建立大量的各种表格。这些数据和表格应按一定规律组织起来,使得检索更迅速,处理更方便,也更便于用户使用,于是就建立了数据库。为了便于用户根据需要建立自己的数据库,查询、显示、修改数据库的内容,输出打印各种表格等,这就建立了数据库管理系统(DataBase Management System,DBMS)等支撑软件,或称为支持软件。

上述这些都是各种形式的程序,它们存储在各种存储介质中,例如磁盘、磁带、光盘等,统称为计算机软件。

总之,计算机的硬件建立了计算机应用的物质基础;而各种软件激活了计算机,且扩大了计算机的功能,扩大了它的应用范围,以便于用户使用。硬件与软件结合才构成一个完整的计算机系统。

1.4 微型计算机的结构

在图 1-1 所示的计算机的基本部件中,运算器与控制器是系统的核心,称为 CPU,它们都是用高速的电子电路(各种门、触发器等)构成的。第一代计算机的核心部件是用电子管做成的,第二代是用晶体管做成的,第三代是用集成电路做成的,到了第四代大规模集成电路时,就把整个运算控制器(即 CPU)集成在一个或几个芯片上,这就是微型计算机的标志。这种集成在一个芯片上的 CPU 有不同厂家的不同型号,称为微处理器(Microprocessor)。它本身还不是一个微型计算机,而只是微型计算机的一部分。只有与适当容量的存储器、输入输出设备的接口电路以及必要的输入输出设备结合在一起,才构成一台微型计算机(Microcomputer),或者称为微型计算机系统(Microcomputer System),如图 1-22 所示。

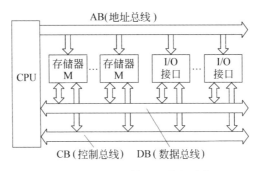

图 1-22　微型计算机的外部结构

1.4.1　微型计算机的外部结构

在微型计算机系统中,外部信息的传送是通过总线进行的。大部分微型计算机有三组总线:地址总线(Address Bus)、数据总线(Data Bus)和控制总线(Control Bus)。

1. 地址总线

通常为 32 位,即 $A_{31} \sim A_0$,因此,可寻址的内存单元为 $2^{32}B = 4GB$。I/O 接口也是通过地址总线来寻址的,它可寻址 64K 个外设端口。

2. 数据总线

通常为 32 位,即 $D_{31} \sim D_0$。数据在 CPU 与存储器和 CPU 与 I/O 接口之间的传送是双向的,故数据总线为双向总线。

3. 控制总线

它传送各种控制信号。有的是 CPU 到存储器或外设接口的控制信号,例如存储器请求 $\overline{MREQ}$、I/O 请求 $\overline{IORQ}$、读信号 $\overline{RD}$、写信号 $\overline{WR}$ 等;有的是由外设到 CPU 的信号,如 8086 中的 READY 和 INT 等。

在早期的计算机中,输入输出是通过运算器进行的,在输入和输出设备与存储器之间没有信号的直接联系。而在微型计算机系统中,由于采用了总线结构,所以可以在存储器和外设之间直接进行信息的传输,即 DMA(Direct Memery Access)方式。

1.4.2　微型计算机的内部结构

一个典型的 8 位 CPU 的内部结构如图 1-23 所示。

微处理器的内部主要由三部分组成。

1. 内部寄存器阵列

其中一部分是用来寄存参与运算的数据,它们也往往可以连成寄存器对,用以寄存操作数的地址;另一部分是 16 位的专用寄存器,如程序计数器(PC)、堆栈指示器(Stack Pointer,SP)等。

2. 累加器和算术逻辑单元

这是对数据进行算术运算、逻辑运算的场所。运算结果的一些特征由一些标志触发器记忆。

3. 指令寄存器、指令译码器和定时以及各种控制信号的产生电路

它们把用户程序中的指令一条条翻译出来,然后以一定时序发出相应的控制信号,其功

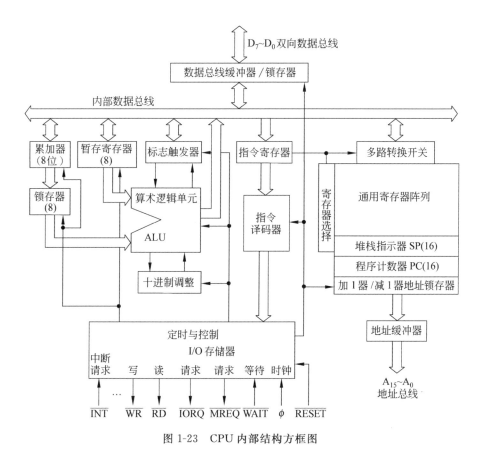

图 1-23 CPU 内部结构方框图

能相当于控制器。

1.5 多媒体计算机

媒体(Media)即是信息传播的载体,如图像(Image)、声音(Audio)、文字(Text)等。利用计算机来处理信息媒体已经有很长的历史,并形成了成熟的理论方法,如图像处理技术现已有较成熟的图像采集、压缩存储及多种处理理论。把多种媒体,如视频(Video)、声音、图像、动画(Animation)、文字结合在一起,进行同时处理,便形成了一种新技术——多媒体(Multimedia)。通常所说的多媒体是指多媒体计算技术(Multimedia Computing),简称多媒体技术,其含义是利用计算机来综合、集成地处理文字、图形、图像、声音、视频、动画等媒体而形成的一种全新的信息传播和处理技术。它把计算机技术、通信技术和广播、电视技术融为一体,综合利用,扩展了计算机应用的领域,受到人们极大的关注和重视。

1.5.1 人机接口

人类接收和传播信息的两种主要方式是用"眼睛看"和用"耳朵听",所以可看见的媒体(如文字、图形、图像、动画等)和可听见的媒体(如声音等)的完美结合才能完整、自然地表达和让人类最大程度地接收信息。具有多媒体功能的计算机就称为多媒体计算机,其中最广泛、最基本的是多媒体个人计算机(Multimedia Personal Computer,MPC)。一般普通的计算机只能处理可看见的媒体,多媒体技术的重点是要使计算机能很好地处理可听见的信息,如声音。所以,声音是多媒体最基本、最重要的要素。而同时具有视(动态)、听特性的媒体如视频、全活动影像(Full-Motion Movie)等,也是多媒体技术的重要发展方向。

1.5.2 多媒体计算机的主要功能

具有多媒体功能的计算机就是多媒体计算机,它要处理的主要信息如图 1-24 所示。

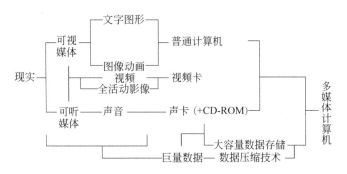

图 1-24　多媒体计算机要处理的主要信息示意图

多媒体信息的处理因为涉及巨量的数据,所以大容量数据存储和数据压缩和解压缩技术也是多媒体技术的重要发展方向。

多媒体系统应具有如下特性:

① 具备高度集成性,即能高度综合集成各种媒体信息,使处理各种媒体的设备相互协调地工作;

② 具有良好的交互性,即能使用户随意地通过软件调度媒体数据和指挥媒体设备;

③ 具备完善的多媒体硬件和多媒体工作平台。

多媒体硬件是多媒体技术的基础,而多媒体软件是多媒体技术的灵魂。前者为多媒体的实现提供了可能,而后者综合地利用计算机处理各种媒体的最新技术,如数据压缩、数据采样以及二维、三维动画等,能灵活地调度使用多媒体数据,使各种媒体硬件和谐地工作。由于多媒体技术涉及的各种媒体都有巨大的数据,所以多媒体的主要任务是使用户方便有效地组织和运转多媒体数据。

1.5.3 多媒体计算机的组成

多媒体计算机是多媒体技术走向实用化的范例。它是在 PC 的基础上融合高质量的图形、立体声、动画等媒体组合的系统,其硬件结构如图 1-25 所示。

总之,多媒体计算机是在通用的 PC 的基础上增加了多媒体设备和多媒体软件构成的。本章不涉及软件,所以,在普通台式计算机的基础上增加了多媒体设备就构成了多媒体计算机的硬件系统。

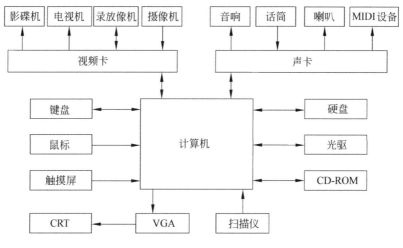

图 1-25 多媒体计算机的组成

1.6 新 技 术[*]

计算机技术仍在飞速地发展,平板电脑、网络存储、大数据、云计算、物联网、网格技术以及人工智能和智能机器人等是近几年来最值得关注的。

1.6.1 平板电脑

苹果 iPad 的出现,在全世界掀起了平板电脑热潮。平板电脑对传统 PC 产业甚至是整个 3C 产业带来了革命性的影响。同时,随着平板电脑热度的升温,不同行业的厂商(如家电、PC、通信、软件等厂商)都纷纷加入到平板电脑产业中来,咨询机构也预测整个平板电脑产业前景乐观。一时间,从上游到终端,从操作系统到软件应用,一条平板电脑产业生态链已经形成,平板电脑各产业生态链环节快速发展。

平板电脑(Tablet Personal Computer,简称 Tablet PC、Flat PC、Tablet、Slates),是一种小型、方便携带的个人电脑,以触摸屏作为基本的输入设备。它拥有的触摸屏(也称为数位板技术)允许用户通过触控笔或数字笔来进行作业,而不是使用传统的键盘或鼠标。有些产品提供内建的手写识别、屏幕上的软键盘和语音识别等功能。

平板电脑与传统的 PC 和笔记本电脑虽然在外形上有很大的不同,但它仍然是冯·诺依曼体系结构的计算机。只是由于半导体集成技术的发展,CPU、内存、输入输出接口以及一些输入输出设备可以做得很小且速度高,因而整个计算机做成了一个小型的、易携带的平板电脑。

平板电脑并未使计算机的原理和结构产生变化,而是在计算机的技术上有了巨大的发展。输入设备也由键盘、鼠标而进入到触摸屏。

受平板电脑发展前景的吸引,不论跨国企业还是本土企业,都在加快平板电脑的市场布

---

* 本节的素材有一部分取自网络。

局。各大 PC 厂商、手机厂商、芯片厂商、家电厂商和数码厂商等纷纷开始涉足这一新兴市场,相继推出自己的平板电脑产品。据统计,中国市场上已出现约 30 多个品牌的平板电脑,群雄割据的局面使得市场竞争日趋白热化。

平板电脑可以随身携带。不仅轻薄,还带有电池,可延长使用时间。启动迅速,可以稳定地连接到电子邮件、社交网络和其他应用软件,用户可以随时随地获知最新资讯。

平板电脑虽然使用方便,但由于受体积、重量的约束,它的存储容量是有限的,它必须与网络紧密相连,从网上下载要用的应用程序和所需的数据。所以,平板电脑和本节要讨论的网络存储、网格技术、云计算等技术密切相关。

1.6.2 大数据和网络存储

1. 存储的重要性

计算机的应用和发展,互联网的普及,信息呈爆炸式增长,使得数据成为最宝贵的财富。数据是信息的符号,数据的价值取决于信息的价值。由于越来越多的有价值的关键信息转变为数据,数据的价值也就越来越高。对于很多行业甚至个人而言,保存在存储系统中的数据是最为宝贵的财富。在很多情况下,数据要比计算机系统设备本身的价值高得多,尤其对金融、电信、商业、社保和军事等部门来说更是如此。对于企业来讲,设备坏了可以花钱再买,而数据丢失了其损失将是无法估量的,甚至是毁灭性的。因此,信息存储系统的可靠性和可用性、数据备份和灾难恢复能力往往是企业首先要考虑的问题。为了防止地震、火灾和战争等重大事件对数据的毁坏,关键数据还要考虑异地备份和容灾问题。

人们在信息活动中不断产生数字化信息,数据量总是在不断增长,某些时候还会产生突发性增长,例如多媒体应用和网络应用就产生了这种突发性增长。对于大部分应用,CPU 和网络的速度达到某个值就满足了要求,但是对存储容量的需求却是没有止境的,因为永远都有新的数据产生。因此,存储系统要有良好的可扩展性。除此之外,现代企业还要求这种扩展应该不中断现在的业务,这就带来一个动态可扩展或动态可伸缩的课题。

全天候服务已成大势。在电子商务和大部分网络服务应用中,7×24 小时甚至 365×24 小时的全天候服务已是大势所趋。这不仅意味着没有营业时间的概念,还意味着营业不能中断。国外的信息调查机构曾对各行业停机造成的损失做过大量的统计,统计结果表明,停机数小时对现代企业的损失是相当大的,停机超过一天,对一个企业来讲是不能忍受的,停机一周则将是毁灭性的。全天候要求存储系统具有极高的可用性和快速的灾难恢复能力,集群系统、实时备份、灾难恢复都是为全天候服务所开发的技术。

数据是企业最大的财富,任何一家公司都不可掉以轻心。数据一旦丢失,企业失去的不仅是眼前的财富,更可能是未来的发展机会,因此许多企业纷纷引入先进的网络存储技术,希望存储资源像我们日常生活中的水和电一样,成为企业信息系统中的“公用设施”。

随着 Internet 及其各种新的应用(如电子商务)的发展,企业的信息量不断增加,每年增长 1~6 倍,这使得企业对数据存储的需求急剧增长。调查显示,全球每年存储设备约增长 1~10 倍(对应于不同的应用环境),并成为计算机硬件系统购买成本中比例最大的部分。

目前,存储的高速增长,一是由于今天的企业要从其原有的商业程序中得到增值,因此它们要将更多的企业数据存放得更久,以便于更好地进行分析,从而使数据存储变得越来越重要;二是来自于 Web,现在很多人都将自己的资料和信息放在 Web 上,这对存储的需求越来越大;三是数字化时代的到来,使音乐、电影、图像、图片呈现出数字化的趋势,因而产生了大量的数据;另外,企业和个人在各种活动中的交易量越来越大,越来越频繁,因而引起存储需求的增加。据统计,目前在企业的信息系统中,服务器和存储的开销比例大概各占50%。

在人类信息技术发展史上,数字技术是一项划时代的成就。综观IT发展史,数字技术已经有过两次发展浪潮。第一次是以处理技术为中心,以处理器的发展为核心动力,产生了计算机工业,特别是PC工业,促使计算机迅速普及和应用;第二次是以传输技术为中心,以网络的发展为核心动力,通过互联网,人们无论在何处都可以方便地获取和传递信息。这两次浪潮极大地加速了信息数字化的进程,越来越多的信息活动转变为数字形式,使数字化信息呈爆炸性增长,从而引发了数字技术的第三次浪潮——存储技术浪潮。

实际上,数字技术在任何时候都是处理、传输和存储技术三位一体、缺一不可。数据存储技术一直都在发展与进步,但是它一直处于后台,被处理技术和网络技术的光芒所掩盖,现在它终于走到了前台,成为数字化舞台的主角之一。

三次浪潮是一种联动关系:PC的普及推动IT走下了金字塔→人人应用PC又推动了信息整合技术和传输技术的发展→互联网闪亮登场→网络的扩容和延伸带来了信息的爆炸性增长,于是存储又顺理成章地被推到了IT产业的前台。

早期计算机仅用于计算,CPU活动是最经常的、占时间最多的事件,加快其速度最为重要;之后在网络应用中,计算机通信成为占时间最多的事件,加快网络速度成为当务之急;目前在大部分网络应用中,存储已成为经常性事件,正如专家所言,目前的计算瓶颈已从过去的CPU、内存、网络变为现在的存储,因此,存储是最值得加快速度的经常性事件。从技术的角度讲,目前存储系统的I/O率(单位时间完成任务数)和数传率(每秒传输字节数)还远不能满足高端应用的需求,存储系统需要大幅度地提高其速度性能。

最初,存储设备只是计算机的一个部件,典型的情况是与服务器配套,所以称为"以服务器为中心的存储架构"。也就是说,存储设备一定要对应于某一台服务器,一台服务器可以对应多个存储设备。不同服务器之间的存储资源是相互分割的,有的不够用,有的又空闲,所以资源利用率不高。另外,在不同服务器所属的存储器中不得不重复存储大量的信息,存储资源浪费严重。

近年来,信息系统逐渐演变成以存储为中心。此时,企业机构将大量的存储设备集中起来让多个服务器共享。与以服务器为中心的结构相比,这种存储集中式的体系结构运行更加有效,管理也更加容易。但是,采用这种体系结构也有不利的一面。在这种体系结构中,存储设备相对封闭。如果从某个厂商购买了存储设备,就必须一直购买和采用它的产品,系统的扩展性受到了限制。这种技术就称为直接连接存储技术(Direct-Attached Storage,DAS)。

2. 存储网络技术

由于Internet的普及与高速发展,网络服务器的规模因此变得越来越大。Internet对服务器本身及存储系统都提出了苛刻要求,新的存储体系和方案不断出现,服务器的存储技术也分化为两大类:直接连接存储技术和存储网络技术。

存储网络技术是近年来出现并且高速发展的新技术,具有很高的安全性,而且动态扩展能力极强。

在网络化大潮的冲击下,网络存储破土而出,扛起了21世纪存储发展的大旗。网络存储技术得到了极为迅速的发展,存储区域网(Storage Area Network,SAN)就是一种典型的网络存储技术。

以 SAN 为例,这个基于光纤通道技术、拥有近乎无限存储能力的高速存储网络便是独立于服务器网络系统之外的网络。它拥有自己的存储服务器和操作系统,可以独立进行快速闪存复制、远程灾难恢复、软件的高级功能管理等多方面操作,不再需要与系统服务器交互,从而保证了网络主干的畅通,降低了计算资源的占用和网络管理的复杂性。有人就此断言:"信息体现着企业的价值,SAN 体现着信息的价值。"

通过将存储通信量从局域网的日常通信量中分离出去,可以大大提升局域网和存储网络的通信效率,实现存储与通信的双赢。用户能够快速访问存储资源,SAN 内部的数据流也不会蚕食网络资源,从而保证数据的畅通无阻。SAN 设备与大多数网络节点在地理位置上是分开的。通过光纤通道,SAN 与网络节点的距离可以达到 10km。

SAN 系统是高度可靠且相对容易管理的系统,但是设备的价格和安装费用较为昂贵。而且其缺点也是相当鲜明,比如互操作性问题。特别是在现行的 SAN 解决方案中,部件繁多,网络协议和标准各异。这样一来,SAN 也并非适用于所有领域的灵丹妙药。现在存储领域的技术专家们正在致力于解决互操作性问题,网络存储技术仍在不断地发展和完善。

3. 数据管理

随着存储结构复杂性越来越大,用户对个性化的存储服务呼之欲出。在不久的将来,物理存储设备将处于次要地位,最重要的是如何对存储进行管理。存储管理软件与系统管理软件并不是同一个概念,存储管理软件是对存储网络进行管理,能够与网络管理软件协同工作。为此,许多厂商推出了各种存储管理的应用软件。这些软件在很多领域中提供了史无前例的能力和灵活性,例如数据复制、动态扩展和存储再分配、灾难恢复、对分布式存储的集中管理等。为了能够更快地支持来自所有领先公司的服务器和存储产品,SAN 软件在实现开放式 SAN 目标的过程中迈出了第一步。目前,这些产品已经用于提高现有存储解决方案的性能和管理能力。

网络存储与企业存储器件和设备这一级无论发展多好,都无法满足网络与企业存储的多种需求,这就需要在系统结构和软件这一级来解决问题。与一个存储芯片在计算机主存系统中的作用一样,存储装置(最主要是硬盘)在这里只是作为一个构件而存在的,互连的硬件和软件在此起到了最为关键的作用。

存储管理软件在存储系统中的地位越来越重要,在上述的各种技术中,很多功能都是由存储管理软件来完成的。存储管理软件主要提供存储资源管理(存储媒介、卷、文件管理)、数据备份和数据迁移、远程备份、集群系统、灾难恢复以及存储虚拟化等功能。存储管理提高了资源的利用率和工作效率,还提高了系统的可用性。

4. 虚拟存储

让企业资源成为一种公用设施,像电流一样——打开开关就来了,这是许多存储领域企业向用户的承诺。

存储虚拟化是支持存储公用设施模式的关键技术,它将各种异构存储设备整合起来,构成一个安全、动态的存储池,支持各种异构服务器和用户的使用。实际上,存储虚拟化必须提供这样一些功能:存储协议转换,例如 SCSI 或者 SSA 到光纤通道的转换,从而支持异构存储器和异构服务器环境;存储系统配置,支持高可用性和高性能应用,例如指派主从镜像和备用驱动器;存储系统可视化和监控,展示存储系统状况并在重要事件发生时及时通知系统管理员;在 TCP/IP 网络上实现多路镜像、快照和远程异步复制。

存储虚拟化(Storage Virtualization)虽然不是一个新的概念(如卷管理就是一种存储虚拟化的服务器软件),但目前具有了新的内涵,并成为存储管理中逐步走向主流的技术。它不管物理设备在何处,也不管有多少数量和多少种类的存储设备,只要能在逻辑上为计算机呈现一个虚拟的存储池即可。在虚拟存储技术管理下的各种存储设备的集合,对用户来说就等效于一个本地的大硬盘。

存储虚拟化成为目前存储管理中新的热点,其技术正逐步走向成熟。在一个 IT 系统中,一般有三个层次可以实施存储虚拟化,即服务器层、光纤互连层和存储器层。对应这三个不同的层次,目前许多厂商推出了相关的产品,以帮助用户在存储方面实现效益最大化。

要使"存储公用设施"从理论走向实用,存储系统必须满足下列要求:

- 支持从异构主机到异构存储系统的透明访问。也就是说,服务器可以运行异构操作系统,例如 Sun Solaris、HP-UX、Windows 或 Linux 等。存储设备可来自不同的供应商的存储设备,可顺利地接入系统。
- 支持 24×7 小时的数据可用性。
- 高性能的数据访问。
- 数据安全性——只允许有访问权的用户访问相应的数据。
- 平滑的存储容量扩展——存储网络上添加存储设备的过程对用户透明,而且任何服务器都不需要停机。
- 支持数据保护和恢复。
- 透明的数据迁移——由于系统故障或者存储系统重新配置所进行的数据迁移不改变用户访问数据的方式。
- 存储系统在线重新配置——当用户请求新的存储空间或要求调整访问权限时,不会中断其他用户的数据访问。

存储虚拟化是支持存储公用设施模型的关键技术,是安全可靠的动态存储池,可以适应和包容丰富多样、迅速发展的存储设备,具备为异构服务器和客户机提供服务的能力。因此,虚拟存储系统必须具备下列功能:

- 存储协议的自由转换,例如从 SCSI 到光纤通道协议或者从 SSA 到光纤通道协议,能够支持异构存储和服务器环境。
- 支持高可用性和高性能 SAN 存储配置,例如指定主从镜像和空闲驱动器、产生合成式驱动器、连接多个存储子系统构成单一驱动器、实现集中管理以及灵活的存储容量扩充。
- 具有可视性和可管理性,能够在更新和恢复等突发事件发生时及时通知管理员。
- 通过 TCP/IP 网络实现 n 路镜像、快照和异步远程复制等数据复制操作。
- 存储设备的故障或者任何在主机和存储子系统路径上的设备(如路由器、主机适配器或交换机等)故障能够触发自动故障接替。
- 可以实现定时自动备份和恢复。
- 可以实现数据高速缓存。
- 可以控制主机访问不同的存储设备分区。

1.6.3 大数据

有了海量的数据,如何从这些数据中提取有用的信息,挖掘其中的规律就变得十分重要,例如天气预报,于是就有了大数据、大数据技术、大数据行业。

从各种各样类型的数据中快速地获得有价值信息的能力就是大数据技术。

"大数据"是指以多元形式,由许多来源搜集而来的庞大数据组,它们往往具有实时性。

从 2009 年开始,"大数据"才成为互联网信息技术行业的流行词汇。美国互联网数据中心指出,互联网上的数据每年将增长 50%,每两年便翻一番,而目前世界上 90% 以上的数据都是最近几年才产生的。此外,数据又并非单纯指人们在互联网上发布的信息,全世界的工业设备、汽车、电表上有着无数的数码传感器,随时测量和传递着有关位置、运动、震动、温度、湿度乃至空气中化学物质的变化等数据,也产生了海量的数据信息。

从技术上看,大数据与云计算的关系就像一枚硬币的正反面一样密不可分。大数据必然无法用单台的计算机进行处理,必须采用分布式计算架构。大数据的特色在于对海量数据的挖掘,但是,它必须依托云计算的分布式处理、分布式数据库、云存储和虚拟化技术。

从海量数据中"提纯"出有用的信息,这对网络架构和数据处理能力而言,也是巨大的挑战。

1.6.4 网格技术

1. 什么是网格技术

美国计算网格项目的负责人之一伊安·福斯特在 1998 年主编的《网格:21 世纪信息技术基础设施的蓝图》一书中这样描述网格:"网格就是构筑在互联网上的一组新兴技术。它将高速互联网、高性能计算机、大型数据库、传感器、远程设备等融为一体,为科技人员和普通百姓提供更多的资源、功能和交互性。互联网主要为人们提供电子邮件、网页浏览等通信功能,而网格的功能则更多、更强,它能让人们透明地使用计算、存储等其他资源。"

将网络上的资源联合起来应用是网格技术的特点之一。例如,我国 211 工程中,仅各高校价值 5 万元以上的贵重仪器设备的总投资就有 450 亿元。绝对数字虽然很大,但因为这些设备分散到各个学校,所起到的作用就相对有限了。如果通过网格将这些设备联合起来,将极大地提高资源利用率。

网络上的资源虽然很多,但往往利用率却很低,在一些大公司,服务器通常只有 30% 的时间在工作,一半的 PC 只有 5% 的时间在工作。一些 IT 公司正着手研究网格软件,让夜间美国纽约闲置的计算机给中国香港使用,或者把所有大型计算机的能力在某段时间给一个公司使用,进行复杂的运算。

2. 网格的应用

网格就是将来个人在实验室、在家里的计算机,通过 PC、便携机,利用通信办法与互联网连起来。其中,一些网站起调度作用,这些网站对用户的需求进行分析沟通,可以去调度互联网的资源,例如用户需要一个大型的 CPU 巨型机来解决计算问题,如果需要海量的存储来解决用户的存储问题,那么互联网有很大的磁盘空间可以共享给用户。用户需要很多知识库,包括软件加工、图像处理、信息检索,这些知识库都可以通过互联网上的网格技术来共享。网格上连着的 CPU,都是一些巨型机提供的,包括存储、SGI,可以处理各种图像和各种多媒体的检验设备,能够共享在网络平台上。

网格将高速互联网、计算机、大型数据仓库传感器、远程设备等融为一体,为科技人员和普通百姓提供更多的资源、功能和服务。传统的互联网技术主要为人们提供电子邮件,网页浏览等通信功能,而网格的功能则更多、更强,它能让人们共享计算、存储和其他资源。过去我们说互联网需要去调网页、网站,非常方便,但需要输入地址,今后我们可能并不需要这样做。通俗地讲,如果我们需要电灯、需要电,我们并不需要考虑电站在哪里。我们想要水,打开龙头水就来了,并不需要考虑水库在哪里,这就是未来网格的格局。

摩尔定律揭示的计算、通信与存储领域技术的高速发展,是网格概念提出的硬件基础。摩尔定律揭示了计算机芯片集成度增长的规律,计算机芯片集成度的提高使得计算机的处理能力持续快速地增长。目前微型计算机的计算能力已经远远超过了早期的巨型机。计算机处理能力的提高,使得我们可以拥有更高的能力来解决更复杂的问题。单台计算机的处理能力虽然有了惊人的提高,但是单机的处理能力毕竟是有限的,值得庆幸的是,在网络通信领域也出现了类似的摩尔定律,通信性能的大幅度提高,为我们将分布在各地的单个计算机系统进行高效聚合提供了可能;另一方面,存储领域和计算、网络通信领域一样,存储设备从存储速度特别是存储容量上也有了指数级的增长,这是对海量数据进行处理的前提。其实,网格计算最基本、最朴素的思想可以追溯到更早的时间,但是摩尔定律在计算、通信与存储领域的强大推动力才使它从理想走向现实。因此我们认为,网格热的出现有其必然性,这是计算机技术发展到一定阶段的必然结果。

短短的几十年,互联网给人类带来了翻天覆地的变化,它自身也走过了三个里程碑。传统的互联网是将世界上的计算机硬件连通;而万维网是实现了网页的连通,将各种信息资源连接起来。由硬件相连的因特网到网页相连的万维网,互联网的发展跨越了两大里程碑。而21世纪初出现的网格技术则是互联网发展的第三大里程碑,也可以称为互联网发展的第三大浪潮,或者称为第三代因特网。

导致网格技术兴起的一个主要原因,就在于海量的信息和数据需要处理。信息社会每时每刻都在产生像大海一样大量的数据和信息。例如,在高能物理领域,欧洲高能物理中心一台高能粒子对撞机所获取的数据用100万台PC的硬盘都装不下,而分析这些数据则需要更大的计算能力。在生物领域的基因组计划的解读,在哈勃望远镜所获取的大量宇宙数据的分析,在气象、地震预报预测等重大科学领域的计算问题,都促使科学家要利用分布在世界各地的计算机资源,通过高速网络连接起来,共同完成计算问题。

网格会带来一场互联网的革命,将改变整个计算机世界的格局,从而给世界各行各业带来巨大的效益。利用网格,芯片设计人员以前在数星期内方可完成的设计任务在数小时内就可顺利完成,从而大大加快了产品面市的时间;汽车制造厂商可以利用网格进行模型的模拟测试,从而取代原来的电路测试和风洞试验,降低了汽车的成本;在金融行业,网格在风险抵抗等方面有很好的作用;在基因工程领域,网格将大显身手,例如药物分子模拟、药物研究、基因测序等都离不开网格,以基因治疗为例,目前医院无法通过DNA对一个病人做病理分析,但是,如果网格技术能够普及,则会提供无限的计算空间,将使这种诊治变为可能。

网格主要由6部分组成,即网格节点、数据库、贵重仪表、可视化设备、宽带主干网和网格计算软件。

网格节点是一些高性能的计算机。数据库用于存储天文、基因等海量信息和数据。贵重仪器包括理论物理研究的粒子加速器、大口径雷达、天文望远镜等科学仪器和精细的打印设备。网格计算软件包括网格操作系统、网格编程与使用环境,以及网格应用程序。

1.6.5 云计算

1. 云计算定义

美国标准局(NIST)专家于 2009 年 4 月 24 日给出了一个云计算定义草案,概括了云计算的五大特点、三大服务模式、四大部署模式。

(1) 云计算的定义

云计算是一种按使用量付费的模式,这种模式提供可用的、便捷的、按需的网络访问,进入可配置的计算资源共享池(资源包括网络、服务器、存储、应用软件、服务),这些资源能够被快速提供,只需投入很少的管理工作,或者与服务供应商进行很少的交互。云计算模式提高了可用性。

(2) 云计算的主要特点

① 按需自助服务。消费者可以单方面按需部署处理能力,如服务器时间和网络存储,而不需要与每个服务供应商进行人工交互。

② 通过网络访问。可以通过互联网获取各种能力,并可通过标准方式访问,以通过众多客户端推广使用(例如移动电话、笔记本电脑、PDA 等)。

③ 与地点无关的资源池。供应商的计算资源被集中,以便以多用户租用模式服务于所有客户,同时不同的物理和虚拟资源可根据客户需求动态分配和重新分配。客户一般无法控制或知道资源的确切位置。这些资源包括存储、处理器、内存、网络带宽和虚拟机器。

④ 快速伸缩性。可以迅速、弹性地提供相关能力,能快速扩展,也可以快速释放以实现快速缩小。对客户来说,可以租用的资源看起来似乎是无限的,并且可以在任何时间购买任何数量的资源。

⑤ 按使用付费。能力的收费是基于计量的一次一付费,或者基于广告的收费模式,以促进资源的优化利用。例如计量存储,带宽和计算资源的消耗,按月根据用户实际使用收费。在一个组织内的云可以在部门之间计算费用,但不一定使用真实货币。

云计算软件服务着重于无国界、低耦合、模块化和语义互操作性,应该充分利用云计算模式的优势。

(3) 云计算的服务模式

① 云计算软件即服务。提供给客户的能力是服务商运行在云计算基础设施上的应用程序,可以在各种客户端设备上通过客户端界面访问,如浏览器访问。消费者不需要管理或控制底层的云计算基础设施、网络、服务器、操作系统、存储甚至单个应用程序的功能,可能的例外是一些有限的客户可定制的应用软件配置设置。

② 云计算平台即服务。提供给消费者的能力是把客户利用供应商提供的开发语言和工具(如 Java、Python、.Net)创建的应用程序部署到云计算基础设施上去。客户不需要管理或控制底层的云基础设施、网络、服务器、操作系统、存储,但消费者能够控制部署的应用程序,也可能控制应用的托管环境配置。

③ 云基础设施即服务。提供给消费者的能力是出租处理能力、存储、网络和其他基本的计算资源,用户能够依此部署和运行任意软件,包括操作系统和应用程序。消费者不管理

或控制底层的云计算基础设施,但能控制操作系统、储存、部署的应用,也有可能选择网络组件(如防火墙、负载均衡器)。

(4) 云计算的部署模式

① 私有云。云基础设施被某单一组织拥有或租用,该基础设施只为该组织运行。

② 社区云。基础设施被一些组织共享,并为一个有共同关注点的社区服务(如任务、安全要求、政策和准则等)。

③ 公共云。基础设施是被一个销售云计算服务的组织所拥有,该组织将云计算服务销售给一般大众或广泛的工业群体。

④ 混合云。基础设施是由两种或两种以上的云(内部云、社区云或公共云)组成,每种云仍然保持独立,但用标准的或专有的技术将它们组合起来,具有数据和应用程序的可移植性(如可用来处理突发负载)。

2. 云计算领域的现状

目前云计算领域的现状是:

① 当前市场上主要的云计算厂商都是一些 IT 巨头,处在攻城占地阶段。

② 标准尚未形成,在标准问题上基本上是各说各的。

③ 市场上的云计算产品与服务千差万别。

1.6.6 物联网

1. 什么是物联网

物联网是指通过射频识别、红外感应器、全球定位系统、激光扫描器等信息传感设备,按照协议的约定,把任何物品与互联网连接起来,进行信息交换和通信,以实现智能化识别、定位、跟踪、监控和管理的一种网络。通俗地讲,物联网就是"物物相连的互联网"。

值得注意的是,物联网是对互联网的一种延伸与扩展,其核心和基础仍是互联网,只不过物联网用户端扩展到了任何物体与物体间进行信息交换和通信。

早在 1999 年,中国就提出了类似物联网的概念,只不过在中国被称为"传感网",国际上则称为"物联网"。物联网发展到现在,已经可以实现把传感器装备到电网、铁路、桥梁、隧道、公路、建筑、供水系统、大坝、油气管道以及家用电器等各种真实物体上,通过互联网连接起来,进而运行特定的程序,达到远程控制或者实现物与物的直接通信。这样,我们可以对地球上任何一个物体进行定位和控制。

2. 物联网对世界的影响

物联网用途广泛,遍及智能交通、环境保护、政府工作、公共安全、平安家居、智能消防、工业监测、老人护理、个人健康等多个领域。其中物联网在以下三个领域中应用十分广泛。

(1) 对经济的影响

物联网将技术与社会连接在一起的结构将产生一种新的技术经济结构,对社会和经济活动产生巨大的影响,因此将形成新的经济形态,表现出良好的市场前景。

物联网是生产社会化、智能发展的必然产物,是现代信息网络技术与传统商品市场有机结合的产物,不仅极大地促进了社会生产力的发展,而且也改变了社会的生活方式。

我们可以充分利用物联网这一手段进行产业创新和提高商品竞争力,大大地提高效率。

同时,可以远程控制商品,随时随地查看和监管商品,可使得物流变得更加简单便捷。一句话,未来的经济会因为物联网的出现大大改变。

（2）对信息产业发展的影响

如果把计算机的出现使信息处理获得了质的飞跃视为信息技术第一次产业化浪潮,把互联网和移动网的发展使信息传输获得了巨大提升视为第二次产业化浪潮,那么以物联网为代表的信息获取技术的突破将掀起第三次产业化浪潮。

物联网实现了由人操控的物与物的联系,相当于把现实世界和虚拟世界用信息联系起来。这种新的概念的提出,必定会让人们有了新的想法和新的对事物的看法,也会促使信息产业的创新,加快社会信息化的进程。

（3）对安防的影响

2008年北京奥运期间,物联网得到了很广泛的应用。例如,在视频联网监控、智能交通指挥、食品安全追溯、环境动态监测等方面,物联网技术有了非常大的用武之地。

上海世博会期间,约34万人在世博园就餐,保证食品安全成为了首要目标。利用物联网,在现场就可快速追溯食品和原料的来源,确保供应渠道的安全可靠。世博会的火警警报装置也利用物联网消除了世博会期间的火险。

这一切都说明了物联网的有效应用可以保证人的安全,危险在未发生的时候就被消除。

物联网的价值大约是互联网的30倍,其潜力几乎是无穷大的。可以畅想,未来我们可以知道身上穿的衣服的生产过程,我们写的纸是从哪棵树上来的,我们吃的猪肉是从哪头猪上来的,走失的狗可以自动地告诉我们它的位置……现在物联网刚刚起步,没有什么是不能想象、不能实现的。

发展物联网是信息科技的大势所趋,是未来国与国的新一轮科技竞争前沿,其重要性不言而喻。而由于物联网涉及的范围太广,其发展重任远不是一个企业或一个行业能够担当的。产业链以及跨行业合作成为必然趋势,这将导致相关产业的迅速发展。因此,整个社会将因为物联网而大大改变。

1.6.7　人工智能和智能机器人

1. 机器人及智能机器人

近年来,在各种媒体中各种各样的机器人极其频繁地出现,深刻地印入人们的脑海中。从最早的在流水线生产中的原始机器人、在防火防爆等危险场合的各种机器人到扫地机器人、医疗机器人、足球机器人以及能与人类交流的各式服务机器人,这些机器人的智慧和能力各不相同。

机器人可分为一般机器人和智能机器人。

（1）一般机器人

一般机器人是指不具有智能,只具有执行能力和操作功能的机器人。例如,工业机器人,它只能死板地按照人们给它规定的程序工作,不管外界条件有何变化,它都不能对程序也就是对所做的工作进行相应的调整。如果要改变机器人所做的工作,必须由人对程序进行相应的改变。

（2）初级智能机器人

初级智能机器人和工业机器人不一样,具有像人一样的感知、识别、推理和判断能力。

可以根据外界条件的变化,在一定范围内自行修改程序。也就是说,它能适应外界条件变化对自己进行相应的调整。不过,修改程序的原则由人预先规定。这种初级智能机器人已经拥有一定的智能,虽然还没有自动规划能力,但这种初级智能机器人也开始走向成熟,达到实用水平。

（3）家庭智能陪护机器人

家庭智能陪护机器人一般应用于养老院或社区服务站,具有生理信号检测、语音交互、远程医疗、智能聊天、自主避障等功能。

这种机器人在养老院环境能够实现自主导航避障功能,能够通过语音和触摸屏进行交互。配合相关检测设备,机器人具有血压、心跳、血氧等生理信号检测与监控功能,可以无线连接社区网络并传输到社区医疗中心,紧急情况下能够及时报警或通知亲人。机器人具有智能聊天功能,可以辅助老人心理康复。陪护机器人为人口老龄化所带来的重大社会问题提供了解决方案。

（4）高级智能机器人

高级智能机器人和初级智能机器人一样,具有感知、识别、推理和判断能力,同样可以根据外界条件的变化,在一定范围内自行修改程序。所不同的是,修改程序的原则不是由人规定的,而是机器人自己通过学习、总结经验来获得修改程序的原则。所以,它的智能高出初级智能机器人。这种机器人已拥有一定的自动规划能力,能够自己安排自己的工作。这种机器人可以不要人的管理而完全独立地工作,故也称为高级自律机器人。这种机器人已经开始走向实用。

在设计制作之后,机器人无须人的干预,能够在各种环境下自动完成各项拟人任务。自主型机器人的本体上具有感知、处理、决策、执行等模块,可以像一个自主的人一样独立地活动和处理问题。在机器人世界杯的中型组比赛中使用的机器人就属于这一类型。全自主移动机器人的最重要的特点在于它的自主性和适应性,自主性是指它可以在一定的环境中,不依赖任何外部控制,完全自主地执行一定的任务;适应性是指它可以实时识别和测量周围的物体,根据环境的变化,调节自身的参数,调整动作策略以及处理紧急情况。交互性也是自主机器人的一个重要特点,机器人可以与人、与外部环境以及与其他机器人之间进行信息的交流。由于全自主移动机器人涉及驱动器控制、传感器数据融合、图像处理、模式识别、神经网络等许多方面的研究,所以能够综合反映一个国家在制造业和人工智能等方面的整体水平。因此,许多国家都非常重视全自主移动机器人的研究和开发。

智能机器人的研究从 20 世纪 60 年代初开始,经过几十年的发展,目前基于感觉控制的智能机器人(又称第二代机器人)已达到实际应用阶段,基于知识控制的智能机器人(又称自主机器人或下一代机器人)也取得了较大进展,研制出了多种样机。

智能机器人具备形形色色的内部信息传感器和外部信息传感器,如视觉、听觉、触觉、嗅觉。除具有感受器外,它还有效应器,作为作用于周围环境的手段,这就是筋肉,或称自整步电动机,它们可以使手、脚、长鼻子、触角等动起来。由此可知,智能机器人至少要具备三个要素:感觉要素、反应要素和思考要素。

智能机器人能够理解人类语言,用人类语言同操作者对话,在它自身的"意识"中单独形成了一种使它得以"生存"的外界环境——实际情况的详尽模式。它能分析出现的情况,能调整自己的动作以达到操作者所提出的全部要求,能够拟定所希望的动作,并且在信息不充分的情况下和环境迅速变化的条件下完成这些动作。

智能机器人的基础是人工智能。

2. 人工智能

人工智能最轰动的事件就是 2016 年 AlphaGo(阿尔法围棋)战胜了前围棋世界冠军李世石。对这件事中国围棋界是不服气的。认为李世石老了,思维不敏捷了。2017 年 5 月 23 日到 27 日,在中国乌镇围棋峰会上,AlphaGo 以 3 比 0 的总比分战胜了世界排名第一的世界围棋冠军柯洁。在这次围棋峰会期间的 2017 年 5 月 26 日,AlphaGo 还战胜了由陈耀烨、唐韦星、周睿羊、时越、芈昱廷 5 位世界冠军组成的围棋团队,引起了围棋界极大的震动。

显然 AlphaGo 的设计者、编程人员无一人能战胜世界冠军。那么 AlphaGo 是怎样战胜世界围棋冠军的呢?

AlphaGo 是一款围棋人工智能程序,其主要工作原理是"深度学习"。AlphaGo 是通过两个不同神经网络"大脑"合作来改进下棋步骤。这些"大脑"是多层神经网络。

AlphaGo 的第一个神经网络大脑是"监督学习的策略网络(Policy Network)",观察棋盘布局企图找到最佳的下一步。事实上,它预测每一个合法下一步的最佳概率,这个概率就是胜率最高的。这可以理解成"落子选择器"。

AlphaGo 的第二个大脑相对于落子选择器是回答另一个问题,它不是去猜测具体下一步,而是在给定棋子位置的情况下,预测每一个棋手赢棋的概率。这可以理解成"局面评估器(Position Evaluator)",也就是"价值网络(Value Network)",通过整体局面判断来辅助落子选择器进行决策。

这些网络通过反复训练来检查结果,再去校对调整参数,让下次执行得更好。这个处理器有大量的随机性元素,所以人们是不可能精确地知道网络是如何"思考"的,但是经过更多的训练后能让它进化到更好。

AlphaGo 象征着计算机技术已经进入人工智能的新信息技术时代(新 IT 时代),其特征就是大数据、大计算、大决策三位一体。它的智慧正在接近人类。

(1) 人工智能定义

人工智能(Artificial Intelligence,AI)是研究、开发用于模拟、延伸和扩展人的智能的理论、方法、技术及应用系统的一门新的技术科学。

人工智能是计算机科学的一个分支,它企图了解智能的实质,并且生产出一种新的能以人类智能相似的方式做出反应的智能机器,该领域的研究包括机器人、语言识别、图像识别、自然语言处理和专家系统等。

人工智能可以对人的意识、思维的信息过程进行模拟。人工智能不是人的智能,但能像人那样思考,也可能超过人的智能。

人工智能是关于知识的学科——怎样表示知识以及怎样获得知识并使用知识的科学。即人工智能是研究人类智能活动的规律,构造具有一定智能的人工系统,研究如何让计算机去完成以往需要人的智力才能胜任的工作,也就是研究如何应用计算机的软硬件来模拟人类某些智能行为的基本理论、方法和技术。

人工智能被认为是 20 世纪 70 年代以来世界三大尖端技术(空间技术、能源技术、人工智能)之一,也被认为是 21 世纪三大尖端技术(基因工程、纳米科学、人工智能)之一。这是因为近三十年来人工智能得到了迅速的发展,在很多学科领域都得到了广泛应用,并取得了丰硕的成果,人工智能已逐步成为一个独立的分支,无论在理论和实践上都已自成一个系统。

繁重的科学和工程计算本来是要人脑来承担的,如今计算机不但能完成这种计算,而且能够比人脑做得更快、更准确,因此当代人已不再把这种计算看作是"需要人类智能才能完成的复杂任务",可见复杂工作的定义是随着时代的发展和技术的进步而变化的,人工智能这门学科的具体目标也自然随着时代的变化而发展。它一方面不断获得新的进展,另一方面又转向更有意义、更加困难的目标。

（2）实际应用

人工智能可以应用于机器视觉、指纹识别、人脸识别、视网膜识别、虹膜识别、掌纹识别、专家系统、自动规划、智能搜索、定理证明、博弈、自动程序设计、智能控制、机器人学、语言和图像理解、遗传编程等。

（3）研究范畴

人工智能的研究范畴包括自然语言处理、知识表现、智能搜索、推理、规划、机器学习、知识获取、组合调度问题、感知问题、模式识别、逻辑程序设计、软计算、不精确和不确定的管理、人工生命、神经网络、复杂系统、遗传算法等。人工智能就其本质而言,是对人的思维的信息过程的模拟。

对于人的思维模拟可以通过两条道路进行:一是结构模拟,仿照人脑的结构机制,制造出"类人脑"的机器;二是功能模拟,暂时撇开人脑的内部结构,而从其功能过程进行模拟。现代电子计算机的产生便是对人脑思维功能的模拟,是对人脑思维的信息过程的模拟。

弱人工智能如今不断地迅猛发展,尤其是 2008 年经济危机后,美国、日本以及欧洲一些国家希望借机器人等实现再工业化,工业机器人以比以往任何时候更快的速度发展,从而带动了弱人工智能和相关领域产业的不断突破,很多必须用人来做的工作如今已经能用机器人实现了。

而强人工智能则暂时遇到了瓶颈,还需要科学家们和人类的不断努力和探索。

用来研究人工智能的主要物质基础以及能够实现人工智能技术平台的机器就是计算机,人工智能的发展历史是和计算机科学技术的发展史联系在一起的。除了计算机科学以外,人工智能还涉及信息论、控制论、自动化、仿生学、生物学、心理学、数理逻辑、语言学、医学和哲学等多门学科。人工智能科学研究的主要内容包括知识表示、自动推理和搜索方法、机器学习和知识获取、知识处理系统、自然语言理解、计算机视觉、智能机器人、自动程序设计等方面。

人工智能属于自然科学、社会科学、技术科学三向交叉学科。

人工智能涉及哲学和认知科学、数学、神经生理学、心理学、计算机科学、信息论、控制论、不定性论、仿生学、社会结构学与科学发展观。

人工智能的研究范畴涉及面广,目前最关键的难题还是机器的自主创造性思维能力的塑造与提升。

3. 国家政策

工业和信息化部、国家发展改革委、财政部等三部委联合印发了《机器人产业发展规划（2016—2020 年）》,指出机器人产业发展要推进重大标志性产品率先突破。

在工业机器人领域,聚焦智能生产、智能物流,攻克工业机器人关键技术,提升可操作性和可维护性,重点发展弧焊机器人、真空(洁净)机器人、全自主编程智能工业机器人、人机协作机器人、双臂机器人、重载 AGV 这 6 种标志性工业机器人产品,引导我国工业机器人向中高端发展。

在服务机器人领域,重点发展消防救援机器人、手术机器人、智能型公共服务机器人、智能护理机器人 4 种标志性产品,推进专业服务机器人实现系列化,个人/家庭服务机器人实现商品化。

国务院在《关于印发"十三五"国家战略性新兴产业发展规划的通知》中指出:

① 加快人工智能支撑体系建设。推动类脑研究等基础理论和技术研究,加快基于人工智能的计算机视听觉、生物特征识别、新型人机交互、智能决策控制等应用技术研发和产业化,支持人工智能领域的基础软硬件开发。加快视频、地图及行业应用数据等人工智能海量训练资源库和基础资源服务公共平台建设,建设支撑大规模深度学习的新型计算集群。鼓励领先企业或机构提供人工智能研发工具以及检验评测、创业咨询、人才培养等创业创新服务。

② 推动人工智能技术在各领域应用。在制造、教育、环境保护、交通、商业、健康医疗、网络安全、社会治理等重要领域开展试点示范,推动人工智能规模化应用。发展多元化、个性化、定制化智能硬件和智能化系统,重点推进智能家居、智能汽车、智慧农业、智能安防、智慧健康、智能机器人、智能可穿戴设备等研发和产业化发展。鼓励各行业加强与人工智能融合,逐步实现智能化升级。利用人工智能创新城市管理,建设新型智慧城市。推动专业服务机器人和家用服务机器人应用,培育新型高端服务产业。

习　　题

1.1　微处理器、微型计算机和微型计算机系统三者之间有什么不同?

1.2　CPU 在内部结构上由哪几部分组成? CPU 应该具备哪些主要功能?

1.3　微型计算机采用总线结构有什么优点?

1.4　数据总线和地址总线在结构上有什么不同之处? 如果一个系统的数据和地址合用一组总线或者合用部分总线,那么要靠什么来区分地址和数据?

1.5　控制总线传输的信号主要有哪几种?

1.6　在以下 6 道习题(含本题中)中所用的模型机的指令系统如表 1-3 所示。

表 1-3　模型机指令系统

指令种类	助记符	机器码	功　　能
数据传送	LD A,n	3E n	n→A
	LD H,n	26 n	n→H
	LD A,H	7C	H→A
	LD H,A	67	A→H
	LD A,(n)	3A n	以 n 为地址,把该单元的内容送 A,即(n)→A
	LD (n),A	32 n	把 A 的内容送至以 n 为地址的单元,A→(n)
	LD A,(H)	7E	以 H 的内容为地址,把该单元的内容送 A,(H)→A
	LD (H),A	77	把 A 的内容送至以 H 的内容为地址的单元,A→(H)

指令种类	助记符	机器码	功　　能

加法	ADD A,n
	ADD A,H
	ADD A,(H)
		C6 n
		84
		86
			A+n→A
			A+H→A
			A 与以 H 为地址的单元的内容相加,A+(H)→A

减法	SUB n SUB H SUB (H)	D6 n 94 96	A－n→A A－H→A A－(H)→A
逻辑与	AND A AND H	A7 A4	A∧A→A A∧H→A
逻辑或	OR A OR H	B7 B4	A∨A→A A∨H→A
异或	XOR A XOR H	AF AC	A⊕A→A A⊕H→A
增量	INC A INC H	3C 24	A+1→A H+1→H
减量	DEC A DEC H	3D 25	A−1→A H−1→H
无条件 转移	JP n JP Z,n JP NZ,n JP C,n JP NC,n JP M,n JP P,n	C3 n CA n C 2n DA n D2 n FA n F2 n	n→PC Z=1,n→PC Z=0,n→PC Cy=1,n→PC Cy=0,n→PC S=1,n→PC S=0,n→PC
停机指令	HALT	76	停机

在给定的模型机中,若有以下程序,分析在程序运行后累加器 A 中的值为多大。若此程序放在以 10H 为起始地址的存储区内,画出此程序在内存中的存储图。

```
LD          A,20H
ADD         A,15H
LD          A,30H
ADD         A,36H
ADD         A,1FH
HALT
```

1.7 条件和要求同题 1.6,程序如下:

```
LD          A,50H
SUB         30H
LD          A,10H
ADD         A,36H
SUB         1FH
HALT
```

分析程序运行后累加器中的值是多少,并且画出该程序在内存中的存储图。

1.8 在给定的模型机中,写出用累加的办法实现 15×15 的程序。

1.9 在给定的模型机中,写出用累加的办法实现 20×20 的程序。

1.10 在模型机中,用重复相减的办法实现除法的程序如下:

```
         LD      A,(M2)          ;M2 为放除数的存储单元
         LD      H,A
         XOR     A
LOOP:    LD      (M3),A          ;M3 为放商的存储单元
         LD      A,(M1)          ;M1 为放被除数(或余数)的存储单元
         SUB     H
         JP      C,DONE
         LD      (M1),A
         LD      A,(M3)
         INC     A
         JP      LOOP
DONE:    HALT
```

若此程序放在以 20H 开始的存储区,画出它的存储图。

1.11 在模型机中,把二进制数转换为 BCD 码的程序流程图如图 1-26 所示。

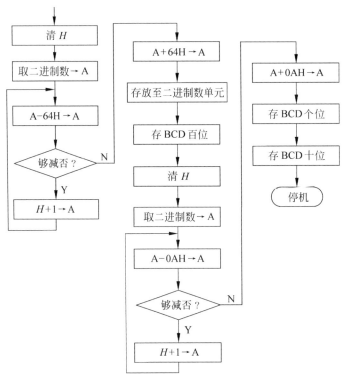

图 1-26 习题 1.11 程序流程图

编写出相应的程序。

第 2 章　80x86 系列结构微处理器与 8086

2.1　80x86 系列微处理器是 8086 的延伸

如第 1 章所述,80x86 系列结构微处理器基本上按摩尔定律发展,并已经历了许多代。但从使用者(包括程序员)的角度来看,它是以 8086 处理器为基础,是一个兼容的微处理器系列,是 8086 在功能和性能上的延伸。

2.1.1　8086 功能的扩展

1. 从 16 位扩展为 32 位

8086 是 16 位微处理器。它的内部寄存器的主体是 16 位的,主要用于存放操作数的数据寄存器是 16 位的,主要用作地址指针的指针寄存器也是 16 位的。依赖分段机制,用 20 位段基地址加上 16 位的偏移量形成了 20 位的地址,以寻址 1MB 的物理地址。

16 位能表示的数的范围是十分有限的。16 位能表示的地址只有 64KB,是一个十分小的地址范围,远远不能满足应用的需要。因而,1985 年,Intel 公司推出了第一个 32 位的微处理器——80386,开创了微处理器的 32 位时代。目前,计算机正从 32 位向 64 位转移,但主流仍是 32 位机。

32 位,无论从能表示的数的范围还是能寻址的物理地址,都已极大地扩展了,使得微处理器能取代以前的所谓"大型机",能够应用于各种领域,从而极大地促进了计算机在各行各业中的应用。

32 位地址能寻址 4GB 物理地址。

2. 从实模式至保护模式

当 1981 年 IBM 公司刚推出 IBM-PC 时,主频是 5MHz,内存是 64～128KB,没有硬盘,只有单面单密度的软盘,到了 PC/XT,才有 10MB 硬盘。在这样的硬件资源下,采用的操作系统是 PC-DOS(MS-DOS)。这是单用户、单任务的磁盘操作系统。操作系统本身没有程序隔离,没有保护。这是 DOS 遭受病毒侵害的内因。

随着 PC 的普及和硬件性能的迅速提高,要求有能保护操作系统核心软件的多任务操作系统。为使这样的操作系统能在微型计算机系统中应用与普及,要求微处理器本身为这样的操作系统提供支持。于是,从 80286 开始,在 80386 中有了真正完善的保护模式。在保护模式下,程序运行于 4 个特权级。这样,可以实现操作系统核心程序与应用程序的严格的隔离。保护模式支持多任务机制,任务之间完全隔离。

3. 片内存储管理单元

32 位地址可寻址 4GB 物理地址。大多数 PC 的物理内存配置远小于 4GB,但应用程序却需要庞大的地址空间。因此,在操作系统中提供了虚拟存储器管理机制,而这要求硬件支持。因而,在 80386 中提供了片内存储管理单元(MMU)。提供了 4K 页、页表等支持。

上述三点是 80386 相对于 8086 的主要功能扩展。

4. 浮点支持

工程应用、图形处理、科学计算等要求浮点支持(实数运算)。因此,自 80486 芯片开始,在 80x86 系列微处理器中集成了 80x87(及其增强)浮点单元。

5. MMX 技术

为支持多媒体技术的应用,如音乐合成、语音合成、语音识别、音频和视频压缩(编码)和解压缩(译码)、2D 和 3D 图形(包括 3D 结构映像)和流视频等,80x86 系列处理器中增加了 MMX 技术及相应的指令。

6. 流 SIMD 扩展

自 Pentium Ⅲ 处理器开始,在 80x86 系列微处理器中引进了流 SIMD(单指令多数据)扩展(SSE)技术。SSE 扩展把由 Intel MMX 引进的 SIMD 执行模式扩展为新的 128 位 XMM 寄存器,能在包装的单精度浮点数上执行 SIMD 操作。

Intel Pentium 4 处理器又进一步扩展为流 SIMD 扩展 2(SSE2)。Intel Pentium 4 处理器用 144 条新指令扩展 Intel MMX 技术和 SSE 扩展,它包括支持:

- 128 位 SIMD 整数算术操作。
- 128 位 SIMD 双精度浮点操作。

128 位指令设计以支持媒体和科学应用。由这些指令所用的向量操作数允许应用程序在多个向量元素上并行操作。元素能是整数(从字节至四字)或浮点数(单精度或双精度)。算术运算产生有符号的、无符号的或混合的结果。

2.1.2 8086 性能的提高

80x86 系列芯片发展的一个重要方面是提高性能。

1. 利用流水线技术提高操作的并行性

提高性能的一个重要方面是利用超大规模集成电路的工艺与制造技术提高芯片的主频,即减少一个时钟周期的时间;提高性能的另一个重要方面是缩短执行指令的时钟周期数。在 8086 中,利用流水线把取指令与执行指令重叠,减少了等待取指令的时间,从而使大部分指令的执行为 4 个时钟周期。

80386 利用芯片内 6 个能并行操作的功能部件,使执行一条指令缩短为 2 个时钟周期。

80486 将 80386 处理器的指令译码和执行部件扩展成 5 级流水线,进一步增强了其并行处理能力,在 5 级流水线中最多可有 5 条指令被同时执行,每级都能在一个时钟周期内执行一条指令,80486 微处理器最快能够在每个 CPU 时钟周期内执行一条指令。

到了奔腾处理器增加了第二个执行流水线以达到超标量性能(两个已知的流水线 u 和 v 一起工作能实现每个时钟周期执行两条指令)。

Intel Pentium 4 处理器是第一个基于 Intel NetBurst 微结构的处理器。Intel NetBurst 微结构是新的 32 位微结构,它允许处理器能在比以前的 80x86 系列处理器更高的时钟速度和性能等级上进行操作。Intel Pentium 4 处理器有快速的执行引擎、Hyper 流水线技术与高级的动态执行,使指令执行的并行性进一步提高,从而做到在一个时钟周期中可以执行多条指令。

2. 引入片内缓存

随着超大规模集成电路技术的发展,存储器的集成度和工作速度都有了极大的提高。但是,相对于 CPU 的工作速度仍然至少差一个数量级。为了减少从存储器中取指令与数据的时间,利用指令执行的局部性原理,把近期可能要用到的指令与数据放在工作速度比主存储器更高(当然容量更小)的片内缓存(Cache)中。这样的思想,进一步在处理器中实现,即在处理器芯片中实现了缓存。目前,通常在处理器芯片上有指令和数据分开的一级缓存与指令和数据混合的二级缓存,且缓存的容量越来越大,从而进一步提高了处理器的性能。

总之,80x86 系列处理器芯片就是沿着这样的思路发展的。因此,8086 是 80x86 系列处理器的基础。而且,任一种 80x86 系列处理器芯片在上电后,就是处在 8086 的实模式。根据需要,可通过指令进入各种操作模式。所以,学习 80x86 系列处理器必须掌握 8086,也只能从 8086 入手。从指令和编程来说,几乎没有用汇编语言来使用浮点指令、MMX 指令与 XMM 指令的,都是通过高级语言来使用这些指令的。因而,绝大部分程序员,除了编写操作系统代码的外,面对 80x86 系列处理器的指令,实际上是面对 8086 指令。

因此,本书从 8086 入手来学习与掌握 80x86 系列处理器。

2.2 8086 的功能结构

8086 的功能结构如图 2-1 所示。

8086 CPU 从功能上分成两大部分:总线接口单元 BIU(Bus Interface Unit)和执行单元 EU(Execution Unit)。

BIU 负责 8086 CPU 与存储器之间的信息传送。具体地说,即 BIU 负责从内存的指定单元取出指令,送至指令流队列中排队(8086 的指令流队列是 6 个字节);在执行指令时所需的操作数,也由 BIU 从内存的指定区域取出,传送给 EU 部分去执行。

EU 部分负责指令的执行。EU 主要由数据寄存器、指针寄存器与算术逻辑单元(ALU)组成。这样,取指部分与执行指令部分是分开的,于是在一条指令的执行过程中,就可以取出下一条(或多条)指令,在指令流队列中排队。在一条指令执行完以后就可以立即执行下一条指令,减少了 CPU 为取指令而等待的时间,提高了 CPU 的利用率,从而提高了整个运行速度。

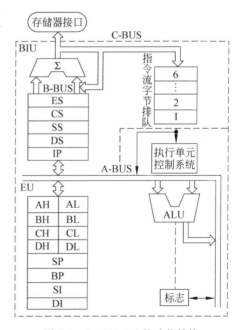

图 2-1 8086(8088)的功能结构

如前所述,在 8080 与 8085 以及标准的 8 位微处理器中,程序的执行是由取指和执行指令的循环来完成的。即执行的顺序为取第一条指令,执行第一条指令;取第二条指令,执行第二条指令……直至取最后一条指令,执行最后一条指令。这样，在每一条指令执行完以后，CPU 必须等待到下一条指令取出来以后才能执行，它的工作顺序如图 2-2 所示。

图 2-2　8 位微处理器的执行顺序

但在 8086 中，由于 BIU 和 EU 是分开的，所以，取指和执行可以重叠进行，执行顺序如图 2-3 所示。

图 2-3　8086 的执行顺序

于是就大大减少了等待取指所需的时间，提高了 CPU 的利用率。一方面可以提高整个程序的执行速度，另一方面又降低了对与之相配的存储器的存取速度的要求。这种重叠的操作技术称为流水线，过去只在大型机中才使用，在 80x86 系列微处理器中得到了广泛的使用与提高。

2.3　8086 微处理器的执行环境

本节描述汇编语言程序员看到的 8086 处理器的执行环境。它描述处理器如何执行指令及如何存储和操作数据。执行环境包括内存（地址空间）、通用数据寄存器、段寄存器、标志寄存器（FLAGS）和指令指针寄存器等。

2.3.1　基本执行环境概要

在 8086 处理器上执行的程序或任务都有一组执行指令的资源用于存储代码、数据和状态信息。这些资源构成了 8086 处理器的执行环境。

- 地址空间。8086 处理器上运行的任一任务或程序能寻址 1MB（2^{20}）的线性地址空间。
- 基本程序执行寄存器。8 个通用寄存器、4 个段寄存器、标志寄存器（FLAGS）和 IP（指令指针）寄存器组成了执行通用指令的基本执行环境。这些指令执行字节、字整型数的基本整数算术运算，处理程序流程控制，在字节串上操作并寻址存储器。
- 堆栈（stack）。为支持过程或子程序调用并在过程或子程序之间传递参数，堆栈和堆栈管理资源包含在基本执行环境中。堆栈定位在内存中。
- I/O 端口。8086 结构支持数据在处理器和输入输出（I/O）端口之间的传送。

8086 处理器的基本执行环境如图 2-4 所示。

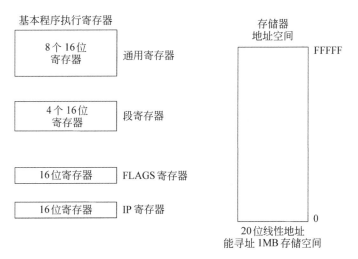

图 2-4 8086 基本执行环境

2.3.2 基本的程序执行寄存器

处理器为了应用程序编程提供了 14 个基本程序执行寄存器,如图 2-4 所示。

这些寄存器能分组如下:

- 通用寄存器。这 8 个寄存器能用于存放操作数和指针。
- 段寄存器。这些寄存器最多能保存 4 个段选择子。
- FLAGS(标志)寄存器。FLAGS 寄存器报告正在执行的程序的状态,并允许有限地(应用程序级)控制处理器。
- IP(指令指针)寄存器。IP 寄存器包含下一条要执行的指令的 16 位指针。

1. 通用寄存器

8 个 16 位通用寄存器 AX、BX、CX、DX、SI、DI、BP 和 SP 用于处理以下内容:

- 逻辑和算术操作的操作数;
- 用于地址计算的操作数;
- 内存指针。

虽然所有这些寄存器都可用于存放操作数、结果和指针,但在引用 SP 寄存器时要特别小心。SP 寄存器保持堆栈指针,通常不要用于其他目的。

许多指令赋予特定的寄存器以存放操作数。例如,串操作指令用 CX、SI 和 DI 寄存器的内容作为操作数。当用分段存储模式时,某些指令假定在一定的寄存器中的指针相对于特定的段。例如,某些指令假定指针在 BX 寄存器中,指向 DS 段中的存储单元。以下是这些特殊使用要求的小结:

- AX——操作数和结果数据的累加器。
- BX——在 DS 段中数据的指针。
- CX——串和循环操作的计数器。
- DX——I/O 指针。
- SI——指向 DS 寄存器段中的数据指针、串操作的源指针。

- DI——指向 ES 寄存器段中的数据（目标）的指针、串操作的目标指针。
- BP——堆栈上数据指针（在 SS 段中）。
- SP——堆栈指针（在 SS 段中）。

这些通用寄存器中的前 4 个，即 AX、BX、CX、DX 通常称为数据寄存器，用以存放操作数；后 4 个，即 SI、DI、BP、SP 通常称为指针寄存器，虽然它们也可以存放操作数，但主要用作地址指针。数据寄存器 AX、BX、CX 和 DX 又可以分别作为 AH、BH、CH 和 DH（高字节）以及 AL、BL、CL 和 DL（低字节）等 8 位寄存器使用，如图 2-5 所示。

SP 是堆栈指针，它与段寄存器 SS 一起确定在堆栈操作时，堆栈在内存中的位置。用 BP（Base Pointer Register）寻址堆栈操作数时，也是寻址堆栈段。SI（Source Index Register）和 DI（Destination Index Register）常用于串操作。

通用寄存器

15	8 7	0	
AH		AL	AX
BH		BL	BX
CH		CL	CX
DH		DL	DX
SI			
DI			
BP			
SP			

图 2-5　8086 通用寄存器

2. 段寄存器

段寄存器（CS、DS、SS、ES）保存 16 位段选择子。一个段选择子是标志内存中一个段的特殊指针。为访问在内存中的具体段，此段的段选择子必须存放于适当的段寄存器中。

当写应用程序代码时，程序用汇编程序的命令和符号建立段选择子。然后汇编程序和别的工具建立与这些命令和符号相关的实际段选择子值。若写系统代码，程序员可能需要直接建立段选择子。

当使用分段存储模式时，每一个段寄存器用不同的段选择子加载，所以每个段寄存器指向线性地址空间中的不同的段，如图 2-6 所示。

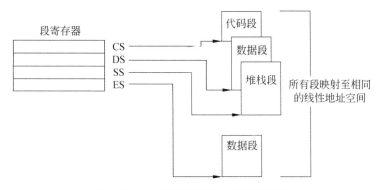

图 2-6　在分段存储模式中的段寄存器

任何时候，一个程序能访问多至线性地址空间中的 4 个段。为访问未由一个段寄存器指向的段，程序必须首先把要访问的段的段选择子加载至一个段寄存器。

每个段寄存器都与 3 种存储类型之一相关：代码、数据或堆栈。例如，CS 寄存器包含代码段的段选择子，其中存放正在执行的指令。处理器用 CS 寄存器中的段选择子和 IP 寄存器中的内容组成的逻辑地址取下一条要执行的指令。CS 寄存器不能由应用程序直接加载,而是由改变程序控制的指令或内部处理器指令(例如,过程调用、中断处理)隐含加载。

　　DS、ES 寄存器指向两个数据段。两个数据段的可用性允许有效而又安全地访问数据结构的不同类型。例如,可只建立两个不同的数据段:一个用于当前模块的数据结构,另一个用于从较高级模块输出的数据。为了访问附加的数据段,应用程序必须按需要把这些段的段选择子加载至 DS、ES 寄存器中。

　　SS 寄存器包含堆栈段的段选择子。所有的堆栈操作都用 SS 以找到堆栈段。与 CS 寄存器不同,SS 寄存器能显式加载。它允许应用程序设置多个堆栈并在堆栈之间切换。

3. FLAGS 寄存器

　　16 位 FLAGS 寄存器包含一组状态标志、一个控制标志和两个系统标志。图 2-7 定义了此寄存器中的标志。

图 2-7　FLAGS 寄存器

　　在处理器初始化(由 RESET 引脚或 INIT 引脚有效)之后,FLAGS 寄存器是 0002H。此寄存器的位 1、3、5、12～15 保留。软件不能使用或依赖于这些位中的任何一个。以下指令能用于标志组与堆栈或 AX 寄存器之间的移动:LAHF、SAHF、PUSHF、POPF。在 FLAGS 寄存器的内容已经传送至过程堆栈或 AX 寄存器之后,就能修改标志了。

　　当调用中断或异常处理时,处理器会将 FLAGS 寄存器的状态自动保存在堆栈中。

　　(1) 状态标志

　　FLAGS 寄存器的状态标志(位 0、2、4、6、7 和 11)指示算术指令,例如 ADD、SUB、MUL 和 DIV 指令的结果的一些特征。状态标志的功能如下:

　　① 进位标志 CF(Carry Flag)。

　　当结果的最高位(字节操作时的 D7、字操作时的 D15、双字操作的 D31)产生一个进位或借位,则 C=1,否则 C=0。这个标志主要用于多字节数的加、减法运算。移位和循环指令也能够把存储器或寄存器中的最高位(左移时)或最低位(右移时)放入标志 CF 中。

　　② 辅助进位标志 AF(Auxiliary Carry Flag)。

　　在字节操作时,则由低半字节(一个字节的低 4 位)向高半字节有进位或借位,则 AF=1,否则 AF=0。这个标志用于十进制算术运算指令中。

　　③ 溢出标志 OF(Overflow Flag)。

　　在算术运算中,带符号数的运算结果超出了 8 位、16 位带符号数能表达的范围,即在字节运算时>+127 或<-128,在字运算时>+32 767 或<-32 768 此标志置位,否则复位。一个任选的溢出中断指令,在溢出情况下能产生中断。

　　溢出和进位是两个不同性质的标志,千万不能混淆。例如,在字节运算时:

MOV　AL,64H
ADD　AL,64H

即

$$
\begin{array}{r}
01100100 \\
+01100100 \\
\hline
11001000
\end{array}
$$

D7 位向前无进位,故运算后 CF＝0;但运算结果超过了＋127,此时,溢出标志位 OF＝1。又例如,在字节运算时:

  MOV AL,0ABH

  ADD AL,0FFB

即

$$
\begin{array}{r}
10101011 \\
+11111111 \\
\hline
10101010
\end{array}
$$

D7 位向前有进位,故运算后 CF＝1,但运算结果未小于－128,此时,溢出标志位 OF＝0。在字运算时,若有

  MOV AX,0064H

  ADD AX,0064H

即

$$
\begin{array}{r}
0000000001100100 \\
+0000000001100100 \\
\hline
0000000011001000
\end{array}
$$

D15 位未有进位,故 CF＝0;运算结果显然未超过＋32 767,故溢出标志位 OF＝0。但若有

  MOV AX,6400H

  ADD AX,6400H

即

$$
\begin{array}{r}
0110010000000000 \\
+0110010000000000 \\
\hline
1100100000000000
\end{array}
$$

D15 位未产生进位,故运算后 CF＝0;但运算结果超过了＋32 767,溢出标志位 OF＝1。

  又例如:

  MOV AX,0AB00H

  ADD AX,0FFFFH

即

$$
\begin{array}{r}
1010101100000000 \\
+1111111111111111 \\
\hline
1010101011111111
\end{array}
$$

D15 位产生进位,故 CF＝1;但运算结果未小于－32 768,故溢出标志位 OF＝0。

④ 符号标志 SF(Sign Flag)。

它的值与运算结果的最高位相同,即结果的最高位(字操作时为 D15)为 1,则 SF=1,否则 SF=0。

由于在 80x86 系列结构微处理器中,符号数是用补码表示的,所以 S 表示了结果的符号,SF=0 为正,SF=1 为负。

⑤ 奇偶标志 PF(Parity Flag)。

若操作结果中"1"的个数为偶数,则 PF=1,否则 PF=0。这个标志可用于检查在数据传送过程中是否发生错误。

⑥ 零标志 ZF(Zero Flag)。

若运算的结果为 0,则 ZF=1,否则 ZF=0。

在这些状态标志中,只有进位标志 CF 能用指令 STC(设置进位位)、CLC(清除进位位)和 CMC(进位位取反)直接进行修改,也可以用位操作指令(BT、BTS、BTR 和 BTC)将规定位复制到 CF 标志中。

这些状态标志允许由算术操作以产生 3 种不同数据类型的结果:无符号整数、符号整数和 BCD 整数。若算术操作的结果作为无符号整数对待,CF 标志指示超出范围(进位或借位);若作为符号整数(2 的补码值)对待,OF 标志指示是否超出范围;若作为 BCD 数对待,AF 标志指示进位或借位。SF 标志指示符号整数的符号。ZF 标志指示符号整数或无符号整数是否为 0。

当执行多精度整数算术运算时,CF 用于与带进位加(ADC)和带借位减(SBB)指令一起产生适当的进位或借位。

(2) 控制标志

FLAGS 寄存器的控制标志 DF(位 10)用来控制串操作的地址增量。

方向标志 DF(Direction Flag)。

若用指令置 DF=1,则引起串操作指令为自动减量指令,也就是从高地址到低地址或是"从右到左"来处理串;若使 DF=0,则串操作指令就为自动增量指令。

STD 和 CLD 指令分别设置和清除 DF 标志。

(3) 系统标志

① 中断允许标志 IF(Interrupt-enable Flag)。

若指令中置 IF=1,则允许 CPU 去接收外部的可屏蔽的中断请求;若使 IF=0,则屏蔽上述的中断请求;对内部产生的中断不起作用。

② 追踪标志 TF(Trace Flag)。

置 TF 标志,使处理进入单步方式,以便于调试。在这个方式下,CPU 在每条指令执行以后,产生一个内部的中断,允许程序在每条指令执行完以后进行检查。

4. 指令指针

指令指针(IP)寄存器包含下一条要执行的指令在当前码段中的偏移。通常,它是顺序增加的,从一条指令边界至下一条指令,但在执行 JMP、Jcc、CALL、RET 和 IRET 等指令时,它可以向前或向后移动若干条指令。

IP 寄存器不能直接由软件访问,它由控制传送指令(例如,JMP、Jcc、CALL 和 RET)、中断和异常隐含控制。读 IP 寄存器的唯一方法是执行一条 CALL 指令,然后从堆栈中读指令指针的返回值。IP 寄存器能由修改过程堆栈上指令指针的返回值并执行返回指令(RET 或 IRET)来间接修改。

2.3.3 存储器组织

处理器在它的总线上寻址的存储器称为物理存储器。物理存储器按字节序列组织。每个字节赋予一个唯一的地址,称为物理地址。物理地址空间的范围是 $0 \sim 2^{20} - 1$(即 1MB)。事实上设计与 8086 处理器一起工作的任何操作系统和执行程序都使用处理器的存储管理设施访问存储器。这些设施提供例如分段特性以允许有效和可靠地管理存储器。

8086 有 20 条地址引线,它的直接寻址能力为 $2^{20} = 1MB$。所以,在一个 8086 组成的系统中,可以有多达 1MB 的存储器。这 1MB 逻辑上可以组织成一个线性矩阵。地址为 00000H~FFFFFH。给定一个 20 位的地址,就可以从这 1MB 中取出所需要的指令或操作数。但是,在 8086 内部,这 20 位地址是如何形成的呢?如前所述,8086 内部的 ALU 能进行 16 位运算,有关地址的寄存器如 SP、IP,以及 BP、SI、DI 等也都是 16 位的,因而 8086 对地址的运算也只能是 16 位。这就是说,对于 8086 来说,各种寻址方式,寻找操作数的范围最多只能是 64KB。所以,整个 1MB 存储器以 64KB 为范围分为若干段。在寻址一个具体物理单元时,必须要由一个基地址再加上由 SP 或 IP 或 BP 或 SI 或 DI 等可由 CPU 处理的 16 位偏移量来形成实际的 20 位物理地址。这个基地址就是由 8088 中的段寄存器,即代码段寄存器 CS、堆栈段寄存器 SS、数据段寄存器 DS 以及附加段寄存器 ES 中的一个来形成的。在形成 20 位物理地址时,段寄存器中的 16 位数会自动左移 4 位,然后与 16 位偏移量相加,如图 2-8 所示。

每次在需要产生一个 20 位地址的时候,一个段寄存器会自动被选择,且能自动左移 4 位再与一个 16 位的地址偏移量相加,以产生所需要的 20 位物理地址。

每当取指令的时候,则自动选择代码段寄存器 CS,再加上由 IP 所决定的 16 位偏移量,计算得到要取的指令的物理地址。

每当涉及一个堆栈操作时,则自动选择堆栈段寄存器 SS,再加上由 SP 所决定的 16 位偏移量,计算得到堆栈操作所需要的 20 位物理地址。

每当涉及一个操作数,则自动选择数据段寄存器 DS 或附加段寄存器 ES,再加上 16 位偏移量,计算得到操作数的 20 位物理地址。而 16 位偏移量,可以是包含在指令中的直接地址,也可以是某一个 16 位地址寄存器的值,也可以是指令中的位移量加上 16 位地址寄存器中的值,等等,这取决于指令的寻址方式。

在 8086 系统中,存储器的访问如图 2-9 所示。

在不改变段寄存器值的情况下,寻址的最大范围是 64KB。所以,若有一个任务,它的程序长度、堆栈长度以及数据区长度都不超过 64KB,则可在程序开始时,分别给 DS、SS、ES 设置值,然后在程序中就可以不再考虑这些段寄存器,程序就可以在各自的区域中正常地工作。若某一个任务所需的总的存储器长度(包括程序长度、堆栈长度和数据长度等)不超过 64KB,则可在程序开始时使 CS、SS、DS 相等,程序也能正常地工作。

上述的存储器分段方法,对于要求在程序区、堆栈区和数据区之间隔离这种任务时是非常方便的。

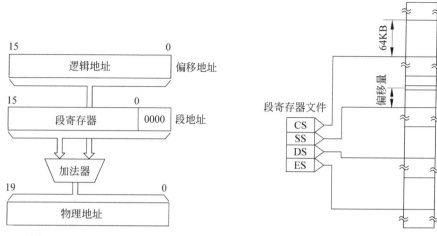

图 2-8　8086 物理地址的形成　　　　　　　　图 2-9　8086 的存储器结构

　　这种存储器分段方法,对于一个程序中要用的数据区超过 64KB,或要求从两个(或多个)不同区域中去存取操作数,也是十分方便的。只要在取操作数以前,用指令给数据段寄存器重新赋值就可以了。

　　这种分段方法也适用于程序的再定位要求。在很多情况下,要求同一个程序能在内存的不同区域中运行,而不改变程序本身,这在 8086 中是可行的。只要在程序中的转移指令都使用相对转移指令,而在运行这个程序前设法改变各个段寄存器的值就可以了。如图 2-10 所示。

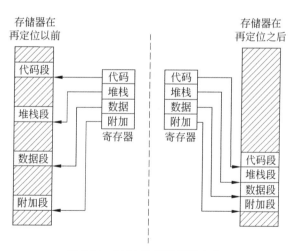

图 2-10　8086 的存储器再定位

根据指令,BIU 会自动完成所需要的访问存储器的次数。

习　　题

2.1 IA-32 结构微处理器直至 Pentium 4 有哪几种?

2.2 80386 CPU 与 8086 CPU 在功能上有哪些主要区别?

2.3 从功能上,80486 CPU 与 80386 CPU 有哪些主要区别?

2.4 Pentium 处理器相对于 80486 在功能上有什么扩展?

2.5 Pentium Ⅱ 以上处理器基于什么结构?

2.6 IA-32 结构微处理器支持哪几种操作模式?

2.7 什么是基本执行环境?它由哪些部分构成?

2.8 IA-32 结构微处理器的地址空间是如何形成的?

2.9 8086 的基本程序执行寄存器是由哪些寄存器组成的?

2.10 实地址方式的存储器是如何组织的?地址是如何形成的?

2.11 通用寄存器起什么作用?

2.12 指令地址是如何形成的?

2.13 如何形成指令中的各种条件码?

2.14 8086 微处理器的总线接口部件有哪些功能?请逐一说明。

2.15 8086 微处理器的总线接口部件由哪几部分组成?

2.16 段寄存器 CS＝1200H,指令指针寄存器 IP＝FF00H,此时,指令的物理地址为多少?

2.17 8086 微处理器的执行部件有什么功能?由哪几部分组成?

2.18 状态标志和控制标志有何不同?8086 微处理器有哪些状态标志和控制标志?

第3章　8086指令系统

3.1　基本数据类型

本节介绍80x86系列处理器定义的数据类型。

80x86系列处理器的基本数据类型是字节、字、双字、四字和双四字,如图3-1所示。

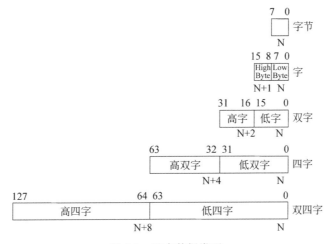

图3-1　基本数据类型

一个字节是8位,一个字是两个字节(16位),双字是4字节(32位),四字是8字节(64位),双四字是16字节(128位)。

四字是在Intel 80486处理器中引入80x86系列结构的,双四字是在具有SSE扩展的处理器(例如Pentium Ⅲ)引入的。

图3-2显示了基本数据类型作为内存中的操作数引用时的字节顺序。

低字节(位0~7)占用内存中的最低地址,此地址也是此操作数的地址。

3.1.1　字、双字、四字、双四字的对齐

字、双字和四字在内存中并不需要对齐至自然边界。字、双字和四字的自然边界是偶数编号的地址,对于双字和四字来说,地址要分别能被4和8整除。

然而,为改进程序的性能,只要可能,数据结构(特别是堆栈)应在自然边界上对齐。这样做的理由是:对于不对齐的存储访问,处理器要求做两次存储访问操作,而对于对齐的访问只要做一次存储访问操作。跨越4字节边界的字或双字操作数或跨越8字节边界的操作数被认为是未对齐的,要访问它们需要两个分别的总线周期;起始于奇数地址但不跨越字边界的字被认为是对齐的,仍能在一个总线周期内访问。

某些操作双四字的指令要求存储操作数在自然边界上对齐。对于双四字的自然边界是能被16整除的偶数地址。对于这些指令,若规定了未对齐的操作数,则会产生通用保护异常

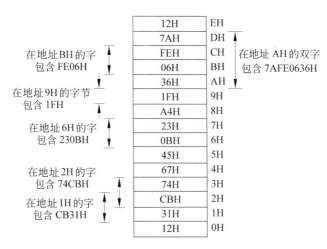

图 3-2　基本数据类型在内存中的字节顺序

（♯GP）。有些操作双四字操作数的指令，允许操作数不对齐，但要求额外的总线访问周期。

3.1.2　数字数据类型

虽然字节、字和双字是 80x86 系列结构的基本数据类型，但某些指令对这些数据类型的附加解释允许在数字数据类型（带符号或无符号的整数）上操作。这些数字数据类型如图 3-3 所示。这里以整数类型为例具体介绍。

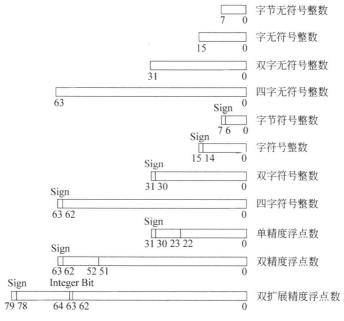

图 3-3　数字数据类型

80x86 系列结构定义了两种类型整数：无符号整数和符号整数。无符号整数是原始二进制值，范围从 0 到所选择的操作数尺寸能编码的最大正数。符号整数是 2 的补码二进制值，能用于表示正的和负的整数值。

某些整数指令(例如 ADD、SUB、PADDB 和 PSUBB)可在无符号或符号整数上操作,而一些整数指令(例如 IMUL、MUL、IDIV、DIV、FIADD 和 FISUB)只能在一种整数类型上操作。

(1) 无符号整数

无符号整数是包含字节、字、双字中的无符号的二进制数。它们的值的范围,对于字节是 $0 \sim 255$,对于字是 $0 \sim 65\ 535$,对于双字是 $0 \sim 2^{32} - 1$。无符号整数有时被作为原始数引用。

(2) 符号整数

符号整数是保存在字节、字、双字中的带符号的二进制数。对于符号整数的所有操作都假定用 2 的补码表示。符号位定位在操作数的最高位,符号整数编码如表 3-1 所示。

表 3-1 符号整数编码

类别		2 的补码	
		符号	
正数	最大	0	11..11
	最小	0	00..01
零		0	00..00
负	最小	1	11..11
	最大	1	00..00
		符号字节整数	7 位
		符号字整数	15 位
		符号双字整数	31 位
		符号四字整数	63 位

负数的符号位为 1,正数的符号位为 0。整数值的范围,对于字节是 $-128 \sim +127$,对于字是 $-32\ 768 \sim +32\ 767$,对于双字是 $-2^{31} \sim +2^{31} - 1$。

当在内存中存储整数值时,字整数存放在两个连续字节中,双字整数存放在四个连续字节中,四字整数存放在 8 个连续的字节中。

3.1.3 指针数据类型

指针是内存单元的地址(如图 3-4 所示)。80x86 系列结构定义两种类型的指针:近(Near)指针(在 8086 中是 16 位,在 80386 以上处理器中为 32 位)和远(Far)指针(在 8086 中为 32 位,在 80386 以上处理器中为 48 位)。Near 指针是段内的 16 位偏移量(也称为有效地址)。Near 指针在平面存储模式中用于所有存储器引用,或在分段存储模式中用于同一段内的存储器引用。Far 指针是一个 48 位的逻辑地址,包含 16 位段选择子和 32 位的偏移。Far 指针用于在分段存储模式中的跨段存储引用。

在 8086 中,Near 指针在分段存储模式中用于同一段内的存储器引用。Far 指针是一个 32 位的逻辑地址,包含 16 位段选择子和 16 位的偏移。Far 指针用于在分段存储模式中的跨段存储引用。

3.1.4 位字段数据类型

一位字段(如图 3-5 所示)是连续的位序列。它能在内存中任何字节的任一位位置开始,并能包含多至 32 位。

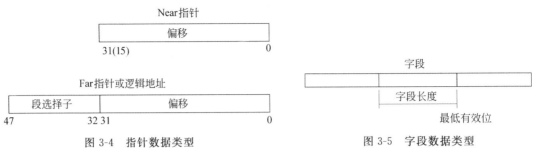

图 3-4 指针数据类型

图 3-5 字段数据类型

3.1.5 串数据类型

串是位、字节、字或双字的连续序列。位串能从任一字节的任一位开始并能包含多至 $2^{32}-1$ 位。字节串能包含字节、字或双字,其范围为 $0\sim2^{32}-1$ 字节(即 4GB)。

3.2　8086 的指令格式

当指令用符号表示时,就是使用 8086 汇编语言的子集。在此子集中,指令有以下格式:
label(标号): mnemonic(助记符)argument1(参数 1),argument2(参数 2),argument3(参数 3)

其中:

- label(标号)是一标识符后面跟有冒号(:)。
- mnemonic(助记符)是一类具有相同功能的指令操作码的保留名。
- 操作数 argument1(参数 1)、argument2(参数 2)和 argument3(参数 3)是任选的。可以有 0~3 个操作数,取决于操作码。若存在,它们可能是文字或数据项的标识符、操作数标识符、寄存器的保留名,或者是在程序的另一部分中声明的赋予数据项的标识符。

当在算术和逻辑指令中存在两个操作数时,右边的操作数是源,左边的操作数是目的。

例如:

LOADREG: MOV AX,SUBTOTAL

在此例中,LOADREG 是标号,MOV 是操作码的助记标识符,AX 是目的操作数,而 SUBTOTAL 是源操作数。

这条指令的功能是:把由 SUBTOTAL 表示的源操作数传送(MOVE)至 AX 寄存器。

3.3　8086 指令的操作数寻址方式

8086 机器指令有零个或多个操作数。某些操作数是显式规定的,有的是在指令中隐含的。一个操作数能定位在以下地方之一:

- 指令中(立即数);
- 寄存器;
- 存储单元;
- I/O 端口。

3.3.1 立即数

某些指令用包含在指令中的数据作为源操作数。这些操作数称为立即操作数（或简称为立即数）。这种寻址方式如图3-6所示。

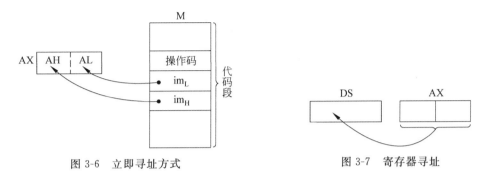

图3-6 立即寻址方式

图3-7 寄存器寻址

例如，以下ADD指令加立即数14至AX寄存器的内容：

ADD   AX,14

所有算术指令（除了DIV和IDIV指令）均允许源操作数是立即数。允许的立即数的最大值随指令改变，但绝不能大于无符号双字整数 2^{32}。

3.3.2 寄存器操作数

源和目的操作数能在以下寄存器中，具体位置取决于正在执行的指令：

- 16位通用寄存器（AX、BX、CX、DX、SI、DI、SP或BP）。
- 8位通用寄存器（AH、BH、CH、DH、AL、BL、CL或DL）。
- 段寄存器（CS、DS、SS、ES、FS和GS）。
- FLAGS寄存器。

这种寻址方式如图3-7所示。

某些指令（例如DIV和MUL指令）中使用了包含在一对16位寄存器中的双字操作数。寄存器对用冒号分隔。例如DX：AX，DX包含高序位，而AX包含双字操作数的低序位。

若干指令（例如PUSHF和POPF指令）用于装入和存储FLAGS寄存器的内容或设置或清除在此寄存器中的不同的位。其他指令（例如Jcc指令）用在FLAGS寄存器中状态标志的状态作为条件码执行分支等操作。

3.3.3 存储器操作数

在内存中的源和目的操作数由段选择子和偏移量引用，如图3-8所示。

段选择子规定包含操作数的段，偏移量

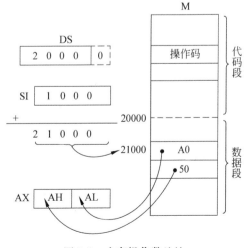

图3-8 内存操作数地址

(从段的开始至操作数的第一个字节的字节数)规定操作数的线性或有效地址。

1. 规定段选择子

段选择子能隐含或显式规定。规定段选择子的最简单的方法是把段的基地址加载至段寄存器,然后允许处理器根据正在执行的操作类型,隐含地选择寄存器。处理器按照表 3-2 中给定的规则自动选择段。

表 3-2 段寄存器的约定

存储器基准的类型	约定段基数	可修改的段基数	逻辑地址
取指令	CS	无	IP
堆栈操作	SS	无	SP
源串	DS	CS、ES、SS	SI
目的串	ES	无	DI
用 BP 作为基寄存器	SS	CS、DS、ES	有效地址
通用数据读写	DS	CS、ES、SS	有效地址

当存数据至内存或从内存取数据时,DS 段默认能被超越以允许访问其他段。在汇编程序内,段超越通常用冒号":"处理。例如,以下 MOV 指令将寄存器 AX 中的值传送至由 ES 寄存器指向的段,段中的偏移量包含在 BX 寄存器中:

MOV ES:[BX],AX;

以下的默认段选择,不能被超越:

- 必须从代码段取指令。
- 在串操作中的目的串必须存储在由 ES 寄存器指向的数据段。
- 推入和弹出操作必须总是引用 SS 段。

某些指令要求显式规定一个段选择子。在这些情况中,16 位选择子能在内存单元或在 16 位寄存器中。例如,以下 MOV 指令将寄存器 BX 中的段选择子传送至寄存器 DS:

MOV DS,BX

段选择子也能用在内存中的 32 位 Far 指针显式规定。此处,在内存中的第一个字包含偏移量,而下一个字包含段选择子。

2. 规定偏移量

内存地址的偏移量部分或者直接作为一个静态值(称为位移量)规定或者由以下一个或多个成员通过计算得到地址:

- 位移量——一个 8 位或 16 位值。
- 基地址——在通用寄存器中的值。
- 索引——在通用寄存器中的值。

由这些成员相加的结果称为有效地址。这些成员的每一个都能为正或负(2 的补码)。

作为基地址或索引的通用寄存器限制如下:

- SP 寄存器不能用作索引寄存器。
- 当 SP 或 BP 寄存器用作为基地址,SS 段是默认的段。

在所有其他情况下,DS 段是默认段。

基地址、索引和位移量能用于任何组合中，这些成员中的任一个都可以是空。每一种可能的组合对于程序员在高级语言或汇编语言中使用的数据结构都是有用的。对于地址成员的组合，建议使用以下寻址方式。

（1）位移量

位移量代表操作数的直接（不计算）偏移。因为位移量是编码在指令中的，地址的这种形式有时称为绝对或静态地址。这通常用于访问静态分配的标量操作数，如图3-9所示。

（2）基地址

单独一个基地址表示操作数的间接偏移量，因为在基地址寄存器中的值能够改变，它能用于变量和数据结构的动态存储。这种寻址方式如图3-10所示。

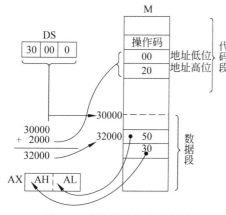

图3-9　直接寻址方式示意图

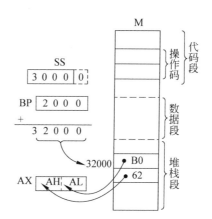

图3-10　基地址寄存器间接寻址示意图

（3）基地址＋位移量

一个基地址寄存器和一个位移量能一起使用，主要是为了两个不同的目的：

- 作为元素的尺寸不是2、4或8字节时的数组的索引——位移量作为到数组开始处的静态偏移，基地址寄存器保持计算的结果，以确定到数组中规定的元素的偏移。
- 为访问记录中的一个字段——基地址寄存器保持记录的开始地址，而位移量是字段的静态偏移。

这种寻址方式如图3-11所示。

这种组合的一种重要特殊情况是访问在过程激活记录中的参数。过程激活记录是当过程进入时建立的堆栈帧。

此处，BP寄存器是基地址寄存器的最好选择，因为它自动选择堆栈段。

（4）索引＋位移量

这种地址方式当数组的元素是2、4或8字节时，为索引进入静态数组提供了有效的方法。位移量定位数组的开始，索引寄存器保持所希望的数组元素的下标。

（5）基地址＋索引＋位移量

用两个寄存器一起支持二维数组（位移量保持数组的开始）或记录的数组的若干实体之一（位移是记录中一字段的偏移）。

这种寻址方式如图3-12所示。

3．汇编程序和编译器寻址方式

在机器码级，所选择的位移量、基寄存器、索引寄存器和比例系数是在指令中编码的。

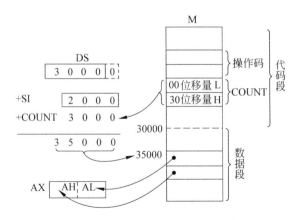

图 3-11　基址加位移量寻址方式示意图

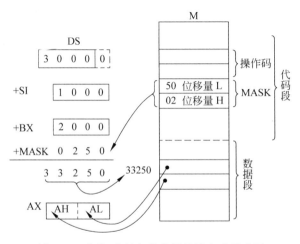

图 3-12　基址、变址加位移量寻址方式示意图

所有汇编程序都允许程序员用这些寻址成员的任何允许的组合以寻址操作数。高级语言编译程序基于程序员定义的语言结构选择这些成员的适当组合。

3.3.4　I/O端口寻址

处理器支持多至包含 65 536 个 8 位 I/O 端口的 I/O 地址空间。在 I/O 地址空间中也可以定义 16 位和 32 位的端口。I/O 端口可以用立即操作数或在 DX 寄存器中的值寻址。用立即数寻址,只能用 8 位立即数,可寻址 I/O 地址空间的前 256 个端口;用 DX 寄存器间接寻址,可寻址全部 I/O 地址空间。

3.4　8086 的通用指令

每条指令用它的助记符和描述名给定。当给定两个或多个助记符时(例如 JA/JNBE),它们表示同一指令操作码的不同助记符。汇编程序支持若干指令的冗余助记符以使它易于译码,例如 JA(若高于条件转移)和 JNBE(若不低于或等于条件转移)表示相同条件。

通用指令执行基本数据传送、算术、逻辑、程序流程和串操作,这些指令通常用于编写在 8086 处理器上运行的应用程序和系统软件。它们操作包含在内存、通用寄存器(AX、BX、CX、DX、DI、SI、BP 和 SP)和 FLAGS 寄存器中的操作数,它们也操作包含在内存、通用寄存器和段寄存器(CS、DS、SS 和 ES)中的内存地址。这些指令组包含以下子组:数据传送、二进制整数算术、十进制算术、逻辑操作、移位和旋转、程序控制、串、标志控制、段寄存器操作和杂项。

3.4.1 数据传送指令

数据传送指令在内存和通用寄存器和段寄存器之间传送数据。它们也执行特殊的操作,例如堆栈访问和数据转换。

1. MOV 指令

MOV 指令是最常用的数据传送指令。它的格式是

MOV　DOPD,SOPD

它有两个操作数,左边的是目标操作数(DOPD),右边的是源操作数(SOPD)。它把 8 位或 16 位源操作数传送至目的地。它在通用寄存器之间、存储器和通用寄存器或段寄存器之间传送数据,或把立即数传送至通用寄存器。

它的使用举例如表 3-3 所示。

表 3-3　MOV 指令使用举例

MOV 操作数	MOV 码举例
存储器,累加器	MOV ARRAY[SI],AL
累加器,存储器	MOV AX,TEMP_RESULT
寄存器,寄存器	MOV AX,CX
寄存器,存储器	MOV BP,STACK_TOP
存储器,寄存器	MOV COUNT[DI],CX
寄存器,立即数	MOV CL,2
存储器,立即数	MOV MASK[BX][SI],2CH
段寄存器,16 位寄存器	MOV ES,CX
段寄存器,存储器	MOV DS,SEGMENT_BASE
寄存器,段寄存器	MOV BP,SS
存储器,段寄存器	MOV [BX]SEG_SAVE,CS

2. 交换指令

XCHG　DOPD,SOPD

这是一条交换指令,它有两个操作数:DOPD 和 SOPD,该指令的功能是使两个操作数交换(即指令执行后 DOPD 中的内容即为指令执行前 SOPD 的内容,而指令执行后 SOPD 中的内容则为指令执行前 DOPD 中的内容)。这条指令的操作数可以是一个字节或一个字。

交换能在通用寄存器与累加器之间、通用寄存器之间(通用寄存器可用 r 表示,SRC 表示源操作数)、存储器和累加器之间进行。但段寄存器不能作为一个操作数。以下是有效的指令:

XCHG　AX,r
XCHG　r,SRC
XCHG　AL,CL
XCHG　AX,DI
XCHG　AX,BUFFER
XCHG　BX,DATA[SI]

3. 堆栈操作指令

在介绍堆栈操作指令之前,我们先介绍一下什么是堆栈,以及为什么需要堆栈。

在一个实际程序中,有一些操作要执行多次,为了简化程序,把这些要重复执行的操作编为子程序,也常常把一些常用的操作编为标准化、通用化的子程序。所以一个实际程序常分为主程序(Main Program)和若干子程序(Subroutine),在主程序中往往要调用子程序或要处理中断(关于中断我们将在后面详细讨论),这时就要暂停主程序的执行,转去执行子程序(或中断服务程序),则机器必须把主程序中调用子程序指令的下一条指令的地址值保留下来,才能保证当子程序执行完以后能返回主程序继续执行。若第 x_1 条指令为调用子程序指令,则它的下一条指令 x_2 的地址——即 PC(在 8086 中,则为代码段寄存器 CS 和指令指针 IP)的值要保留下来。主程序调用子程序示意图如图 3-13(a)所示。

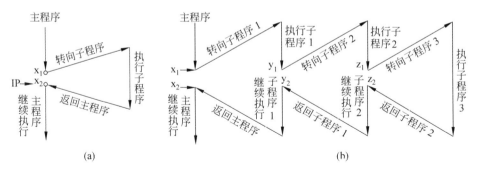

图 3-13　调用子程序示意图

另外,执行子程序时,通常都要用到内部寄存器,并且执行的结果会影响标志位,所以,也必须把主程序中有关寄存器中的中间结果和标志位的状态保留下来,这就需要有一个保存这些内容的地方。而且,在一个程序中,往往在子程序中还会调用别的子程序,这被称为子程序嵌套或子程序递归(调用自己),子程序嵌套示意图如图 3-13(b)所示。

调用子程序时,不仅需要把许多信息保留下来,而且还要保证逐次正确地返回。这就要求后保留的值先取出来,也即数据要按照后进先出(Last In First Out,LIFO)的原则保留。能实现这样要求的部件就是堆栈。在早期的微型计算机中,堆栈是一个 CPU 的内部寄存器组,容量有限,于是子程序调用和嵌套的重数就有限;目前,微型计算机一般都是把内存的一个区域作为堆栈,所以,实质上堆栈就是一个按照后进先出原则组织的一段内存区域,这样也就要有一个指针(相当于地址)SP 来指示堆栈的顶部在哪儿。8086 中规定堆栈设置在堆栈段(SS)内,堆栈指针 SP 始终指向堆栈的顶部,即始终指向最后推入堆栈的信息所在的单元。SP 的初值,可由上述的 MOV SP,im 指令来设定。SP 的初值规定了所用堆栈的大小。

堆栈操作指令分为两类:即把信息推入堆栈的指令 PUSH 和信息由堆栈弹出的指令 POP。

(1) 入栈指令

PUSH   DOPD

操作数的长度为字或双字,在入栈操作时,把一个字(或双字)从源操作数传送至由 SP(ESP)所指向的堆栈的顶部。

例如,有:

PUSH   AX
PUSH   BX

每一个指令分两步执行:

先 SP－1→SP,然后把 AH(寄存器中的高位字节)送至 SP 所指的单元;再次使 SP－1→SP,把 AL(寄存器中的低位字节)送至 SP 所指的单元,如图 3-14 所示。

随着推入内容的增加,堆栈扩展,SP 值减小,但每次操作完,SP 总是指向堆栈的顶部。堆栈的最大容量,即为 SP 的初值与 SS 之间的距离。

在子程序调用和中断时,断点地址的入栈保护与上述的 PUSH 指令的操作相同,但它们是由子程序调用指令或中断响应来完成的。

堆栈操作指令可用来保护现场,或临时保存某一个操作数。

总之,入栈操作是把一个字(或双字)的源操作数,送至堆栈的顶部,且在数据传送操作的同时,要相应地修改 SP,入栈指令执行一次使 SP－2→SP。具体的入栈指令如下:

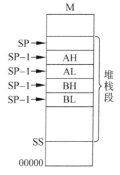

图 3-14   堆栈操作示意图

PUSH   r*   W   SP＝SP－2,(SP)＝r
PUSH   seg   W   SP＝SP－2,(SP)＝seg
PUSH   src   W   SP＝SP－2,(SP)＝src

即源操作数可以是 CPU 内部的通用寄存器、段寄存器(除 CS 以外)和内存操作数(可用各种寻址方式)。

(2) 出栈指令

POP   DOPD

把现行 SP 所指向的堆栈顶部的一个字(或双字),送至指定的目的操作数;同时进行修改堆栈指针的操作,即 SP＋2→SP。

具体的出栈指令如下:

POP   r   W   r＝(SP),SP＝SP＋2
POP   seg   W   seg＝(SP),SP＝SP＋2
POP   dst   W   dst＝(SP),SP＝SP＋2

* r 是通用寄存器的总称,seg 是段寄存器的总称,src 是源操作数的总称。

（3）PUSHA 推入通用寄存器至堆栈

PUSHA(Push All)推入所有的 16 位（即 8086）的通用寄存器至堆栈。

Temp←(SP)；

Push(AX)；

Push(CX)；

Push(DX)；

Push(BX)；

Push(Temp)；

Push(BP)；

Push(SI)；

Push(DI)；

（4）POPA 自堆栈弹出至通用寄存器

POPA(Pop All)自堆栈弹出至 16 位通用寄存器。

DI←Pop()；

SI←Pop()；

BP←Pop()；

ESP 增量 2（跳过堆栈的下 2 个字节）

BX←Pop()；

DX←Pop()；

CX←Pop()；

AX←Pop()；

4. 输入输出指令

（1）IN

输入指令,允许把一个字节或一个字由一个输入端口（port）,传送至 AL(若是一个字节)或 AX(若是一个字)。一个计算机可以配接许多外部设备,每个外部设备与 CPU 之间要交换数据、状态信息和控制命令,每一种这样的信息交换都要通过一个端口来进行。系统中的端口的区分也是像在存储器中那样,用地址来区分。端口地址若是由指令中的 n 所规定,则可寻址 port0～port255,共 256 个端口;端口地址也可包含在寄存器 DX 中,则允许寻址 64K 个端口。具体指令如下：

```
IN   AL,n      B   AL=[n]
IN   AX,n      W   AX=[n+1][n]
IH   AL,DX     B   AL=[DX]
IN   AX,DX     W   AX=[DX+1][DX]
```

（2）OUT

输出指令,允许把在 AL 中的一个字节或在 AX 中的一个字,传送至一个输出端口。端口寻址方式与 IN 指令相同。具体的指令如下：

```
OUT   n,AL      B   AL→[n]
OUT   n,AX      W   AX→[n],[n+1]
OUT   DX,AL     B   AL→[DX]
OUT   DX,AX     W   AX→[DX][DX+1]
```

5. 扩展指令

（1）CWD

CWD 能把在 AX 中的字的符号扩展至 DX 中（形成 32 位操作数）。若 AX＜8000，则 0→DX；否则 FFFFH→DX。这条指令不影响标志位。

这条指令能在两个字相除之前，把在 AX 中的 16 位被除数的符号扩展至 DX 中，形成双倍长度的被除数，从而能完成相应的除法。

（2）CBW

CBW 把在寄存器 AL 中的字节的符号送至 AH 中（形成 16 位操作数）。若 AL＜80H，则扩展后 0→AH；若 AL＞＝80H，则扩展后 FFH→AH。

此指令在字节除法之前，把被除数扩展为双倍长度。此指令不影响标志位。

3.4.2 二进制算术指令

算术运算指令提供加、减、乘、除这 4 种基本的算术操作。这些操作都可用于字节、字或双字的运算。这些操作也都可用于带符号数与无符号数的运算。若是符号数，则用补码表示。

1. 加法指令

（1）ADD

ADD DOPD，SOPD

这条指令完成两个操作数相加，结果送至目标操作数，即 DOPD←DOPD＋SOPD。目的操作数可以是累加器、任一通用寄存器以及存储器。

指令格式如下：

```
ADD    r,src      B/W/D   r ← r + src
ADD    a,im*      B/W/D   a ← a + im
ADD    dst,im     B/W/D   dst ← im+dst
ADD    dst,r      B/W/D   dst ← r + dst
```

这条指令影响标志 AF、CF、OF、PF、SF、ZF。

这条指令的使用如表 3-4 所示。

表 3-4　ADD 指令使用举例

ADD 操作数	ADD 码举例
寄存器,寄存器	ADD CX,DX
寄存器,存储器	ADD BX,ALPHA
存储器,寄存器	ADD TEMP,CL
寄存器,立即数	ADD CL,2
存储器,立即数	ADD ALPHA,2
累加器,立即数	ADD AX,200

---

* a 表示累加器,im 表示立即数,dst 表示目的操作数(各种寻址方式)。

（2）ADC

ADC(Add with Carry)指令的格式为：

ADC　DOPD,SOPD

这条指令与上一条类似，只是在两个操作数相加时，要把进位标志 C 的现行值加上去，结果送至一个目标操作数（DOPD）。如：

ADC	r,src	r ← r + src + c
ADC	a,im	a ← a + im + c
ADC	dst,im	dst ← dst + im + c
ADC	dst,r	dst ← dst + r + c

ADC 指令主要用于多字节运算中。在 8086 中，可以进行 8 位运算，也可以进行 16 位运算。但是 16 位二进制数的表示范围仍然是很有限的，为了扩大数的范围，仍然需要多字节运算。例如，有两个 4 个字节的数相加，加法要分两次进行，先进行低两字节相加，然后再做高两字节相加。在高两字节相加时要把低两字节相加以后的进位考虑进去，就要用到带进位的加法指令 ADC。

若此两个四字节的数已分别放在自 FIRST 和 SECOND 开始的存储区中，每个数占 4 个存储单元，存放时，最低字节在地址最低处，则可用以下程序段实现相加操作：

```
MOV    AX,FIRST
ADD    AX,SECOND
MOV    THIRD,AX
MOV    AX,FIRST + 2
ADC    AX,SECOND + 2
MOV    THIRD + 2,AX
```

ADC 指令的使用如表 3-5 所示。

表 3-5　ADC 指令使用举例

ADC 操作数	ADC 码举例
寄存器，寄存器	ADC AX,SI
寄存器，存储器	ADC DX,TETA[SI]
存储器，寄存器	ADC ALPHA[BX][SI],DI
寄存器，立即数	ADC BX,256
存储器，立即数	ADC GAMMA,30H
累加器，立即数	ADC AL,5

2. 减法指令

（1）SUB

SUB 指令的格式为：

SUB　DOPD,SOPD

这条指令完成两个操作数相减，也即从 DOPD 中减去 SOPD，结果放在 DOPD 中。具体地说，可以从累加器中减去立即数，或从寄存器或内存操作数中减去立即数，或从寄存器

中减去寄存器或内存操作数,或从寄存器或内存操作数中减去寄存器操作数等。如:

SUB	r,src	B/W/D	r − src → r
SUB	a,im	B/W/D	a − im → a
SUB	dst,r	B/W/D	dst − r → dst
SUB	dst,im	B/W/DB	dst − im → dst

这条指令影响标志 AF、CF、OF、PF、SF、ZF。

此指令的使用如表 3-6 所示。

表 3-6　SUB 指令使用举例

SUB 操作数	SUB 码举例
寄存器,寄存器	SUB CX,BX
寄存器,存储器	SUB DX,MATH_TOTAL[SI]
存储器,寄存器	SUB [BP+2],CL
累加器,立即数	SUB AL,10
寄存器,立即数	SUB SI,5280
存储器,立即数	SUB [BP]BALANCE,1000

(2) SBB

SBB(SuBtract with Borrow)指令的格式为:

SBB　DOPD,SOPD

这条指令与 SUB 指令类似,只是在两个操作数相减时,还要减去借位标志 CF 的现行值。如:

SBB	r,src	r − src → r
SBB	a,im	a − im → a
SBB	dst,r	dst − r → dst
SBB	dst,im	dst − im → dst

本指令对标志位 AF、CF、OF、PF、SF 和 ZF 都有影响。本指令主要用于多字节操作数相减时。

此指令的使用如表 3-7 所示。

表 3-7　SBB 指令使用举例

SBB 操作数	SBB 码举例
寄存器,寄存器	SBB BX,CX
寄存器,存储器	SBB DI,[BX]PAYMENT
存储器,寄存器	SBB BALANCE,AX
累加器,立即数	SBB AX,2
寄存器,立即数	SBB CL,1
存储器,立即数	SBB COUNT[SI],10

3. 乘法指令

（1）MUL 无符号数乘法指令

MUL 指令的格式为：

MUL　SOPD

本指令完成在 AL(字节)或 AX(字)中的操作数以及另一个操作数(两个无符号数)的乘法。双倍长度的乘积,送回到 AL 和 AH(在两个 8 位数相乘时),或送回到 AX 和它的扩展部分 DX(在两个字操作数相乘时)。

若结果的高半部分(在字节相乘时为 AH,在字相乘时为 DX)不为零,则标志 CF＝1,OF＝1;否则 CF＝0,OF＝0。所以标志 CF＝1,OF＝1 表示在 AH 或 DX 中包含结果的有效数。

本指令影响标志 CF 和 OF,而对 AF、PF、SF、ZF 等未定义。

相乘时的另一操作数可以是寄存器操作数或内存操作数。如：

MUL　src　B　AX＝AL＊src
MUL　src　W　DX:AX＝ΛX＊src

若要把内存单元 FIRST 和 SECOND 这两个字节的内容相乘,乘积放在 THIRD 和 FOURTH 单元中,可以用以下程序段：

MOV　AL,FIRST
MUL　SECOND
MOV　THIRD,AX

此指令的使用如表 3-8 所示。

表 3-8　MUL 指令使用举例

MUL 操作数	MUL 码举例
8 位寄存器	MUL BL
16 位寄存器	MUL CX
8 位存储器	MUL MONTH[SI]
16 位存储器	MUL BAUD_RATE

以上是 8086 中的无符号数乘法指令,隐含以累加器(字节乘法为 AL,字乘法为 AX)作为一个操作数,在指令中规定另一操作数,乘法的结果放在累加器(字节相乘结果在 AX)或累加器及其延伸部分(字相乘,结果放在 DX:AX)中。

（2）IMUL 符号数乘法指令

整数乘法指令。这条指令除了完成两个带符号数相乘以外,其他与 MUL 完全类似。若结果的高半部分(对于字节相乘则为 AH,对于字相乘则为 DX)不是低半部分的符号扩展,则标志 CF＝1,OF＝1;否则 CF＝0,OF＝0。若结果的 CF＝1,OF＝1,则表示高半部分包含结果的有效数(不光是符号部分)。

IMUL　src　B　AX＝AL＊src(符号数)
IMUL　src　W　DX:AX＝AX＊src(符号数)

此指令的使用如表 3-9 所示。

表 3-9　IMUL 指令使用举例

IMUL 操作数	IMUL 码举例
8 位寄存器	IMUL CL
16 位寄存器	IMUL BX
8 位存储器	IMUL RATE_BYTE
16 位存储器	IMUL RATE_WORD[BP][DI]

4. 除法指令

（1）DIV

这条无符号数的除法指令,能把在 AX 和它的扩展部分(若是字节相除则在 AH 和 AL 中,若是字相除则在 DX:AX 中)中的无符号被除数被源操作数除,且把相除以后的商送至累加器(8 位时送至 AL,16 位时送至 AX),余数送至累加器的扩展部分(8 位时送至 AH,16 位时送至 DX)。若除数为 0,则在内部会产生一个类型 0 中断。

此指令执行后对标志 AF、CF、OF、PF、SF 和 ZF 的影响是未定义的。

DIV　src　B　AL＝AX/src（无符号数）

　　　　　　　AH＝余数

DIV　src　W　AX＝DX:AX/src（无符号数）

　　　　　　　DX＝余数

此指令的使用如表 3-10 所示。

表 3-10　DIV 指令使用举例

DIV 操作数	DIV 码举例
8 位寄存器	DIV CL
16 位寄存器	DIV BX
8 位存储器	DIV ALPHA
16 位存储器	DIV TABLE[SI]

（2）IDIV

IDIV(Integer Division)指令除了完成带符号数相除以外,与 DIV 完全类似。

在字节相除时,最大的商为＋127(7FH),而最小的负数商为－127(81H);在字相除时,最大的商为＋32 767(7FFFH),最小的负数商为－32 767(8001H)。若相除以后,商是正的且超过了上述的最大值,或商是负的且小于上述的最小值,则与被 0 除一样,在内部产生一个类型 0 中断。

除法操作完成以后,对标志位 AF、CF、OF、PF、SF 和 ZF 的影响是未定义的。

此指令的使用如表 3-11 所示。

表 3-11　IDIV 指令的使用举例

IDIV 操作数	IDIV 码举例
8 位寄存器	IDIV BL
16 位寄存器	IDIV CX
8 位存储器	IDIV DIVISOR_BYTE[SI]
16 位存储器	IDIV [BX]DIVISOR_WORD

5. 增量减量指令

（1）INC

INC 指令完成对指定的操作数加 1,然后返回此操作数。此指令主要用于在循环程序中修改地址指针和循环次数等。

这条指令执行的结果影响标志位 AF、OF、PF、SF 和 ZF,对进位标志没有影响。

这条指令的操作数可以是在通用寄存器中,也可以在内存中。

INC　r　　W　　r ＋ 1 → r

INC　src　B/W　src ＋ 1 → src

此指令的使用如表 3-12 所示。

表 3-12　INC 指令使用举例

INC 操作数	INC 码举例
16 位寄存器	INC CX
8 位寄存器	INC BL
存储器	INC ALPHA[DI][BX]

（2）DEC

DEC 指令对指定的操作数减 1,然后把结果送回操作数。所用的操作数可以是寄存器 r,也可以是内存操作数。

在相减时,把操作数作为一个无符号二进制数来对待。指令执行的结果影响标志 AF、OF、PF、SF 和 ZF,但对标志 C 没有影响(即保持此指令以前的值)。

此指令的使用如表 3-13 所示。

表 3-13　DEC 指令使用举例

DEC 操作数	DEC 码举例
16 位寄存器	DEC AX
8 位寄存器	DEC AL
存储器	DEC ARRAY[SI]

6. NEG 取补指令

NEG 指令是对操作数取补,也即用零减去操作数,再把结果送回操作数。若在字节操作时对－128，或在字操作时对－32 768取补，则操作数没变化，但溢出标志OF置位。

此指令影响标志 AF、CF、OF、PF、SF 和 ZF。此指令执行的结果，一般总是使标志 CF＝1；除非在操作数为零时，才使 CF＝0。

此指令的使用如表3-14所示。

表 3-14　NEG 指令使用举例

NEG 操作数	NEG 码举例
寄存器	NEG AL
存储器	NEG MULTIPLIER

7. CMP 比较指令

比较指令完成两个操作数相减，使结果反映在标志位上，但两操作数不变。

指令的格式为：

CMP	r，src	r － src
CMP	a，im	a － im
CMP	dst，r	dst － r
CMP	dst，im	dst － im

具体地说，比较指令可使累加器与立即数、任一通用寄存器或任一内存操作数相比较，也可以使任一通用寄存器与立即数、其他寄存器或任一内存操作数相比较，还可以使内存操作数与立即数或任一寄存器相比较。

比较指令主要用于比较两个数之间的关系，即两者是否相等，或两个中哪一个大。

在比较指令之后，根据 ZF 标志即可判断两者是否相等，若两者相等，相减以后结果为0，则 ZF 标志为 1；否则为 0。

若两者不等，则可利用比较指令之后的标志位的状态来确定两者的大小。

若在 AX 和 BX 中有两个正数，要比较确定它们哪个大，可用比较指令：

CMP AX，BX

即令执行 AX－BX。由于这两个数都是正数，显然若 AX＞BX，则结果为正；若 AX＜BX，则结果为负。所以，可由比较指令执行后的 SF 标志来确定。即若 SF＝0，则 AX＞BX；而若 SF＝1，则 AX＜BX（在这里，我们不考虑相等的情况）。

所以，若要求比较 AX 和 BX 中两个正数的大小，把大数放在 AX 中就可以用以下程序段：

```
CMP      AX，BX
JNS      NEXT
XCHG     AX，BX
NEXT：↙
```

这样的结论，能否适用于任意两个数相比较的情况呢？

例如：在 AX 和 BX 中有两个无符号数，AX＝A000H，BX＝1050H，若用比较指令：

CMP   AX，BX

在计算机中的运行结果为：

$$
\begin{array}{r}
1010 \quad 0000 \quad 0000 \quad 0000 \\
-\ \ 0001 \quad 0000 \quad 0101 \quad 0000 \\
\hline
1000 \quad 1111 \quad 1011 \quad 0000
\end{array}
$$

则符号标志 SF＝1。若沿用上述利用 SF 标志判断大小的结论,则会得出 AX＜BX。而作为无符号数显然是 AX＞BX。这是由于在无符号数表示中最高位(D15 位)不代表符号,而是数值 2^{15}。

可见在两个无符号数相比较时,不能根据 SF 标志来确定两者的大小。用什么标志来判断两个无符号数的大小呢? 应该用进位、借位标志 CF。显然大数减去小数,不会产生借位,CF＝0;而小数减去大数,就有借位 CF＝1。

于是要把 AX 和 BX 中的大的值放在 AX 中的程序段,可改为:

```
CMP     AX,BX
JNC     NEXT
XCHG    AX,BX
NEXT：↙
```

当在 AX 和 BX 中是两个带符号数,又如何判断它们的大小呢? 这时仅由结果的正或负来确定数的大小就不够了,因为在比较时要做减法,而减法的结果有可能溢出。下面我们分四种情况分别加以说明:

① 若参与比较的两数为 A 和 B,A 与 B 都为正数,则执行 CMP 指令后,若 SF 标志＝0,则 $A＞B$;反之 $A＜B$。

② 若 $A＞0,B＜0$。

我们知道结果应该是 $A＞B$,且比较的结果应该是正数。但若 $A＝+127,B＝-63$,比较时执行 $A-B＝A+(-B)＝+127+(-(-63))＝+127+63$,则在计算机中的结果为:

$$
\begin{array}{r}
0111 \quad 1111 \\
+\ \ 0011 \quad 1111 \\
\hline
1011 \quad 1110
\end{array}
$$

结果的 D_7＝1,即 SF＝1 表示结果为负,所以,若以 SF 标志来判断则会得出 $A＜B$ 这样的错误结论。之所以会出现这种情况,是由于 8 位带符号数所能表示的范围为 $+127\sim-128$。而运算的结果为 $+190＞+127$,超出了它的范围,即产生了溢出,因而导致了错误的结论。

因此,在这种情况下,就不能只用 SF 标志来判断数的大小了。而必须同时考虑运算的结果是否有溢出。若结果无溢出,即 OF＝0,则仍为 SF＝0,$A＞B$;SF＝1,$A＜B$。而当结果有溢出时,即 OF＝1,则 SF＝0,$A＜B$;SF＝1,$A＞B$。

③ 若 $A＜0,B＞0$。

若 $A＝-63,B＝+127$,则显然 $A＜B$,且运算结果应为负。但 $A-B＝A+(-B)$,在计算机中的运行结果为:

$$
\begin{array}{rl}
A＝-63 & 1100 \quad 0001 \\
B＝127 & +\ \ 1000 \quad 0001 \\
\hline
& \boxed{1}\,0100 \quad 0010
\end{array}
$$

自然丢失

结果的 $D_7=0$，SF 标志即为 0。所以，若单独用 SF 标志来判断，也会得出 $A>B$ 的错误结论。同样，出现这种情况的原因，是由于运算的结果为 -190 小于 8 位带符号数所能表示的最小值 -128，产生了溢出。

④ 若 $A<0,B<0$。

在运算过程中不会产生溢出。则可以用 SF 标志来判断两个数的大小。

把以上 4 种情况概括起来，我们可以得出以下结论：

在没有溢出的情况下，即 OF＝0 时，若 SF＝0，则 $A>B$；若 SF＝1，则 $A<B$。

在发生溢出的情况下，即 OF＝1 时，若 SF＝1，则 $A>B$；若 SF＝0，则 $A<B$。

所以，当两个带符号数相比较时，要把标志位 SF 和 OF 结合起来一起考虑，才能判断哪一个数大。即只有在 OF 标志和 SF 标志同时为 0 或同时为 1 时 $A>B$，因此可以把 $A>B$ 的条件写成：

SF⊕OF＝0

在 8086 微处理器的条件指令中，考虑到上述情况，有两条用于判断带符号数大小的条件指令：大于的条件转移指令为 JG/JNLE，条件为 SF⊕OF＝0，且 ZF＝0；小于的转移指令为 JL/JNGE，条件为 SF⊕OF＝1。

若自 BLOCK 开始的内存缓冲区中，有 100 个 16 位带符号数，要找出其中的最大值，把它存放到 MAX 单元中。

要解决这个问题，可以先把数据块的第一个数取至 AX 中，然后从第二个存储单元开始，依次与 AX 中的内容相比较，若 AX 中的值大，则不作其他操作，接着进行下一次比较；若 AX 中的值小，则把内存单元的内容送至 AX 中。这样，经过 99 次比较，在 AX 中的数必然是数据块中的最大值，再把它存至 MAX 单元中。

要进行 99 次比较，当然要编一个循环程序，在每一循环中要用比较指令，然后用转移指令来判别大小。循环开始前要置初值。能满足上述要求的程序段为：

```
            MOV     BX,OFFSET BLOCK
            MOV     AX,[BX]
            INC     BX
            INC     BX
            MOV     CX,99
AGAIN：     CMP     AX,[BX]
            JG      NEXT
            MOV     AX,[BX]
NEXT：      INC     BX
            INC     BX
            DEC     CX
            JNZ     AGAIN
            MOV     MAX,AX
            HLT
```

比较指令后面通常跟着一条条件转移指令，它检查比较的结果并决定程序的转向。

本指令影响标志位 AF、CF、OF、PF、SF 和 ZF。

本指令的使用如表 3-15 所示。

表 3-15　CMP 指令使用举例

CMP 操作数	CMP 码举例
寄存器,寄存器	CMP BX,CX
寄存器,存储器	CMP DH,ALPHA
存储器,寄存器	CMP [BP+2],SI
寄存器,立即数	CMP BL,02H
存储器,立即数	CMP [BX]BADAR[DI],3420H
累加器,立即数	CMP AL,00010000B

3.4.3　十进制算术指令

十进制算术指令在二进制编码十进制数(BCD)数据上进行十进制算术运算。

1. DAA 在加法后进行十进制调整

DAA(Decimal Adjust for Addition)指令能对在 AL 中的由两个组合的十进制数相加的结果进行校正,以得到正确的组合的十进制和。

我们可以对两个组合的十进制数直接用 ADD 指令(必须有一个操作数在 AL 中)相加,但若要得到正确的组合的十进制结果,则必须在 ADD 指令之后紧接着用一条 DAA 指令来加以校正,这样在 AL 中就可以得到正确的组合的十进制和。

这条指令的校正操作如下。

若(AL&0FH)>9 或标志 AF=1,则:

AL ← AL + 6
AF ← 1

若 AL>9FH 或标志 CF=1,则:

AL ← AL + 60H
CF ← 1

此指令影响标志 AF、CF、PF、SF、ZF,而对标志 OF 未定义。

2. DAS 在减法后进行十进制调整

DAS(Decimal Adjust for Subtraction)指令与 DAA 指令类似,能对在 AL 中的由两个组合的十进制数相减以后的结果进行校正,以得到正确的组合的十进制差。

80x86 系列处理器中允许两个组合的十进制数直接相减,但要得到正确的结果,就必须在 SUB 指令以后,紧接着用一条 DAS 指令来加以校正,这样就可以在 AL 中得到正确的两个组合的十进制数的差。

这条指令的校正操作如下。

若(AL&0FH)>9 或标志 AF=1,则:

AL ← AL-6

若 AL>9FH 或标志 CF=1,则:

$$AL \leftarrow AL - 60H$$
$$CF \leftarrow 1$$

指令执行的结果,影响标志 AF、CF、PF、SF 和 ZF,但对标志 OF 未定义。

3. AAA 在加法后进行 ASCII 调整

AAA(Unpacked BCD[ASCII] Adjust for Addition)指令对在 AL 中的由两个未组合的十进制操作数相加后的结果进行校正,产生一个未组合的十进制和。

两个未组合的十进制数可以直接用 ADD 指令相加,但要得到正确的未组合的十进制结果,必须在加法指令以后,紧接着用一条 AAA 指令来加以校正,则在 AX 中就可以得到正确的结果。

所谓未组合的十进制数,就是一位十进制数,也即十进制数字的 ASCII 码的高 4 位置为 0 以后所形成的数码,即 6 为 00000110,7 为 00000111 等。当这样的两个数相加(必须有一个在 AL 中)以后,要在 AX 中得到正确的仍是未组合的十进制结果,就必须进行调整。因为 $6+7=13$,则应该在 AL 中为 00000011,而在 AH 中(若初始值为 0)为 00000001。但加法是按二进制规则进行的,在未调整前 AL 中的值为:

$$
\begin{array}{r}
00000110 \\
+\ \ 00000111 \\
\hline
00001101
\end{array}
$$

这条指令的校正操作如下。

若(AL&0FH)>9 或标志 AF=1,则:

$$AL \leftarrow AL + 6$$
$$AH \leftarrow AH + 1$$
$$AF \leftarrow 1$$
$$CF \leftarrow 1$$
$$AL \leftarrow AL\&0FH$$

这条指令对标志 AF 和 CF 有影响,而对 OF、PF、SF、ZF 等标志未定义。

4. AAS 在减法后进行 ASCII 调整

AAS(Unpacked BCD[ASCII] Adjust for Subtraction)指令与 AAA 指令类似,能把在 AL 中的由两个未组合的十进制数相减的结果进行校正,在 AL 中产生一个正确的未组合的十进制数的差。

80x86 系列处理器允许两个未组合的十进制数直接相减,但相减后要得到正确的未组合的十进制差,就必须在 SUB 指令以后,紧跟着用一条 AAS 指令来加以校正,这样就能在 AL 中得到正确的两个未组合十进制数的差。

这条指令的校正操作如下。

若(AL&0FH)>9 或标志 AF=1,则:

$$AL \leftarrow AL - 6$$
$$AH \leftarrow AH - 1$$
$$AF \leftarrow 1$$
$$CF \leftarrow 1$$
$$AL \leftarrow AL\ \&\ 0FH$$

5. AAM 在乘法后进行 ASCII 调整

AAM(Unpacked BCD[ASCII] Adjust for Multiply)指令能把在 AX 中的两个未组合的十进制数相乘的结果进行校正,最后在 AX 中能得到正确的未组合的十进制数的乘积(即高位在 AX 中,低位在 AL 中)。

80x86 系列处理器允许两个未组合的十进制数直接相乘,但要得到正确的结果,必须在 MUL 指令之后,紧跟着一条 AAM 指令进行校正,最后可在 AX 中得到正确的两个未组合的十进制数的乘积。

这条指令的校正操作为:

AH ← AL/0AH　　(AL 被 0A 除的商 → AH)

AL ← AL% 0AH　　(AL 被 0A 除的余数 → AL)

如前所述,一个未组合的十进制数是一位十进制数。所以当两个未组合的十进制数,例如一个为 6——00000110,一个为 7——00000111,按二进制的规则相乘时,乘积的有效数在 AL 中,其值为 00101010,即为用二进制表示的乘积。要在 AX 中得到用未组合十进制表示的乘积,则乘积的十位数值(0000 0100)应在 AH 中,AL 中应为个位数值(0000 0010),就必须要进行校正操作,上面所规定的校正操作就能得到正确的结果。

此指令影响标志位 PF、SF、ZF,但对标志 AF、CF、OF 未定义。

6. AAD 在除法前进行 ASCII 调整

AAD(Unpacked BCD[ASCII] Adjust for Division)指令能把在 AX 中的两个未组合的十进制数在两个数相除以前进行校正,这样在两个未组合的十进制数相除以后,可以得到正确的未组合的十进制结果。

例如,在 AX 中的被除数为 62,按未组合的十进制数表示为:

AH　　　　AL
00000110　00000010

除数为 8,即为 00001000,在相除之前必须先校正,使被除数 62 以二进制形式集中在 AL 中,即应校正为:

AH　　　　ΛL
00000000　00111110

再用二进制除法指令 DIV 相除,相除以后,以未组合十进制表示的商在 AL 中,而相应的余数在 AH 中。所以这条指令的校正操作为:

AL ← AH ＊ 0AH ＋ AL

AH ← 0

80x86 系列处理器允许两个未组合的十进制数直接相除,但要得到正确的未组合的十进制商和余数,则应在相除之前,先用一条 AAD 指令进行校正,然后再用一条 DIV 指令,则相除以后的商送至 AL 中,而余数送至 AH 中。AH 和 AL 中的高半字节全为 0。

这条指令影响标志位 PF、SF、ZF,而对标志 AF、CF、OF 的影响未定义。

3.4.4　逻辑指令

逻辑指令在字节和字值上执行基本的与、或、异或和非逻辑操作。

1. AND 执行按位逻辑与

（1）AND

这条指令对两个操作数进行按位的逻辑"与"运算,即只有相"与"的两位全为 1,与的结果才为 1,否则"与"的结果为 0。"与"以后的结果送至目的操作数。

8086 的 AND 指令可以进行字节操作,也可以进行字操作。80x86 系列处理器把操作数扩展为 32 位。

"与"指令的一般格式为:

AND　DOPD,SOPD

其中目的操作数 DOPD 可以是累加器,也可以是任一通用寄存器,还可以是内存操作数(可用所有寻址方式)。源操作数 SOPD 可以是立即数、寄存器,也可以是内存操作数(可用所有寻址方式)。

例如:

AND　AL,9FH
AND　AX,BX
AND　SI,BP
AND　AX,DATA_WORD
AND　DX,BUFFER[SI ＋ BX]
AND　DATA_WORD,00FFH
AND　BLOCK[BP ＋ DI],CX

例如,要把数码 0～9 的 ASCII 码转换为相应的二进制数,则可以用"与"指令,使高 4 位全变为 0,而低 4 位保留,即与 0FH 相"与"。

某一个操作数,自己和自己相"与",操作数不变,但可使进位标志 CF 清 0。

"与"操作指令主要用在使一个操作数中的若干位维持不变,而若干位置为 0 的场合。这时,要维持不变的这些位与"1"相"与";而要置为 0 的这些位与"0"相"与"。

此指令执行以后,标志 CF＝0,OF＝0;标志 PF、SF、ZF 反映操作的结果;对标志 AF 未定义。

（2）TEST

本指令完成与 AND 指令同样的操作,结果反映在标志位上,但并不送回至目的操作数,即 TEST 指令不改变操作数的值。

这条指令通常用于检测一些条件是否满足,但又不希望改变原有的操作数的情况下。通常在这条指令后面还会加上一条条件转移指令。

若要检测 AL 中的最低位是否为 1,若为 1 则转移,可使用以下指令:

    TEST　AL 01H
    JNZ　　THERE
      ⋮
THERE:↙

若要检测 AX 中的最高位是否为 1,若为 1 则转移,可使用以下指令:

    TEST　AX,8000H

```
        JNZ     THERE
          ⋮
THERE: ↙
```

又若要检测 CX 中的内容是否为 0,若为 0 则转移,可使用以下指令:

```
        TEST    CX,0FFFFH
        JZ      THERE
          ⋮
THERE: ↙
```

2. OR 执行按位逻辑或

此指令对指定的两个操作数进行逻辑"或"运算。进行"或"运算的两位中的任一个为 1(或两个都为 1),则或的结果为 1;否则为 0。或运算的结果送回目的操作数。8086 允许对字节或字进行"或"运算。80x86 系列处理器把操作数扩展为 32 位。"或"运算指令使标志位 CF=0,OF=0;"或"操作以后的结果反映在标志位 PF、SF 和 ZF 上;对标志 AF 未定义。

"或"指令的一般格式为:

OR   DOPD,SOPD

其中,目的操作数 DOPD 可以是累加器,可以是任一通用寄存器,也可以是一个内存操作数(可用所有寻址方式)。源操作数 SOPD 可以是立即数、寄存器,也可以是内存操作数(可用所有寻址方式)。

例如:

```
OR    AL,30H
OR    AX,00FFH
OR    BX,SI
OR    DX,DATA_WORD
OR    BUFFER[BX],SI
OR    BUFFER[BX+SI],8000H
  ⋮
```

一个操作数自身相"或",不改变操作数的值,但可使进位标志 CF 清 0。

"或"运算主要应用于:如果要求使一个操作数中的若干位维持不变,而另外若干位置为 1 的场合。这时,要维持不变的这些位与"0"相"或";而要置为"1"的这些位与"1"相"或"。利用"或"运算,可以对两个操作数进行组合,也可以对某些位置位。

若用一个字节表示一个字符的 ASCII 码,则其最高位(位 7)通常为 0。在数据传送,特别是远距离传送时,为了可靠起见常要进行校验,对一个字符常用的校验方法为奇偶校验。把字符的 ASCII 码最高位用作校验位,使包括校验位在内的一个字符中"1"的个数恒为奇数——奇校验;或恒为偶数——偶校验。若采用奇校验,则检查字符的 ASCII 码中为"1"的个数,若已为奇数,则令它的最高位为"0";否则,令最高位为"1"。若此字符的 ASCII 码已在寄存器 AL 中,能实现上述校验的程序段为:

```
        AND     AL,7FH
        JNP     NEXT
```

    OR AL,80H

NEXT：

3. XOR 执行按位逻辑异或

这条指令对两个指定的操作数进行"异或"运算,当进行"异或"运算的两位不相同时(即一个为 1,另一个为 0),"异或"的结果为 1;否则为 0。异或运算的结果送回一个操作数。

XOR 指令的一般格式为:

XOR DOPD,SOPD

其中,目的操作数 DOPD 可以是累加器,可以是任一个通用寄存器,也可以是一个内存操作数(可用全部寻址方式)。源操作数可以是立即数,可以是寄存器,也可以是内存操作数(可用所有寻址方式)。

例如:

XOR AL,0FH

XOR AX,BX

XOR DX,SI

XOR CX,COUNT_WORD

XOR BUFFER[BX],DI

XOR BUFFER[BS+SI],AX

当一个操作数自身做"异或"运算的时候,由于每一位都相同,则"异或"结果必为 0,且使进位标志 CF 也为 0。这是使操作数的初值置为 0 的有效方法。如:

XOR AX,AX

XOR SI,SI

可使 AX 和 SI 清 0。

若要求使一个操作数中的若干位维持不变,而若干位取反,可用"异或"运算来实现。要维持不变的这些位与"0"相"异或";而要取反的那些位与"1"相"异或"。

XOR 指令执行后,标志位 CF＝0,OF＝0;标志位 PF、SF、ZF 反映异或操作的结果;对标志 AF 未定义。

4. NOT 执行按位逻辑非

这条指令对源操作数求反,然后送回源操作数。

源操作数可以是寄存器操作数,也可以是存储器操作数(所有寻址方式)。

NOT OPRD B/W/D OPRD 的反码 → OPRD

此指令对标志位没有影响。

下面我们通过两个例子,来看一下这些逻辑操作指令的作用和如何使用它们。

例 3-1 由 ASCII 码转换为 BCD 码。

数字常数在输入输出时是以十进制形式表示的,而在计算机中以二进制形式存放。所以在输入输出时,就有一个互相转换的问题。

通常在微型计算机中,从键盘输入的十进制数的每一位数码(即 0～9 中的任一个),是以它的 ASCII 码表示的,要向 CRT 输出的十进制数的每一位数码也是用 ASCII 码表示的。

而在计算机中的一个十进制数,或者是把它转换为相应的二进制数存放,或者是以 BCD 码的形式存放。

若在内存的输入缓冲区中,已有若干个用 ASCII 码表示的十进制数码,则每一个存储单元只存放一位十进制数码。要求把它们转换为相应的 BCD 码,且把两个相邻存储单元的十进制数码的 BCD 码合并在一个存储单元中,且地址高的放在前 4 位(以这种形式表示的 BCD 数就称为组合的 BCD 数)。这样就可以节省一半存储单元。

要把十进制数码的 ASCII 码转换为 BCD 码,只要把高 4 位变为 0 就可以了;要把 2 位 BCD 数并在一个存储单元中,则只要把地址高的左移 4 位,再与地址低的组合在一起就可以。

输入缓冲区中,已存放的 ASCII 码的个数有可能是偶数,但也可能是奇数。若是奇数,则把地址最低的一个转换为 BCD 码(高 4 位为 0);然后把剩下的偶数个按统一的方法处理。下面是一个能满足上述要求的汇编语言的程序(不包括伪指令):

```
            MOV   SI,OFFSET ASCBUF    ;加载源地址
            MOV   DI,OFFSET BCDBUF    ;加载目标地址
            MOV   CX,COUNT           ;加载要转换的 ASCII 码个数
            ROR   CX,1               ;右移 CX(使 CX 除 2)并把最低位移入进位标志
            JNC   NEXT               ;进位位为 0,即原 CX 为偶数,转至 NEXT 处理
            ROL   CX,1               ;恢复 CX
            MOV   AL,[SI]            ;取出第一个 ASCII 数
            INC   SI                 ;源指针指向下一个
            AND   AL,0FH             ;把 ASCII 转换为 BCD
            MOV   [DI],AL            ;存入目标区
            INC   DI                 ;目标指针指向下一个
            DEC   CX                 ;个数减 1
            ROR   CX,1               ;把 CX 除 2
NEXT:       MOV   AL,[SI]            ;取入 ASCII 数
            INC   SI                 ;源指针指向下一个
            AND   AL,0FH             ;把 ASCII 转换为 BCD
            MOV   BL,AL              ;暂存至 BL
            MOV   AL,[SI]            ;取下一个 ASCII 数
            INC   SI                 ;源指针指向下一个
            PUSH  CX                 ;暂存 CX
            MOV   CL,4               ;设移位次数
            SAL   AL,CL              ;第二个 ASCII 数左移 4 位
            POP   CX                 ;恢复 CX
            ADD   AL,BL              ;把两个 BCD 数组合
            MOV   [DI],AL            ;存至目标
            INC   DI                 ;目标指针指向下一个
            LOOP  NEXT               ;CX 减 1,若不为 0 循环
            HLT
```

例 3-2 由 BCD 码转换成 ASCII 码。

若在内存某一缓冲区中,存放着若干个单元的用 BCD 码表示的十进制数,每一个单元中放两位 BCD 码,要求把它们分别转换为 ASCII 码,存放在缓冲区中,高 4 位的 BCD 码转

换成的 ASCII 码放在地址较高的单元。

能满足上述要求的一个汇编语言的程序(不包括伪指令)如下:

```
        MOV    SI,OFFSET BCDBUF
        MOV    DI,OFFSET ASCBUF
        MOV    CX,COUNT
        CLD
TRANT:  MOV    AL,[SI]
        INC    SI
        MOV    BL,AL
        AND    AL,0FH
        OR     AL,30H
        MOV    [DI],AL
        INC    DI
        MOV    AL,BL
        PUSH   CX
        MOV    CL,4
        SHR    AL,CL
        OR     AL,30H
        MOV    [DI],AL
        INC    DI
        POP    CX
        LOOP   TRANT
        HLT
```

3.4.5 移位和循环移位指令

移位和循环移位指令用于移位和循环移位字或双字操作数。

1. 移位指令

在 80x86 系列处理器中有 4 条移位指令:SAL(算术左移)、SHL(逻辑左移)、SAR(算术右移)和 SHR(逻辑右移)。这些指令的格式为:

```
SAL    DOPD,OPD2
SHL    DOPD,OPD2
SAR    DOPD,OPD2
SHR    DOPD,OPD2
```

第一个操作数是目标操作数,即对它进行移位操作。目标操作数可以是任一通用寄存器或一个内存操作数(可用所有寻址方式)。第二个操作数规定移位的次数(或移位的位数)。在 8086 中,第二个操作数或是 1(规定移 1 位)、8 位立即数或为寄存器 CL(在寄存器 CL 中规定移位的次数)。

SHL/SAL 这两条指令在物理上是完全一样的,每移位一次后,最低位补 0,最高位移入标志位 CF,如图 3-15 所示。

在移位次数为 1 的情况下,若移位以后目标操作数的最高位与进位标志 CF 不相等,则溢出标志 OF=1;否则 OF=0。这用于表示移位以后的符号位与移位前是否相同(若相同,

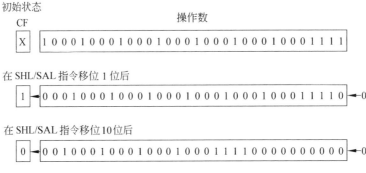

图 3-15　SHL/SAL 指令功能

OF＝0)。标志位 PF、SF、ZF 表示移位以后的结果,对标志位 AF 未定义。

SAR 每执行一次,使目标操作数右移 1 位,但保持符号位不变,最低位移至标志位 CF,如图 3-16 所示。

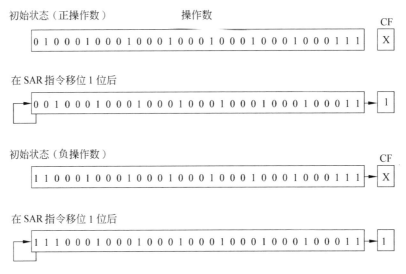

图 3-16　SAR 指令功能

SAR 指令影响标志位 CF、OF、PF、SF 和 ZF,对标志位 AF 未定义。

SHR 指令每执行 1 次,使目标操作数右移 1 位,最低位进入标志位 CF,最高位补 0(与 SAR 不同),如图 3-17 所示。

在指定的移位次数为 1 时,若移位以后,操作数的最高位和次高位不同,则标志位 OF＝1,否则 OF＝0。这用以表示移位前后的符号位是否相同(OF＝0,符号位未变)。

2. 循环移位指令

8086 处理器有 4 条循环移位指令 ROL(Rotate Left)、ROR(Rotate Right)、RCL(Rotate through CF Left)和 RCR(Rotate through CF Right)。这 4 条循环移位指令的指令格式与功能类似,下面以 ROL 指令为例介绍。

ROL 指令格式为:

ROL　DOPD,OPD2

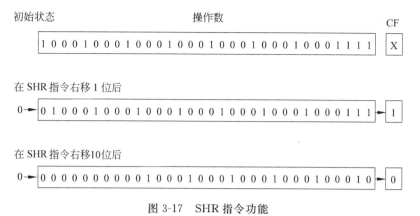

图 3-17　SHR 指令功能

其中,第一个操作数是要对其进行移位操作的目标操作数。第二个操作数是 8 位立即数或寄存器 CL,用以规定移位的次数。

前两条循环移位指令未把标志位 CF 包含在循环的环中。后两条把标志位 CF 包含在循环的环中,作为整个循环的一部分。

循环移位指令可以对字节进行操作,也可以对字进行操作;操作数可以是寄存器操作数,也可以是内存操作数(各种寻址方式)。

ROL 指令每执行一次,就把最高位一方面移入标志位 CF,另一方面返回操作数的最低位,如图 3-18 所示。

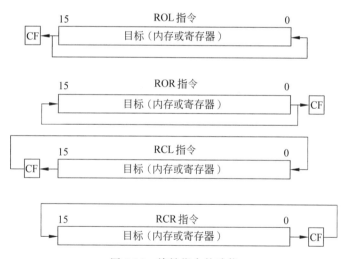

图 3-18　旋转指令的功能

当规定的循环次数为 1 时,若循环以后的操作数的最高位不等于标志位 CF,则溢出标志 OF=1;否则 OF=0。这可以用来表示移位前后的符号位是否改变(OF=0,则表示符号未变)。

3.4.6　控制传送指令

控制传送指令提供转移、条件转移、循环和调用与返回指令以控制程序的流程。

1. 无条件转移指令 JMP 转移

这是一条无条件转移指令,它转移程序控制至指令流的不同点而不保留返回信息。目标操作数规定指令要转移到的地址。此操作数可以是立即数、通用寄存器或内存单元。

该指令的格式为：

JMP　DOPD

DOPD 可能是 rel8 短转移、相对转移，偏移量相对于下一条指令。

DOPD 可能是 rel16 近(near)转移、相对转移，偏移量相对于下一条指令。

DOPD 可能是 rel32 近(near)转移、相对转移，偏移量相对于下一条指令。

DOPD 可能是 r/m16 近(near)转移、绝对间接，地址在 r/m16 中给定。

DOPD 可能是 r/m32 近(near)转移、绝对间接，地址在 r/m32 中给定。

DOPD 可能是 ptr16:16 远(far)转移、绝对转移，地址在操作数中规定。

DOPD 可能是 m16:16 远(far)转移、绝对间接，地址在 m16:16 中给定。

此指令能用于执行以下三种不同类型的转移：

- 近转移——转移至当前码段(由 CS 寄存器当前指向的段)，有时称为段内转移。
- 短转移——一种近转移，其转移范围限制在当前 EIP 的-128~+127。
- 远转移——转移至与当前码段不同的段内的指令有时称为段间转移。

2. 条件转移指令 Jcc

该指令的格式为：

Jcc　Label

其中，Label 是转移的目标地址。即若满足指令中规定的条件(条件已在 CMP 指令中讨论过)，则转移至目标地址；否则继续执行下一条指令。

下面说明如何规定条件转移指令中的条件码。

8086 中的条件转移指令似乎很多，而且往往一条指令有好几种助记符表示方式。但是，归纳一下主要可以分成两大类：

- 根据单个标志位所形成的条件的条件转移指令；
- 根据若干个标志位的逻辑运算所形成的组合条件的条件转移指令。

下面分别介绍这两类条件转移指令。

(1) 根据单个标志位所形成的条件的条件转移指令

① CF 标志。

- JB/JNAE/JC。

这是当进位标志 CF=1 时，能转移至目标地址的条件转移指令的 3 种助记符。

JB(Jump on Below)即低于转移。

JNAE(Jump on Not Above or Equal)即不高于或等于转移，这是低于转移的同义语。

JC(Jump on Carry)即有进位、借位转移。

这条指令适用于两个无符号数相比较的情况下。

- JAE/JNB/JNC。

这是当进位标志 CF=0 时，能转移至目的地址的条件转移指令的 3 种助记符。

JAE(Jump on Above or Equal)即高于或等于转移。

JNB(Jump on Not Below)即不低于转移。

JNC(Jump on Not Carry)即无进位、借位转移。

② ZF 标志。

• JE/JZ。

这是当 ZF 标志等于 1 时,能转移至目标地址的条件转移指令的两种助记符。

JE(Jump on Equal)即相等转移。

JZ(Jump on Zero)即等于零转移。

这是指操作结果等于零,而不是操作数等于零。例如有两个不等于零的操作数比较,结果等于零,这只是说明了两个操作数相等,而不是操作数为零。

• JNE/JNZ。

这是当 ZF 标志等于零时,能转移到目标地址的条件转移指令的两种助记符。

JNE(Jump on Not Equal)即不等转移。

JNZ(Jump on Not Zero)即不等于零转移。

③ SF 标志。

• JS。

这是当符号位 SF=1 时,能转移到目标地址的条件转移指令。

JS(Jump on Sign)根据符号转移,在此是指符号为负转移。

• JNS。

这是当符号标志 SF=0 时,能转移到目标地址的条件转移指令。

JNS(Jump on Not Sign)即正转移。

④ PF 标志。

• JP/JPE。

这是当奇偶标志 PF=1 时,能转移到目标地址的条件转移指令的两种助记符。

JP(Jump on Parity)即偶转移。

JPE(Jump on Parity Even)即偶转移。

• JNP/JPO。

这是当奇偶标志 PF=0 时,能转移到目标地址的条件转移指令的两种助记符。

JNP(Jump on Not Parity)即奇转移。

JPO(Jump on Parity Odd)即奇转移。

⑤ O 标志。

• JO。

这是当溢出标志位 OF=1 时,能转移到目标地址的条件转移指令的助记符。

JO(Jump on Overflow)即溢出转移。

• JNO。

这是当溢出标志位 OF=0 时,能够转移到目标地址的条件转移指令的助记符。

JNO(Jump on Not Overflow)即未溢出转移。

(2) 组合条件的条件转移指令

8086 结构微处理器的这一类转移指令,主要用来判断两个数的大小。

如前所述,由于参加比较的数的性质不同,判断大小的方法也不同。两个正数相比较,可以用结果的符号位(SF 标志)来判断。两个无符号数相比较,可由进位标志来判断。若要考虑是否相等的条件即判断高于或等于的条件,或者低于或等于的条件,此时就要组合 CF

标志和 ZF 标志。

两个带符号数相比较,就要组合符号标志 SF 和溢出标志 OF,包含是否相等的条件就要组合 Z 标志。

8086 结构微处理器的这一类指令就是用来判断无符号数和带符号数的大小的。

① 判断无符号数的大小。

• JA/JNBE。

JA(Jump Above)即高于转移。

JNBE(Jump on Not Below or Equal)即不低于或等于转移。

即两个无符号数 A 和 B 相比较,当 $A>B$(不包括相等的情况)时就满足这个条件。怎样来表示这个条件呢?若不相等,则必须 ZF=0;若高于则没有借位,即 CF=0。所以,条件为 CF $\wedge$ ZF=0。当满足这个条件时,能转移到目标地址。

• JBE/JNA。

JBE(Jump on Below or Equal)即低于或等于转移。

JNA(Jump on Not Above)即不高于转移。

这也是一条条件转移指令的两种助记符。当两个无符号数(A 和 B)相比较,当 $A<B$(包括相等)时就满足这个条件。反映这个条件的标志为:有相等情况,则 ZF=1;若低于,则必有借位 CF=1,所以,条件为 CF $\vee$ ZF=1。当满足这个条件时,能转移到目标地址。

② 判断带符号数的大小。

• JG/JNLE。

JG(Jump on Greater)即大于转移。

JNLE(Jump on Not Less or Equal)即不小于或等于转移。

这是一条条件转移指令的两种助记符。当两个带符号数 A 和 B 相比较,当 $A>B$(不包括相等)时就满足这个条件。不相等,则必然 ZF=0;若大于,则必须 SF $\oplus$ OF=0(两者都为 0 或两者都为 1),所以,反映这个条件的标志为(SF $\oplus$ OF=0) $\wedge$ ZF=0。当满足这个条件时,能转移到目标地址。

• JGE/JNL。

JGE(Jump on Greater or Equal)即大于或等于转移。

JNL(Jump on Not Less)即不小于转移。

这也是一条条件转移指令的两种助记符。与上一条相比,只是条件为 $A \geqslant B$,包含着相等的情况,所以去掉 ZF 必须为 0 的条件即可。当满足条件时,能转移至目标地址。

• JL/JNGE。

JL(Jump on Less)即小于转移。

JNGE(Jump on Not Greater or Equal)即不大于或等于转移。

这也是一条条件转移指令的两种助记符。当两个带符号数 A 和 B 相比较,当 $A<B$(不包括相等)时满足这个条件。不相等 ZF 必须为 0;小于必为符号标志 SF 和溢出标志 OF 异号,所以,条件为 SF $\oplus$ OF=1,且 ZF=0。当满足此条件时,能转移到目标地址。

• JLE/JNG。

JLE(Jump on Less or Equal)即小于或等于转移。

JNG(Jump on Not Greater)即不大于转移。

这也是同一条条件转移指令的两种助记符。当两个带符号数 A 和 B 相比较,当 $A<B$ 时满足这个条件。若相等,则 ZF=1;若小于,则 SF⊕OF=1,故条件为$[(SF⊕OF)=1 \lor ZF=1]$。当满足条件时,能转移至目标地址。

这种指令是段内相对转移,在汇编语言中,目标操作数用标号(Label)表示,而在机器语言级,则是符号立即数。归纳起来有以下指令:

JE/JZ 若相等/若为 0 转移

JNE/JNZ 若不相等/若不为 0 转移

JA/JNBE 若高于/若不低于或等于转移

JAE/JNB 若高于或等于/若不低于转移

JB/JNAE 若低于/若不高于或等于转移

JBE/JNA 若低于或等于/若不高于转移

JG/JNLE 若大于/若不小于或等于转移

JGE/JNL 若大于或等于/若不小于转移

JL/JNGE 若小于/若不大于或等于转移

JLE/JNG 若小于或等于/若不大于转移

JC 若进位转移

JNC 若无进位转移

JO 若溢出转移

JNO 若无溢出转移

JS 若符号位为 1(负)转移

JNS 若符号位为 0(非负)转移

JPO/JNP 若奇/若奇偶标志为 0 转移

JPE/JP 若偶/若奇偶标志为 1 转移

JCXZ/JECXZ 若寄存器 CX 为 0/若寄存器 ECX 为 0 转移

3. 重复控制指令

一个循环程序必须要有指令来控制循环,重复控制指令在循环的头部或尾部确定是否进行循环。是否重复也是有条件的,通常是在 CX(ECX)寄存器中预置循环次数,重复控制指令当 CX(ECX)不等于零时,循环至目的地址。若不满足条件(通常当 CX=0 时),则顺序执行重复控制指令的下一条指令。

重复控制指令的目的地址必须在控制指令的 -128～+127 字节。这些指令对标志位都没有影响。

这些指令对于循环程序和完成串操作是十分有用的。

8086 处理器有三种重复控制的指令:

(1) LOOP

LOOP 指令使 CX(ECX)减 1,且判断若 CX(ECX)不等于 0,则循环至目标操作数——IP+偏移量(符号扩展到 16 位)。

要使用 LOOP 指令,必须把重复次数置于寄存器 CX(ECX)中。

一条 LOOP 指令相当于以下两种指令的组合:

DEC CX

JNZ   AGAIN

（2）LOOPZ（或 LOOPE）

这同一条指令有两种不同的助记符 LOOPZ 及 LOOPE。

此指令使 CX 减 1,且判断只有在 CX 不等于 0,而且标志 ZF＝1 的条件下,才循环至目标操作数——IP＋偏移量。

（3）LOOPNZ（或 LOOPNE）

这也是同一条指令的两种助记符。此指令使 CX 减 1,且判断只有当 CX 不等于 0,而且标志 ZF＝0 的条件下,才能循环至目标操作数——IP＋偏移量。

若地址操作数的属性是 32 位,则计数器用 ECX;若是 16 位,则用 CX。

4. 调用与返回指令

（1）CALL 调用过程

CALL 指令在很多方面与无条件指令相似,它也使控制流发生转移,但是,CALL 指令调用一个过程,通常是要返回的,为此,CALL 指令要保存返回地址（CALL 指令的下一条要执行的指令的地址）,以便返回。若是段内调用（要调用的过程在同一段内）也称为 Near 调用,则只需保存执行 CALL 指令时的 IP(EIP)值。若是段间调用（要调用的过程在另一个段）也称为 Far 调用,则不仅要保留 IP(EIP),而且要保存 CALL 指令的代码段寄存器 CS 值。

CALL 指令主要执行以下两种类型的调用：

- Near 调用——调用在当前码段（由 CS 寄存器指向的当前段）内的过程,有时称为段内调用。
- Far 调用——调用位于与当前代码段不同段中的过程,有时称为段间调用。

（2）RET 返回

有两种返回指令：

RET
RET   OPD

传送程序控制至位于堆栈顶部的返回地址。此地址是由 CALL 指令放在堆栈上的。通常,返回指令返回至 CALL 指令的下一条指令。

任选的操作数 OPD 规定在返回地址弹出后释放（跳过）的堆栈字节数,默认为无。此参数通常用于释放传送给被调用的过程的参数,而返回后又不再需要的参数个数。

RET 指令主要用于执行以下两种类型的返回：

- Near 返回——返回至在当前代码段（由 CS 寄存器当前指向的段）内的调用过程,有时称为段内返回。
- Far 返回——返回至与当前代码段不在同一段内的调用过程,有时称为段间返回。

（3）IRET 从中断返回

它从异常或中断处理程序返回程序控制至被异常、外部中断或软件中断所中断的程序或过程。这些指令也用于从嵌套的任务（嵌套的任务是当 CALL 指令用于启动任务切换,或当中断或异常引起任务切换至中断,或异常处理程序时建立的）返回。

IRET 指令执行 Far 返回至被中断的程序或过程。在此操作期间,处理器从堆栈弹出返回指令指针、返回代码段选择子和 FLAGS 映像至 EIP、CS 和 FLAGS 寄存器,然后恢复被中断的程序或过程的执行。

（4）INT 软件中断、INTO 在溢出时中断

INT n 指令产生由目标操作数规定的中断或异常处理程序的调用。目标操作数 n 规定了 0～255 的中断向量号（作为 8 位无符号数编码）。每个中断向量号提供中断向量的索引（中断向量表中的每个元素提供一中断或异常处理程序的入口地址）。前 32 个中断向量由 Intel 提供给系统用。其中的若干个用作内部产生的异常。

INT n 指令是执行软件产生的对中断处理程序调用的通用助记符。INTO 指令是调用溢出异常（中断向量号 4）的特定助记符。溢出中断检测在 FLAGS 寄存器中的 OF 标志，若 OF 标志为 1，则调用溢出中断处理程序；否则，顺序执行下一条指令。

在执行中断时与 CALL 指令类似，要保存断点以便中断返回。所以，中断指令首先推入 FLAGS 寄存器至堆栈，然后清除标志 IF（关中断）、TF（禁止追踪方式）；接着推入 CS 和 IP；用中断向量表中的入口地址加载 IP 和 CS，使控制发生转移。

5. 过程指令

（1）BOUND 检测值是否超出范围

此指令的格式为：

BOUND　OPD1,OPD2

确定第一个操作数（数组索引）是否在由第二个操作数（边界操作数）规定的数组边界内。数组索引是在寄存器中的符号整数。边界操作数是在内存单元中，它通常是一对符号字整数（操作数尺寸属性是 16）。第一个字是数组的低边界而第二个字是数组的高边界。数组索引必须大于或等于低边界而小于或等于高边界加用字节表示的操作数尺寸。若数组索引不在边界之内，则发生边界范围超过异常。

（2）ENTER 高级过程进入

此指令的格式为：

ENTER　OPD1,OPD2

它为过程建立堆栈帧。第一个操作数（尺寸操作数）规定堆栈帧的尺寸（即为过程分配到堆栈上的动态存储的字节数）。第二个操作数（嵌套层操作数）给定过程的词法嵌套层（0～8）。嵌套层确定从前面帧复制至新堆栈帧的"显示区"的堆栈帧指针的数量。这两个操作数都是立即数。

ENTER 指令和相应的 LEAVE 指令用于支持块结构语言。ENTER 是结构中的第一条指令，用于设置过程的新堆栈帧。LEAVE 指令在过程结尾（就在 RET 指令前）使用，以释放堆栈帧。

若嵌套层是 0，处理器从 EBP 寄存器推入帧指针到堆栈上，从 ESP 将当前堆栈指针复制至 EBP 寄存器，并用当前堆栈指针值减去尺寸操作数的值加载 ESP 寄存器。若嵌套层是 1 或更多，则处理器在调整堆栈指针之前，将附加的帧指针推入堆栈。这些附加的帧指针为被调用的过程提供在堆栈上别的嵌套的帧访问指针。

（3）LEAVE 高级过程退出

此指令释放由早期的 ENTER 指令设置的堆栈帧。LEAVE 指令将帧指针（在 EBP 寄存器中）复制到堆栈指针寄存器（ESP），它释放分配给堆栈帧的空间。旧的堆栈帧（由 ENTER 指

令保存的调用过程的帧指针)于是从堆栈弹出至 EBP 寄存器,恢复调用过程的堆栈帧。

通常,在 LEAVE 指令之后执行 RET 指令,以返回程序控制至调用过程。

3.4.7　串指令

串指令对字节串操作,允许它们移至存储器或从存储器传送。

8086 处理器中有一些一字节指令,它们能完成各种基本的字节串、字串或两字串(即字节或字的序列)的操作。任一个这样的基本操作,都能在指令的前面用一个重复操作前缀(REP)使它们重复地操作。

所有的基本的串操作指令,用寄存器 SI 寻址源操作数,且假定是在现行的数据段区域中(段地址在段寄存器 DS 中);用寄存器 DI 寻址目的操作数,且假定是在现行的附加段区域中(段地址在段寄存器 ES 中)。这两个地址指针在每一个串操作以后会自动修改,但按增量还是按减量修改,取决于标志位 DF。若标志 DF=0,则在每次操作后 SI 和 DI 增量(字节操作则加 1,字操作加 2);若标志 DF=1,则每次操作后,SI 和 DI 减量。

任何一个串操作指令,可以在前面加上一个重复操作前缀,于是指令就重复执行,直至在寄存器 CX 中的操作次数满足要求为止。

重复操作是否完成的检测,是在操作以前进行的。所以若初始化使操作次数为 0,它不会引起重复操作。

若基本操作是一个影响 ZF 标志的操作,在重复操作前缀字节中也可以规定与标志 ZF 相比较的值(REPZ/REPE,REPNZ/REPNE)。在基本操作执行以后,ZF 标志与指定的值不等,则重复终结。

在重复的基本操作执行期间,操作数指针(SI 和 DI)和操作数寄存器,在每一次重复后修改。然而指令指针将保留重复前缀字节的偏移地址。因此,若一个重复操作指令,被外部源中断,则在中断返回以后,可以恢复重复操作指令。

串操作指令的重复前缀应该避免与别的两种前缀同时使用。

8086 处理器有 7 种基本的串操作指令。

(1) MOVS(MOVe String)

MOVS/MOVSB 用于传送串/传送字节串。

MOVS/MOVSW 用于传送串/传送字串。

把由 SI 作为指针的源串中的一个字节(MOVSB)或字(MOVSW),传送至由 DI 作为指针的目的串,且相应地修改指针,以指向串中的下一个元素。

在前面介绍数据传送指令 MOV 时,我们说过 MOV 指令不能实现内存单元之间的数据传送,而这种传送要求又是经常会遇到的,这时就要以某一通用寄存器作为桥梁,要实现重复传送,还必须修改地址。MOVS 指令就是为了实现这样的传送而设置的,一条指令,除了直接完成数据从源地址传送至目的地址以外,还自动完成修改地址指针。但 MOVS 指令中规定源操作数必须用 SI 寻址,目的操作数必须用 DI 寻址。

前面的传送 100 个操作数的例子,可以改为:

```
MOV    SI,OFFSET SOURCE
MOV    DI,OFFSET DEST
MOV    CX,100
```

```
AGAIN：  MOVS    DEST,SOURCE
         DEC     CX
         JNZ     AGAIN
```

若采用重复前缀,则可以用一条指令完成整个数据块的传送。但要用重复前缀,数据长度必须放在寄存器 CX 中。上述程序可简化为:

```
MOV   SI,OFFSET SOURCE
MOV   DI,OFFSET DEST
MOV   CX,100
REP   MOVS DEST,SOURCE
```

此指令对标志位无影响。

（2）CMPS(CoMPare String)

CMPS/CMPSB 用于比较串/比较字节串。

CMPS/CMPSW 用于比较串/比较字串。

由 SI 作为指针的源串与由 DI 作为指针的目的串(双字、字或字节)相比较(源串-目的串),但相减的结果只反映到标志位上,而不送至任何一操作数。同时相应地修改源和目的串指针,指向串中的下一个元素。标志位 AF、CF、OF、PF、SF 和 ZF 反映了目的串元素和源串元素之间的关系。

这个指令可以用来检查两个串是否相同。通常在此指令之后,应有一条条件转移指令。

下面是一个利用 CMPS 指令对 STRING1 和 STRING2 两个字符串进行比较的程序例子:

```
         MOV    SI,OFFSET STRING1
         MOV    DI,OFFSET STRING2
         MOV    CX,COUNT
         CLD
         REPZ   CMPSB
         JNZ    UNMAT        ;若串不相等,在 RESULT 单元中置 0FFH
         MOV    AL,0         ;若串相等,在 RESULT 单元中置 0
         JMP    OUTPUT
UNMAT：  MOV    AL,0FFH
OUTPUT： MOV    RESULT,AL
         HLT
```

若 CMPS 指令加上前缀 REPE 或 REPZ,则操作可解释为:“当串未结尾(CX≠0)且串是相等的(ZF 标志为 1)继续比较”;若 CMPS 指令加以前缀 REPNE 或 REPNZ,操作解释为:“当串未结尾(CX≠0)且串不相等(ZF 标志为 0 时)继续比较”。

（3）SCAS(SCAn String)

SCAS/SCASB 用于扫描串/扫描字节串。

SCAS/SCASW 用于扫描串/扫描字串。

搜索串指令,关键字放在 AL(字节)或 AX(字)中,操作时从 AL(字节操作)或 AX(字操作)的内容中减去由 DI 作为指针的目的串元素,结果反映在标志位上,但并不改变目的串元素以及累加器中的值。SCAS 也修改 DI,使其指向下一个元素,在标志位 AF、CF、OF、PF、SF 和 ZF 中反映了 AL/AX/EAX 中的搜索值与串元素之间的关系。

利用 SCAS 指令可以进行搜索,下面举一个例子。把要搜索的关键字放在 AL(字节)或 AX(字)中,用以搜索内存的某一数据块或字符串中有无此关键字。若有,把搜索次数记下(若次数为 0,表示无要搜索的关键字),且记录下存放关键字的地址。

程序一开始,当然要设置数据块的地址指针(SCAS 指令要求设在 DI 中),要设立数据块的长度(要求设在 CX 中),把关键字送入 AL 或 AX 中。搜索可以用循环程序,或利用重复前缀。利用 ZF 标志以判断是否搜索到,以便分别处理。

```
            MOV     DI,OFFSET BLOCK
            MOV     CX,COUNT
            MOV     AL,CHAR
            CLD
            REPNE   SCASB
            JZ      FOUND
            MOV     DI,0
            JMP     DONE
FOUND:      DEC     DI
            MOV     POINTR,DI
            MOV     BX,OFFSET BLOCK
            SUB     BX,DI
            MOV     DI,BX
DONE:       HLT
```

若 SCAS 指令前加上前缀 REPE 或 REPZ,则操作解释为:"当串未结束(CX≠0)且串元素＝搜索值(ZF 标志=1)时继续搜索"。这种格式可用来搜索从一个给定值的偏离。若 SCAS 前加上前缀 REPNE 和 REPNZ,则操作解释为:"当串未结束(CX≠0)且串元素不等于搜索值(ZF 标志=0)时继续搜索"。这种格式可以用来在一个串中查出一个值。

(4) LODS(LOaD String)

LODS/LODSB 用于装入串/装入字节串。

LODS/LODSW 用于装入串/装入字串。

本指令把由 SI 作为指针的串元素,传送至 AL(字节操作)或 AX(字操作),同时修改 SI,使其指向串中的下一个元素。这个指令正常地是不重复执行的,因为每重复一次,累加器中的内容就要改写,只保留最后一个元素。但是在一个软件循坏程序中,在用基本的串操作指令构成复杂的串操作时,LODS 指令作为其中一部分是十分有用的。

此指令对标志位无影响。

(5) STOS(STOre String)

STOS/STOSB 用于存储串/存储字节串。

STOS/STOSW 用于存储串/存储字串。

从累加器 AL(字节操作)或 AX(字操作)传送一个字节或字,到由 DI 作为指针的目的串中,同时修改 DI 以指向串中的下一个单元。利用重复操作,可以在串中建立一串相同的值。此指令对标志位无影响。

例如:若在内存缓冲区中有一个数据块,起始地址为 BLOCK。数据块中的数据有正有负,要求把其中的正负数分开,分别送至同一段的两个缓冲区,存放正数的缓冲区的起始地址为 PLUS_DATA,存放负数的缓冲区的起始地址为 MINUS_DATA。

要解决这一问题,可设 SI 为源数据块的指针,分别设 DI 和 BX 为放正、负数的目的区指针,使用 LODS 指令,把源数据取至 AL 中,然后检查其符号位,若是正数,则用 STOS 指令送至正数缓冲区;若是负数,则可以先把 DI 与 BX 交换,然后再用 STOS 指令送至负数缓冲区。用 CX 来控制循环次数。程序如下:

```
START:      MOV     SI,OFFSET BLOCK
            MOV     DI,OFFSET PLUS_DATA
            MOV     BX,OFFSET MINUS_DATA
            MOV     CX,COUNT
GOON:       LODS    BLOCK
            TEST    AL,80H
            JNZ     MIUS
            STOSB
            JMP     AGAIN
MIUS:       XCHG    BX,DI
            STOSB
            XCHG    BX,DI
AGAIN:      DEC     CX
            JNZ     GOON
            HLT
```

上述的各种重复操作,显然也可以由软件编一个循环程序来完成。

(6) 串输入指令 INS/INSB/INSW/INSD——从端口输入至串

此类指令的格式是:

```
INS   m8,DX
INS   m16,DX
INSB
INSW
INSD
```

从源操作数(第二个操作数)将数据复制至目标操作数(第一个操作数)。源操作数是一 I/O 端口地址(0～65 535),它通常是由 DX 寄存器规定。目标操作数是一内存单元,它的地址由 ES:DI 规定(ES 段不能用地址超越前缀来超越)。正在访问的 I/O 端口的尺寸(即源和目标操作数的尺寸),对于 8 位 I/O 端口取决于操作码,而对于 16 位 I/O 端口取决于指令的操作数属性。在汇编码级,允许两种形式的指令:显式和无操作式。无操作数形式隐含着源端口由 DX 寄存器规定,而目标操作数由 ES:DI 规定。

在字节或字从 I/O 端口传送至存储单元后,DI 寄存器按照 DF 标志的设置自动增量或减量(若 DF 为 0,DI 增量;若 DF 为 1,DI 减量)。对于字节操作 DI 增量或减量为 1,字操作为 2。

串操作指令可以用 REP、REPZ/REPE、REPNZ/REPNE 作为前缀。

(7) 串输出指令 OUTS/OUTSB/OUTSW——将串复制至端口

此类指令的格式为:

```
OUTS        DX,m8
```

```
OUTS    DX,m16
OUTSB
OUTSW
```

此类指令从源操作数(第二个操作数)将数据复制至由目标操作数(第一个操作数)规定的 I/O 端口。源操作数是一个内存单元,其地址由 DS:SI 寄存器规定。目标操作数是一个 I/O 端口地址(0~65 535),由 DX 寄存器规定。

串输出指令,除了数据传送的方向与串输入指令相反外,其他都是类似的。

3.4.8　标志控制操作

标志控制指令对在 FLAGS 寄存器中的标志进行操作。

- STC 设进位标志;
- CLC 清除进位标志;
- CMC 对进位标志取反;
- CLD 清除方向标志;
- STD 设置方向标志;
- LAHF 加载标志至 AH 寄存器;
- SAHF 存 AH 寄存器至标志;
- PUSHF 推入 FLAGS 至堆栈;
- POPF 从堆栈弹出至 FLAGS;
- STI 设中断标志;
- CLI 清除中断标志。

3.4.9　段寄存器指令

此类指令的格式为:

```
LDS   r16,mem16:16
LDS   r32,mem16:32
LES   r16,mem16:16
LES   r32,mem16:32
LSS   r16,mem16:16
LSS   r32,mem16:32
```

此类指令从源操作数(第二个操作数)加载一个 Far 指针[段选择子和偏移量]至指定的段寄存器和第一个操作数(目标操作数)。指令操作码和目标操作数规定段寄存器/通用寄存器对。16 位段选择子从源操作数加载至用操作码规定的段寄存器(DS、ES、SS、FS 或 GS)。16 位偏移量加载至由目标操作数规定的寄存器。

3.4.10　杂项指令

杂项指令提供这样的功能,如加载有效地址、执行空操作和检索处理器标识。

1. LEA 加载有效地址

此指令的格式为:

LEA   r16,m

计算源操作数的有效地址(即段内偏移量)并存储至目标操作数。源操作数是一个内存单元(可用各种寻址方式),目标操作数是一个通用寄存器。

2. NOP 空操作

此指令的格式为：

NOP

执行空操作。

3. XLAT/XLATB 表格查找传送

此指令的格式为：

XLAT   m8

XLATB

用 AL 寄存器作为表的索引,定位在内存中的字节项,然后把它送至 AL。在 AL 寄存器中的索引作为无符号数对待。此指令从 DS:BX 寄存器得到内存中表的基地址(DS 段可以用段超越前缀来超越)。

习　　题

3.1　分别指出下列指令中的源操作数和目的操作数的寻址方式。

(1) MOV   SI,300

(2) MOV   CX,DATA[DI]

(3) ADD   AX,[BX][SI]

(4) AND   AX,CX

(5) MOV   [BP],AX

(6) PUSHF

3.2　试述指令 MOV AX,2000H 和 MOV AX,DS:[2000H]的区别。

3.3　写出以下指令中内存操作数的所在地址。

(1) MOV   AL,[BX+10]

(2) MOV   [BP+10],AX

(3) INC   BYTE PTR[SI+5]

(4) MOV   DL,ES:[BX+SI]

(5) MOV   BX,[BP+DI+2]

3.4　判断下列指令书写是否正确。

(1) MOV   AL,BX

(2) MOV   AL,CL

(3) INC   [BX]

(4) MOV   5,AL

(5) MOV   [BX],[SI]

（6）MOV　BL,0F5H

（7）MOV　DX,2000H

（8）POP　CS

（9）PUSH　CS

3.5　设堆栈指针 SP 的初值为 1000H,AX＝2000H,BX＝3000H,试问:

（1）执行指令 PUSH　AX 后,SP 的值是多少?

（2）再执行 PUSH　BX 及 POP　AX 后,SP、AX 和 BX 的值是多少?

3.6　要想完成把[3000H]送[2000H]中,用指令:

MOV　[2000H],[3000H]

是否正确? 如果不正确,应该用什么方法实现?

3.7　假如想从 200 中减去 AL 中的内容,用 SUB 200,AL 是否正确? 如果不正确,应该用什么方法?

3.8　用两种方法写出从 80H 端口读入信息的指令,再用两种方法写出从 40H 口输出 100H 的指令。

3.9　假如:AL＝20H,BL＝10H,当执行 CMP AL,BL 后,问:

（1）AL 和 BL 中内容是两个无符号数,比较结果如何? 影响哪几个标志位?

（2）AL 和 BL 中内容是两个有符号数,结果又如何? 影响哪几个标志位?

3.10　若要使 AL×10,有哪几种方法? 试编写出各自的程序段。

3.11　8086 汇编语言指令的寻址方式有哪几类? 哪一种寻址方式的指令执行速度最快?

3.12　在直接寻址方式中,一般只指出操作数的偏移地址,那么段地址如何确定? 如果要用某个段寄存器指出段地址,在指令中应该如何表示?

3.13　在寄存器间接寻址方式中,如果指令中没有具体指明段寄存器,那么如何确定段地址?

3.14　采用寄存器间接寻址方式时,BX、BP、SI、DI 分别针对什么情况来使用? 这 4 个寄存器组合间接寻址时,地址是怎样计算的? 请举例说明。

3.15　设 DS＝2100H,SS＝5200H,BX＝1400H,BP＝6200H,说明下面两条指令所进行的具体操作:

MOV　BYTE PTR[BP],200

MOV　WORD PTR[BX],2000

3.16　使用堆栈操作指令时要注意什么问题? 传送指令和交换指令在涉及内存操作数时应该分别注意什么问题?

3.17　下面这些指令中哪些是正确的? 哪些是错误的? 若是错误的,请说明原因。

（1）XCHG　CS,AX

（2）MOV　[BX],[1000]

（3）XCHG　BX,IP

（4）PUSH　CS

（5）POP　CS

（6）IN　　　　BX,DX

（7）MOV　　　BYTE[BX],1000

（8）MOV　　　CS,[1000]

3.18　以下是格雷码的编码表：

0　0000

1　0001

2　0011

3　0010

4　0110

5　0111

6　0101

7　0100

8　1100

9　1101

请用换码指令和其他指令设计一个程序段，以实现格雷码向 ASCII 码的转换。

3.19　使用乘法指令时，特别要注意先判断是用有符号数乘法指令还是用无符号数乘法指令，这是为什么？

3.20　字节扩展指令和字扩展指令用在什么场合？举例说明。

3.21　什么叫 BCD 码？什么叫组合的 BCD 码？什么叫非组合的 BCD 码？8086 汇编语言在对 BCD 码进行加、减、乘、除运算时，采用什么方法？

3.22　用普通运算指令执行 BCD 码运算时，为什么要进行十进制调整？具体地讲，在进行 BCD 码的加、减、乘、除运算时，在程序段的什么位置必须加上十进制调整指令？

3.23　两种循环移位指令（带 CF 的和不带 CF 的）在执行操作时，有什么差别？在编制乘、除法程序时，为什么常用移位指令来代替乘、除法指令？试编写一个程序段，实现将 BX 中的数乘以 10，结果仍放在 BX 中的操作。

3.24　使用串操作指令时，特别要注意和 SI、DI 这两个寄存器及方向标志 DF 密切相关。请具体就指令 MOVSB/MOVSW、CMPSB/CMPSW、SCASB/SCASW、LODSB/LODSW、STOSB/STOSW,列表说明与 SI、DI 及 DF 的关系。

3.25　用串操作指令设计实现如下功能的程序段：首先将 100H 个数从 2170H 处转移到 1000H 处；然后，从中检索出与 AL 中字符相等的单元，并将此单元值换成空格符。

3.26　在使用条件转移指令时，特别要注意它们均为相对转移指令，请解释"相对转移"的含义。如果要向较远的地方进行条件转移，那么程序中应该怎样设置？

3.27　带参数的返回指令用在什么场合？设栈顶地址为 3000H,当执行 RET 0006 后，SP 的值为多少？

3.28　在执行中断指令时，堆栈的内容有什么变化？中断处理子程序的入口地址是怎样得到的？

3.29　在执行中断返回指令 IRET 和普通子程序返回指令 RET 时，具体操作内容有什么不同？

3.30　设当前 SS＝2010H,SP＝FE00H,BX＝3457H,当前栈顶地址为多少？当执行 PUSH BX 指令后，栈顶地址和栈顶两个字节的内容分别是什么？

第4章 汇编语言程序设计

本章主要介绍 8086 汇编语言程序设计。

4.1 汇编语言的格式

4.1.1 8086 汇编语言程序的一个例子

我们先介绍一个例子来说明 8086 汇编语言的格式。

```
MY_DATA    SEGMENT                    ;定义数据段
SUM        DB    ?                    ;为符号 SUM 保留一个字节
MY_DATA    ENDS                       ;定义数据段结束
MY_CODE    SEGMENT                    ;定义码段
           ASSUME   CS：MY_CODE,      ;规定 CS 和 DS 的内容
                    DS：MY_DATA
PORT_VA1   EQU      3                 ;端口的符号名
GO：       MOV      AX,MY_DATA        ;DS 初始化为 MY_DATA
           MOV      DS,AX
           MOV      SUM,0             ;清 SUM 单元
CYCLE：    CMP      SUM,100           ;SUM 单元与 100 相比较
           JNA      NOT_DONE          ;若未超过,转至 NOT_DONE
           MOV      AL,SUM            ;若超过,把 SUM 单元的内容
           OUT      PORT_VAL,AL       ;通过 AL 输出
           HLT                        ;然后停机
NOT_DONE： IN       AL,PORT_VAL       ;未超过时,输入下一个字节
           ADD      SUM,AL            ;与以前的结果累加
           JMP      CYCLE             ;转至 CYCLE
MY_CODE    ENDS                       ;代码段结束
           END      GO                ;整个程序结束
```

由这个例子看到,8086 汇编的一个语句行是由 4 个部分组成的,即

标号: 操作码   操作数   ;注释

或者

名字   操作码   操作数   ;注释

各部分之间至少要用一个空格作为间隔。IBM 宏汇编对于语句行的格式是自由的,但如果写成格式化就便于阅读,建议读者按格式化来写语句行。另外,IBM 宏汇编并不要求一个语句只能写一行,一个语句可以有后续行,规定以字符"&"作为后续行的标志。

4.1.2 8086 汇编语言源程序的格式

由上面的例子可见,8086 的汇编语言的源程序是分段的,由若干个段形成一个源程序。

源程序的一般格式为

    NAME1   SEGMENT
       语句
        ⋮
       语句
    NAME1   ENDS
    NAME2   SEGMENT
       语句
        ⋮
       语句
    NAME2   ENDS
        ⋮
       END〈标号〉

每一个段有一个名字,以符号 SEGMENT 作为段的开始,以语句 ENDS 作为段的结束。这两者都必须有名字,而且名字必须相同。

由若干个段组成一个源程序,整个源程序以语句 END 作为结束。

总之,8086 的源程序是由若干段组成的,而一个段又是由若干个语句行组成的。所以,语句行是汇编语言源程序的基础。

4.2　语句行的构成

语句行是由标记(Token)及分隔符按照一定的规则组织起来的,标记是 IBM 宏汇编源程序的有意义的最小单位。

4.2.1　标记

1. IBM 宏汇编的字符集

IBM 宏汇编中所使用的字符集仅是 ASCII 和 EBCDIC(扩展的 BCD 码)字符集的一个子集。它由以下几部分组成:

(1) 字母

包含大写的英文字母 ABC⋯XYZ 和小写的英文字母 abc⋯xyz。

(2) 数字

阿拉伯数字:0123456789。

(3) 特殊字符

可打印字符,如图 4-1 中所示。

```
+   -   *   /   =   (   )   [   ]   <   >
;   .   ′   ,   —   :   ?   @   $   &
```

图 4-1　IBM 宏汇编字符集中的可打印字符

非打印字符:空格、制表符(Tab 键)、回车和换行。

若在源程序中包含任何不属于上列字符集中的字符,则汇编程序就把它们作为空格处理。虽然字符"&"是字符集中的一个字符,但紧跟在回车换行之后的符号"&"是代表一个连续行,所以,汇编程序也把它当成空格处理。

2. 界符

界符(Delimiter)是一些特殊字符,利用它们可以表明某个标记的结束,它们本身也有一定的意义,这一点就与分隔符(空格)不同。例子中的冒号(：)、逗号(,)都是一种界符。IBM 宏汇编中的界符集如图 4-2 所示。

$$, \quad ; \quad < \quad - \quad ? \quad / \quad > \quad [\quad]$$
$$(\quad) \quad . \quad + \quad * \quad \& \quad = \quad /$$

图 4-2　IBM 宏汇编中的界符集

语句中有了界符就可以不再用分隔符,但为了程序更清晰可读,有时仍用分隔符。

3. 常量

凡是出现在 8086 源程序中的固定值(它在程序运行期间不会变化),就称为常量(Constant)。例子中的数 0、3、100 等都是常量,而且是数字常量。

IBM 宏汇编中允许的常量有数字常量和字符串常量两种。

(1) 数字(整数)常量

① 二进制常量。

以字母 B 结尾的由一串"0"和"1"组成的序列,例如,00101100B。

② 十进制常量。

由若干个 0~9 的数字组成的序列,可以以字母 D 作结尾,或没有任何字母作结尾。例如,1234D 或 1234。

③ 八进制常量。

以字母 Q 结尾,由若干个 0~7 的数字组成的序列,例如 255Q、377Q 等。

④ 十六进制常量。

以字母 H 结尾,由若干个 0~9 的数字或 A~F 的字母所组成的序列。

为了避免与标识符相混淆,十六进制数在语句中必须以数字开头。所以,凡是以字母 A~F 开始的十六进制数,必须在前面加上数字 0,例如 56H、0BA3FH 等。

(2) 字符串常量

字符串常量是由包含在单引号内的 1~2 个 ASCII 字符构成的。汇编程序把它们表示成一个字节序列,一个字节对应一个字符,把引号中的字符翻译成它的 ASCII 码值。例如字符'A'等价于 41H,字符'AB'等价于 4142H。在可以使用单字节立即数的地方,就可以使用单个字符组成的字符串常量;在可以使用双字节立即数的地方,就可以使用两个字符组成的字符串常量。

只有在初始化存储器时,才可以使用多于两个字符的字符串常量(见后面的 DB 伪指令部分)。

4. 标识符

标识符(Identifier)是由程序员自由建立起来的、有特定意义的字符序列,如例子中的 SUM、CYCLE 和 PORT_VAL 等。

一个标识符是由最多 31 个字母、数字及规定的特殊字符(? @ _ $)等组成的,且不能用数字开头(以免与十六进制数相混淆)。下面是一些标识符的例子：

X

GAMMA

JACKS

THIS_DONE

THISDONE

最后两个是不同的标识符。以下两个标识符是相同的,因为它们的前31个字符是相同的。

@Variable_number_1234567890123456

@Variable_number_12345678901234567

5. 保留字

保留字(Reserved Word)看上去就像标识符,但是它们在语言中有特殊的意义,而且不能用它们作为标识符。如例子中的 SEGMENT、MOV、EQU、AL 等都是保留字。实际上凡是8086的指令助记符、汇编语言中的命令(伪指令)、寄存器名等都是保留字。表 4-1 列出了 IBM 宏汇编中的所有保留字。

表 4-1　IBM 宏汇编中的保留字

(1) 指令助记符										
AAA	CLD	ESC	JAE	JNA	JNP	LDS	MOV	POPF	RET	STC
AAD	CLI	HLT	JB	JNAE	JNS	LEA	MOVS	PUSH	ROL	SRD
AAM	CMC	IDIV	JBE	JNB	JNZ	LES	MUL	PUSHF	ROR	STI
AAS	CMP	IMUL	JCXZ	JNBE	JO	LOCK	NEG	RCL	SAHF	STOS
ADC	CMPS	IN	JE	JNE	JP	LODS	NIL	RCR	SAL	SUB
ADD	CWD	INC	JG	JNG	JPE	LOOP	NOP	REP	SAR	TEST
AND	DAA	INT	JGE	JNGE	JPO	LOOPE	NOT	REPE	SBB	WAIT
CALL	DAS	INTO	JL	JNL	JS	LOONE	OR	REPNE	SCAS	XCHG
CBW	DEC	IRET	JLE	JNLE	JZ	LOOPNZ	OUT	REPNZ	SHL	XLAT
CLC	DIV	JA	JMP	JNO	LAHF	LOOPZ	POP	REPZ	SHR	XOR

(2) 寄存器名						
AH	BH	CH	DH	BP	SP	ES
AL	BL	CL	DL	SI	CS	SS
AX	BX	CX	DX	DI	DS	

(3) 伪指令						
ASSUME	END	EXTRN	NOSEGFIX	PUBLIC	MACRO	
CODEMACRO	ENDM	GROUP	ORG	PURGE	ENDM	
DB	ENDP	LABEL	PROC	RECORD		
DD	ENDS	MODRM	RELB	SEGFIX		
DW	EQU	NAME	RELW	SEGMENT		

(4) 其他保留字							
ABS	EQ	INPAGE	MASK	NOTHING	PROCLEN	STACK	
AT	FAR	LE	MEMORY	OFFSET	PTR	THIS	
BYTE	GE	LENGTH	MOD	PAGE	SEG	TYPE	
COMMON	CT	LOW	NE	PARA	SHORT	WIDTH	
DUP	HIGH	LT	NEAR	PREFIX	SIZE		

6. 注释

为了使汇编语言的源程序更便于阅读和理解,常在源程序中加上注释(Comment)。注释是在分号(;)后面的任意的字符序列,直到行的结尾。在汇编时,汇编程序对它们并不进行处理。在可打印的文件中,注释和源程序一起打印。

4.2.2 符号

在汇编语言源程序中,为了使程序更具有普遍性,及便于程序的修改,用户常用符号(Symbol)等代替存储单元、数据、表达式等,如4.1.1小节例子中的存储单元 SUM、输入输出端口 PROT_VAL 等就是。符号是一种标识符,它要符合标识符的组成规则。

在实际使用中的符号可以分成5类,即寄存器、变量、标号、数和其他符号。

每个符号都具有一定的属性,以允许汇编程序使用它来代表所需的信息。

1. 寄存器

8086的寄存器(Register)常在操作数域中出现,代表某一个操作数。每个寄存器都有一种类型特性,由这些类型可能确定它是字节寄存器还是字寄存器。8086的标志位被看作是一个位寄存器。

2. 变量

存放在存储单元中的操作数是变量(Variable),因为它们的值是可以改变的。在程序中出现的是存储单元地址的符号,即它们的名字。

所有的变量都具有3种属性:

(1) 段值(SEGMENT),即变量单元所在段的段地址(段的起始地址)的高16位,低4位始终为0。

(2) 偏移量(OFFSET),即变量单元地址与段的起始地址之间的偏移量(16位)。

(3) 类型(TYPE),变量有3种类型:字节(BYTE)、字(WORD)和双字(DOUBLE WORD)。

变量通常是用存储器初始化命令定义的。

3. 标号

标号(Label)是某条指令所存放单元的符号地址,它是转移(条件转移或无条件转移)指令或调用(CALL)指令的目标操作数。

对于汇编程序来说,标号与变量是类似的,都是存储单元的符号地址。只是标号对应的存储单元中存放的是指令,而变量所对应的存储单元中存放的是数据。所以,标号也有3种属性:段值、偏移量和类型。

标号的类型与变量不同,它的类型是 Near 或是 Far。

Near 是指转移到此标号所指的语句,或调用此子程序或过程,只需要改变 IP 值,而不改变 CS 值。也即转移指令或调用指令与此标号所指的语句或过程在同一段内。

Far 与 Near 不同,要转移到标号所指的语句,或调用此子程序或过程,不仅需要改变 IP 的值,而且需要改变 CS,即是段交叉转移或调用。

若没有对标号进行类型说明,就假定它为 Near。

4. 数

在汇编语言源程序中的常数也常以符号的形式出现,这样就更具有通用性,更便于修改。

如 4.1.1 小节例子中的

PORT_VAL   EQU 3

就是把端口地址 3 定义为一个符号 PORT_VAL。又例如：

COUNT EQU 100

5. 其他符号

除了上述 4 种符号以外,在汇编语言中还常出现一些其他符号,把它们用作汇编程序中的伪指令名字。例如：

SEGMENT/ENDS (定义一个段)
CODEMACRO/ENDM (定义一条宏指令)

4.2.3   表达式

表达式是由上面讨论过的标记(Token)、符号(Symbol)通过运算符组合起来的。粗略地说,一个表达式是一个由操作数和运算符组合的序列,在汇编时它能产生一个值。

1. 操作数

一个操作数(Operand)可以是一个寄存器名,或是一个常量(数字常量或字符串常量),或是一个存储器操作数。

(1) 常量操作数

具有数字值的操作数是常量或是表示常量的标识符(符号)。例子中的常量操作数是 100、PORT_VAL。常量操作数的值的允许范围是-65 535～+65 535。

要注意,操作数的值可以是负的,但常量绝不能是负的。可以在常量的前面加上负号(一个运算符),以表示一个负的操作数,但绝不能把负号作为常量的一部分。负号本身是一个单目运算符。

(2) 存储器操作数

存储器操作数通常是标识符,可以分成标号(Label)和变量(Variable)两种。

标号是可执行的指令语句的符号地址。它们通常是作为转移指令 JMP 和调用指令 CALL 的目标操作数。变量通常是指存放在一些存储单元中的值,这些值在程序运行过程中是可变的。

变量可以具有以下几种寻址方式：

① 直接寻址。16 位地址偏移量包含在指令中。

② 基址寻址。由一个基址寄存器(BX 或 BP)的内容,加上一个在指令中指定的 8 位或 16 位位移量,决定变量的地址。

③ 变址(索引)寻址。由一个变址(索引)寄存器(SI 或 DI)的内容,加上一个在指令中指定的 8 位或 16 位位移量,决定变量的地址。

④ 基址变址寻址。由一个基址寄存器(BX 或 BP)的内容,加上一个变址寄存器(SI 或 DI)的内容,再加上一个在指令中指定的 8 位或 16 位位移量,决定变量的地址。

作为存储器操作数的标号和变量都有 3 种属性：段值、段内地址偏移量、类型,都已在上面讨论过。

2. 运算符

一个运算符(Operator)取一个或多个操作数的值,以形成一个新值。在 IBM 宏汇编中有 5 种运算符。

① 算术运算符(Arithmetic Operator);

② 逻辑运算符(Logical Operator);

③ 关系运算符(Relational Operator);

④ 分析运算符(Analytic Operator);

⑤ 合成运算符(Synthetic Operator)。

下面分别讨论这些运算符。

(1) 算术运算符

这是一些读者十分熟悉的运算符——＋(加)、－(减)、∗(乘)和/(除)运算符。另一个算术运算符是 MOD,它产生除法以后的余数,例如,19/7 是 2(商是 2),而 19MOD7 是 5(余数是 5)。

算术运算符总是可以应用于数字操作数,结果也是数字的。

当算术运算符应用于存储器地址操作数时其规则就更加严格:只有当结果有明确的、有意义的物理解释时,这些运算才是有效的。

例如,两个存储器地址的乘积是没有意义的,所以,这是一种不允许的操作。

在同一个段的两个存储器地址的差,是这两个存储单元之间的距离,即它们的地址偏移量的差,这是有意义的。对存储器地址操作数的另一个唯一有意义的算术运算是加或减一个数字量。

因此,对例子中的存储器地址作如下运算:

SUM＋2

CYCLE－5

NOT_DONE－GO

是有效的表达式。而

SUM－CYCLE

不是一个有效的表达式,因为它们不在同一个段。

注意:SUM＋2 的值,是 MY_DATA 段中离开存储单元 SUM 两个字节的存储单元的地址,而不是 SUM 单元的内容加 2。因为 SUM 单元的内容在程序执行以前是不知道的,而表达式是在汇编的时候计算的。

(2) 逻辑运算符

逻辑运算符是按位操作的 AND(与)、OR(或)、XOR(异或)和 NOT(非)。

逻辑运算的操作数只能是数字的,且结果也是数字的。存储器地址操作数不能进行逻辑运算。例如:

1010 1010 1010 1010B AND 1100 1100 1100 1100B＝1000 1000 1000 1000B

1100 1100 1100 1100B OR 1111 0000 1111 0000B＝1111 1100 1111 1100B

NOT 1111 1111 1111 1111B＝0000 0000 0000 0000B

而 1111 0000 1111 0000B XOR SUM 是无效的。

作为一个逻辑运算的例子,考虑

IN　AL,PORT_VAL
OUT　PORT_VAL AND 0FEH,AL

IN 指令从 PORT_VAL 端口得到输入信息,OUT 指令把输出结果送到端口 PORT_VAL AND 0FEH。若 PORT_VAL 本身是偶数,则"与"操作以后仍是同一端口;若 PORT_VAL 是奇数,则输出端口就是 PORT_VAL 的下一个端口。这个端口的实际值是在汇编时而不是在执行时确定的。

注意:AND、OR、XOR 和 NOT 也是 8086 指令的助记符。但是,作为 IBM 宏汇编的运算符是在程序汇编时计算的,而作为指令的助记符,则是在程序执行时计算的。下列指令:

AND　DX,PORT_VAL AND 0FEH

在程序汇编时,计算 PORT_VAL AND 0FEH,产生一个指令操作数域的立即数,然后在指令执行时,这个立即数与寄存器 DX 的内容作"与"运算,结果送至 DX。

（3）关系运算符

在 IBM 宏汇编中有以下关系运算符:

① 相等 Equal(EQ);

② 不等 Not Equal(NE);

③ 小于 Less Than(LT);

④ 大于 Greater Than(GT);

⑤ 小于或等于 Less Than or Equal(LE);

⑥ 大于或等于 Greater Than or Equal(GE)。

PORT_VAL LT 5 就是一种关系运算。

关系运算的两个操作数,或者都是数字的,或者是同一个段的存储器地址,结果始终是一个数字值。若关系是假,则结果为 0;若关系是真,则结果为 0FFFFH。

若在程序中有以下关系运算:

MOV　BX,PORT_VAL LT 5

若 PORT_VAL 的值小于 5,关系为真,则汇编程序在汇编后产生的语句为:

MOV　BX,0FFFFH

若 PORT_VAL 的值不小于 5,则关系为假,汇编后产生的语句为:

MOV　BX,0

像上例中那样单独使用关系运算符是不常用的,因为这样运算的结果不是 0 就是 0FFFFH,没有别的选择。所以,通常是把关系运算符与逻辑运算符组合起来使用。例如:

MOV BX,((PORT_VAL LT 5)AND 20)OR((PORT_VAL GE 5)AND 30)

则当 PORT_VAL 小于 5 时,汇编为:

MOV　BX,20

否则,汇编为:

MOV　BX,30

（4）分析运算符

分析运算符可以把存储器操作数分解为它的组成部分,如它的段值、段内偏移量和类型。

（5）合成运算符

合成运算符可以由已存在的存储器操作数生成一个段值和偏移量相同,而类型不同的新的存储器操作数。这两者我们放在稍后再作详细讨论。

4.2.4　语句

如前所述,一个汇编语言的源程序是由一条条语句(Statement)组成的,语句就是完成一个动作的说明。源程序中的语句可分成两类:指令语句和指示性语句。

指令语句,汇编程序把它们翻译成机器代码,这些代码命令 8086 执行某些操作。如MOV、ADD、JMP 等。

对于指示性语句(伪指令),汇编程序并不把它们(也不可能)翻译成机器代码,只是用来指示、引导汇编程序在汇编时做一些操作,如定义符号、分配存储单元、初始化存储器等,所以伪指令本身不占用存储单元,例如:

MY_PLACE DB ?

告诉汇编程序,MY_PLACE 定义为一个字节,所以汇编程序要为它分配一个存储器地址。以后,当汇编程序遇到指令语句:

INC　MY_PLACE

时,将产生一个使 MY_PLACE 单元内容增量的目标码指令。

这两种语句的格式是类似的。指令语句的格式为:

标号:助记符 参数,…, 参数;注释

指示性语句的格式为:

名字 命令 参数,…, 参数 ;注释

注意:在一条指令语句中的标号后面跟有冒号(:),而在一个指示性语句中的名字后面没有冒号,这就是这两种语句在格式上的主要区别。

一个标号与一条指令的地址符号名相联系,标号可以作为 JMP 指令和 CALL 指令的目标操作数。

指示性语句中的名字与指令的地址毫无关系,绝不能转向它。

在指令语句中的标号总是任选的;但在指示性语句中的名字,可能是强制的、任选的或禁止的,这取决于实际的命令。

4.3　指示性语句

在 IBM 宏汇编中有以下几种指示性语句(Directive statements):

● 符号定义(Symbol definition)语句;

- 数据定义(Data definition)语句；

- 段定义(Segmentation definition)语句；

- 过程定义(Procedure definition)语句；

- 结束(Termination)语句。

下面分别予以介绍。

4.3.1　符号定义语句

1. 等值语句 EQU

EQU 语句给符号名定义一个值,或定义为别的符号名,甚至可定义为一条可执行的指令等。EQU 语句的格式为:

NAME EQU EXPRESSION

一些例子如下:

```
BOILING_POINT    EQU    212
BUFFER_SIZE      EQU    32
NEW_PORT         EQU    PORT_VAL+1
COUNT            EQU    CX
CBD              EQU    AAD
```

第四条语句与前三条不同,不是给 COUNT 定义一个值,而是定义为寄存器 CX 的同义语。

EQU 语句在未解除前,不能重新定义。

2. 等号语句＝

等号(Equal Sign)语句的功能与 EQU 语句类似,最大特点是能对符号进行再定义。例如:

```
EMP ＝ 6
EMP ＝ 7
EMP ＝ EMP+1
```

3. 解除语句 PURGE

已经用 EQU 命令定义的符号,若以后不再用了,就可以用 PURGE 语句来解除。PURGE 语句的格式为:

PURGE 符号 1, 符号 2, …, 符号 n

注意:PURGE 语句本身不能有名字。用 PURGE 语句解除后的符号可以重新定义。例如:

```
PURGE   NEW_PORT
NEW_PORT   EQU PORT_VAL+10
```

是合法的命令。

4.3.2　数据定义语句

数据定义语句,为一个数据项分配存储单元,用一个符号名与这个存储单元相联系,且为这个数据提供一个任选的初始值。

与数据项相联系的符号名称为变量。数据定义语句的例子如下：

THING	DB	?	;定义一个字节
BIGGER_THING	DW	?	;定义一个字
BIGGEST_THING	DD	?	;定义一个双字

THING 是一个符号名，它与存储器中的一个字节相联系，即它是一个字节变量；BIGGER_THING 也是一个符号名，它与存储器中的一个字相联系，即它是一个字变量；BIGGEST_THING 也是一个符号名，它与存储器中的一个双字相联系，即它是一个双字变量。

上述数据定义语句中的符号"?"是什么意思呢？当汇编程序汇编时遇到"?"号时，它为数据项分配相应的存储单元(DB 分配一个字节，DW 分配一个字，DD 分配一个双字)，但并不产生一个目标码以初始化这些存储单元。即"?"号是为了保留若干个存储单元，以便存放指令执行的中间结果。

由汇编程序产生的目标码，产生指令和放指令的地址。在目标码已经产生以后，指令已经存放在存储器中，然后就可以执行了。

在指令送至存储器的时候，数据项的初始值也可以送至存储器中。这意味着目标码除了包含指令和它们的地址以外，也可以包括数据项的起始值和它们的地址。这些初始值是由数据定义语句所规定的。例如：

THING DB 25

不仅使 THING 这个符号与一个字节的存储单元相联系，而且在汇编时会把 25 放入与 THING 相联系的存储单元中。所以，THING 是一个字节变量，它的初始值为 25。

同样，以下语句：

BIGGER_THING DW 4142H

在汇编时就会把 41H 与 42H 分别放至与 BIGGER_THING 相联系的两个连续的字节单元中(一个字中)，而且 42H 放在地址低的字节，41H 放在地址较高的字节。所以，若 BIGGER_THING 是一个字变量，则它的初始值为 4142H。

下面的语句：

BIGGEST_THING DD 12345678H

在汇编时就会初始化，如图 4-3 所示。它定义了一个双字变量，且对变量赋予了初始值。

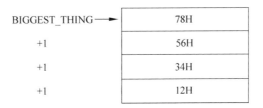

图 4-3 定义双字的数据定义语句的作用

通常，初始值能用一个表达式来规定，因表达式是在汇编时计算的，所以能写如下语句：

```
IN_PORT    DB  PORT_VAL
OUT_PORT   DB  PORT_VAL+1
```

其中,PORT_VAL 已由 EQU 语句赋值。

同样,在存储单元中可以存放存储器地址值。存放内存单元的段内偏移量需用一个字;而存放全地址则需用两个字,一个字放段地址,另一个字放段内偏移量。例如:

```
LITTLE_CYCLE   DW   CYCLE    ;CYCLE 的段内偏移量
BIG_CYCLE      DD   CYCLE    ;CYCLE 的段地址及段内偏移量
CYCLE:              MOV  BX,AX
```

在实际应用中,还经常会用到由字节、字或双字构成的表。例如 8086 中的指令 XLAT,可以利用一个由字节组成的表,把一种编码转换为同一个值的另一种编码;8086 的中断机构要用到一个中断服务程序的入口地址表,其中每一项是一个双字指针;8086 的串操作指令对包含串元素的由字节或字组成的表进行操作。如何在内存中建立起这样的表呢?只要在数据定义语句的参数部分,引入若干个用逗号分隔的参数就可以建立一个表。下列语句定义了一个包含 2 的权的字节的表:

```
POWERS_2  DB  1,2,4,8,16
```

在地址相应于 POWERS_2 的字节单元初始化为 1(在目标码输入存储器时实现),下面 4 个连续字节分别初始化为 2、4、8、16。

下面的语句:

```
ALL_ZERO  DB  0,0,0,0,0,0
```

可以把 6 个字节单元全初始化为 0。这个语句可以用 DUP 来缩写:

```
ALL_ZERO  DB  6 DUP(0)
```

DUP 利用给出的一个初值(或一组初值)以及这些值应该重复的次数来初始化存储器。

```
DB 100 DUP(0)              ;100 个字节全初始化为 0
DW 100 DUP(0)              ;100 个字全初始化为 0
DW 10 DUP(?)              ;保留 10 个字
FOO DD 50 DUP(FOO)        ;FOO 的地址(包括它的段地址和段内偏移量)的 50 份副本
DB 10 DUP(10 DUP(0))      ;10 次重复的 0 的 10 次重复
DW 35 DUP(FOO,0,1)        ;FOO 的段内偏移量、0 和 1 这 3 个字的 35 次重复
DB 5 DUP(1,2,4 DUP(3),2 DUP(1,0))
                          ;这个语句定义了 1,2,3,3,3,3,1,0,1,0 的 5 份副本
ALPHA DW 2 DUP(3 DUP(1,2 DUP(4,8)),6),0)
                          ;定义了 1,4,8,4,8,6,1,4,8,4,8,6,1,4,8,4,8,6,0 的 2 份副本
```

可以用 DB 数据定义语句在内存中定义一个字符串。字符串中的每一个字符用它的 ASCII 码表示为一个字节,故字符串的定义必须用 DB 命令。有两种定义字符串的方法:一种是字符串中的每一个字符分别定义,每一个字符之间用逗号分隔;另一种方法是在整个字符串的前后都加单引号,例如:

```
EXAM1 DB  ′THIS IS A EXAMPLE′
```

IBM 宏汇编对在程序中涉及的每一个存储单元与一种类型联系起来,这样能对访问存

储器的指令产生正确的目标码。例如,数据定义语句:

SUM　DB　?

将告诉汇编程序,SUM 是字节类型的,以后当遇到如下的指令语句:

INC　SUM

汇编程序就产生一个字节增量指令,而不是一个字增量指令。

一个存储单元的类型如下。

① 数据字节,如

SUM　DB ? ;定义一个字节

② 数据字(两个连续的字节),如

BIGGER　DW ? ;定义一个字

③ 数据双字(4 个连续的字节),如

BIGGEST　DD ? ;定义一个双字

④ Near 指令单元,如

CYCLE:　CMP　SUM,100

⑤ Far 指令单元。

一个指令单元能出现在一条 JMP 或 CALL 语句中,若这个指令单元的类型是 Near,汇编程序将产生一个段内 JMP 或 CALL 指令;若指令单元的类型是 Far,则产生一个段交叉 JMP 或 CALL 指令。例如,下列有标号的指令语句:

CYCLE:　CMP　SUM,100

告诉汇编程序,存储单元 CYCLE 的类型是 Near。以后,当汇编程序遇到如下的转移指令:

JMP　CYCLE

就产生一个段内的 JMP 指令,而不是段交叉 JMP 指令。

一个 Near 指令单元规定了一个长度为两个字节的指针,即此指令单元在段内的地址偏移量。获取了此地址偏移量,就可以采用段内的转移或调用。

一个 Far 指令单元,规定了一个长度为 4B 的指针,即此指令单元所在段的段地址和段内的地址偏移量。只有获取了这 4B,才能得到一个 Far 指令单元的全地址,实现交叉的段调用或转移。

一个存储单元地址加或减一个数字值而形成的新的存储单元,与初始的存储单元有相同的类型。例如,SUM+2 是字节型,BIGGER−3 是字型,而 CYCLE+1 是一个 Near 型指令单元。

现在有条件再回过来讨论分析运算符和合成运算符。

分析运算符把存储器地址操作数分解为它们的各个组成部分。这些运算符是:

① SEG;

② OFFSET;

③ TYPE；

④ SIZE；

⑤ LENGTH。

若在一个程序中，对它的数据段有如下定义：

```
DATA_TABLES    SEGMENT
BUFFER1    DB    100 DUP(0)
BUFFER2    DW    200 DUP(20H)
BUFFER3    DD    100 DUP(13)
DATA_TABLES ENDS
```

其中的每一个存储单元都有一些属性(或组成部分)。分析运算符 SEG 返回的是一个存储单元的段地址(即它所在段的起始地址)；OFFSET 运算符返回的是每一个存储单元地址的段内偏移量，即它与段地址之间的偏差。故语句：

```
SEG    BUFFER1
SEG    BUFFER2
SEG    BUFFER3
```

的作用都是相同的，它们返回的地址都是 DATA_TABLES 的地址。所以，若要对数据段寄存器初始化，则可以采用指令：

```
MOV    AX,SEG BUFFER1
MOV    DS,AX
```

而

```
OFFSET    BUFFER1
OFFSET    BUFFER2
OFFSET    BUFFER3
```

的作用是各不相同的。若要向这些缓冲区填入新的数据，可以用一些地址指针，并用以下指令来初始化地址指针：

```
MOV    BX,OFFSET BUFFER1
MOV    SI,OFFSET BUFFER2
MOV    DI,OFFSET BUFFER3
```

然后，就可以用这些指针来间接寻址这些缓冲区。

TYPE 运算符返回一个数字值，它表示存储器操作数的类型部分。各种存储器地址操作数类型部分的值如表 4-2 所示。

表 4-2　存储器操作数的类型值

存储器操作数	类型部分	存储器操作数	类型部分
数据字节	1	Near 指令单元	−1
数据字	2	Far 指令单元	−2
数据双字	4		

注意：字节、字和双字的类型部分分别是它们所占有的字节数，而指令单元的类型部分的值没有实际的物理意义。

LENGTH 运算符返回一个与存储器地址操作数相联系的单元数（所定义的基本单元的个数）。注意：要用 LENGTH 返回的存储区必须用 DUP()来定义，否则返回为 1。故

LENGTH　BUFFER1＝100
LENGTH　BUFFER2＝200
LENGTH　BUFFER3＝100

可以利用 LENGTH 运算符对计数器进行初始化。例如：

MOV　CX,LENGTH BUFFER1

分析运算符 SIZE 返回一个为存储器地址操作数所分配的字节数。故

SIZE　BUFFER1＝100
SIZE　BUFFER2＝400
SIZE　BUFFER3＝400

即

SIZE　BUFFER3＝(LENGTH BUFFER3)×(TYPE BUFFER3)

一般来说，若一个存储单元操作数为 X，则

SIZE　X＝(LENGTH X)×(TYPE X)

IBM 宏汇编中的合成运算符为 PTR 和 THIS，它们能建立起一些新的存储器地址操作数。PTR 运算符能产生一个新的存储器地址操作数（一个变量或标号）。新的操作数的段地址和段内偏移量与 PTR 运算符右边的操作数的对应分量相同，而类型由 PTR 的左边的操作数指定。与数据定义语句不同，PTR 操作数并不分配存储器，它可以给已分配的存储器一个另外的定义。例如，若 TWO_BYTE 已定义为

TWO_BYTE　DW ?

于是我们可以将 TWO_BYTE 这个操作数的第一个字节定义为

ONE_BYTE　EQU　BYTE PTR TWO_BYTE

在这里，运算符 PTR 建立了一个新的存储器操作数，但是它的段地址和段内偏移量与 TWO_BYTE 相同，只是类型有所不同。TWO_BYTE 由 DW 命令规定了类型是字，而 ONE_BYTE 由 PTR 运算符的左边的 BYTE 规定了类型是字节。

同样，字单元 TWO_BYTE 的第二个字节也可由 PTR 来建立：

OTHER_BYTE　EQU　BYTE PTR TWO_BYTE

TWO_BYTE 只能用于字操作的指令中，故

MOV　TWO_BYTE,AX

是合法的。但若要把它当字节来使用，企图用指令：

MOV　AL,TWO_BYTE

则是非法的,只能用如下指令:

    MOV   AL,ONE_BYTE

或

    MOV   AL,BYTE PTR TWO_BYTE

又例如,若已在数据段中定义了一个字缓冲区:

    BUFFER   DW   10 DUP(?)

由于某种原因,希望把它当作 20B 而不是 10 个字来访问。例如,想访问其中的第四个字节,若先使 SI 中的内容为 3,即

    MOV   SI,3

想用以下指令来访问第四个字节:

    MOV   AL,BUFFER[SI]

则是不合法的,因为 AL(字节)与 BUFFER(字)的类型不同。若把指令改为

    MOV   AL,BYTE PTR BUFFER[SI]

就是正确的了。

若要多次访问这个缓冲区中的不同字节,每次访问时都写为 BYTE PTR BUFFER 就不太方便了。于是就可以定义一个新的存储器操作数:

    BYTE_BUFFER   EQU   BYTE PTR BUFFER

在要访问字节时,可用指令:

    MOV   AL,BYTE_BUFFER[SI]

PTR 运算符也可以建立字和双字。例如:

MANY_BYTES	DB	100 DUP(?)	;定义一个 100B 的矩阵
FIRST_WORD	EQU	WORD PTR MANY_BYTES	
SECOND_DOUBLE	EQU	DWORD PTR MANY_BYTES	

也可以用 PTR 运算符建立指令单元:

INCHES:CMP SUM,100	;INCHES 的类型是 Near
JMP INCHES	;段内转移
MILES:EQU FAR PTR INCHES	;MILES 的类型是 Far
JMP MILES	;段交叉转移

合成运算符 THIS 与 PTR 类似,也可以建立一个新的存储器地址操作数,并且不分配存储器。用运算符 THIS 建立起来的新的存储器地址操作数的类型在 THIS 中指定,而它的段地址和段内偏移量就是汇编时的当前值。

例如,在前面所提到的数据表中,若希望原定义的字节缓冲区按字来使用,或字缓冲区按字节来使用,双字缓冲区按字来使用,则可以用 THIS 运算符:

    DATQA_TABLES   SEGMENT

```
WBUFFER1          EQU          THIS WORD
BUFFER1           DB           100 DUP(0)
BBUFFER2          EQU          THIS BYTE
BUFFER2           DW           200 DUP(20H)
DWBUFFER3         EQU          THIS WORD
BUFFER3           DD           100 DUP(13)
DATA_TABLES       ENDS
```

其中,WBUFFER1 的类型是字(在 THIS 中指定),而它的段地址及段内偏移量即为 BUFFER1 的相应值(也即在汇编时遇到 THIS 运算符时的段地址及偏移量的当前值)。

THIS 操作符,对于建立 Far 指令单元是比较方便的:

```
MILES   EQU   THIS   FAR
        CMP   SUM,100
        ⋮
        JMP   MILES
```

4.3.3 段定义语句

8086 的存储器是分段的,所以 8086 必须按段来组织程序和利用存储器。这就需要有段定义语句。段定义的主要命令有 SEGMENT、ENDS、ASSUME 和 ORG。

SEGMENT 和 ENDS 语句把汇编语言源程序分成段。这些段就相应于存储器段,在这些存储器段中存放相应段的目标码。

汇编程序为什么要关心存储器段呢? 这是由于:

首先,若有一个段内的转移和调用指令,在指令中只包含新的单元的 16 位段内偏移量;而一个段交叉的转移和调用指令,还必须包含段地址。

其次,使用当前(即现行)数据段和当前堆栈段的数据访问指令,对于 8086 结构来说是最优的,因为它只包含数据单元的 16 位段内偏移量。任何别的访问指令,访问处在 4 个当前的可寻址的段之一中的数据单元,在指令中还必须附加一个段超越前缀(另一个 8 位字节)。

因此,汇编程序必须知道程序的段结构,并知道在各种指令执行时将访问哪一个段(由段寄存器所指向)。这个信息是由 ASSUME 语句提供的。

下面的程序是一个简单的例子,它说明了如何使用 SEGMENT、ENDS 和 ASSUME 命令,以定义代码段、堆栈段、数据段和附加段。

```
MY_DATA          SEGMENT
    X            DB      ?
    Y            DW      ?
    Z            DD      ?
MY_DATA          ENDS
MY_EXTRA         SEGMENT
    ALPHA        DB      ?
    BETA         DW      ?
    GAMMA        DD      ?
```

```
MY_EXTRA          ENDS
MY_STACK          SEGMENT
     DW           100 DUP(?)
     TOP          EQU THIS WORD
MY_STACK          ENDS
MY_CODE           SEGMENT
     ASSUME CS:    MY_CODE, DS: MY_DATA
     ASSUME ES:    MY_EXTRA, SS: MY_STACK
START:            MOV   AX,SEG X
                  MOV   DS,AX
                  MOV   AX,SEG ALPHA
                  MOV   ES,AX
                  MOV   AX,MY_STACK
                  MOV   SS,AX
                  MOV   SP,OFFSET TOP
MY_CODE           ENDS
                  END    START
```

通常在汇编语言的源程序中,至少要定义代码段(指令段)、堆栈段和数据段,有时还要定义附加段。每一个段必须有一个名字,如 MY_DATA、MY_CODE 等。一个段由命令 SEGMENT 开始,由命令 ENDS 结束,它们必须成对出现,而且它们的语句中必须有名字,名字必须相同。最后,用语句 END 来结束整个源程序。

ASSUME 语句只是使汇编程序知道在程序执行时各个段寄存器的值,而这些段寄存器的实际值(除了代码段寄存器 CS 以外),还必须在程序执行时用 MOV 指令来赋给。ASSUME 语句的用途可解释如下:

若在上列程序中,要求把字节 X 的内容传送至字节 ALPHA。这当然需要在代码段中编一些指令,先把 X 的内容送给一个寄存器(如 BL),然后再由这个寄存器传送给 ALPHA,即需要如下指令:

```
MOV   BL,X
MOV   ALPHA,BL
```

在指令执行时,若要用到数据单元,8086 CPU 的默认(default)状态认为数据单元在数据段,即没有在指令中指定,则 CPU 到数据段去寻址操作数。这样,在执行第一条指令时工作得很好,因为 X 确实是在由 DS 的内容 MY_DATA 作为起始地址的数据段中。但在执行第二条指令时就遇到了问题,因为在数据段中没有单元 ALPHA,ALPHA 是在附加段而不是在数据段中。

但是,在汇编时,由 ASSUME 语句就知道有一个附加段,它的起始地址为 MY_EXTRA,ALPHA 单元是在附加段中。当汇编到上述的第二条指令时,汇编程序就知道要正确执行这条指令,就必须告诉 CPU,ALPHA 单元不在数据段中,而要到其他段去寻找。这样在第二条指令前必须要有段超越前缀。汇编程序在汇编时就会加上这个前缀。

当实际的指令执行时,并不是总能知道段寄存器中的内容是什么的。考察以下程序:

```
OLD_DATA   SEGMENT
```

```
OLD_BYTE   DB ?
OLD_DATA   ENDS
NEW_DATA   SEGMENT
NEW_BYTE   DB ?
NEW_DATA   ENDS
MORE_CODE    SEGMENT
             ASSUME CS：MORE_CODE
             MOV   AX,OLD_DATA
             MOV   DS,AX
             MOV   ES,AX
             ASSUME DS：OLD_DATA,ES：OLD_DATA
             ⋮
CYCLE：       INC OLD_BYTE
             ⋮
             MOV    AX,NEW_DATA
             MOV    DS,AX
             JMP    CYCLE
MORE_CODE    ENDS
```

在第一次执行 INC 指令时,DS 中包含的为 OLD_DATA,因而 OLD_BYTE 在数据段中,指令的执行是正常的。但是,随后 DS 改变为 NEW_DATA,而程序是循环的,当第二次执行同一个 INC 指令时,OLD_BYTE 就不在当前的数据段了。所以,汇编程序必须产生一个段超越前缀加到 INC 指令上,虽然在第一次执行时,并不需要这个前缀。

为了告诉汇编程序没有对 DS 作任何假定,则必须在 INC 指令之前增加如下的语句:

```
      ⋮
      ASSUME DS：NOTHING
CYCLE：INC   OLD_BYTE
      ⋮
```

但是,在代码段的一开始时,必须告诉汇编程序(通过一个 ASSUME 语句),在此程序执行时寄存器 CS 中的内容是什么。

我们也可以用在每一条指令执行时,注明将使用哪一个段寄存器的方法来代替 ASSUME 语句(当然代码段是必须用 ASSUME 语句指明的)。例如上面提到的,把 X 单元的内容传送至 ALPHA 单元 ,可以写为:

```
MOV   BL,DS：X
MOV   ES：ALPHA,BL
```

这表示在访问 X 单元时,段地址应该用 DS;而访问 ALPHA 单元时,段地址应该用 ES。

因为 CPU 在执行这些指令时,正常地将用数据段,以 DS 的内容作为段地址,因此汇编程序在为第二条指令产生目标码时,将产生一个段超越前缀。

如前面提到的一个段的最大容量是 64KB,这是因为段内地址偏移量是 16 位。但是,这并不是说一个段的长度是固定的,都是 16 位,实际上只要在程序中改变段寄存器值,段的位置是可以根据需要改变的。

由于在形成某一个存储单元的物理地址时，是把某一个段寄存器的内容左移 4 位（低 4 位补 0），放到 20 位的地址线上，所以，一个段的起始地址始终处在 16B 的边界上。若一个段的实际空间不足 64KB，则别的段可以在这个段的最后一个字节以外开始。但是，第二个段也只能处在一个 16B 的边界上，因此，有可能不是在第一个段的最后一个字节后立即开始。这意味着在两个段之间可能要浪费 15B。

假定第一个段在地址 10000H 开始，只用 6DH 个字节，即所用的最后一个字节的地址为 1006CH。而最接近的可以开始的第二段的地址为 10070H，因而 1006DH、1006EH、1006FH 这些单元就用不上，被浪费了。

为了避免这种浪费，可以不在第一段的最后一个字节之外开始第二段，而在第一段所用的最后一个 16B 的界限上开始第二段，例如不是从 10070H 开始第二段，而是从 10060H 开始第二段。这样第二段与第一段有重叠，第二段开始的 13B 归第一段使用，使第二段的空间减少了 13B，但这样避免了存储单元的浪费。

一般来说，存储器段具体在哪儿是不重要的，可由汇编程序来选择。但是，在有些情况下，可能要给汇编程序一些约束，例如："不要使这个段与别的段搭接"，保证这个段所用的第一个字节在偶数地址——这样对于一个字的访问可以在一个存储器读写周期中完成。或者"在下列地址开始这个段"。可以把这些约束写入到源程序中。

① 不要搭接，段中的第一个可用字节是在 16B 界限上。

```
MY_SEG    SEGMENT
   ⋮
MY_SEG    ENDS
```

这是一种正常情况。

② 允许搭接，但第一个可用字节必须在字的界限上。

```
MY_SEG    SEGMENT WORD
   ⋮
MY_SEG    ENDS
```

③ 段开始在指定的 16B 界值上，但第一个可用字节在指定的偏移位置上。

```
MY_SEG    SEGMENT AT 1A2BH；段地址为 1A2BH
   ORG   0003H ；段内从偏移量 0003H 开始
   ⋮
MY_SEG    ENDS
```

在最后这个例子中，介绍了另一个语句 ORG(Origin)，它规定了段内的起始地址。伪指令 ORG 的一般格式为：

```
ORG   <表达式>
```

此语句指定了段内在它以后的程序或数据块存放的起始地址，也即以语句中的表达式的值作为起始地址，连续存放，除非遇到一个新的 ORG 语句。

从上述介绍可以看到，一个程序是由段组成的。任何一个程序都必须要有数据段、堆栈段与码段。每一个段都必须用段定义语句 SEGMENT 开始，用段结束语句 ENDS 结束。如上例中的：

```
MY_DATA          SEGMENT
                    ⋮
MY_DATA          ENDS
MY_STACK         SEGMENT
                    ⋮
MY_STACK         ENDS
MY_CODE          SEGMENT
                    ⋮
MY_CODE          ENDS
```

汇编程序在定义段时,提供了某些简化方法。但要用这些简化方法,必须在定义任一段之前初始化内存模型。不同的模型告诉汇编程序如何使用段,来为目标代码提供足够的空间并保证优化的执行速度。其格式为(包括前导的点):

. MODEL   内存模型

内存模型可以是 Tiny(微小)、Small(小)、Medium(中等)、Compact(紧凑)、Large(大)、Huge(巨大)或 Flat(平面)。在 MASM6.0 与 TASM4.0 中,Tiny 倾向用于.COM 程序,其中,数据、代码与堆栈在同一个 64KB 段内。Flat 模型不分段,定义多至 4GB 区域,它一般用于 80x86 系列结构的保护模式下。其他模型的需求如表 4-3 所示。

表 4-3   模型需求说明

模型	码段数	数据段数
Small	1≤64K	1≤64K
Medium	任何数,任何尺寸	1≤64K
Compact	1≤64K	任何数,任何尺寸
Large	任何数,任何尺寸	任何数,任何尺寸
Huge	任何数,任何尺寸	任何数,任何尺寸

对于一个单独的程序(即此程序不连接至另一程序),可以用这些模型中的任一种。Small 模型适用于本书中的大部分例子;汇编程序假定地址是 Near(在 64KB 内)且生成 16 位偏移量地址。与此相对照,对于 Compact 模型,汇编程序可以假定 32 位地址,这要求更多的执行时间。

Huge 模型与 Large 模型是相同的,但可以包含例如大于 64KB 的数组这样的变量。. MODEL 命令对于所有模型自动生成 ASSUME 语句。

定义堆栈、数据与码段的命令的格式(包括前导的点)为:

. STACK [尺寸]
. DATA
. CODE [段名]

这些命令的每一个使汇编程序生成所要求的 SEGMENT 及与其匹配的 ENDS 语句。其默认的段名(这不需要用户定义)是 STACK、_DATA 与 _TEXT(对于 Tiny、Small、Compact 与 Flat 模型的码段)。推荐使用_DATA 与 _TEXT 的前导下画线。默认的堆栈尺寸是 1024B,但这可以超越。

下面是使用举例。

不使用简化段格式的程序：

	NAME	传送与加法操作	
STACK	SEGMENT	PARA STACK 'STACK'	
	DW	32 DUP(0)	
STACK	ENDS		
DATASEG	SEGMENT	PARA 'DATA'	
FLDD	DW	215	
FLDE	DW	125	
FLDF	DW	?	
DATASEG	ENDS		
CODESEG	SEGMENT	PARA 'CODE'	
MAIN	PROC	FAR	
	ASSUME	SS:STACK,DS:DATASEG,CS:CODESEG	
	MOV	AX,DATASEG	;设置数据段的地址
	MOV	DS,AX	;至 DS 中
	MOV	AX,FLDD	;传送 215 至 AX
	ADD	AX,FLDE	;加 125 至 AX
	MOV	FLDF,AX	;存和至 FLDF 中
	MOV	AX,4C00H	;结束过程,返回至 DOS
	INT	21H	
MAIN	ENDP		;结束过程
CODESEG	ENDS		;结束段
	END	MAIN	;结束程序

使用简化格式的程序：

	NAME	传送与加法操作	
	. MODEL	SMALL	
	. STACK	64	;定义堆栈
	. DATA		;定义数据
FLDD	DW	215	
FLDE	DW	125	
FLDF	DW	?	
	. CODE		;定义码段
MAIN	PROC	FAR	
	MOV	AX,@DATA	;设置数据段地址
	MOV	DS,AX	;至 DS 中
	MOV	AX,FLDD	;传送 215 至 AX
	ADD	AX,FLDE	;加 125 至 AX
	MOV	FLDF,AX	;存和至 FLDF
	MOV	AX,4C00H	;结束处理

· 123 ·

		INT	21H		;返回 DOS
MAIN		ENDP			;结束过程
		END	MAIN		;结束程序

4.3.4　过程定义语句

过程是程序的一部分,它们可被程序调用。每次可调用一个过程。当过程中的指令执行完后,控制返回调用它的地方。

在8086中调用过程和从过程返回的指令是 CALL 和 RET。这些指令可以有两种情况:段内的和段交叉的。

段交叉指令把过程应该返回处的段地址和段内偏移量这两者都入栈保护(CALL 指令)和退栈(RET 指令)。

段内的调用与返回指令只入栈和退栈段内的地址偏移量。

过程定义语句的格式为:

PROCEDURE_NAME　PROC　〔NEAR〕

或者

PROCEDURE_NAME　PROC　FAR
　　　⋮
　　RET
PROCEDURE_NAME　ENDP

伪指令 PROC 与 ENDP 都必须有名字,两者必须成对出现,名字必须相同。利用过程调用语句可以把程序分段,以便于阅读、理解、调试和修改。

若整个程序由主程序和若干个子程序组成,则主程序和这些子程序必须一起包含在代码段中(除非用段交叉调用)。主程序和各个子程序都作为一个过程,用上述的过程定义语句来定义。

用段内 CALL 指令调用的过程,必须用段内的 RET 指令返回,这样的过程是 NEAR 过程;用段交叉 CALL 指令调用的过程,必须用段交叉 RET 指令返回,这样的过程是 FAR 过程。

过程定义语句 PROC 和 ENDP(END Procedure)限定了一个过程,且指出它是一个 NEAR 或 FAR 过程。这在两方面帮助了汇编程序。

首先,当汇编到 CALL 时知道是什么样的调用;其次,当汇编到 RET 时知道是什么样的返回。

下面是一个过程定义的例子:

```
MY_CODE     SEGMENT
UP_COUNT    PROC NEAR
            ADD   CX,1
            RET
UP_COUNT    ENDP
START:
    ⋮
            CALL   UP_COUNT
```

```
             ⋮
         CALL   UP_COUNT
             ⋮
         HLT
MY_CODE  ENDS
         END   START
```

因为 UP_COUNT 标明是 NEAR 过程,所有对它的调用,都汇编为段内调用,所有其中的
RET 指令,都汇编为段内返回。

这个例子指出了在 RET 和 HLT 指令之间的某些类似点。在一个过程中可以有多于
一个的 RET 指令,如同在一个程序中可以有多于一个的 HLT 指令一样。

在一个过程(程序)中的最后一条指令,可以不是 RET(HLT)指令,但必须是一条转移
回到过程中某处的转移指令。

命令 END(ENDP)告诉汇编程序,程序(过程)在哪儿结束了,但它不会使汇编程序产
生一条 HLT(RET)指令。

4.3.5　结束语句

除了一个例外以外,每一个结束语句(Termination Statement)都与某个开始语句成对
出现。例如,SEGMENT 和 ENDS,PROC 和 ENDP。

唯一的例外就是 END 语句,它标志着整个源程序的结束,它告诉汇编程序,没有更多
的指令要汇编了。END 语句的格式是:

END　<表达式>

其中,表达式必须产生一个存储器地址值,这个地址是当程序执行时第一条要执行的指令的
地址。下面的例子解释了 END 语句的使用。

```
START：
     ⋮
  END   START
```

4.4　指　令　语　句

每一条指令语句都会使汇编程序产生一条 8086 指令。一条 8086 指令是由一个操作码
字段和一些由操作数寻址方式所指定的字段组成的。所以在 IBM 宏汇编的指令语句中,必
须包括一个指令助记符以及充分的寻址信息,以允许汇编程序产生一条指令。

4.4.1　指令助记符

大多数指令助记符(Instruction Mnemonics)与 8086 指令的符号操作码名相同。某些
附加的指令助记符,如 NOP 和 NIL 使得汇编语言更加通用。

1. NOP

指令助记符 NOP(NO Operation)使汇编程序产生一字节指令,它使寄存器 AX 的内容

自行交换。除了不做任何事以外,NOP 并不浪费任何时间,因为它并不做任何的存储器访问。这看起来好像很奇怪,为什么要浪费不做任何事的指令的存储单元呢? 这是由于 NOP 可以保留一些单元为以后填入指令用。另外,当需要精确的时间关系时,这也可以使程序的一部分放慢速度。

2. NIL

NIL 是使汇编程序不产生任何指令的唯一的指令助记符。NOP 使汇编程序产生一条不做任何操作的指令,而 NIL 甚至连指令都不产生。

NIL 在汇编语言程序中是为标号保留空格的。例如:

CYCLE: NIL
　　　　　 INC　 AX

虽然它与以下语句等效:

CYCLE: INC　 AX

但有了 NIL,若以后需要,便于在 INC 指令前插入其他指令。

4.4.2　 指令前缀

8086 指令,允许指令用一个或多个指令前缀(Instruction Prefix)开始。有 3 种可能的前缀:段超越(Segment Override)、重复(Repeat)和锁定(Lock)。

IBM 宏汇编中允许的作为前缀的助记符如下:

LOCK

REP 　　　 (Repeat)

REPE 　　 (当相等时重复)

REPNE 　 (当不相等时重复)

REPZ 　　 (当标志 ZF＝1 时重复)

REPNZ 　 (当标志 ZF＝0 时重复)

具有前缀的指令语句的例子如下:

CYCLE: LOCK　 DEC　 COUNT

段超越前缀是当汇编程序在汇编时意识到一个存储器访问需要这样一个前缀,并由汇编程序自动产生的。汇编程序这样的决定是分两步进行的。

首先,它选择一个能使程序正常执行的段寄存器。汇编程序是基于前面的 ASSUME 语句所提供的信息来选择段寄存器的。也可以用包含有段寄存器的指令,来迫使汇编程序选择一个实际的段寄存器。如:

MOV BX, ES: SUM

其次,汇编程序决定在用所选择的段寄存器执行指令时,是否需要一个段超越前缀。

4.4.3　 操作数寻址方式

8086 CPU 提供了各种操作数寻址方式,IBM 宏汇编在写指令语句时,每一种寻址方式都有一种表达式。

1. 立即寻址

MOV   AX,15 ;15 是一个立即数

2. 寄存器寻址

MOV   AX,15 ;AX 是一个寄存器操作数

3. 直接寻址

SUM   DB ?
⋮
MOV   SUM,15 ;SUM 是一个直接存储器操作数

4. 通过基址寄存器间接寻址

MOV   AX,[BX]
MOV   AX,[BP]

5. 通过变址寄存器间接寻址

MOV   AX,[SI]
MOV   AX,[DI]

6. 通过基址寄存器加变址寄存器间接寻址

MOV   AX,[BX][SI]
MOV   AX,[BX][DI]
MOV   AX,[BP][SI]
MOV   AX,[BP][DI]

7. 通过基址或变址寄存器加位移量间接寻址

MANY_BYTES   DB   100 DUP(?)
⋮
　　MOV   AX,MANY_BYTES[BX]
　　MOV   AX,MANY_BYTES[BP]
　　MOV   AX,MANY_BYTES[SI]
　　MOV   AX,MANY_BYTES[DI]

8. 通过基址寄存器加变址寄存器加位移量间接寻址

MANY_BYTES   DB   100 DUP(?)
⋮
　　MOV   AX,MANY_BYTES[BX][SI]
　　MOV   AX,MANY_BYTES[BX][DI]
　　MOV   AX,MANY_BYTES[BP][SI]
　　MOV   AX,MANY_BYTES[BP][DI]

汇编程序在产生一条指令要涉及一个存储单元时,要用到关于这个存储单元类型的信息。例如,以下情况汇编程序将产生一个字节增量:

SUM   DB   ?　　　　　　　;类型是字节
　　INC   SUM　　　　　　;一个字节增量

然而,用间接寻址方式的操作数,汇编程序不是始终能知道存储单元的类型的。例如:

MOV   AL,[BX]

这时,汇编程序并不知道源操作数的类型,但是它能确定目标操作数 AL 的类型是字节。所以,汇编程序假定[BX]也是字节型的,并产生一个字节传送指令。

但是,对于语句:

INC   [BX]

这里没有第二个操作数来帮助汇编程序确定[BX]的类型。所以汇编程序不能决定是产生一个字节增量指令,还是一个字增量指令。因此,上述语句必须修改,使汇编程序能确定类型。下面是正确的表示:

INC   BYTE PTR[BX]   ;一个字节增量
INC   WORD PTR[BX]   ;一个字增量

4.4.4　串操作指令

汇编程序通常可以通过一个操作数自己的说明来确定一个操作数的类型,从而帮助汇编程序确定当访问此操作数时应产生什么样的码。

然而,如上面讨论的,当用一个间接寻址方式时,可能需要向汇编程序提供附加的信息,以帮助汇编程序确定操作数的类型。

串操作指令(String Instruction)也需要这样的附加信息。首先,考虑串操作指令MOVS。

这条指令是把在数据段中的地址偏移量在 SI 中的存储单元的内容,传送到在附加段中的地址偏移量在 DI 中的存储单元。对于这样的指令,不需要规定任何操作数,因为这条指令对从哪儿传送到哪儿没有选择的可能。

然而,这条指令可以传送一个字节也可以传送一个字,所以汇编程序就必须确定它的类型才能产生正确的指令。为了这个理由,IBM 宏汇编必须规定已经传送至 SI 和 DI 的项。

例如:

ALPHA   DB   ?
BETA   DB   ?
         MOV   SI,OFFSET ALPHA
         MOV   DI,OFFSET BETA
         MOVS BETA,ALPHA

在 MOVS 指令中的 BETA 和 ALPHA,告诉汇编程序,产生一条传送字节的 MOVS 指令,因为 BETA 和 ALPHA 这两者的类型是字节。

与 MOVS 指令类似,其他的 4 个基本的串操作指令也包括有操作数。MOVS 和 CMPS 有两个操作数,而 SCAS、LODS 和 STOS 有一个操作数。例如:

CMPS BETA,ALPHA
SCAS   ALPHA
LODS   ALPHA

STOS　BETA

XLAT 指令也要求一个操作数,例如:

MOV　BX,OFFSET TABLE

XLAT　TABLE

通过上面的介绍,我们知道一个完整的用汇编语言写的源程序,应该是由可执行指令组成的指令性语句和由对符号定义、分配存储单元、分段等组成的指示性语句构成的。而且,一个完整的程序至少应该包含 3 种段:由源程序行组成的代码段、堆栈操作所需要的堆栈段和存放数据的数据段。在第 3 章介绍指令的应用中介绍了一些简单的例子,但是这些例子只包含了可执行指令的指令语句,实际上只有给这些例子加上必要的指示性语句才能构成一个完整的源程序,才能上机调试和运行。

下面通过一个例子来说明:一个完整的汇编语言的源程序应该由哪些部分组成。(在本书的汇编语言编写的程序中,先不采用段定义的简化方式。此方式留待已熟悉汇编语言的程序员使用。)

例子是把两个分别由未组合的 BCD 码(一个字节为一位 BCD 数)的串相加。由于 8086 中允许两个未组合的十进制数相加,只要经过适当调整就可以得到正确的结果。所以,在程序中把第一个串的一位 BCD 数取至 AL 中,与第二个串的相应位相加,经过 AAA 调整,再把结果存至存储器中。程序中的前面部分是为了设置段,先设置数据段,用 DB 伪指令定义两个数据串,用 COUNT 表示数据的长度。接着定义堆栈段,为堆栈留下 100 个单元的空间(实际上当然要由需要来定),然后定义代码段,从标号 GO 开始就是可执行指令部分。程序如下:

```
        NAME ADD_TWO_BCD_STRING
DATA    SEGMENT
        STRI1   DB  '1','7','5','2'
        STRI2   DB  '3','8','1','4'
        COUNT EQU $-STRI2
DATA    ENDS
STACK   SEGMENT  PARA STACK'STACK'
        STAPN   DB   100 DUP(?)
        TOP   EQU   LENGTH STAPN
STACK   ENDS
CODE    SEGMENT
        ASSUME   CS:CODE,SS:STACK,DS:DATA,ES:DATA
START   PROC   FAR
        PUSH   DS
        MOV    AX,0
        PUSH   AX
GO:     MOV    AX,DATA
        MOV    DS,AX
        MOV    ES,AX
        MOV    AX,STACK
        MOV    SS,AX
```

```
        MOV      AX,TOP
        MOV      SP,AX
        CLC
        CLD
        MOV      SI,OFFSET STRI1
        MOV      DI,OFFSET STRI2
        MOV      CX,COUNT
CYCLE：  LODS STRI1
        ADC      AL,[DI]
        AAA
        STOS     STRI2
        LOOP     CYCLE
        RET
START   ENDP
CODE    ENDS
END     START
```

程序中的语句:

```
DATA   SEGMENT
   ⋮
DATA   ENDS
```

定义了一个数据段,当然数据段的名字(程序中为 DATA)可由用户自己确定。数据段中定义了两个串,有的程序可能要定义许多变量,也可能要为保存中间结果或最后结果保留一些存储单元。

程序中的语句:

```
STACK   SEGMENT PARA STACK 'STACK'
   ⋮
STACK   ENDS
```

定义了一个堆栈段,其中的 PARA 表示此段开始于 16B 的边界上;STACK 表示是堆栈段且给了一个名字"STACK"。在此段中用 DB 伪指令为堆栈段保留了 100B 的空间,在不同的程序中,可以由实际需要来确定。

程序中的语句:

```
CODE   SEGMENT
   ⋮
CODE   ENDS
```

定义了一个代码段,包含了程序中的可执行语句。首先用语句:

```
ASSUME
```

指明了代码段、堆栈段、数据段和附加码是哪些段(本程序中为 CODE、STACK、DATA 和 DATA,即数据段与附加段在物理上是同一个段)。在代码段中还包含了一个过程:

```
START   PROC FAR
   ⋮
```

START ENDP

这是为了当程序执行完了以后,能把控制返回 DOS 而设置的。在这个过程中的前 3 条指令:

```
PUSH  DS
MOV   AX,0
PUSH  AX
```

是为了在过程一开始就在堆栈中推入一个段地址和一个 IP 指针值(0000H),为过程的最后一个语句:

```
RET
```

提供了转移地址。那么,这个转移地址是什么呢?

当我们用编辑程序把源程序输入至计算机中,用汇编程序把它转变为目标程序,用连接程序对其进行连接和定位后,连接程序为每一个用户程序建立了一个程序段前缀,共占用 256B。在程序段前缀的开始处(0000H 处)安排了一条结束程序运行返回 DOS 的指令,而且给 DS 所赋的值(在执行用户程序中的指令 MOV DS,AX 之前)就是程序段前缀的段地址。所以,上面提到的 4 条指令就能在用户程序结束以后,利用 RET 指令把控制返回到程序段前缀的开始处,通过执行在程序段前缀中安放的这一条指令,而把控制返回到 DOS。

程序中的语句:

```
MOV   DS,AX
MOV   ES,AX
MOV   SS,AX
```

是给段寄存器赋实际所用的值(堆栈段若按程序中定义,则连接程序会给 SS 和 SP 赋初值,可以省去程序中给 SS 和 SP 赋值的指令)。

其他的语句就是为了完成所规定的操作必需的指令语句。程序最后的语句:

```
END START
```

结束整个源程序,这也是汇编时所需要的。

在后面的程序举例中,我们给出的都是完整的汇编语言的源程序。

4.5 汇编语言程序设计及举例

4.5.1 算术运算程序设计

最简单的程序是没有分支、没有循环的直线运行程序。下面以一个算术运算程序(直线运行程序)进行说明。

例 4-1 两个 32 位无符号数乘法程序。

在 8086 中,数据是 16 位的,它只有 16 位运算指令,若是两个 32 位数相乘就无法直接用指令实现(自 80386 开始的 x86 系列处理器中有 32 位数相乘的指令),但可以通过用 16 位乘法指令做 4 次乘法,然后把部分积相加来实现。

若数据区中已有一个缓冲区存放了 32 位的被乘数和乘数,保留了 64 位的空间以存放乘积,能实现上述运算的程序流程图如图 4-4 所示。

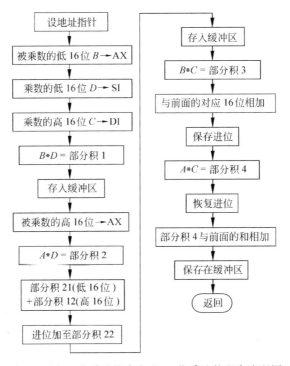

图 4-4　用 16 位乘法指令实现 32 位乘法的程序流程图

相应的程序为:

```
                NAME    32 BIT MULTIPLY
DATA            SEGMENT
MULNUM          DW   0000,0FFFFH,0000, 0FFFFH,4 DUP(?)
DATA            ENDS
STACK           SEGMENT PARA STACK 'STACK'
                DB   100 DUP(?)
STACK           ENDS
CODE            SEGMENT
                ASSUME    CS:CODE,DS:DATA,SS:STACK,ES:DATA
START           PROC      FAR
BEGIN:          PUSH      DS                ;DS 中包含的是程序段前缀的起始地址
                MOV       AX,0
                PUSH      AX                ;设置返回至 DOS 的段值和 IP 值
                MOV       AX,DATA
                MOV       DS,AX
                MOV       ES,AX             ;设置段寄存器初值
                LEA       BX,MULNUM
MULU32:         MOV       AX,[BX]           ;B→AX
                MOV       SI,[BX+4]         ;D→SI
                MOV       DI,[BX+6]         ;C→DI
```

```
          MUL       SI              ;B×D
          MOV       [BX+8],AX       ;保存部分积1
          MOV       [BX+0AH],DX
          MOV       AX,[BX+2]       ;A→AX
          MUL       SI              ;A×D
          ADD       AX,[BX+0AH]
          ADC       DX,0            ;部分积2的一部分与部分积1的相应部分相加
          MOV       [BX+0AH],AX
          MOV       [BX+0CH],DX     ;保存
          MOV       AX,[BX]         ;B→AX
          MUL       DI              ;B×C
          ADD       AX,[BX+0AH]     ;与部分积3的相应部分相加
          ADC       DX,[BX+0CH]
          MOV       [BX+0AH],AX
          MOV       [BX+0CH],DX
          PUSHF                     ;保存后一次相加的进位位
          MOV       AX,[BX+2]       ;A→AX
          MUL       DI              ;A×C
          POPF
          ADC       AX,[BX+0CH]     ;与部分积4的相应部分相加
          ADC       DX,0
          MOV       [BX+0CH],AX
          MOV       [BX+0EH],DX
          RET
START     ENDP
CODE      ENDS
          END       BEGIN
```

4.5.2 分支程序设计

在实际的程序中,程序始终是直线执行的情况是不多见的,通常都会有各种分支。例如,变量 x 的符号函数可用下式表示:

$$y = \begin{cases} 1 & x > 0 \\ 0 & x = 0 \\ -1 & x < 0 \end{cases}$$

在程序中,要根据 x 的值给 y 赋值,如图4-5所示。先把变量 x 从内存中取出来,执行一次"与"或"或"操作,就可把 x 值的特征反映到标志位上。于是就可以判断是否等于零,若是($x=0$),则令 $y=0$;若否($x \neq 0$),再判断是否小于零,若是,则令 $y=-1$;若否,就令 $y=1$。相应的程序为:

```
SIGEF     MOV       AX,BUFFER
          OR        AX,AX
          JE        ZERO
          JNS       PLUS
```

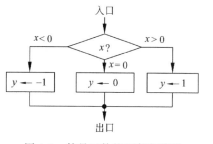

图4-5 符号函数的程序流程图

133

```
            MOV      BX,0FFH
            JMP      CONTI
ZERO：      MOV      BX,0
            JMP      CONTI
PLUS：      MOV      BX,1
CONTI：
```

4.5.3 循环程序设计

在程序中,往往要求某一段程序重复执行多次,这时候就可以利用循环程序结构。一个循环结构由以下几部分组成。

(1) 循环体

循环体就是要求重复执行的程序段部分。其中又分为循环工作部分和循环控制部分。循环控制部分每循环一次检查循环结束的条件,当满足条件时就停止循环,往下执行其他程序。

(2) 循环结束条件

在循环程序中必须给出循环结束条件,否则程序就会进入死循环。常见的循环是计数循环,当循环了一定次数后就结束循环。在微型计算机中,常用一个内部寄存器(或寄存器对)作为计数器,通常这个计数器的初值置为循环次数,每循环一次令其减 1,当计数器减为 0 时,就停止循环。也可以将初值置为 0,每循环一次加 1,再与循环次数相比较,若两者相等就停止循环。循环结束条件还可以有很多种。

(3) 循环初态

用于循环过程的工作单元,在循环开始时往往要置以初态,即分别给它们赋一个初值。循环初态又可以分成两部分,一是循环工作部分初态,二是结束条件的初态。例如,要设地址指针,要使某些寄存器清零或设某些标志等。循环结束条件的初态往往置为循环次数。置初态也是循环程序的重要的一部分,不注意往往容易出错。

1. 用计数器控制循环

在循环程序中,控制循环的方法因要求不同而有若干种。最常用的是用计数器控制循环。

例 4-2 在一串给定个数的数中寻找最大值(或最小值),放至指定的存储单元。每个数用 16 位表示。

```
            NAME SEARCH_MAX
DATA        SEGMENT
BUFFER      DW       X1,X2,…,Xn
COUNT       EQU      $-BUFFER
MAX         DW       ?
DATA        ENDS
STACK       SEGMENT PAPA STACK'STACK'
            DB       64 DUP(?)
TOP         EQU      $-STACK
STACK       ENDS
```

```
CODE        SEGMENT
START       PROC    FAR
            ASSUME  CS：CODE,DS：DATA,SS：STACK
BEGIN：     PUSH    DS
            MOV     AX,0
            PUSH    AX
            MOV     AX,DATA
            MOV     DS,AX
            MOV     AX,STACK
            MOV     SS,AX
            MOV     AX,TOP
            MOV     SP,AX
            MOV     CX,COUNT
            LEA     BX,BUFFER
            MOV     AX,[BX]
            INC     BX
            DEC     CX
AGAIN：     CMP     AX,[BX]
            JGE     NEXT
            MOV     AX,[BX]
NEXT：      INC     BX
            LOOP    AGAIN
START       ENDP
CODE        ENDS
            END     BEGIN
```

2. 多重循环

程序常常在一个循环中包含另一个循环,这就是多重循环,例如,多维数组的运算就要用到多重循环。下面介绍一个延时程序作为多重循环的例子。系统中许多动作是有次序的,而且有一定的时间要求,这就要求延时。执行一条指令是需要时间的(由指令表可以查到指令的执行时间),由若干条指令形成循环程序就可以形成一定的延时时间,精心选择指令和安排循环次数可以得到所需要的延时时间。

下面是一个多重循环的例子(没有精确计算延时时间):

```
DELAY：   MOV   DX,3FFH
TIME      MOV   AX,0FFFFH
TIME1     DEC   AX
          NOP
          JNE   TIME1
          DEC   DX
          JNE   TIME
          RET
```

4.5.4 字符串处理程序设计

计算机经常要处理字符,常用的字符编码是 ASCII 码。在使用 ASCII 码字符时,要注意以下几点:

① ASCII 码的数字和字符形成一个有序序列。例如,数字 0～9 的 ASCII 码为 30H～39H,大写字母 A～Z 的 ASCII 码为 41H～5AH 等。

② 计算机并不区分可打印的和不可打印的字符,只有 I/O 装置(例如显示器、打印机)才加以区分。

③ 一个 I/O 装置只按 ASCII 码处理数据。例如,要打印数码 7,必须向它送 7 的 ASCII 码 37H,而不是 07H。若按数字键 9,键盘送至主机的是 9 的 ASCII 码 39H。

④ 许多 ASCII 码装置(例如键盘、显示器、打印机等)并不用整个 ASCII 码字符集。例如,有的 ASCII 码装置忽略了许多控制字符和小写字母。

⑤ 不同的设备对 ASCII 码控制字符的解释往往不同,在使用中需要注意。

⑥ 一些广泛使用的控制字符为:

0AH 换行(LF)

0DH 回车(CR)

08H 退格

7BH 删除字符(DEL)

⑦ 基本 ASCII 码字符集的编码为 7 位,在微型计算机中就用 1B(最高位为零)来表示。

1. 确定字符串的长度

系统中字符串的长度是不固定的。通常以某个特殊字符作为结束标志,例如,有的用回车符(CR),有的用字符 $。但在对字符串操作时就要确定它的长度。

例 4-3 从头搜索字符串的结束标志,统计搜索的字符个数,其流程图如图 4-6 所示。

相应的程序为:

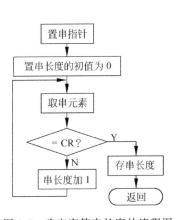

图 4-6 确定字符串长度的流程图

```
            NAME    LENGTH_OF_STRING
DATA    SEGMENT
STRING  DB       ′ABCDUVWXYZ′,0DH
LL      DB       ?
CR      EQU      0DH
DATA    ENDS
STACK   SEGMENT PARA STACK′STACK′
        DB       100 DUP(?)
STACK   ENDS
CODE    SEGMENT
        ASSUME   CS:CODE,DS:DATA,ES:DATA,SS:STACK
START   PROC     FAR
BEGIN:  PUSH     DS
```

```
            MOV       AX,0
            PUSH      AX
            MOV       AX,DATA
            MOV       DS,AX
            MOV       ES,AX
            LEA       DI,STRING       ;设串的地址指针
            MOV       DL,0            ;置串长度初值为 0
            MOV       AL,CR           ;串结束标志→AL
AGAIN：     SCASB                     ;搜索串
            JE        DONE            ;找到结束标志,停止
            INC       DL              ;串长度加 1
            JMP       AGAIN
DONE：      LEA       BX,LL
            MOV       [BX],DL
            RET
START       ENDP
CODE        ENDS
            END       BEGIN
```

以上的循环是由特定的字符控制的,万一此字符丢失,就有可能进入死循环。为避免出现这种情况,还可用循环次数控制循环,要求循环次数大于字符串长度。另外,在程序结束时,检查程序得到字符串长度是否与给定的循环次数相等,若相等则转至出错处理。按照上述要求,将程序改为:

```
DATA        SEGMENT
STRING      DB        'ABCDEFGHIJ',0DH
COUNT       EQU       $-STRING
LL          DB        ?
DATA        ENDS
STACK       SEGMENT   PARA STACK'STACK'
            DB        100 DUP(?)
STACK       ENDS
CODE        SEGMENT
            ASSUME    CS:CODE,DS:DATA,ES:DATA,SS:STACK
START       PROC      FAR
BEGIN：     PUSH      DS
            MOV       AX,0
            PUSH      AX
            MOV       AX,DATA
            MOV       DS,AX
            MOV       ES,AX
            LEA       DI,STRING       ;置被搜索串地址指针
            MOV       DL,0            ;置串长度初值为 0
            MOV       AL,0DH
            MOV       CX,COUNT+10     ;置循环次数大于串长度
```

```
AGAIN：     SCASB
           JE         DONE          ;找到结束标志,停止
           INC        DL
           DEC        CX            ;循环次数减 1
           JNE        AGAIN         ;规定的循环次数未完,循环
           JMP        ERROR         ;由计数停止循环,出错,转至出错处理程序
DONE：     MOV        LL,DL
           RET
START      ENDP
CODE       ENDS
           END        BEGIN
```

2. 加偶校验到 ASCII 字符

标准的 ASCII 码字符集用 7 位二进制编码来表示一个字符,而在微型计算机中通常用 1B(8 位)来存放一个字符,它的最高位始终为零。但字符在传送时,特别是在串行传送时,由于传送距离长容易出错,就要进行校验。对一个字符的校验常用奇偶校验,即用最高位作为校验位,使得每个字符包括校验位,其中"1"的个数为奇数(奇校验)或为偶数(偶校验)。在传送时,校验电路自动产生校验位作为最高位传送;在接收时,对接收到的整个字符中的"1"的个数进行检验,有错则指示。

例 4-4 若有一个 ASCII 字符串,它们的起始地址放在单元 STRING 内,要求从串中取出每一个字符,检查其中包含的"1"的个数,若为偶数,则它的最高有效位置"0";否则,最高有效位置"1"后送回。其流程如图 4-7 所示。

相应的程序为:

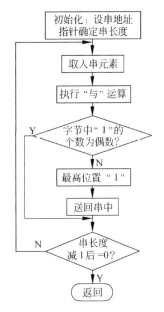

```
           NAME       PARITY_CHECK
DATA    SEGMENT
STRING DB             '1234567890'
COUNT EQU             $-STRING
DATA    ENDS
STACK  SEGMENT        PARA       STACK'STACK'
           DB         100 DUP(?)
STACK  ENDS
CODE    SEGMENT
           ASSUME     CS:CODE,DS:DATA,ES:DATA,
SS:STACK
START  PROC          FAR
BEGIN：PUSH           DS
           MOV        AX,0
           PUSH       AX
           MOV        AX,DATA
           MOV        DS,AX
           MOV        ES,AX
           LEA        SI,STRING
```

图 4-7　加偶校验位至 ASCII 字符

```
            MOV         CX,COUNT
AGAIN：LODSB
            AND         AL,AL
            JPE         NEXT
            OR          AL,80H
            MOV         [SI-1],AL
NEXT：DEC         CX
            JNZ         AGAIN
            RET
START ENDP
CODE   ENDS
            END         BEGIN
```

4.5.5　码转换程序设计

输入输出设备以 ASCII 码表示字符,数通常是用十进制数表示,而机器内部以二进制表示。所以,在 CPU 与 I/O 设备之间必须要进行码的转换,实现码转换的方法有以下几种：

① 有些转换利用 CPU 的算术和逻辑运算指令很容易实现,故可用软件实现转换。

② 某些更为复杂的转换可以通过查表来实现,但要求占用较大的内存空间。

③ 对于某些转换用硬件也是容易实现的,例如 BCD 到七段显示之间转换的译码器等。

下面讨论利用软件实现码之间的转换。

1. 十六进制到 ASCII 码的转换

例 4-5　若有一个二进制数码串,要把每一个字节中的二进制转换为两位十六进制数的 ASCII 码,高 4 位的 ASCII 码放在地址高的单元。串中的第一个字节为串的长度(小于 128)。

能实现这样转换的流程如图 4-8 所示。

相应的程序为：

```
            NAME        HEX_CHANGE_TO_ASCII
DATA   SEGMENT
L1        DW          2
STRING DB          34H,98H
L2        DW          ?
BUFFER DB          2 * 2 DUP(?)
DATA   ENDS
STACK  SEGMENT     PARA STACK′STACK′
            DB          100 DUP(?)
STACK  ENDS
CODE   SEGMENT
            ASSUME      CS:CODE,DS:DATA,
                        ES:DATA,SS:STACK
START  PROC        FAR
```

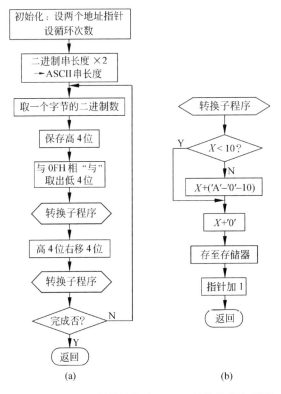

图 4-8　把十六进制数转换为 ASCII 码的程序流程图

```
BEGIN：    PUSH        DS
           MOV         AX,0
           PUSH        AX
           MOV         AX,DATA
           MOV         DS,AX
           MOV         ES,AX
           MOV         CX,L1
           LEA         BX,STRING
           LEA         SI,BUFFER
           MOV         AX,CX
           SAL         CX,1
           MOV         L2,CX
           MOV         CX,AX
AGAIN：    MOV         AL,[BX]
           MOV         DL,AL
           AND         AL,0FH
           CALL        CHANGE
           MOV         AL,DL
           PUSH        CX
           MOV         CL,4
           SHR         AL,CL
           POP         CX
```

```
                CALL      CHANGE
                INC       BX
                LOOP      AGAIN
                RET
START           ENDP
CHANGE          PROC
                CMP       AL,10
                JL        ADD_0
                ADD       AL,'A'-'0'-10
ADD_0：          ADD       AL,'0'
                MOV       [SI],AL
                INC       SI
                RET
CHANGE          ENDP
CODE            ENDS
                END       BEGIN
```

2. 从二进制到 ASCII 串的转换

若要把一个二进制位串显示或输出打印,则要把位串中的每一位转换为它的 ASCII 码。

例 4-6 把在内存变量 NUMBER 中的 16 位二进制数,每一位转换为相应的 ASCII 码,存入串变量 STRING 中,其流程如图 4-9 所示。

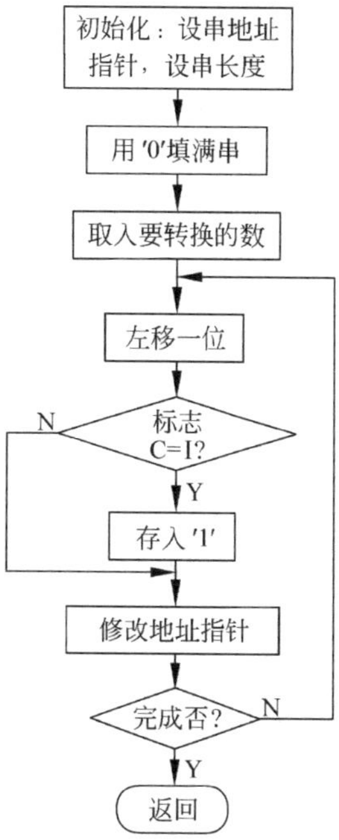

相应的程序为:

```
                NAME        BINARY_TO_ASCII
DATA    SEGMENT
NUM     DW                  4F78H
STRING DB                   16 DUP(?)
DATA    ENDS
STACK   SEGMENT             PARA STACK'STACK'
        DB                  100 DUP(?)
STACK   ENDS
CODE    SEGMENT
        ASSUME              CS:CODE,DS:DATA,ES:DATA,SS:STACK
START  PROC                 FAR
BEGIN：PUSH                 DS
        MOV                 AX,0
        PUSH                AX
        MOV                 AX,DATA
        MOV                 DS,AX
        MOV                 ES,AX
        LEA                 DI,STRING
        MOV                 CX,LENGTH STRING
        PUSH                DI
```

图 4-9 把二进制位串的每一位转换为 ASCII 码的程序流程图

```
        PUSH          CX
        MOV           AL,30H              ;使缓冲区全置为"0"
        REP           STOP
        POP           CX
        POP           DI
        MOV           AL,31H
        MOV           BX,NUM
AGAIN：RCL            BX,1                ;左移 BX,把相应位进入 C 标志
        JNC           NEXT                ;若为"0",则转至 NEXT
        MOV           [DI],AL             ;若为"1",则把"1"置入缓冲区
NEXT：INC            DI
        LOOP          AGAIN
        RET
ATART ENDP
CODE   ENDS
        END           BEGIN
```

4.5.6　有关 I/O 的 DOS 功能调用

上面的一些程序的运行结果,或是保留在寄存器中,或是保留在存储器中,不能很方便、直观地看到运行的结果。为了在程序运行过程中了解运行的情况,应设法把结果在 CRT 上显示出来。要在程序中显示结果,方便的方法是调用 DOS 操作系统中的 I/O 子程序。DOS 操作系统的核心是由许多有关 I/O 驱动、磁盘读写以及文件管理等子程序构成的。这些子程序都有编号,可由汇编语言的源程序调用。在调用时,把子程序的编号(或称系统功能调用号)送至 AH,把子程序规定的入口参数送至指定的寄存器,然后由中断指令 INT 21H 来实现调用。本节通过几个程序例子介绍一些有关 I/O 的功能调用的知识,便于读者在程序中使用。

1. 在 CRT 上连续输出字符 0～9

DOS 的功能调用 2 就是向 CRT 输出一个字符的子程序,它要求把要输出的字符的 ASCII 码送至寄存器 DL。即

```
MOV    DL,OUTPUT_CHAR
MOV    AH,2
INT    21H
```

为了使输出的字符之间有间隔,在每一循环中,输出一个 0～9 的字符和一个空格。要输出 0～9,只要使一个寄存器(程序中为 BL)的初值为 0,每循环一次使其增量,为了保证是十进制数,增量后要用 DAA 指令调整,为了保证始终是一位十进制数,用 AND 0FH 指令屏蔽掉高 4 位。其流程如图 4-10 所示。

相应的程序为:

　　　　　　NAME OUTPUT_CHAR_0_9

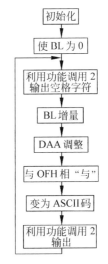

图 4-10　在 CRT 上输出 0～9 的程序流程图

```
STACK    SEGMENT PARA STACK′STACK′
             DB 100 DUP(?)
STACK    ENDS
CODE     SEGMENT
             ASSUME CS：CODE,SS：STACK
START    PROC FAR
BEGIN：    PUSH        DS
             MOV         AX,0
             PUSH        AX
             MOV         BL,0
             PUSH        BX
GOON：   MOV         D1,20H           ;把空格字符→DL
             MOV         AH,2
             INT          21H             ;输出空格字符
             POP          BX
             MOV         AL,BL
             INC          AL
             DAA                           ;增量后进行十进制调整
             AND          AL,0FH
             MOV         BL,AL
             PUSH        BX
             OR            AL,30H          ;转换为 ASCII 码
             MOV         DL,AL
             MOV         AH,2
             INT          21H             ;输出一个 0～9 的字符
             MOV         CX,0FFFFH       ;为便于观察,插入一定的延时
AGAIN：DEC          CX
             JNE          AGAIN
             JMP          GOON
START    ENDP
CODE     ENDS
             END          BEGIN
```

2. 在 CRT 上连续显示 00～59

在微型计算机系统上常常可以显示实时时钟,这就要能输出数码 00～59。当输出多于一个字符时,要利用功能调用9,它是向 CRT 输出字符串的子程序,要求在调用前使 DX 指向字符串的首地址,字符串必须以字符"＄"结束,功能调用9能把字符"＄"之前的全部字符向 CRT 输出。

为了使每次输出的数码能够换行,在每一循环中,利用系统调用2,分别输出一个回车和换行字符,其流程如图 4-11 所示。

相应的程序为:

```
             NAME OUTPUT_CHAR_00_59
STACK    SEGMENT PARA STACK′STACK′
```

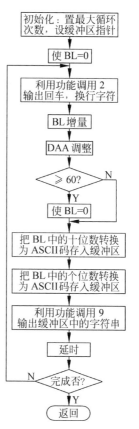

图 4-11 在 CRT 上连续
显示 00～59 的程序

```
              DB 100 DUP(?)
STACK  ENDS
DATA   SEGMENT
BUFFER    DB  3 DUP(?)
DATA   ENDS
CODE   SEGMENT
          ASSUME CS：CODE,DS：DATA,SS：STACK
START PROC     FAR
BEGIN：PUSH    DS
      MOV     AX,0
      PUSH    AX
      MOV     AX,DATA
      MOV     DS,AX
      MOV     CX,1000           ;设置最大的循环次数
      MOV     BL,0
      LEA     SI,BUFFER
      PUSH    BX
GOON：MOV     DL,0DH
      MOV     AH,2              ;输出回车符
      INT     21H
      MOV     DL,0AH
      MOV     AH,2              ;输出换行符
      INT     21H
      POP     BX
      MOV     AL,BL
      INC     AL
      DAA
      CMP     AL,60H            ;AL 增加到 60 了吗?
      JC      NEXT              ;未达到则转去显示
      MOV     AL,0              ;到 60,置为 0
NEXT：MOV     BL,AL
      PUSH    BX
      MOV     DL,AL
      PUSH    CX
      MOV     CL,4
      SHR     AL,CL
      OR      AL,30H            ;把 AL 中的十位数转换为 ASCII 码
      MOV     [SI],AL
      INC     SI
      MOV     AL,DL
      AND     AL,0FH
      OR      AL,30H            ;把 AL 中的个位数转换为 ASCII 码
      MOV     [SI],AL
      INC     SI
      MOV     AL,′$′
```

```
            MOV     [SI],AL
            MOV     DX,OFFSET BUFFER
            MOV     AH,9
            INT     21H                    ;输出字符串
            MOV     CX,0FFFFH
AGAIN：DEC     CX
            JNE     AGAIN
            POP     CX
            DEC     CX
            JE      DONE
            MOV     SI,OFFSET BUFFER
            JMP     GOON
DONE：RET
START ENDP
CODE   ENDS
            END     BEGIN
```

4.5.7　宏汇编与条件汇编

在前面的例子中,若一个程序段要多次使用,为了简化程序,采用了调用子程序的办法。因此,常常把一些经常使用的典型的程序编为子程序,一方面简化了程序的编制,另外也可以提高程序的质量和可靠性。这样的目的也可以用宏指令和宏汇编来实现。

1. 宏指令的用途

① 在汇编语言的源程序中,若有的程序段要多次使用,为了使在源程序中不重复书写这个程序段,可以用一条宏指令来代替。由宏汇编程序在汇编时产生所需的代码。

例如,为了实现 ASCII 码与 BCD 码之间的相互转换,往往需要把 AL 中的内容左移 4 位或右移 4 位,这当然可以用 8086 的指令来实现。若要左移 4 位,可用

```
MOV   CL,4
SAL    AL,CL
```

若要多次使用,就可以用一条宏指令代替。如下所示:

```
SHFT    MACRO
MOV     CL,4
SAL     AL,CL
ENDM
```

以后凡要使 AL 中的内容左移 4 位,就可以用一条指令:

```
SHIFT
```

来代替。

前者称为宏定义,SHIFT 是这个宏定义的名,它是调用时的依据,也是各个宏定义之间相互区分的标志。

MACRO 是宏定义的定义符,ENDM 是宏定义的结束符,这两者必须成对出现。

在 MACRO 与 ENDM 之间的是宏定义的体,即是要用宏指令来代替的程序段。它是

由 IBM 宏汇编的指令语句(可执行语句)和指示语句(即由伪指令构成的语句)所构成的。

后者是宏调用,即用宏定义名作为一条指令。宏汇编程序遇到这样的调用时,就把此宏定义的体来代替这条宏指令。以产生目的代码。

② 宏定义不但能使源程序的书写简洁,而且由于宏指令具有接收参量的能力,所以功能就更灵活。

例如,上述的宏指令只能使 AL 中的内容左移 4 位。若每次使用时,要移位的次数不同,或要使不同的寄存器移位,就不方便了。但是,若在宏定义中引入参量,就可以满足上述要求。

```
SHIFT MACRO   X
      MOV   CL,X
      SAL   AL,CL
      ENDM
```

其中,X 是一个形式参量,在此用来代表移位次数。在调用时可把实际要求的移位次数作为实在参量代入,例如:

```
SHIFT   4
```

就可以用实际参量 4 来代替在宏定义体中出现的形式参量 X,而实现移位 4 次。若用

```
SHIFT   6
```

则 AL 就左移 6 次。这样,就可以由调用时的实际参数来规定任意的移位次数。若再引入一个形式参量 Y:

```
SHIFT MACRO   X,Y
      MOV   CL,X
      SAL   Y,CL
      ENDM
```

用形式参量 Y 来代替需要移位的寄存器。只要在调用时,把要移位的寄存器作为实际参量代入,就可以对任一寄存器实现指定的左移次数。

```
SHIFT   4,AL
SHIFT   4,BX
SHIFT   6,DI
```

这些宏指令在汇编时,分别产生以下指令的目标代码:

```
MOV   CL,4
SAL   AL,CL
MOV   CL,4
SAL   BX,CL
MOV   CL,6
SAL   DI,CL
```

第一条宏指令使 AL 左移 4 位,第二条使 BX(16 位寄存器)左移 4 位,第三条使 DI 左移 6 位。

③ 形式参量不只可以出现在操作数部分,也可以出现在操作码部分。例如:

```
SHIFT   MACRO   X，Y，Z
        MOV     CL，X
        S&Z     Y，CL
        ENDM
```

其中,第三个形式参量 Z 代替操作码中的一部分。在 IBM 宏汇编中规定,若在宏定义体中的形式参量没有适当的分隔符,则不被看作形式参量,调用时也不被实际参量所代替。例如,上例中的操作码部分 S&Z,若 Z 与 S 之间没有分隔,则此处的 Z 就不被看作形式参量。要把它定义为形式参量,必须在前面加上符号 &,于是 S&Z 中的 Z 就被看作形式参量。若有以下调用:

```
SHIFT   4,AL,AL
SHIFT   6,BX,AR
SHIFT   8,SI,HR
```

在汇编时,分别产生以下指令的目标代码:

```
MOV CL,4
SAL AL,CL
MOV CL,6
SAR BX,CL
MOV CL,8
SHR SI,CL
```

就可以对任一个寄存器,进行任意的移位(算术左移、算术右移、逻辑右移)操作,移位任意指定的位数。

由此可见宏指令的使用是十分灵活的。

2. IBM 宏汇编中主要宏操作伪指令

(1) MACRO

MACRO 的一般格式为:

宏定义名　　MACRO　　＜形式参量表＞

宏定义名是一个宏定义调用的依据,也是不同宏定义相区别的标志,是必须要有的。对于宏定义名的规定与对标识符的规定是一致的。

宏定义中的形式参量表是任选的,可以没有形式参量,也可以有若干个形式参量。若有一个以上的形式参量时,它们之间必须用逗号分隔。对形式参量的规定与对标识符的规定是一致的,形式参量的个数没有限制,只要一行限制在 132 个字符以内就行。

在调用的实际参量多于 1 个时,也要用逗号分隔,它们与形式参量在位置上一一相对应。但是,IBM 宏汇编并不要求它们在数量上必须一致。若调用时的实际参量多于形式参量,则多余的部分被忽略;若实际参量少于形式参量,则多余的形式参量变为 NULL(空)。

MACRO 必须与 ENDM 成对出现。

(2) PURGE

可以用伪指令 PURGE 来取消一个宏定义名,然后就可以重新定义。

PURGE 伪指令的格式为：

PURGE　宏定义名[,…]

即一个 PURGE 可以取消多个宏定义。

(3) LOCAL

宏定义体内允许使用标号。例如,在 AL 中有一位十六进制数码要转换为 ASCII 码,则可以用以下宏定义：

```
CHANGE     MACRO
           CMP AL,10
           JL    ADD_0
           ADD AL,'A'-'0'-10
ADD_0      ADD AL,'0'
           ENDM
```

若在一个程序中多次使用这条宏指令,则在汇编展开时,标号 ADD_0 就会出现重复定义的错误,这是不允许的。为此系统提供了 LOCAL 伪指令,其格式为：

LOCAL　　<形式参量表>

汇编程序对 LOCAL 伪操作中的形式参量表中的每一个形式参量建立一个符号(用??0000~??FFFF 表示),以代替在展开中存在的每个形式参量符号。但是要注意,LOCAL伪操作只能用在宏定义体内,而且必须是 MACRO 伪操作后的第一个语句,在 MACRO 与LOCAL 之间不允许有注释和分号标志。上面的 CHANGE 宏定义在有多次调用的情况下应该定义为：

```
CHANGE     MACRO
           LOCAL ADD_0
           CMP AL,10
           JL ADD_0
           ADD AL,'A'-'0'10
ADD_0      ADD AL,'0'
           ENDM
```

若有宏调用：

```
        ⋮
CHANGE
        ⋮
CHANGE
        ⋮
```

在宏汇编展开时为：

```
        ⋮
+           CMP AL,10
+           JL ??0000
+           ADD AL,'A'-'0'-10
        ⋮
+??0000     ADD AL,'0'
```

```
    +              CMP AL,10
    +              JL ??0001
    +              ADD AL,'A'-'0'-10
    +??0001        ADD AL,'0'
        ⋮
```

（4）REPT

REPT 的一般格式为：

REPT　　　＜表达式＞
　　　　　⋮　⎫指令体
ENDM

这个伪指令可以重复执行在它的指令体部分所包含的语句。重复执行的次数，由表达式的值所决定。

例如，把 1～10 分配给 10 个连续的存储单元。

```
X=  0
REPT  10
    X=  X+1
    DB  X
ENDM
```

利用这个伪指令可以对某个存储区赋值（建立一个表）。

例如，把数字 0～9 的 ASCII 码填入表 TABLE。

```
CHAR= '0'
TABLE  LABEL  BYTE
REPT        10
      DB CHAR
      CHAR=CHAR+1
ENDM
```

例如，建立一个地址表，其中每个字的内容是下一个字的地址（用作地址指针），而最后一个字的内容是第一个字的地址。

```
TABLE  LABEL  WORD
      REPT  99
      DW  $+2
      ENDM
      DW  TABLE
```

（5）IRP

IRP 的一般格式为：

IRP　　　形式参量（参数表）
　　　　　⋮　⎫指令体
ENDM

此伪指令能重复执行指令体部分所包含的语句,重复的次数由参数表中参数的个数所决定(参数表中的参数必须用两个三角括号括起来,参数间用逗号分隔)。而且每重复一次依次用参数表中的参数代替形式参量。

例如:

IRP X<1,2,3,4,5,6,7,8,9,10>
    DB X
ENDM

因为参数表中的参数是 10 个,故指令体部分重复执行 10 次。上例中指令体部分只有一条伪指令 DB X,其中 X 为形式参量,在第一次执行时,用参数表中的第一个参数 1,代替形式参量则为 DB 1;第二次执行时,用参数表中的第二个参数 2 代替形式参量就为 DB 2……所以上例也是把 1~10 分配给 10 个连续的存储单元。

(6) IRPC

IRPC 的一般格式为:

IRPC   形式参量,字符串(或<字符串>)

$\left.\begin{array}{l}\vdots\end{array}\right\}$指令体

ENDM

此伪指令也能重复执行指令体部分所包含的语句。重复执行的次数,取决于字符串中字符的个数。而且每次重复执行时,依次以字符串中的字符代替形式参量。

所以,IRPC 伪指令与 IRP 伪指令很类似,只是用字符串(此字符串可以包括在两个三角括号中,也可以不包括)代替了 IRP 指令中的参数表。

例如:

IRPC   X,0123456789
    DB   X+1
ENDM

其功能也是把 1~10 分配给 10 个连续的存储单元。

要注意,上面提到的伪指令 MACRO、REPT、IRP 和 IRPC 都必须与伪指令 ENDM 成对出现。REPT、IRP 和 IRPC 可以包含在宏定义内,也可以用在宏定义之外。

3. 宏定义嵌套

宏定义允许嵌套,即可以在一个宏定义中利用宏调用,条件是这个宏调用必须先定义。

例如:

```
DIF      MACRO    N1,N2
         MOV      AX,N1
         SUB      AX,N2
         ENDM
DIFSQR   MACRO    N1,N2 RESULT
         PUSH     DX
         PUSH     AX
         DIF      N1,N2
```

```
IMUL      AX
MOV       RESULT,AX
POP       AX
POP       DX
ENDM
```

宏定义中还可以包含宏定义,当然在调用内层宏定义前必须先调用外层宏定义(实质上此调用起到对内层宏指令定义的作用)。

例如:

```
DIFMALOT   MACRO     OPNA,OPRAT
OPNA       MACRO     X,Y,Z
           PUSH      AX
           MOV       AX,X
           OPRAT     AX,Y
           MOV       Z,AX
           POP       AX
           ENDM
           ENDM
```

其中,OPNA 是内层宏定义的名,它也是外层宏定义的形式参数,当调用外层宏定义 DIFMALOT 时,就形成了对内层的定义。

若有宏调用:

```
DIFMALOT   ADDITION,ADD
```

则经汇编展开为:

```
ADDITION   MACRO     X,Y,Z
           PUSH      AX
           MOV       Z,AX
           ADD       AX,Y
           MOV       Z,AX
           POP       AX
           ENDM
```

若有以下宏调用:

```
DIFMALOT   LOGICAND,AND
```

则经汇编展开为:

```
LOGICAND   MACRO     X,Y,Z
           PUSH      AX
           MOV       AX,X
           AND       AX,Y
           MOV       Z,AX
           ENDM
```

即可以用于定义各种算术与逻辑运算指令。类似的也可以用于定义移位和循环指令。

```
SIFROT      MACRO OPERNAME
OPERNAME MACRO REG,NUM,OPERA
            PUSH    CX
            MOV     CX,NUM
            OPERA   REG,CL
            POP     CX
            ENDM
            ENDM
```

若有以下宏调用：

```
SIFROT    SHIFT
SHIFT     AX,4,SHR
```

则经汇编展开为：

```
+ PUSH    CX
+ MOV     CX,4
+ SHR     AX,CL
+ POP     CX
```

若有以下宏调用：

```
SIFROT    ROTATE
ROTATE  BX,8,RCL
```

则经汇编展开为：

```
+ PUSH    CX
+ MOV     CX,8
+ RCL     BX,CL
+ POP     CX
```

4. 宏指令与子程序的区别

宏指令是用一条宏指令来代替一段程序，以简化源程序。子程序也有类似的功能，那么，这两者之间有什么区别呢？

① 宏指令是为了简化源程序的书写，在汇编时，汇编程序处理宏指令，把宏定义体插入到宏调用处。所以，宏指令并没有简化目标程序。有多少次宏调用，在目标程序中仍需要有同样多次的目标代码插入。所以，宏指令不能节省目标程序所占的内存单元。

子程序是在执行时由 CPU 处理的。若在一个主程序中多次调用同一个子程序，在目标程序的代码中，主程序中仍只有调用指令的目标代码，子程序的代码仍是一个。

② 把上述两者的特点加以比较，可以看出：若在一个源程序中多次调用一个程序段，则可用子程序，也可以用宏指令来简化源程序。用子程序的方法，汇编后产生的目标代码少，即目标程序占用的内存空间少，节约了内存空间。但是，子程序在执行时，每调用一次都要先保护断点，通常在程序中还要保护现场；在返回时，先要恢复现场，然后恢复断点（返回）。这些操作都额外增加了时间，因而执行时间长，速度慢。而宏指令恰好相反，它的目标程序长，占用的内存单元多；但是，执行时不需要保护断点，也不需要保护现场以及恢复、返

回等这些额外的操作,因而执行时间短、速度快。

所以,当要代替的程序段不长时,速度是主要矛盾,通常用宏指令;而当要代替的程序段较长时,额外操作所附加的时间就不明显了,而节省存储空间是主要矛盾,通常采用子程序。

另外,宏指令可以用形式参量,使用时灵活方便。

5. 条件汇编

IBM 宏汇编提供条件汇编功能。各种条件汇编语句的一般格式为:

```
IF   XX   ARGUMENT
    (语句体 1)
    [ELSE](任选)
    (语句体 2)
    ENDIF
```

其中,ARGUMENT 表示条件,其值只有两个:不是真(TRUE),就是假(FALSE)。当条件为真时,汇编程序就汇编语句体 1 中所包含的汇编语句部分;若条件为假,且语句中如果有ELSE 和语句体 2,则汇编程序就跳过语句体 1 而对语句体 2 中的语句进行汇编;但若条件为假,而语句中没有 ELSE 和语句体 2,则汇编程序就跳过这一组条件汇编语句而往下进行。ENDIF 是任一种条件语句的结束符。

IBM 宏汇编提供了如下的条件汇编语句:

IF   <表达式>

若表达式的值不为 0,则条件为真。

IFE   <表达式>

若表达式的值为 0,则条件为真。

IF1

若汇编程序正处在对源程序的第一遍扫描的过程中,则条件为真。

IF2

若汇编程序正处在对源程序的第二遍扫描的过程中,则条件为真。

IFDEF   <符号>

若指定的符号已被定义,则条件为真。

IFNDEF   <符号>

若指定的符号未被定义,则条件为真。

IFB   <参量>

若参量为空格,则条件为真。

IFNB   <参量>

若参量不是空格,则条件为真。

IFIDN   <参量 1><参量 2>

若参量 1 中的串与参量 2 中的串相同,则条件为真。

IFDIF   <参量1><参量2>

若参量 1 和参量 2 中的串不同,则条件为真。

习　　题

4.1　在下列程序运行后,给相应的寄存器及存储单元填入运行的结果:

```
MOV        AL,10H
MOV        CX,1000H
MOV        BX,2000H
MOV        [CX],AL
XCHG       CX,BX
MOV        DH,[BX]
MOV        DL,01H
XCHG       CX,BX
MOV        [BX],DL
HLT
```

4.2　要求同题 4.1,程序如下:

```
MOV        AL,50H
MOV        BP,1000H
MOV        BX,2000H
MOV        [BP],AL
MOV        DH,20H
MOV        [BX],DH
MOV        DL,01H
MOV        DL,[BX]
MOV        CX,3000H
HLT
```

4.3　自 1000H 单元开始有一个 100 个数的数据块,若要把它传送到自 2000H 开始的存储区中去,可以采用以下 3 种方法,试分别编制程序以实现数据块的传送。

(1) 不用数据块传送指令;

(2) 用单个传送的数据块传送指令;

(3) 用数据块成组传送指令。

4.4　利用变址寄存器,编写一段程序,把自 1000H 单元开始的 100 个数传送到自 1070H 开始的存储区中。

4.5　要求同题 4.4,源地址为 2050H,目的地址为 2000H,数据块长度为 50。

4.6　编写一个程序,把自 1000H 单元开始的 100 个数传送至 1050H 开始的存储区中 (注意:数据区有重叠)。

4.7　自 0500H 单元开始,存有 100 个数。要求把它传送到 1000H 开始的存储区中,但在传送过程中要检查数的值,遇到第一个零时就停止传送。

4.8　条件同题 4.7,但在传送过程中检查数的值,零不传送,不是零则传送到目的区。

4.9 把在题 4.7 中指定的数据块中的正数传送到自 1000H 开始的存储区。

4.10 把在题 4.7 中指定的数据块中的正数传送到自 1000H 开始的存储区;而把其中的负数传送到自 1100H 开始的存储区。分别统计正数和负数的个数,分别存入 1200H 和 1201H 单元中。

4.11 自 0500H 单元开始,有 10 个无符号数,编写一个程序,求这 10 个数的和(用 8 位数运算指令),把和放到 050A 及 050B 单元中(和用两个字节表示),且高位在 050B 单元。

4.12 自 0200H 单元开始,有 100 个无符号数,编写一个程序,求这 100 个数的和(用 8 位数运算指令),把和放在 0264H 和 0265H 单元(和用两个字节表示),且高位在 0265H 单元。

4.13 要求同题 4.12,只是在累加时用 16 位运算指令编写程序。

4.14 若在 0500H 单元中有一个数 x:

(1) 利用加法指令把它乘 2,且送回原存储单元(假定 $x \times 2$ 后仍为一个字节);

(2) $x \times 4$;

(3) $x \times 10$(假定 $x \times 10 \leqslant 255$)。

4.15 题意与要求同题 4.14,只是 $x \times 2$ 后可能为两个字节。

4.16 若在存储器中有两个数 a 和 b(它们所在地址用符号表示,下同),编写一个程序,实现 $a \times 10 + b$($a \times 10$ 以及"和"用两个字节表示)。

4.17 若在存储器中有数 a、b、c、d(它们连续存放),编写一个程序实现下列算式:

$$((a \times 10 + b) \times 10 + c) \times 10 + d \quad (和 \leqslant 65\ 535)$$

4.18 在 0100H 单元和 010AH 单元开始,存放两个各为 10 个字节的 BCD 数(地址最低处放的是最低字节),求它们的和,且把和存入 0114H 开始的存储单元中。

4.19 在 0200H 单元和 020AH 单元开始,存放两个各为 10 个字节的二进制数(地址最低处放的是最低字节),求它们的和,并且把和放在 0214H 开始的存储单元中。

4.20 在 0200H 单元开始放有数 A(低位在前):

$$NA = 95\ 43\ 78\ 62\ 31\ 04\ 56\ 28\ 91\ 01$$

在 020AH 单元开始放有数 B:

$$NB = 78\ 96\ 42\ 38\ 15\ 40\ 78\ 21\ 84\ 50$$

求两数之差,且把差值送入自 0200H 开始的存储区。

4.21 若在 0500H 单元有一个数 x,把此数的前 4 位变"0",后 4 位维持不变,送回同一单元。

4.22 条件同题 4.21,要求最高位不变,后 7 位都为 0。

4.23 若在 0500H 单元有一个数 x,把此数的前 4 位变"1",后 4 位维持不变,送回同一单元。

4.24 把 x 的最低位变"1",高 7 位不变,送至 0600H 单元。

4.25 若在 0500H 单元有一个数 x,把此数的前 4 位变反,后 4 位维持不变,送回同一单元。

4.26 把 x 的最高位取反,后 7 位不变,送至 0600H 单元。

4.27 从 0200H 单元读入一个数,检查它的符号,且在 0300H 单元为它建立一个符号标志(正为 00,负为 FF)。

4.28 若从 0200H 单元开始有 100 个数,编写一个程序检查这些数,正数保持不变,负数都取补后送回。

4.29 把题 4.28 中的负数取补后送至 0300H 单元开始的存储区。

4.30 若在 0200H 和 0201H 单元中有一个双字节数,编写一个程序对它们求补。

4.31 在 BX 寄存器对中有一个双字节数,对它求补。

4.32 若在 0200H～0203H 单元中有一个四字节数,编写一个程序对它求补。

4.33 若在 0200H 和 0201H 单元中有两个正数,编写一个程序比较它们的大小,并且把大的数放在 0201H 单元中。

4.34 条件同题 4.33,把较小的数放在 0201H 单元中。

4.35 条件与要求同题 4.33,只是两个数为无符号数。

4.36 条件与要求同题 4.33,相比较的是两个带符号数。

4.37 若自 0500H 单元开始有 1000 个带符号数,把它们的最小值找出来,并且放在 1000H 单元中。

4.38 若自 1000H 单元开始有 1000 个无符号数,把它们的最大值找出来,并且放在 2000H 单元中。

4.39 若在 0200H 单元中有一个数 x,用移位方法实现:

(1) $x \times 2$

(2) $x \times 4 (x \times 4 \leqslant 255)$

且送回原单元。

4.40 编写一个程序,使寄存器对 BX 中的数整个左移 1 位。

4.41 编写一个程序,使寄存器对 BP 中的数整个右移 1 位(最高位维持不变)。

4.42 在 0200H 单元中有一个数 x,利用移位和相加的办法,使 $x \times 10$(假定 $x \times 10 \leqslant$ 255)后送回原单元。

4.43 条件和要求同题 4.42,但 $x \times 10$ 后可大于 255。

4.44 在 0200H 和 0201H 单元中,存有一个两字节数(高位在后),编写一个程序把它们整个右移 1 位。

4.45 在自 BUFFER 单元开始,存放一个数据块,BUFFER 和 BUFFER+1 单元中存放的是数据块的长度,自 BUFFER+2 开始存放的是以 ASCII 码表示的十进制数码,把它们转换为 BCD 码,且把两个相邻单元的数码并成一个单元(地址高的放在高 4 位),存放到自 BUFFER+2 开始的存储区中。

4.46 在自 BUFFER 单元开始,存放一个数据块,BUFFER 和 BUFFER+1 单元中存放的是数据的长度,自 BUFFER+2 开始存放数据,每一单元存放的是两位 BCD 码,把它们分别转换为 ASCII 码,存放到自 BLOCK 开始的存储区中(低 4 位 BCD 码转换成的 ASCII 码放在地址低的单元),而 BLOCK 和 BLOCK+1 存放转换成的 ASCII 码的长度。

4.47 在自 BUFFER 单元开始,存放有一个数据块,BUFFER 和 BUFFER+1 单元中放的是数据块的长度,自 BUFFER+2 开始存放的是以 ASCII 码表示的十六进制数码(即 0～9,A～F),把它们转换为十六进制数码,并且存放在同一单元中。

4.48 条件同题 4.47,把转换以后的两个相邻的十六进制数并在一个存储单元中。

4.49 假设在某存储区中已输入 4 个以 ASCII 码表示的十六进制数码(高位在前),把它们转换为二进制数并存入 BX 寄存器对中。

4.50 在自 BUFFER 单元开始的数据块中,前两个单元存放的是数据块的长度,自 BUFFER+2 开始存放的是二进制的数据块。把每一个存储单元的两位十六进制数,分别转换为各自的 ASCII 码,并且存放在自 BLOCK 开始的存储区中(开始两个单元存放新的数据块的长度)。

4.51 在题 4.45 中,把相邻单元的两个数码看成是两位十进制数(后面的为 10 位数),把它们转换为相应的二进制数,并且存放在自 BUFFER+2 开始的存储区中。

4.52 在题 4.50 中,把数据块中的每一单元的二进制数转换为相应的 BCD 码(每一字节的二进制数,对应 3 位 BCD 码),再把它们转换为 ASCII 码存放到自 BLOCK 开始的存储区中(开始两个单元存放新的数据块的长度)。

4.53 若在 BX 寄存器中存放有 4 位 BCD 码,把它们转换为相应的二进制数,并存放在 DX 寄存器中。

4.54 若在 BX 寄存器中存有一个 16 位无符号数,把它们转换为相应的 BCD 码,并存放到自 DATA 开始的存储区中(每一位 BCD 码占一个存储单元,高位在前)。

4.55 若在 BX 寄存器中存有一个 16 位带符号数,把它们转换为相应的 BCD 码,并存放在自 DATA 开始的存储区中(符号占一个单元,每一位 BCD 码占一个存储单元,高位在前)。

4.56 若自 STRING 单元开始存放一个字符串(以字符 $ 结尾),编写一个程序,统计这个字符串的长度(不包括 $ 字符),并把字符串的长度放在 STRING 单元,把整个字符串下移两个存储单元。

4.57 若自 STRING 单元开始存放一个字符串(以字符空格引导,以 $ 结尾),编写一个程序,统计这个字符串的长度(忽略前导空格和结尾的 $ 字符)。

4.58 在题 4.57 的字符串中,统计数字字符('0'~'9')的个数。

4.59 在题 4.57 的字符串中,统计十六进制字符(即'0'~'9','A'~'F')的个数。

4.60 在题 4.57 的字符串中,把十进制数字字符('0'~'9')传送至 DATA 开始的存储区中,在 DATA 和 DATA+1 单元存放的是这个数字字符串的长度,自 DATA+2 单元开始存放字符。

4.61 条件和要求同题 4.60,只是传送的是十六进制数字字符。

4.62 在自 STRI1 和 STRI2 开始各有一个由 10 个字符组成的字符串,检查这两个字符串是否相等,在 STFLAG 单元中建立一个标志(相等为 00,不等为 FF)。

4.63 编写一个程序,统计一个 8 位二进制数中的为"1"的位的个数。

4.64 编写一个程序,统计一个 16 位二进制数中的为"1"的位的个数。

4.65 在自 STRI1 开始有一个字符串(前两个字节为字符串长度),对每一个字符配上偶检验位,送回原处。

注: 以下各题所编的程序必须包含必要的伪指令。

4.66 自 NUMBER 单元开始存放两个多字节的用 BCD 码表示的十进制数,NUMBER 单元存放的是字节数,NUMBER+1 开始连续存放两个多字节数(高位在后),编写一个程序把这两个多字节数相加,其和接着原来的数连续存放。

4.67 编写一个程序,使存放在 DATA 及 DATA+1 单元的两个 8 位带符号数相乘,并将乘积放在 DATA＋2 及 DATA＋3 单元中(高位在后)。

4.68 编写一个程序,使存放在 DATA(被除数)及 DATA＋1(除数)的两个 8 位带符号数相除,商放在 DATA＋2 单元,余数放在 DATA＋3 单元中。

4.69 编写一个程序,使存放在 DATA 和 DATA＋1 的两字节无符号数与在 DATA＋2 及 DATA＋3 中的无符号数相乘,乘积接着原来的数存放(高位在后)。

4.70 编写一个 24 位无符号数相乘的程序。

4.71 编写一个程序,使题 4.69 中的两个 16 位无符号数相除,商和余数接着原来的数存放(先放商,高位在后)。

4.72 在题 4.69 中,相乘的是两个 16 位的带符号数,计算这两个数的乘积。

4.73 若在自 DATA 开始的 7 个单元中,第一个单元存放数的符号(用 ASCII 码表示),接下来存放最多为 5 位用 ASCII 码表示的十进制数码(高位在前),且数值在 $\pm 32\ 768$ 范围内,然后是非数字字符(表示数的结束)。编写一个程序,把它转换为相应的 16 位二进制数(用补码表示),并放在 BX 寄存器中。

4.74 把在 BX 寄存器对中的 16 位带符号二进制数转换为十进制数,且把符号位及各位十进制码转换为相应的 ASCII 码,存放到自 DATA 开始的 7 个存储单元中(高位在前),最后填以空格。

4.75 若自 STRING 开始有一个字符串(以 ′＃′ 号作为字符串的结束标志),编写一个程序,查找此字符串中有没有字符 $,有多少个 $(放在 NUMBER 单元中,没有 $ 则其为 0,否则即为 $ 的个数);并且把每一个 $ 字符所存放的地址存入自 POINTR 开始的连续的存储单元中。

4.76 某一个监控程序中有 10 个命令,分别以字母 A、B、C、D、E、F、G、H、I、J 表示。这 10 个命令有 10 个处理程序,它们的入口地址形成一个表格 CMDTBL。

3000	CMDTBL	
3000	3500	;A 命令入口
3002	3550	;B 命令入口
3004	3600	;C 命令入口
3006	3640	;D 命令入口
3008	3670	;E 命令入口
300A	36B0	;F 命令入口
300C	3700	;G 命令入口
300E	3730	;H 命令入口
3010	3760	;I 命令入口
3012	37A0	;J 命令入口

若输入的命令字已在累加器 A 中,试编写一个程序,根据输入的命令字转至相应的处理程序。

4.77 条件同题 4.76,只是有一个转移指令表,如下所示:

3000	CMDJPT	
3000	JP 3500	;转至 A 命令处理程序入口
3003	JP 3550	;转至 B 命令处理程序入口
3006	JP 3600	;转至 C 命令处理程序入口

3009	JP 3640	;转至 D 命令处理程序入口
300C	JP 3670	;转至 E 命令处理程序入口
300F	JP 36B0	;转至 F 命令处理程序入口
3012	JP 3700	;转至 G 命令处理程序入口
3015	JP 3730	;转至 H 命令处理程序入口
3018	JP 3760	;转至 I 命令处理程序入口
301B	JP 37A0	;转至 J 命令处理程序入口

要求同题 4.76。

4.78 某一个操作系统有 6 个内部命令,把这 6 个内部命令及相应的处理程序的入口地址组成一个内部命令表 INCMDT,如下所示:

	ORG	2000H
INCMDT:	DB	′ATRIB′
	DB	00
	DW	2020
	DB	′BYE′
	DB	00
	DW	2050
	DB	′DIR′
	DB	00
	DW	20A0
	DB	′ERA′
	DB	00
	DW	2100
	DB	′REN′
	DB	00
	DW	2140
	DB	′SAVE′
	DB	00
	DW	2180
	DB	′TYPE′
	DB	00
	DW	21E0

若输入的内部命令字符(以 00 字节作为命令字符的结束标志)已在 BUFFER 开始的存储区中,编写一个程序,根据输入的命令字转至相应的处理程序。

4.79 条件同题 4.78,但在 BUFFER 开始的存储区中的命令字,若是一个内部命令,则应转至相应的处理程序;若不是内部命令,则在程序中应建立一个标志。

4.80 在自 BLOCK 开始的存储区中有 1000 个带符号数。用气泡排序法编写一个程序,使它们排列有序。

4.81 在自 TABLE 开始的存储区中有一个有序排列(带符号数,大的在后面)的数据块,其中 TABLE 及 TABLE+1 中存放数据块长度 N(可以大于 255),假设要搜索的关键字已输入至累加器 A 中。编写一个程序用对分搜索法搜索此关键字,在程序中建立一个标志,表示是否有此关键字。

4.82 条件及要求同题 4.81,只是已排序的数据块是大的数在前面(地址低处)。

4.83 把数据块传送程序编写为一个子程序 MOVE,源地址、目的地址和传送的字节数放在自 ADDR 开始的存储单元中。

4.84 把 8 位无符号数乘法程序编写为一个子程序,被乘数、乘数和乘积放在自 DATA 开始的存储单元中。

4.85 把 8 位无符号数除法程序编写为一个子程序,被除数、除数、商和余数放在自 DATA 开始的存储单元中。

4.86 写一个宏定义,使 8086 CPU 的 8 位寄存器之间的数据能实现任意传送。

4.87 写一个宏定义,使 8086 CPU 的 16 位寄存器的数据互换。

4.88 写一个宏定义,能把任一个寄存器的最高位移至另一个寄存器的最低位中。

4.89 写一个宏定义,能把任一个内存单元中的最高位移至另一个内存单元的最低位中。

4.90 写一个宏定义,能把任一个寄存器的最低位移至另一个寄存器的最高位中。

4.91 写一个宏定义,能把任一个内存单元中的最低位移至另一个内存单元的最高位中。

4.92 用宏定义写一个数据块传送指令。

4.93 写一个宏定义,能使任一个寄存器向左或向右移位指定的位数。

第5章 处理器总线时序和系统总线

5.1 8086 的引脚功能

8086 是一个双列直插式、40 个引脚(又称引线)的器件,它的引脚功能与系统的组态有关。

5.1.1 8086 的两种组态

当把 8086 CPU 与存储器和外设构成一个计算机的硬件系统时,根据所连接的存储器和外设的规模,8086 可以有最小和最大两种不同的组态。

目前常用的是最大组态,这要求有较强的驱动能力。此时,8086 要通过一组总线控制器 8288 来形成各种总线周期,控制信号由 8288 供给,如图 5-1 所示。

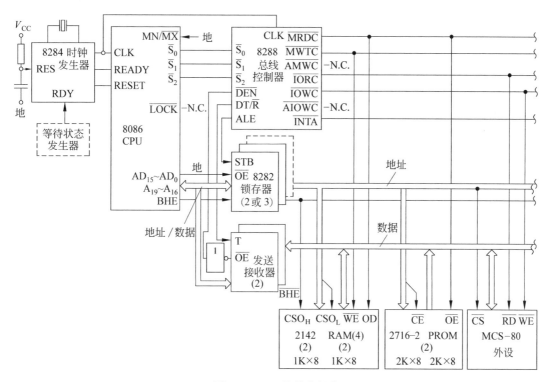

图 5-1 8086 的最大组态

在这两种组态下 8086 引脚中的引脚 24～引脚 31 有不同的名称和意义,所以需要有一个引脚 MN/$\overline{\text{MX}}$来规定 8086 处在什么组态。若把 MN/$\overline{\text{MX}}$引脚连至电源(＋5V),则为最小组态;若把它接地,则 8086 处在最大组态。

当 8086 处在最大组态时,引脚 24～引脚 31 的含义如下。

- $\overline{S}_2$、$\overline{S}_1$、$\overline{S}_0$(输出,三态)

这些状态线的功能如表 5-1 所示。

表 5-1 最大组态下的总线周期

$\overline{S}_2$	$\overline{S}_1$	$\overline{S}_0$	功　　能
0(低)	0	0	中断响应
0	0	1	读 I/O 端口
0	1	0	写 I/O 端口
0	1	1	暂停(Halt)
1(高)	0	0	取指
1	0	1	读存储器
1	1	0	写存储器
1	1	1	无源

这些信号由 8288 总线控制器来产生有关存储器访问或 I/O 访问的总线周期和所需要的控制信号。

在时钟周期 T_4 状态期间，$\overline{S}_2$、$\overline{S}_1$、$\overline{S}_0$ 的任何变化，指示一个总线周期的开始；而它们在 T_3 或 T_W 期间返回到无源状态(111)，则表示一个总线周期的结束。当 CPU 处在 DMA 响应状态时，这些线浮空。

- $\overline{RQ}/\overline{GT}_0$，$\overline{RQ}/\overline{GT}_1$(输入/输出)

这些请求/允许(Request/Grant)引脚，是由外部的总线主设备请求总线并促使 CPU 在当前总线周期结束后让出总线用的。每一个引脚是双向的，$\overline{RQ}/\overline{GT}_0$ 比 $\overline{RQ}/\overline{GT}_1$ 有更高的优先权。这些线的内部有一个上拉电阻，所以允许这些引脚不连接。请求和允许的顺序如下：

① 由其他的总线主设备，输送一个宽度为一个时钟周期的脉冲给 8086，表示总线请求，相当于 HOLD 信号。

② CPU 在当前总线周期的 T_4 或下一个总线周期的 T_1 状态，输出一个宽度为一个时钟周期的脉冲给请求总线的设备，作为总线响应信号(相当于 HLDA 信号)，从下一个时钟周期开始，CPU 释放总线。

③ 当外设的 DMA 传送结束时，总线请求主设备输出一个宽度为一个时钟周期的脉冲给 CPU，表示总线请求的结束。于是 CPU 在下一个时钟周期开始又控制总线。

每一次总线主设备的改变，都需要这样的三个脉冲，脉冲为低电平有效。在两次总线请求之间，至少要有一个空时钟周期。

- $\overline{LOCK}$(输出，三态)

低电平有效，当其有效时，别的总线主设备不能获得对系统总线的控制。$\overline{LOCK}$ 信号由前缀指令 LOCK 使其有效，且在下一个指令完成以前保持有效。当 CPU 处在 DMA 响应状态时，此线浮空。

- QS_1、QS_0(输出)

QS_1 和 QS_0 提供一种状态(Queue Status)允许外部追踪 8086 内部的指令队列，如表 5-2 所示。

表 5-2　QS₁ 和 QS₀ 的功能

QS₁	QS₀	功　　能
0(低)	0	无操作
0	1	从队列中取走操作码的第一个字节
1(高)	0	队列空
1	1	除第一个字节外,还取走队列中的其他字节

队列状态在 CLK 周期期间是有效的,在这以后队列的操作已完成。

- $\overline{BHE}$/ST(输出)

在总线周期的 T_1 状态,在 $\overline{BHE}$/S₇引脚输出 $\overline{BHE}$ 信号,表示高 8 位数据线 $AD_{15} \sim AD_8$ 上的数据有效;在 T_2、T_3、T_4 及 T_W 状态,$\overline{BHE}$/S₇引脚输出状态信号 S_7。

5.1.2　8086 的引线

8086 的引线(引脚)如图 5-2 所示。

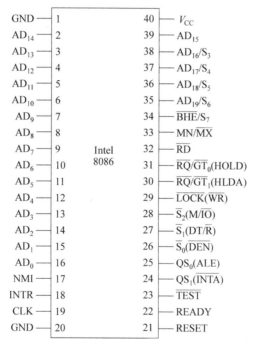

图 5-2　8086 的引线

其中引线(引脚)24~31 的含义已在前面介绍过了,在最小组态时的名称如图 5-2 的括号中所示。

- $AD_{15} \sim AD_0$(输入/输出,三态)

这些地址/数据引脚是多路开关的输出。由于 8086 只有 40 条引线,而它的地址线是 20 位,数据线是 16 位,因此 40 条引线的数量不能满足要求,于是在 CPU 内部用一些多路开关,使数据线与低 16 位地址线公用,从时间上加以区分。通常当 CPU 访问存储器或外设时,先要给出所访问单元(或端口)的地址(在 T_1 状态),然后才是读写所需的数据(T_2、T_3、T_w 状态),它们在时间上是可区分的。只要在外部电路中有一个地址锁存器,把在这些线上先输出的 16 位地址锁存下来就可以了。在 DMA 方式时,这些引脚浮空。

- A_{19}/S_6、A_{18}/S_5、A_{17}/S_4、A_{16}/S_3(输出,三态)

这些引脚也是多路开关的输出,在存储器操作的总线周期的 T_1 状态时,这些引脚上是最高四位地址(也需要外部锁存)。在 I/O 操作时,这些地址不用,故在 T_1 状态时全为低电平。在存储器和 I/O 操作时,这些线又可以用来作为状态信息(在 T_2、T_3、T_w 状态时)。但 S_6 始终为低,表示 8086 当前与总线相连;S_5 是标志寄存器中中断允许标志的当前设置,它在每一个时钟周期开始时被修改;S_4 和 S_3 用以指示是哪一个段寄存器正在被使用,其编码如表 5-3 所示。

表 5-3　S_4、S_3 的功能

S_4	S_3	功　　能
0(低)	0	当前正在使用 ES
0	1	当前正在使用 SS
1	0	当前正在使用 CS,或者未用任何段寄存器
1	1	当前正在使用 DS

在 DMA 方式时,这些引脚浮空。

- $\overline{RD}$(输出,三态)

读选通信号,低电平有效。当其有效时,表示正在进行存储器读或 I/O 读。在 DMA 方式时,此引脚浮空。

- READY(输入)

准备就绪信号。这是从所寻址的存储器或 I/O 设备来的响应信号,高电平有效。当其有效时,将完成数据传送。CPU 在 T_3 周期的开始采样 READY 线,若其为低,则在 T_3 周期结束以后,插入 T_w 周期,直至 READY 变为有效。若 READY 有效,则在此 T_w 周期结束以后,进入 T_4 周期,完成数据传送。

- INTR(输入)

可屏蔽中断请求信号。这是一个电平触发输入信号,高电平有效。CPU 在每一个指令周期的最后一个 T 状态采样这条线,以决定是否进入中断响应周期。这条线上的请求信号,可以用软件复位内部的中断允许位来加以屏蔽。

- $\overline{TEST}$(输入)

这个检测输入信号是由 WAIT 指令来检查的。若此输入脚有效(低电平有效),则执行继续,否则处理器就等待进入空转状态。这个信号在每一个时钟周期的上升沿由内部同步。

- NMI(输入)

非屏蔽中断输入信号(Non-Maskable Interrupt),是一个边沿触发信号。这条线上的中断请求信号不能用软件来加以屏蔽,所以这条线上由低到高的变化,就在当前指令结束以后引起中断。

- RESET（输入）

复位输入引起处理器立即结束当前操作。这个信号必须保持有效（高电平）至少 4 个时钟周期，以完成内部的复位过程。当其返回为低电平时，它重新启动执行。

- CLK（输入）

时钟输入信号。它提供了处理器和总线控制器的定时操作。8086 的标准时钟频率为 8MHz。

- V_{CC} 是 5V±10％的电源引脚。

- GND 是接地线。

5.2　8086 处理器时序

5.2.1　时序的基本概念

计算机的工作是在时钟脉冲 CLK 的统一控制下，一个节拍一个节拍地实现的。在 CPU 执行某一个程序之前，先要把程序（已变为可执行的目标程序）放到存储器的某个区域。在启动执行后，CPU 就发生读指令的命令；存储器接到这个命令后，从指定的地址（在 8086 中由代码段寄存器 CS 和指令指针 IP 给定）读出指令，把它送至 CPU 的指令寄存器中；CPU 对读出指令经过译码器分析之后，发出一系列控制信号，以执行指令规定的全部操作，控制各种信息在机器（或系统）各部件之间传送。简单地说，每条指令的执行由取指令（fetch）、译码（decode）和执行（execute）构成。对于 8086 微处理器来说，每条指令的执行有取指、译码、执行这样的阶段，但由于微处理器内有总线接口单元（BIU）和执行单元（EU），所以在执行一条指令的同时（在 EU 中操作），BIU 就可以取下一条指令，它们在时间上是重叠的。所以，从总体上来说，似乎不存在取指阶段。这种功能就称为“流水线”功能。目前，在高档微处理器中往往有多条流水线，使微处理器的许多内部操作“并行”进行，从而大大提高了微处理器的工作速度。

上述的这些操作以及执行一条指令的一系列动作，都是在时钟脉冲 CLK 的统一控制下一步一步进行的。它们都需要一定的时间（当然有些操作在时间上是重叠的）。如何确定执行一条指令所需要的时间呢？

执行一条指令所需要的时间称为指令周期（Instruction Cycle）。但是，8086 中不同指令的指令周期是不等长的。因为，首先 8086 的指令是不等长的，最短的指令是一个字节，大部分指令是两个字节，但由于各种不同寻址方式又可能要附加几个字节，8086 中最长的指令要 6 个字节。指令的最短执行时间是两个时钟周期，一般的加、减、比较、逻辑操作是几十个时钟周期，最长的为 16 位数乘除法大约需要 200 个时钟周期。

指令周期又分为一个个总线周期。每当 CPU 要从存储器或 I/O 端口读写一个字节（或字）就是一个总线周期（Bus Cycle）。所以，对于多字节指令，取指就需要若干个总线周期（当然，对于 8086 来说，取指可能与执行前面的指令在时间上有一定的重叠）；在指令的执行阶段，不同的指令也会有不同的总线周期，有的只需要一个总线周期，而有的可能需要若干个总线周期。一个基本的总线周期的时序如图 5-3 所示。

每个总线周期通常包含 4 个 T 状态（T State），即图 5-3 中的 T_1、T_2、T_3、T_4，每个 T 状态是 8086 中处理动作的最小单位，它就是时钟周期（Clock Cycle）。早期的 8086 的时钟频

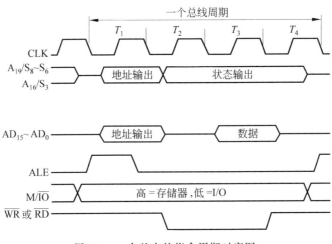

图 5-3　一个基本的指令周期时序图

率为 8MHz，故一个时钟周期或一个 T 状态为 125ns。

虽然各条指令的指令周期有很大差别，但它们仍然是由以下一些基本的总线周期组成的：

① 存储器读或写；

② 输入输出端口的读或写；

③ 中断响应。

如上所述，8086 CPU 的每条指令都有自己的固定的时序。例如，从存储器读一个字节（或字）的总线周期是由 4 个 T 状态组成的，如图 5-4 所示。

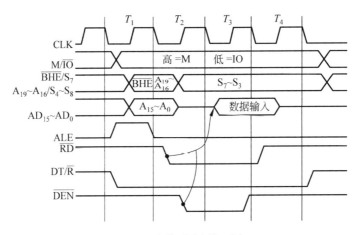

图 5-4　存储器读周期时序

CPU 希望能在 4 个 T 状态时间内，把存储单元的信息读出来，在 T_1 周期开始后一段时间（在 T_1 状态）把地址信息从地址线 $A_{19}\sim A_{16}$、$AD_{15}\sim AD_0$ 上输出，且立即发出地址锁存信号 ALE，把在 $A_{19}\sim A_{16}$ 上出现的高 4 位地址和在 $AD_{15}\sim AD_0$ 上出现的低 16 位地址，在外部地址锁存器上锁存。这样，20 位地址信息就送至存储器。CPU 也是在 T_1 状态发出区分是存储器还是 I/O 操作的 $M/\overline{IO}$ 信号。在 T_2 状态，CPU 发出读命令信号（若使用接口芯片

8286，还有相应的控制信号 DT/$\bar{R}$ 和 $\overline{DEN}$）。有了这些控制信号，存储器就可以实现读出操作（详见下面的有关存储器的分析）。在这些信号发出后，CPU 等待一段时间，到它的 T_4 状态的前沿（下降沿）采样数据总线 $AD_{15} \sim AD_0$ 获取数据，从而结束此总线周期。这是 CPU 在执行存储器读时的时序，至于存储器在接到地址和读命令信号后，能否在 T_4 的前沿把数据读出送到数据总线，这是存储器本身的读写时间问题。

实际上存储器从接收到地址信号，要经过地址译码选择，选中所需要的单元；I/O 端口也是如此。从接收到 M/$\overline{IO}$ 信号和 $\overline{RD}$ 信号（这些信号一般用作选通信号），到信息从被选中的单元读出送至数据总线也都是需要一定时间的，它是否能在 T_4 周期的前沿前完成，这完全取决于存储电路本身。所以，在 CPU 的时序和存储器或 I/O 端口的时序之间存在配合问题。

这个问题在早期的计算机设计中，是在设计 CPU 和存储器以及外设时协调解决的，因为当时 CPU 和存储器是统一设计的。而随着大规模集成电路生产的发展，以及计算机的专业化、产业化的发展，CPU 和存储器的生产企业都是一种大规模的系列化、标准化的企业。所以，在构成一个计算机硬件系统时，硬件系统的设计者要解决 CPU 的时序与存储器或 I/O 端口的时序之间的配合问题。

为解决此问题，在 CPU 中就设计了一条准备就绪——READY 输入线，这是由存储器或 I/O 端口输送给 CPU 的状态信号线在存储器或 I/O 端口对数据的读写操作完成时，使 READY 线有效（即为高电平）。CPU 在 T_3 状态的前沿（下降沿）采样 READY 线，若其有效，则为正常周期，在 T_3 状态结束后进入 T_4 状态，且 CPU 在 T_4 状态的前沿采样数据总线，完成一个读写周期；若 CPU 在 T_3 状态的前沿采样到 READY 为无效（低电平），则在 T_3 周期结束后，进入 T_W 周期（等待周期），且在 T_W 周期的前沿采样 READY 线，只要其为无效，就继续进入下一个 T_W 周期，直至在某一个 T_W 周期的前沿采样到 READY 为有效时，则在此 T_W 周期结束时进入 T_4 周期，在 T_4 状态的前沿采样数据线，完成一个读写周期，其过程如图 5-5 所示。

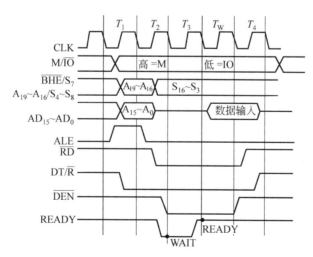

图 5-5 具有 T_W 状态的存储器读周期

因此，在设计系统的硬件电路时，要根据 CPU 与所选的存储器的读写速度，分析能否在时序上很好地配合，若需要插入 T_W 周期，就要设计一个硬件电路来产生适当的 READY 信号。

有了 READY 信号线,就可以使 CPU 与任何速度的存储器相连接(当然存储器的速度还是要由系统的要求来选定)。但是,这说明了当 CPU 与存储器或 I/O 端口连接时,要考虑相互之间的时序配合问题。

目前,在高档 CPU 的微型计算机(例如 386、486 以上的微型计算机)中,常有无等待(0等待)、1 等待、2 等待等指标,就是指当 CPU 读写存储器时,是否需要插入以及插入多少个等待周期。

插入了 T_W 状态,改变了指令的时钟周期数,使系统的速度变慢。若系统中使用了动态存储器(目前的系统中大量采用),则它要求周期性地进行刷新,所以,能插入的 T_W 数也是有限制的。

5.2.2 8086 的典型时序

目前在构成微型计算机硬件系统时,所连接的存储器和 I/O 接口电路的数量较多,8086 微处理器通常工作在最大组态;下面所介绍的时序就是以 8086 工作在最大组态为基础的。

在最大组态下,8086 的基本总线周期由 4 个 T 状态组成。在 T_1 状态时,8086 发出 20位地址信号,同时送出状态信号 $\overline{S_2}$、$\overline{S_1}$、$\overline{S_0}$ 给 8288 总线控制器。8288 对 $\overline{S_2} \sim S_0$ 进行译码,产生相应的命令的控制信号输出。首先,8288 在 T_1 期间送出地址锁存允许信号 ALE,将CPU 输出的地址信息锁存至地址锁存器中,再输出到系统地址总线上。

在 T_2 状态,8086 开始执行数据传送操作。此时,8086 内部的多路开关进行切换,将地址/数据线 $AD_{15} \sim AD_0$ 上的地址撤销,切换为数据总线,为读写数据作准备。8288 发出数据总线允许信号和数据发送/接收控制信号 DT/$\overline{R}$ 允许数据收发器工作,使数据总线与 8086的数据线接通,并控制数据传送的方向。同样,把地址/状态线 $A_{19}/S_6 \sim A_{16}/S_3$ 切换成与总线周期有关的状态信息,指示若干与周期有关的情况。

在 T_3 周期开始的时钟下降沿上,8086 采样 READY 线。如果 READY 信号有效(高电平),则在 T_3 状态结束后进入 T_4 状态,在 T_4 状态开始的时钟下降沿,把数据总线上的数据读入 CPU 或写到地址选中的单元。在 T_4 状态中结束总线周期。如果访问的是慢速存储器或是外设接口,则应该在 T_1 状态输出的地址,经过译码选中某个单元或设备后,立即驱动READY 信号到低电平。8086 在 T_3 状态采样到 READY 信号无效,就会插入等待周期 T_W,在 T_W 状态 CPU 继续采样 READY 信号;直至其变为有效后再进入 T_4 状态,完成数据传送,结束总线周期。

在 T_4 状态,8086 完成数据传送,状态信号 $\overline{S_0} \sim \overline{S_2}$ 变为无操作的过渡状态。在此期间,8086 结束总线周期,恢复各信号线的初态,准备执行下一个总线周期。

1. 存储器读周期和存储器写周期

存储器读写周期由 4 个时钟组成,即使用 T_1、T_2、T_3 和 T_4 共 4 个状态。

对存储器读周期,在 T_1 开始,8086 发出 20 位地址信息和 $\overline{S_2} \sim \overline{S_0}$ 状态信息。8288 对$\overline{S_2} \sim \overline{S_0}$ 进行译码,发出 ALE 信号将地址锁存;同时判断为读操作,DT/$\overline{R}$ 信号输出为低电平。在 T_2 期间,8086 将 $AD_{15} \sim AD_0$ 切换为数据总线,8288 发出读存储器命令 $\overline{MRDC}$,此命令使地址选中的存储单元把数据送上数据总线;然后输出信号 DEN 有效(相位与最小模式下相反),接通数据收发器,允许数据输入至 8086。在 T_3 状态开始时,8086 采样 READY,

当 READY 有效时,进入 T_4 状态,8086 读取在数据总线上的数据,到此读操作结束。在 T_4 之前时钟周期的时钟信号的上升沿,8086 就发出过渡的状态信息($\bar{S}_2 \sim \bar{S}_0$ 为 111),使各信号在 T_4 期间恢复初态,准备执行下一个总线周期。存储器读周期的时序如图 5-6 所示。

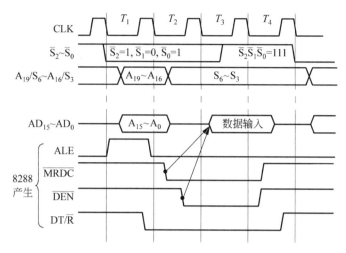

图 5-6　最大组态时存储器读周期时序

对于存储器写周期,大部分过程与读周期类似,但执行的是写操作。T_1 期间 8086 发出 20 位地址信息和 $\bar{S}_2 \sim \bar{S}_0$,8288 判断为写操作,则 DT/$\bar{R}$ 信号变为高电平。在 T_2 开始,8288 输出写命令 $\overline{AMWC}$,命令存储器把数据写入选中的地址单元;同时 $\overline{DEN}$ 信号有效,使 8086 输出的数据马上经数据收发器送到数据总线上。T_3 开始,采样 READY 线,当 READY 为高电平后,进入 T_4 状态,结束存储器写周期。存储器写周期的时序如图 5-7 所示。

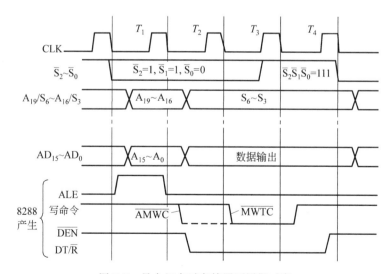

图 5-7　最大组态时存储器写周期时序

由图 5-7 中可看到在存储器写周期,8288 有两种写命令信号:存储器写命令 $\overline{MWTC}$ 和提前写命令 $\overline{AMWC}$,这两个信号大约差 200ns。

2. I/O 读和 I/O 写周期

8086 的基本 I/O 总线周期时序与存储器读写的时序是类似的。但通常 I/O 接口电路的工作速度较慢,往往要插入等待状态。例如在 IBM PC/XT 的 READY 信号设计在 I/O 操作时,要求插入一个 T_W 状态。即在 PC/TX 中,基本的 I/O 操作是由 T_1、T_2、T_3、T_W、T_4 组成,占用 5 个时钟周期。

这样的 I/O 读写周期和存储器读写周期的时序基本相同,不同之处为:

- T_1 期间 8086 发出 16 位地址信息,$A_{19} \sim A_{16}$ 为 0。同时 $\overline{S}_2 \sim \overline{S}_0$ 的编码为 I/O 操作。
- 在 T_3 时采样到的 READY 为低电平,插入一个 T_W 状态。
- 8288 发出的读写命令为 $\overline{IORC}$ 和 $\overline{AIOWC}$($\overline{IOWC}$ 未用)。

I/O 读和 I/O 写周期的时序如图 5-8 所示。

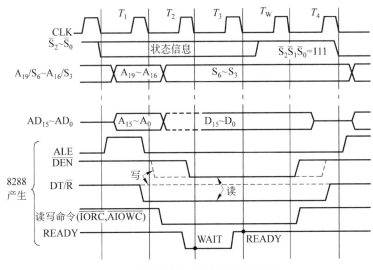

图 5-8 最大组态时的 I/O 读写时序

3. 空闲周期

若 CPU 不执行总线周期(不进行存储器或 I/O 操作),则总线接口执行空闲周期(一系列的 T_1 状态)。在这些空闲周期,CPU 在高位地址线上仍然驱动上一个机器周期的状态信息。

若上一个总线周期是写周期,则在空转状态,CPU 在 $AD_{15} \sim AD_0$ 上仍输出上一个总线周期要写的数据,直至下一个总线周期的开始。

在这些空转周期,CPU 进行内部操作。

4. 中断响应周期

当外部中断源,通过 INTR 或 NMI 引线向 CPU 发出中断请求信号,若是 INTR 线上的信号,则只有在标志位 IF=1(即 CPU 处在开中断)的条件下,CPU 才会响应。CPU 在当前指令执行完以后,响应中断。在响应中断时,CPU 执行两个连续的中断响应周期,如图 5-9 所示。

在每一个中断响应周期,CPU 都输出中断响应信号 $\overline{INTA}$。在第一个中断响应周期,CPU 使 $AD_{15} \sim AD_0$ 浮空。在第二个中断响应周期,被响应的外设(或接口芯片),应向数据总线输送一个字节的中断向量号,CPU 读入中断向量号后,就可以在中断向量表上找到该设备的服务程序的入口地址,转入中断服务。

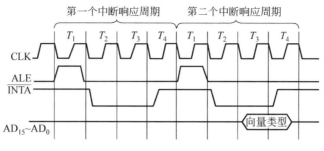

图 5-9　中断响应时序

5. 系统复位

8086 的 RESET 引线,可用来启动或再启动系统。

当 8086 在 RESET 引线上检测到一个脉冲的正沿,便终结所有的操作,直至 RESET 信号变低。在这时寄存器被初始化到复位状态,如表 5-4 所示。

表 5-4　复位后寄存器的初始状态

CPU 中的部分	内　容	CPU 中的部分	内　容
标志位	清除	SS 寄存器	0000H
指令指针(IP)	0000H	ES 寄存器	0000H
CS 寄存器	FFFFH	指令队列	空
DS 寄存器	0000H		

在复位时,代码段寄存器和指令指针分别初始化为 0FFFFH 和 0。因此,8086 在复位后执行的第一条指令,存在绝对地址为 0FFFF0H 的内存单元。在正常情况下,从 0FFFF0H 单元开始,存放一条段交叉直接 JMP 指令,以转移到系统程序的实际开始处。

在复位时,由于把标志位全清除了,所以系统对 INTR 线上的请求是屏蔽的。因此,系统软件,在系统初始化时,就应立即用指令来开放中断(即用 STI 指令)。

8086 要求复位脉冲的有效电平(高电平),必须至少持续 4 个时钟周期(若是闭合电源引起的复位,即必须大于 $50\mu s$)。

因为 CPU 内部是用时钟脉冲来同步外部的复位信号的,所以内部是在外部 RESET 信号有效后的时钟的上升沿有效的,如图 5-10 所示。

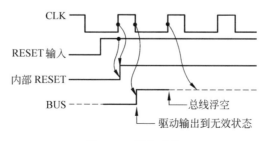

图 5-10　复位时序

复位时,8086 将使系统总线处于如表 5-5 所示的状态。

地址总线浮空,直至 CPU 脱离复位状态。开始从 0FFFF0H 单元取指令。

别的控制信号线,先变高一段时间(相应于时钟脉冲低电平的宽度),然后浮空,如图 5-10 所示。

ALE、HLDA 信号变为无效(低电平)。

6. CPU 进入和退出保持状态的时序

当系统中有别的总线主设备请求总线时,总线主设备向 CPU 输送请求信号 HOLD,HOLD 信号可以与时钟异步,则在下一个时钟的上升沿同步 HOLD 信号。CPU 接收同步的 HOLD 信号后,在当前总线周期的 T_4,或下一个总线周期的 T_1 的后沿输出保持响应信号 HLDA,紧接着从下一个时钟开始 CPU 就让出总线。当外设的 DMA 传送结

表 5-5　8086 复位时的总线状态

信　号	状　态
$AD_7 \sim AD_0$ $A_8 \sim A_{15}$	浮空
$M/\overline{IO}$ $DT/\overline{R}$ $\overline{DEN}$ $\overline{WR}$ $\overline{RD}$ $\overline{INTA}$	先置成不作用状态,然后进入浮空状态
ALE HLDA	低(无效)

束,它将使 HOLD 信号变低,HOLD 信号是与 CLK 异步的,则在下一个时钟的上升沿同步,在紧接着的下降沿使 HLDA 信号变为无效,其时序如图 5-11 所示。

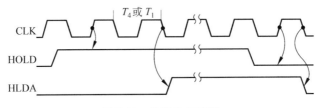

图 5-11　保持状态时序

5.3　系　统　总　线

微型计算机系统大都采用总线结构。这种结构的特点是采用一组公共的信号线作为微型计算机各部件之间的通信线,这种公共信号线就称为总线。在微型计算机的应用中,有些场合,只需要用单片计算机,或者用 CPU 与为数不多的芯片组成一个小系统,或者使用单板计算机;有些场合则需要使用若干块插件板来组成一个较大的微型计算机系统。

小系统单板计算机各芯片之间,组成微型计算机的插件板之间,微型计算机系统之间,都有各自的总线。这些总线把各部件组织起来,组成一个能彼此传递信息和对信息进行加工处理的整体。因此总线是各部件联系的纽带,在接口技术中扮演着重要的角色。随着微型计算机硬件的发展,总线也不断地发展与更迭。

5.3.1　概述

1. 总线的分类

根据总线所处的位置不同,总线可分为如下几种。

(1) 片内总线

片内总线位于微处理器芯片的内部,用于算术逻辑单元 ALU 与各种寄存器或其他功

能单元之间的相互连接。

（2）片总线

片总线又称为元件级总线或局部总线,是一台单板计算机或一个插件板的板内总线,用于各芯片之间的连接。片总线是微型计算机系统内的重要总线,在把接口芯片与 CPU 连接时就涉及这样的总线。片总线一般是 CPU 芯片引脚的延伸,往往需要增加锁存、驱动等电路,以提高 CPU 引脚的驱动能力。

（3）内总线

内总线又称为微型计算机总线或板级总线,一般称为系统总线,用于微型计算机系统各插件板之间的连接,是微型计算机系统的最重要的一种总线。一般谈到微型计算机总线,指的就是这种总线。

目前,通用的微型计算机系统有一块标准化的主板,板上安装了 CPU、内存（数十兆字节至数百兆字节）和 I/O 设备的接口。通过主板上的插口槽上所插的插件板与各种 I/O 设备相连。例如,通过插件板与各种显示器相连,提供一部分串行、并行的 I/O 口,通过网络适配器卡连接各种网络……当然也有一种趋势,就是把上述这些最基本的外设的接口或适配器集成到主板上。但是,一个系统总是有可能要扩展的,一种微型计算机系统有可能应用在各种领域,每种领域都会有自己的特殊需求。所以,目前的微型计算机系统的主板上,总是留有插槽,用于插件板与微型计算机系统相连。插件板与主板的连接,就是内总线或称为系统总线。

（4）外总线

外总线又称为通信总线,用于系统之间的连接,如微型计算机系统之间,微型计算机系统与仪器、仪表或其他设备之间的连接。常用的外总线有 RS-232C、IEEE-488、VXI 等。

上述各种总线的示意图如图 5-12 所示。

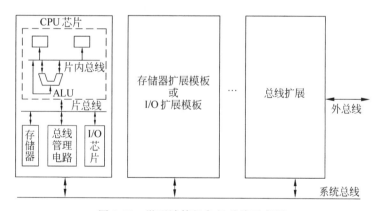

图 5-12　微型计算机各级总线示意图

从接口的角度来说,我们关心的是片总线、内总线和外总线。这些总线通常有几十根到上百根信号线。

所谓总线,必须在以下几方面做出规定。

（1）物理特性

物理特性指的是总线物理连接的方式。包括总线的根数、总线的插头、插座的形状、引脚的排列方式等。例如,IBM-PC/XT 的总线共 62 根线,分两列编号。

（2）功能特性

功能特性描写的是在一组总线中,每一根线的功能是什么。从功能上看,总线分为三组（即三总线）——地址总线、数据总线和控制总线。

（3）电气特性

电气特性定义每一根线上信号的传送方向、有效电平范围。一般规定送入 CPU 的信号叫输入信号(IN),从 CPU 送出的信号叫输出信号(OUT)。

（4）时间特性

时间特性定义了每根线在什么时间有效,也就是每根线的时序。

本节主要介绍各种总线的前两种特性。总线大体可以分成以下几种主要类型。

（1）地址总线

地址总线是微型计算机用来传送地址的信号线。地址线的数目决定了直接寻址的范围。早期的 8 位 CPU 有 16 根地址线,可寻址 64KB 地址空间。IBM-PC 的 8088(8086)有 20 根地址线,可寻址 1MB。IBM AT 的 80286 有 24 根地址线,可寻址 16MB。80386 以上的芯片有 32 根地址线,可寻址 4GB。P6 以上处理器有 36 根地址线,可寻址 64GB。目前,正在开发 64 位 CPU,其寻址范围就更大了。地址总线均为单向、三态总线,即信号只有一个传送方向,三态是指可输出高电平或低电平外,还可处于断开(高阻)状态。

（2）数据总线

数据总线是传送数据和代码的总线,一般为双向信号线,即既可输入也可输出。数据总线也采用三态逻辑。

数据总线已由 8 条、16 条、32 条,扩展为 64 条。

（3）控制总线

控制总线是传送控制信号的总线,用来实现命令、状态传送、中断、直接存储器传送的请求与控制信号传送,以及提供系统使用的时钟和复位信号等。

根据不同的使用条件,控制总线有的为单向、有的为双向,有的为三态、有的为非三态。控制总线是一组很重要的信号线,它决定了总线功能的强弱和适应性的好坏。好的总线控制功能强、时序简单且使用方便。

（4）电源线和地线

电源线和地线决定了总线使用的电源种类及地线分布和用法。

（5）备用线

留作功能扩充和用户的特殊要求使用。

系统总线一般都做成多个插槽的形式,各插槽相同的引脚都连在一起,总线就连到这些引脚上。

为了工业化生产和能实现兼容,总线实行了标准化。总线接口引脚的定义、传输速率的设定、驱动能力的限制、信号电平的规定、时序的安排以及信息格式的约定等,都有统一的标准。外总线则使用标准的接口插头,其结构和通信约定也都是标准的。

2. 总线的操作过程

系统总线上的数据传输是在主控模块的控制下进行的,主控模块是有控制总线能力的模块,例如 CPU、DMA 控制器。总线从属模块则没有控制总线的能力,它可以对总线上传来的信号进行地址译码,并且接收和执行总线主控模块的命令信号。总线完成一次数据传输周期,一般分为以下 4 个阶段。

（1）申请阶段

当系统总线上有多个主控模块时,需要使用总线的主控模块要提出申请,由总线仲裁部分确定把下一传输周期的总线使用权授权给哪个模块。若系统总线上只有一个主控模块,就无需这一阶段。

（2）寻址阶段

取得总线使用权的主控模块通过总线发出本次打算访问的从属模块的地址及有关命令,以启动参与本次传输的从属模块。

（3）传输阶段

主控模块和从属模块之间进行数据传输,数据由源模块发出经数据总线流入目的模块。

（4）结束阶段

主控模块的有关信息均从系统总线上撤除,让出总线。

3. 总线的数据传输方式

主控模块和从属模块之间的数据传送有以下几种传输方式。

（1）同步式传输

同步式传输用"系统时钟"作为控制数据传送的时间标准。主设备与从设备进行一次传送所需的时间(称为传输周期或总线周期)是固定的,其中每一步骤的起止时刻,也都有严格的规定,都以系统时钟来统一步伐。

很多微型计算机系统的基本传输方式都是同步传输。例如本章 5.1 节中提到的 8086 的基本总线周期是由 4 个时钟周期组成的,以 CPU 从存储器读取数据的过程为例,其时序如图 5-13 所示。

主设备在 T_1 周期发出 $M/\overline{IO}$ 高电平,表示与存储器通信,20 位地址信号也在 T_1 期间发出,以便寻访指定的内存单元。在 T_1 时刻发出的 ALE 高电平信号,把在 $AD_{15} \sim AD_0$ 上出现的地址信号锁存至地址锁存器中;在 T_2 状态,读命令变为有效,以控制数据传送的方向。作为从设备的存储器,经过地址译码、$\overline{RD}$ 选通等电路延时,应在 T_3 时刻将被选通的数据放至数据线上,以便 CPU 在 T_4 的下降沿采样数据线,获取数据,随后撤销数据命令等信息,整个读周期就在 T_4 上升沿全部结束。

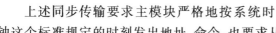

图 5-13　存储器读周期时序

上述同步传输要求主模块严格地按系统时钟这个标准规定的时刻发出地址、命令,也要求从模块严格地按系统时钟的规定读出数据或完成写入操作。主模块和从模块之间的时间配合是强制同步的。

同步式传输动作简单,但要解决各种速率的模块的时间匹配。当把一个慢速设备连接至同步系统上,就要求降低时钟速率来迁就此慢速设备。

（2）异步式传输

异步式传输采用"应答式"(握手式)传输技术。用"请求 REQ(Request)"和"应答 ACK

（Acknowledge）"两条信号线来协调传输过程,而不依赖于公共时钟信号。它可以根据模块的速率自动调整响应的时间,接口任何类型的外围设备都不需要考虑该设备的速度,从而避免了同步式传输的上述缺点。CPU 与大部分外设或外设接口芯片与外设之间,都采取这种"应答式"传输技术。

异步式读、写操作的时序如图 5-14 所示。

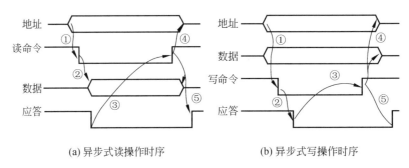

(a)异步式读操作时序　　　　　　　　(b)异步式写操作时序

图 5-14　异步式传输的读写时序

数据传输是从总线主模块将欲读、写的数据从模块(存储器或 I/O 端口)的地址放至地址总线上开始的。对读操作,主模块在地址建立时间①之后,送出低电平有效的读请求信号(这里是用读命令信号来代表读请求)。总线上的所有从模块各自进行地址译码和判断选择,被选中的模块响应这一请求,将数据读出放至总线上,该从模块此时使响应线(ACK)变为有效,标识已将主模块所需的数据放至数据总线上,数据也已稳定,等待主模块读取。这段时间②是由从模块的速度决定的。主模块在检测到 ACK 信号有效后,就撤销请求信号(读命令),利用请求信号的变化沿把从模块送出的数据锁存,完成数据的读取,并表示命令已撤除。随后地址与数据被分别撤除,ACK 信号也变为无效,以表示知道读请求的撤除,完成整个读周期。图中③是命令撤除所需时间,④是命令撤除后,地址和数据的保持时间,⑤是 ACK 信号撤除时间。

对于写操作,主模块可同时提供地址和待写数据。在写请求(写命令)产生之前,地址和数据必须是有效的,这由地址建立时间①来保证。各个从模块经过地址译码和判断、选通之后,被选中的从模块发出应答信号(ACK 电平变低),表示数据已被接收,允许主模块撤去命令、地址和数据。这里②是从模块接收数据所要求的时间,取决于从模块的存取速度。主模块接收到 ACK 信号后,就撤销写请求以及撤销地址和数据,结束写周期。

异步式传输,利用 REQ 和 ACK 的呼应关系来控制传输过程,其主要特点是:

① 应答关系完全互锁,即 REQ 和 ACK 之间有确定的制约关系,主设备的请求 REQ 有效,由从设备的 ACK 来响应;ACK 有效,允许主设备撤销 REQ;只有 REQ 已撤销,才最后撤销 ACK;只有 ACK 已撤销,才允许下一个传输周期的开始。这就保证了数据传输的可靠进行。

② 数据传送的速度不是固定不变的,它取决于从模块的存取速度。因而同一个系统中可以容纳不同存取速度的模块,每个模块都能以其最佳可能的速度来配合数据的传输。

异步式传输的缺点是不管从模块存取时间的快、慢,每次都要经过 4 个步骤:请求、响应、撤销请求、撤销响应,因此影响了效率。

（3）半同步式传输

半同步式传输是前两种方式的折中。从总体上看，它是一个同步系统，它仍用系统时钟来定时，利用某一时钟脉冲的前沿或后沿判断某一信号的状态，或控制某一信号的产生或消失，使传输操作与时钟同步。但是，它又不像同步传输那样传输周期固定。对于慢速的从模块，其传输周期可延长时钟脉冲周期的整数倍。其方法是增加一条信号线（WAIT 或 READY）。READY 信号线为无效时，表示选中的从设备尚未准备好数据传输（写时，未作好接收数据的准备；读时，数据未放至数据总线上）。系统用一适当的状态时钟检测此线，若 READY 为无效，系统就自动地将传输周期延长一个时钟周期（通过插入等待周期来实现），强制主模块等待。在延长的时钟周期中继续进行检测，重复上述过程，直至检测到 READY 信号有效，才不再延长传输周期。这个检测过程又像异步传输那样视从设备的速度而异，允许不同速度的模块协调地一起工作。但 READY 信号不是互锁的，只是单方面的状态传输。

半同步传输方式，对能按预定时刻，一步步完成地址、命令和数据传输的从模块，完全按同步方式传输；而对不能按预定时刻传输地址、命令、速度的慢速设备，则利用 READY 信号，强制主模块延迟等待若干时钟周期，以协调主模块与从模块之间的数据传输。这是微型计算机系统中常用的方法。在前面的时序中，对此已作了详细的说明。

通常，主模块（CPU）工作速度快，而从模块（存储器或 I/O 设备）工作速度慢，而且不同的存储器和 I/O 设备的工作速度也是不同的，就采用 READY 信号，在正常的 CPU 总线周期中插入等待周期的方法，来协调 CPU 与存储器或 CPU 与 I/O 设备之间的传输。CPU 与内存储器以及外设接口芯片之间，常采用这种半同步式传输方式。

5.3.2　PC 总线

IBM-PC 及 XT 使用的总线就称为 PC 总线。当时使用的 CPU 是 Intel 公司的准 16 位 CPU 8088，但 PC 总线不是 CPU 引脚的延伸，而是通过了 8282 锁存器、8286 发送接收器、8288 总线控制器、8259 中断控制器、8237 DMA 控制器以及其他逻辑的重新驱动和组合控制而成，所以又称为 I/O 通道。它共有 62 条引线，全部引到系统板 8 个双列扩充槽插座上，每个插座相对应的引脚连在一起，再连到总线的相应信号线上，其引脚排列如图 5-15 所示。

插件板分 A、B 两面，A 面为元件侧。用户自行设计或购买的与总线匹配的插件板就可插在这些插座上。其中第 8 个插槽的 B8 是该插槽的插件板选中（CARD SLCTD）信号，由该插件板建立，它通知系统板该插件板已被选中。该信号并不是总线信号，在图 5-15 中记为 RESERVE。

62 条线分为五类：地址线、数据线、控制线和辅助线与电源线。

1. 地址线 $A_0 \sim A_{19}$（共 20 条）

输出线，A_0 为最低位，它们用来指出内存地址或 I/O 地址，在系统总线周期中由 CPU 驱动，在 DMA 周期由 DMA 控制器驱动。对 I/O 寻址只使用 $A_0 \sim A_9$，故 I/O 地址范围规定为 200H～3FFH，可用 AEN 线来限定。

2. 数据线 $D_0 \sim D_7$（共 8 条）

双向线，D_0 为最低位，用来在 CPU、存储器以及 I/O 端口之间传送数据，可用 $\overline{IOW}$ 或 $\overline{MEMW}$、$\overline{IOR}$ 或 $\overline{MEMR}$ 来选通数据。

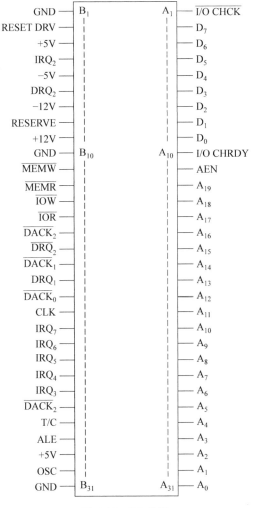

图 5-15　PC 总线

3. 控制线（共 21 条）

（1）AEN

地址允许信号，输出线，高电平有效。表明正处于 DMA 控制周期中，此信号可用来在 DMA 期间禁止 I/O 端口的地址译码。

（2）ALE

允许地址锁存，输出线，这信号由 8288 总线控制器提供，作为 CPU 地址的有效标志，其下降沿用来锁存 $A_0 \sim A_{19}$。

（3）$\overline{IOR}$

I/O 读命令，输出线，用来把选中的 I/O 设备的数据读到数据总线上。在 CPU 启动的 I/O 周期，通过地址线选择 I/O；在 DMA 周期，I/O 设备由 $\overline{DACK}$ 选择。

（4）$\overline{IOW}$

I/O 写命令，输出线，用来把数据总线上的数据写入被选中的 I/O 端口。I/O 端口的选择方法与 $\overline{IOR}$ 所述相同。该信号由 CPU 或 DMA 控制器产生，经总线控制器 8288 送至总线。

（5）$\overline{\text{MEMR}}$

存储器读命令,输出线,用来把选中的存储单元中的数据读到数据总线上,该信号的产生与$\overline{\text{IOR}}$相似。

（6）$\overline{\text{MEMW}}$

存储器写命令,输出线,用来把数据总线上的数据写入被选中的存储单元。该信号的产生与$\overline{\text{IOW}}$相似。

（7）T/C

DMA 终止计数,输出线。该信号是一个高电平脉冲,表明 DMA 传送的数据已达到其程序预置的字节数,用来结束一次 DMA 数据块传送。

（8）$IRQ_2 \sim IRQ_7$

中断请求,输入线,用来把外部 I/O 设备的中断请求信号,经系统板上的 8259A 中断控制器送 CPU。IRQ_2级别最高,IRQ_7级别最低。信号的上升沿触发请求,并保持有效高电平,直到 CPU 响应为止。

（9）$DRQ_1 \sim DRQ_3$

DMA 请求,输入线,用来把 I/O 设备发出的 DMA 请求（高电平）通过系统板上的 DMA 控制器,产生一个 DMA 周期。该控制器有 4 个 DMA 通道,其中DRQ_0具有最高优先级,系统已专用于刷新动态存储器,未进入系统总线。在剩余的 3 个通道中,DRQ_1级别最高,DRQ_3级别最低。

（10）$\overline{\text{DACK}_0} \sim \overline{\text{DACK}_3}$

DMA 响应,输出线,表明对应的 DRQ 已被接受,DMA 控制器将占用总线并进入 DMA 周期。$\overline{\text{DACK}_0}$的发出仅表明系统对存储器刷新请求的响应。

（11）RST DRV

系统复位信号,输出线,为接口提供电源接通复位信号,使各部件置于初始状态,此信号在系统电源接通时为高电平,当所有电平都达到规定后变低。

4. 状态线（共 2 根）

（1）$\overline{\text{I/O CHCK}}$

通道检查,输入线,有效低电平用来表明接口插件或系统板存储器出错,它将产生一次不可屏蔽中断。

（2）$\overline{\text{I/O CHRDY}}$

I/O 通道就绪,输入线,高电平表示"就绪"。该信号线可供低速 I/O 或存储器请求延长 CPU 的总线周期（即请求 CPU 插入 T_W周期）。该低速设备应在被选中,且收到读或写命令时把此信号线的电平拉低;在准备就绪时,使此信号线变为高电平。但信号线变低的时间不能超过 10 个时钟周期。

除了上述信号线外,还有时钟 OSC/CLK 及±12V、5V 电源线、地线等。

PC 总线是 8 位数据宽度的半同步总线。其中断功能为边沿触发,故每根中断线只能被一个适配卡使用。

5.3.3 ISA 总线

ISA（Industry Standard Architecture）即工业标准体系结构总线,又称为 AT 总线,是 IBM AT

机推出时使用的总线,并逐步演变为一个事实上的工业标准,得到了广泛的使用。

AT 机以 80286 为 CPU,具有 16 位数据宽度,24 条地址线,可寻址 16MB 地址单元,它是在 PC 总线的基础上扩展一个 36 线插槽形成的。同一槽线的插槽分成 62 线和 36 线两段,共计 98 条引线。其中 62 条引线插槽的引脚排列与定义,与 PC 总线相比,只有 B8 和 B19 引脚不同:PC 总线的 B8 引脚(原保留)现在用作 $\overline{0WS}$(零等待状态)信号线,该线被拉成低电平时,通知微处理器当前总线周期能完成,无须插入等待周期;PC 总线的 B19 引脚为 $\overline{DACK_0}$,是作为内存动态 RAM 刷新 DRQ_0 的响应,而 ISA 则把 DRQ_0 和 $\overline{DACK_0}$ 作为外接的 DMA 请求和响应,将 $\overline{DACK_0}$ 安排在 36 线插槽的 D8 引脚,而将 B19 引脚定义为 REFRESH,仍作刷新用。另外,PC 总线的 $\overline{MEMR}$ 和 $\overline{MEMW}$ 两根线,ISA 把它们改名为 $\overline{SMEMR}$ 和 $\overline{SMEMW}$,仍是作为 62 线插槽 $A_0 \sim A_{19}$ 这 20 位地址寻址的 1MB 内存的读、写选通信号,可见对 62 线插槽,PC 总线和 ISA 总线是兼容的,扩展的部分在于 36 线插槽,其引脚如图 5-16 所示。

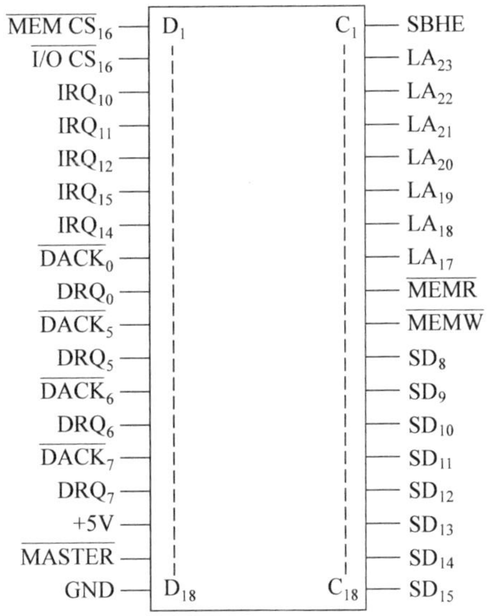

(1) 地址线 $LA_{17} \sim LA_{23}$

这 7 根地址线是 80286 CPU 的 $A_{17} \sim A_{23}$ 经总线驱动器 LS245 缓冲后提供的非锁存信号,可用总线控制器的地址锁存信号 BALE(PC 总线叫 ALE)锁存到扩展插件板上。62 线插槽上的 $A_0 \sim A_{19}$ 则是已锁存于地址锁存器的地址信号。其中 $A_{17} \sim A_{19}$ 与 $LA_{17} \sim LA_{19}$ 是重复的,这是为了使 62 线插槽与 PC 总线兼容。ISA 的 $LA_{17} \sim LA_{19}$ 非锁存信号,由于没有锁存延时,因而给外设卡提供了一条快速途径。

(2) 数据线 $SD_{08} \sim SD_{15}$

8 位双向信号线,用于 16 位数据传送时传送高 8 位数据。

(3) SBHE

总线高字节允许信号,表示数据总线 $SD_{08} \sim$

图 5-16 ISA 总线 36 线插槽引脚

SD_{16} 传送的是高位字节数据。当它处在高电平有效时,把高位数据总线缓冲器的 $D_8 \sim D_{15}$ 送至 $SD_{08} \sim SD_{15}$ 引脚上。

(4) $IRQ_{10} \sim IRQ_{15}$

中断请求输入线。其中 IRQ_{13} 留给数字协处理器使用,不在总线上出现。这些中断请求线都是边沿触发,三态门驱动。

(5) DMA 请求线及其响应线

DMA 请求线 DRQ_0、DRQ_5、DRQ_6、DRQ_7 及其相应的响应线 $\overline{DACK_0}$、$\overline{DACK_5}$、$\overline{DACK_6}$、$\overline{DACK_7}$。请求线上 DRQ_0 优先级最高,DRQ_7 优先级最低。DRQ_4 总线上不用。

(6) 存储器读命令 $\overline{MEMR}$ 和存储器写命令 $\overline{MEMW}$ 信号线

这两个选通线对全部存储空间都有效。

(7) $\overline{MEM\ CS_{16}}$(存储器 16 位片选信号)和 $\overline{I/O\ CS_{16}}$(I/O 16 位片选信号)

这两个信号分别指明当前数据传送是 16 位存储器周期和 16 位片选 I/O 周期。信号由外设卡发送给系统板(主机板)。

(8) $\overline{\text{MASTER}}$输入信号

它由希望占用总线的有主控能力的外设卡驱动,并与 DRQ 一起使用。外设卡的 DRQ 得到确认($\overline{\text{DACK}}$有效)后,才驱动 $\overline{\text{MASTER}}$,从此该板保持对总线控制,直至 $\overline{\text{MASTER}}$ 无效。

5.3.4 PCI 总线

随着 CPU 的迅速发展,主振频率不断提高,数据总线的宽度也由 8 位到 16 位、32 位甚至 64 位,总线也随之不断发展。

伴随着 Pentium 芯片的出现和发展,一种新的总线——PCI 总线也得到广泛的应用,已经成为总线的主流。

PCI(Peripheral Component Interconnect)总线称为外部设备互连总线,它能与其他总线互连,如图 5-17 所示。

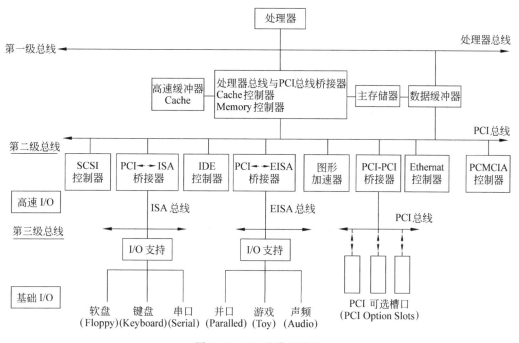

图 5-17　PCI 总线连接图

它把一个计算机系统的总线分为几个档次,速度最高的为处理器总线,可连接主存储器等高速部件;第二级为 PCI 总线,可直接连接工作速度较高的卡,如图形加速卡、高速网卡等,也可以通过 IDE 控制器、SCSI 控制器连接高速硬盘等设备;第三级通过 PCI 总线的桥,可以与目前常用的 ISA 总线的设备相连,以提高兼容性。

1. PCI 总线的特点

(1) 高性能

① 32 位总线宽度,可升级到 64 位;

② 支持突发工作方式,后边可跟无数个数据总线周期,改善了由写确定的图像质量;

③ 处理器/内存与系统能力完全一致；

④ 同步总线操作的工作频率可达到 33MHz。

（2）低成本

① 采用最优化的芯片，标准的 ASIC 技术和其他处理技术相结合；

② 多路复用体系结构减少了引脚个数和 PCI 部件；

③ 在 ISA 基本系统上的扩展板，也可在 PCI 系统上工作。PCI 到 ISA 的桥接器由厂家提供，减少了用户的开发成本，避免了混乱。

（3）使用方便

能够自动配置参数，支持 PCI 总线扩展板和部件。PCI 设备包含配置寄存器，可用来存放设备配置的信息。

（4）寿命长

① 处理器独立，支持多种处理器及将来待开发的更高性能的处理器，并且不依赖任何 CPU；

② 支持 64 位地址；

③ 5V 和 3V 信号环境已规范化，工业上 5V 到 3V 已完成平滑过渡；

④ 附加板尺寸较小。

（5）可靠性高

① 可以比较乐观地认为，即使扩展卡超过了电力负载的最大值，系统也可以运行；

② 通过了以硬件模式进行的 2000 多小时的电子 Spice 模拟试验；

③ 32 位、64 位扩展板和部件正、反向兼容。

在局部总线的部件级满足负载和频率需求的情况下，可以提高附加卡的可靠性和可操作性。

（6）灵活

① 多主控器允许任何 PCI 主设备和从设备之间进行点对点的访问；

② 共享槽口既可以插标准的 ISA 板，也可以插 PCI 扩展板。

（7）数据完整

PCI 提供的数据和地址奇偶校验功能，保证了数据的完整和准确。

（8）软件兼容

PCI 部件和驱动程序可以在各种不同的平台上运行。

2. PCI 总线信号定义

PCI 总线信号如图 5-18 所示。

信号类型由每一个信号名称后边的符号表明，这些符号含义如下。

- IN：标准的只输入信号。

- OUT：标准的只输出信号。

- T/S：双向三态信号。

- S/T/S：一次只有一个信号驱动的低电平三态信号。驱动 S/T/S 信号必须在它浮空之前维持一个时钟周期的高电平。新的驱动信号必须在三态之后一个时钟周期才开始驱动。

- O/D：漏极开路信号，允许多个设备共享的一个"线或"信号。

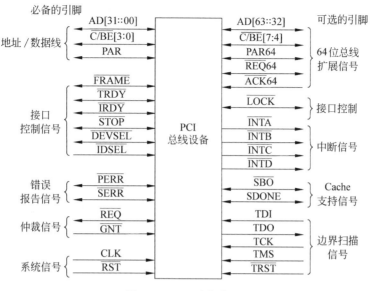

图 5-18　PCI 总线信号

信号后面的♯符号,指明信号是低电平有效。

（1）系统信号定义

CLK IN：系统时钟信号对于所有的 PCI 设备都是输入信号。除了 $\overline{RST}$、$\overline{IRQB}$、$\overline{IRQC}$、$\overline{IRQD}$ 之外,其他的 PCI 信号都在时钟上升沿有效。其频率也称为 PCI 总线的工作频率。

RST IN：复位信号。用来使 PCI 特性寄存器和定序器相关的信号恢复初始状态。$\overline{RST}$ 和 CLK 可以不同步。当设备请求引导系统时,将响应 RESET,复位后将响应系统引导。

（2）地址和数据信号

AD[31::0] T/S：地址和数据共用相同的 PCI 引脚。一个 PCI 总线传输周期包含了一个地址信号周期和接着的一个（或无限个）数据信号周期。PCI 总线支持突发读写功能。在 FRAME♯ 有效时,是地址信号周期;在 $\overline{IRDY}$ 和 $\overline{TRDY}$ 同时有效时,是数据信号周期。

$\overline{C/BE}$[3::0] T/S：总线命令和字节启用信号。在地址信号周期,$\overline{C/BE}$[3::0]定义总线命令;在数据信号周期 $\overline{C/BE}$[3::0]用作字节启用（允许）。

PAR T/S：奇偶校验信号。它通过 AD[31::0]和 $\overline{C/BE}$[3::0]进行奇偶校验。

（3）接口控制信号

$\overline{FRAME}$ S/T/S：帧周期信号。是当前主设备的一个访问开始和持续时间。$\overline{FRAME}$ 预示总线传输的开始;$\overline{FRAME}$ 失效后,是传输的最后一个数据信号周期。

$\overline{IRDY}$ S/T/S：主设备准备好信号。当与 $\overline{TRDY}$ 同时有效时,数据能完整传输。在写周期,$\overline{IRDY}$ 指出数据变量存在 AD[31::0];在读周期,$\overline{IRDY}$ 指示主设备准备接收数据。

$\overline{TRDY}$ S/T/S：从设备准备好信号。预示从设备准备完成当前的数据传输。在读周期 $\overline{TRDY}$ 指示数据变量在 AD[31::0]中;在写周期,指示从设备准备接收数据。

$\overline{STOP}$ S/T/S：从设备要求主设备停止当前数据的传送。

$\overline{LOCK}$ S/T/S：锁定信号。当该信号有效时,一个动态操作可能需要多个传输周期来完成。

IDSEL IN：初始化设备选择。在参数配置读写传输期间，用作芯片选择。

$\overline{\text{DEVSEL}}$ S/T/S：设备选择信号。该信号有效时，指出有地址译码器的设备作为当前访问的从设备。作为一个输入信号，$\overline{\text{DEVSEL}}$显示出总线上某处、某设备被选择。

（4）仲裁信号

$\overline{\text{REQ}}$ T/S：总线占用请求信号。这是个点对点信号，任何主控器都有它自己的$\overline{\text{REQ}}$信号。

$\overline{\text{GNT}}$ T/S：总线占用允许信号，指明总线占用请求已被响应。这是个点对点的信号，任何主设备都有自己的$\overline{\text{GNT}}$信号。

（5）错误报告信号

$\overline{\text{PERR}}$ S/T/S：只报告数据奇偶校验错。一个主设备只有在响应$\overline{\text{DEVSEL}}$信号和完成数据信号周期之后，才报告一个$\overline{\text{PERR}}$。当发现奇偶校验错时，必须驱动设备，使其在该数据后接收两个数据信号周期的数据。

$\overline{\text{SERR}}$ S/T/S：系统错误信号。专门用作报告地址奇偶错、特殊命令序列中的数据奇偶错，或能引起大的灾难性的系统错。

（6）中断信号

PCI 上的中断设备是可操作的，定义为低电平有效。$\overline{\text{INT}}$信号与时钟不同步，PCI 定义的一个中断向量对应一个设备；4 个以上中断向量对应一个多功能的设备或连接器。

$\overline{\text{INTX}}$ O/D：其中 X＝A、B、C、D，被用在需要一个中断请求时，且只对一个多功能设备有意义。

（7）其他可选信号

① 高速缓存支持信号$\overline{\text{SBO}}$和 SDONE。

$\overline{\text{SBO}}$ IN/OUT：试探返回。当该信号有效时，关闭预示命中一个缓冲行。

SDONE IN/OUT：预示命中一个缓冲行。当它无效时，表明探测结果仍未确定；当它有效时，则表明探测完成。

② 64 位扩展信号。

AD［L63::32］T/S：地址数据复用同一引线，提供附加的 32 位。

$\overline{\text{C/BE}}$［7::4］T/S：扩展高 32 位的总线命令和字节启动信号。

$\overline{\text{REQ64}}$ S/T/S：64 位传输请求。$\overline{\text{REQ64}}$与$\overline{\text{FRAME}}$有相同时序。

$\overline{\text{ACK64}}$ S/T/S：告知 64 位传输。标明从设备将用 64 位传输。$\overline{\text{ACK64}}$与$\overline{\text{DEVSEL}}$具有相同时序。

$\overline{\text{PAR64}}$T/S：奇偶双字节校验，是 AD［63::32］和 C/BE［7::4］的校验位。

5.3.5　USB 总线

近年来又出现了一种全新的接口方式——USB 接口，目前，一般主流微型计算机主板都可以支持 2～4 个 USB 接口。与此同时，USB 设备的数量逐渐增多，鼠标、键盘、游戏杆、显示器、扫描仪、打印机、麦克风、MODEM、摄像头、数字相机等可以根据用户的爱好随意选择，USB 接口由于其领先的特性，将是新世纪最为流行、应用最广泛的接口技术。

USB（Universal Serial Bus）即通用串行接口。它是由 Intel、Microsoft、IBM、DEC、Compaq、Northen Telecom 等共同提出的。它虽然叫串行接口，但与以往的串行接口有许

多不同。它是一种全新的串行总线式接口,可以完成输入输出的功能,它具有以下的特点:

① 因为使用了总线的设计,所以可以在一个 USB 接口上接多个设备。理论上 USB 接口可以共同支持连接 127 个设备,这是普通串口不能比拟的。

② USB 接口可以为设备提供＋5V 的电源供应,所以只要所接外设没有高耗电的设备,如电机等(＋12V),那么就可以由 USB 口直接供给电源,而无须另接电源。对于移动办公设备来说,USB 接口设备将是一个上佳的选择。

③ USB 接口的速度十分快,数据传输速率可以高达 1.5～12Mbps,而普通串口却只能达到 115 200bps,这样大的传输量可以胜任许多工作,所以 USB 接口可以连接一些高数据量的存储设备,比如外置存储器等。在 1999 年 2 月发布的 USB 规范版本 2.0 草案中已建议将 12Mbps 的带宽提升到 120～240Mbps,至此,传输速度又提高了 10 倍。

④ 因为 USB 是一种独立的串口总线,所以它在驱动设备的时候不需要占用中断和 DMA 通道,这样对于不太懂计算机的人来说,不要再设定这些参数。同时因为这个特点,USB 接口的设备具有真正的即插即用(PNP)功能,哪怕计算机正在工作的时候,也可以完全插拔新的 USB 设备,而无须关闭计算机,十分方便快捷。

习　题

5.1　总线周期的含义是什么? 8086/8088 CPU 的基本总线周期由几个时钟组成? 如果一个 CPU 的时钟频率为 8MHz,那么它的一个时钟周期是多少? 一个基本总线周期是多少? 如果主频为 5MHz 呢?

5.2　在总线周期的 T_1、T_2、T_3、T_4 状态,CPU 分别执行什么动作? 什么情况下需要插入等待状态 T_W? T_W 在哪儿插入? 怎样插入?

5.3　8086 CPU 和 8088 CPU 是怎样解决地址线和数据线的复用问题的? $\overline{ALE}$ 信号何时处于有效电平?

5.4　T_1 状态下,数据/地址线上是什么信息? 用哪个信号将此信息锁存起来? 数据信息是在什么时候给出的? 用时序图表示出来。

5.5　若已有两个数:$a=200,b=150$。用累加的办法求 $x=a\times b$,可以有两种编程的方法:

(1) 用一个起始值为 0 的 16 位部分积寄存器,把被乘数(即 200)加 150 次(即次数由乘数决定),即直接用 150 次加法指令。

(2) 方法同上,但用循环程序,用乘数作循环次数。

分别编写出这两种程序,比较这两种程序的执行时间(指令的执行时间见附录)。

5.6　若用部分积右移的办法来编乘法程序,编写程序,计算这种方法所用的执行时间,与题 5.5 中的结果相比较。

5.7　试编写一个用被乘数左移的方法实现乘法的程序,计算它的执行时间,并与题 5.5 中的结果相比较。

5.8　下面是两个能实现数据块传送的程序:

```
MOV    BX,AREA1          MOV    SI,0
MOV    DI,AREA2          MOV    DI,0
```

	MOV	CX,100		MOV	CX,100
LOOP1：	MOV	AL,[BX]	LOP1：	MOV	AL,AREA1[SI]
	MOV	[DI],AL		MOV	AREA2[DI],AL
	INC	BX		INC	SI
	INC	DI		INC	DI
	LOOP	LOOP1		LOOP	LOP1
	HLT			HLT	

比较这两个程序的执行时间。

5.9 下面是两个能把累加器 A 中的数乘以 10（乘以 10 后仍小于 255）的程序：

SAL	AL	ADD	AL,AL
MOV	CL,AL	MOV	CL,AL
SAL	AL	ADD	AL,AL
SAL	AL	ADD	AL,AL
ADD	AL,CL	ADD	AL,CL

比较这两个程序的执行时间。

5.10 编写一个能用软件实现延时 20ms 的子程序。

5.11 编写一个能用软件实现延时 100ms 的子程序。

5.12 编写一个能用软件实现延时 1s 的子程序。

5.13 若在 TIME 开始的存储区中，已输入了以 BCD 码表示的时、分、秒的起始值（共用 3 个存储单元，时在前），利用延时 1s 的子程序，以 CPU 内部的 3 个寄存器中，产生实时时钟。

5.14 在存储器读周期，画出 A15 · A14 · IO/$\overline{\text{M}}$ 的波形。

5.15 在存储器写周期，画出 IO/$\overline{\text{M}}$ · $\overline{\text{WR}}$ 的波形。

5.16 在输入周期，画出 IO/$\overline{\text{M}}$ · $\overline{\text{RD}}$ 的波形，标出它们的时间关系（什么时刻有效，什么时刻无效）。

5.17 在输出周期，画出 IO/$\overline{\text{M}}$ · $\overline{\text{WR}}$ 的波形，标出它们的时间关系。

第6章　存　储　器

存储器是信息存放的载体,是计算机系统的重要组成部分。有了存储器,计算机才能有记忆功能,才能把要计算和处理的数据以及程序存入计算机,使计算机能脱离人的直接干预,自动地工作。

显然,存储器的容量越大,存放的信息越多,计算机系统的功能也越强。在计算机中,大量的操作是CPU与存储器交换信息。但是,存储器的工作速度相对于CPU总是要低1～2个数量级。所以,存储器的工作速度又是影响计算机系统数据处理速度的主要因素。计算机系统对存储器的要求是:容量要大、存取速度要快。但容量大、速度快与成本低是矛盾的,容量大、速度快必然使成本增加。为了使容量、速度与成本适当折中,现代计算机系统都是采用多级存储体系结构:主存储器(内存储器)、辅助(外)存储器以及网络存储,如图6-1所示。

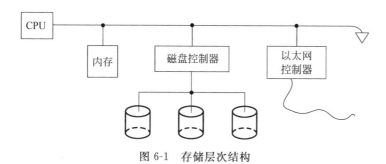

图 6-1　存储层次结构

越靠近CPU的存储器速度越快(存取时间短),而容量越小。为了使主存储器的速度能与CPU的速度匹配,目前在CPU与主存储器之间还有一级存储器,称为高速缓冲存储器(Cache),简称缓存。

Cache分为两大类:CPU内部的Cache与CPU外部的Cache。自Intel 80486起,CPU内部(CPU芯片上)就有Cache,而且还分为一级Cache与二级Cache两层。随着芯片的发展,CPU内部Cache的容量越来越大。但目前的Cache容量还较小,一般为几百KB,其工作速度几乎与CPU相当。

主存储器(内存条)容量较大,目前内存容量已达GB级,工作速度比Cache慢。但目前所用的SDRAM、DDR SDRAM和RDRAM在性能上已有了极大的提高。

外存储器容量大,目前硬盘容量已达TB级,但工作速度慢。

这种多级存储器体系结构,较好地解决了存储容量要大,速度要快而成本又要求比较合理的矛盾。

前两种存储器也称为内存储器,目前主要采用的是半导体存储器。随着大规模集成电路技术的发展,半导体存储器的集成度大大提高,体积急剧减小,成本迅速降低。

外部存储器,目前主流是磁介质存储器,容量迅速提高,现在主流的是几TB至几十TB

的硬盘。其速度提高很快，成本急剧下降，已成为微型计算机的主流外存储器。另外，只读光盘、可擦除的光盘也在迅速发展。

本章主要讨论内存储器及其与 CPU 的接口。

6.1　半导体存储器的分类

半导体存储器从使用功能上来分，可分为两类：读写存储器（Random Access Memory，RAM），又称为随机存取存储器；只读存储器（Read Only Memory，ROM）。RAM 主要用来存放各种现场的输入输出数据、中间计算结果、与外存交换的信息以及作为堆栈使用。它的存储单元的内容按需要既可以读出，也可以写入或改写。而 ROM 的信息在使用时是不能改变的，即只能读出，不能写入，故一般用来存放固定的程序，如微型计算机的管理、监控程序，汇编程序等，以及存放各种常数、函数表等。

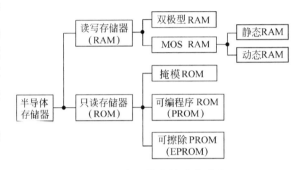

图 6-2　半导体存储器的分类

半导体存储器的分类，可用图 6-2 来表示。

6.1.1　RAM 的种类

在 RAM 中，又可以分为双极型（Bipolar）和 MOS RAM 两大类。

1. 双极型 RAM 的特点

- 存取速度高；
- 以晶体管的触发器（Flip-Flop，F-F）作为基本存储电路，故管子较多；
- 集成度较低（与 MOS 相比）；
- 功耗大；
- 成本高。

所以，双极型 RAM 主要用在速度要求较高的微型计算机中或作为 Cache。

2. MOS RAM

用 MOS 器件构成的 RAM，又可分为静态（Static）RAM（有时用 SRAM 表示）和动态（Dynamic）RAM（有时用 DRAM 表示）两种。

（1）静态 RAM 的特点

① 六管构成的触发器作为基本存储电路；

② 集成度高于双极型，但低于动态 RAM；

③ 不需要刷新，故可省去刷新电路；

④ 功耗比双极型的低，但比动态 RAM 高；

⑤ 易于用电池作为后备电源（RAM 的一个重大问题是当电源去掉后，RAM 中的信息就会丢失。为了解决这个问题，就要求当交流电源掉电时，能自动地转换到一个用电池供电的低压后备电源，以保持 RAM 中的信息）；

⑥ 存取速度较动态 RAM 快。

（2）动态 RAM 的特点

① 基本存储电路用单管线路组成（靠电容存储电荷）；

② 集成度高；

③ 比静态 RAM 的功耗更低；

④ 价格比静态 RAM 便宜；

⑤ 因动态存储器靠电容来存储信息，由于总是存在着泄漏电流，故需要定时刷新。典型情况是要求每隔 1ms 刷新一遍。

6.1.2 ROM 的种类

1. 掩模 ROM

早期的 ROM 是由半导体厂按照某种固定线路制造的，制造好以后就只能读不能改变。这种 ROM 适用于批量生产的产品中，成本较低，但不适用于研究工作。

2. 可编程的只读存储器（PROM）

为了便于用户根据自己的需要来写 ROM，就发展了一种 PROM（Programmable ROM），可由用户对它进行编程，但这种 ROM 用户只能写一次，目前已不常用。

3. 可擦除可编程的只读存储器（EPROM）

为了适应科研工作的需要，希望 ROM 能根据需要写，也希望能把已写上去的内容擦除，然后再写，且能改写多次。EPROM（Erasable PROM）就是这样的一种存储器。EPROM 的写入速度较慢，而且需要一些额外条件，故使用时仍作为只读存储器来用。

只读存储器电路比 RAM 简单，故集成度更高，成本更低。而且它有一个重要的优点，就是当电源去掉以后，它的信息是不丢失的。所以，在计算机中尽可能地把一些管理、监控程序（Monitor）、操作系统的基本输入输出程序（BIOS）、汇编程序，以及各种典型的程序（如调试、诊断程序等）放在 ROM 中。

随着应用的发展，ROM 也在不断发展，常用的还有电可擦除的可编程 ROM 及新一代可擦除 ROM（闪烁存储器）等。

6.2 读写存储器 RAM

6.2.1 基本存储电路

基本存储电路是组成存储器的基础和核心，它用以存储一位二进制信息："0"或"1"。在 MOS 存储器中，基本存储电路分为静态和动态两大类。

1. 六管静态存储电路

静态存储电路是由两个增强型的 NMOS 反相器交叉耦合而成的触发器，如图 6-3(a)所示。其中 T_1、T_2 为控制管，T_3、T_4 为负载管。这个电路具有两个不同的稳定状态：若 T_1 截止则 A＝"1"（高电平），它使 T_2 开启，于是 B＝"0"（低电平），而 B＝"0"又保证了 T_1 截止。所以，这种状态是稳定的。同样，T_1 导电、T_2 截止的状态也是互相保证而稳定的。因此，可以用这两种不同状态分别表示"1"或"0"。

当把触发器作为存储电路时,就要能控制是否被选中。这样,就形成了图6-3(b)所示的六管的基本存储电路。

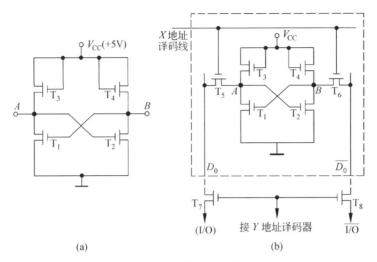

图 6-3　六管静态存储单元

当 X 的译码输出线为高电平时,则 T_5、T_6 管导通,A、B 端就与位线 D_0 和 $\overline{D_0}$ 相连;当这个电路被选中时,相应的 Y 译码输出也是高电平,故 T_7、T_8 管(它们是一列公用的)也是导通的,于是 D_0 和 $\overline{D_0}$(这是存储器内部的位线)就与输入输出电路 I/O 及 $\overline{\text{I/O}}$(这是指存储器外部的数据线)相通。当写入时,写入信号自 I/O 和 $\overline{\text{I/O}}$ 线输入,如要写"1",则 $\overline{\text{I/O}}$ 线为"1",而 $\overline{\text{I/O}}$ 线为"0"。它们通过 T_7、T_8 管以及 T_5、T_6 管分别与 A 端和 B 端相连,使 $A=$ "1",$B=$ "0",就强迫 T_2 管导通,T_1 管截止,相当于把输入电荷存储于 T_1 和 T_2 管的栅极。当输入信号以及地址选择信号消失后,T_5、T_6、T_7、Y_8 都截止,由于存储单元有电源和两个负载管,可以不断地向栅极补充电荷,所以靠两个反相器的交叉控制,只要不掉电就能保持写入的信号"1",而不用刷新。若要写入"0",则 I/O 线为"0",而 $\overline{\text{I/O}}$ 线为"1",使 T_1 导通,而 T_2 截止,同样写入的"0"信号也可以保持住,一直到写入新的信号为止。

在读出时,只要某一电路被选中,相应的 T_5、T_6 导通,A 点和 B 点与位线 D_0 和 $\overline{D_0}$ 相通,且 T_7、T_8 也导通,故存储电路的信号被送至 I/O 与 $\overline{\text{I/O}}$ 线上。读出时可以把 I/O 与 $\overline{\text{I/O}}$ 线接到一个差动放大器,由其电流方向既可判定存储单元的信息是"1"还是"0";也可以只有一个输出端接到外部,以其有无电流通过而判定所存储的信息。这种存储电路的读出是非破坏性的,即信息在读出后仍保留在存储电路内。

2. 单管存储电路

其电路如图6-4所示。它是由一个晶体管(单管)T_1 和一个电容 C 构成。写入时,字选择线为"1",T_1 导通,写入信号由位线(数据线)存入电容 C 中;在读出时,选择线为"1",存储在电容 C 上的电荷,通过 T_1 输出到数据线上,通过读出放大器即可得到存储信息。

为了节省面积,这种单管存储电路的电容不可能做得很大,一般都比数据线上的分布电容 C_D 小,因此,每次读出

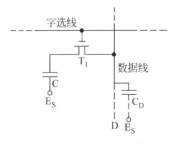

图 6-4　单管动态存储单元

后,存储内容就被破坏,要保存原先的信息必须采取恢复措施。

6.2.2 RAM 的结构

一个基本存储电路表示一个二进制位,目前微型计算机的通常容量为 128MB 或 256MB,故需要 128M×8 或 256M×8 个基本存储电路,因而存储器是由大量的存储电路组成的。这些存储电路必须有规则地组合起来,这就是存储体。

为了区别不同的存储单元,就给它们各编一个号——地址。所以,我们是以地址号来选择不同的存储单元的,于是,在电路中就要有地址寄存器和地址译码器用来选择所需要的单元;另外,选择时往往还要有驱动电路,读出的信息还要有放大等。总之,在存储器中除了存储体外,还要有相应的外围电路。一个典型的 RAM 的示意图如图 6-5 所示。

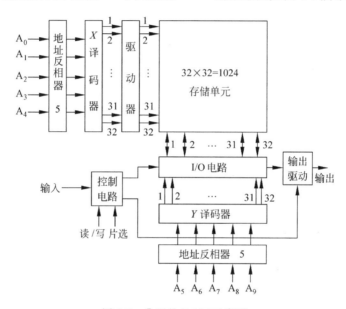

图 6-5 典型的 RAM 示意图

1. 存储体

在较大容量的存储器中,往往把各个字的同一位组织在一个片中。例如图 6-5 中的 1024×1,则是 1024 个字的同一位。若 4096×1,则是 4096 个字的同一位。由这样的 8 个芯片则可组成 1024×8 或 4096×8 的存储器。同一位的这些字通常排成矩阵的形式,如 32×32＝1024,或 64×64＝4096。由 X 选择线——行线和 Y 选择线——列线的重叠来选择所需要的单元。这样做可以节省译码和驱动电路。例如,对于 1024×1 来说,若不用矩阵的办法,则译码输出线需要有 1024 条;在采用 X、Y 译码驱动时,则只需要 32+32＝64 条。

如果存储容量较小,也可把 RAM 芯片的单元阵列直接排成所需要位数的形式。这时每一条 X 选择线代表一个字,而每一条 Y 选择线代表字中的一位,所以习惯上就把 X 选择线称为字线,而 Y 选择线称为位线。

2. 外围电路

一个存储器除了由基本存储电路构成了存储体外,还有许多外围电路,通常有:

（1）地址译码器

存储单元是按地址来选择的，如内存为 64KB，则地址信息为 16 位（$2^{16}=64$K），CPU 要选择某一单元就在地址总线上输出此单元的地址信号给存储器，存储器就必须对地址信号经过译码，用以选择需要访问的单元。

（2）I/O 电路

I/O 电路处于数据总线和被选用的单元之间，用以控制被选中的单元的读出或写入，并具有放大信息的作用。

（3）片选控制端

CS（Chip Select）目前每一片的存储容量终究还是有限的，所以，一个存储体总还是要由一定数量的芯片组成。在地址选择时，首先要片选，用地址译码器的输出和一些控制信号（如 IO/$\overline{\text{M}}$）形成片选信号，只有当 CS 有效选中某一片时，此片所连的地址线才有效，才能对这一片上的存储单元进行读或写的操作。

（4）集电极开路或三态输出缓冲器

为了扩展存储器的字数，常需将几片 RAM 的数据线并联使用；或与双向的数据总线相接。这就需要用到集电极开路或三态输出缓冲器。

此外，在有些 RAM 中为了节省功耗，采用浮动电源控制电路，对未选中的单元降低电源电压，使其还能维持信息，这样可降低平均功耗；在动态 MOS RAM 中，还有预充、刷新等方面的控制电路。

3. 地址译码的方式

地址译码有两种方式：一种是单译码方式或称字结构，适用于小容量存储器中；另一种是双译码，或称复合译码结构。

（1）单译码结构

在单译码结构中，字线选择某个字的所有位，图 6-6 是一种单译码结构的存储器，它是一个 16 字 4 位的存储器，共有 64 个基本电路。把它排成 16 行×4 列，每一行对应一个字，每一列对应其中的一位。所以，每一行（4 个基本电路）的选择线是公共的；每一列（16 个电路）的数据线也是公共的。存储电路可采用上述的六管静态存储电路。

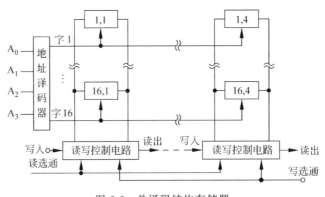

图 6-6 单译码结构存储器

数据线通过读、写控制电路与数据输入（即写入）端或数据输出（即输出）端相连，根据读、写控制信号，对被选中的单元进行读出或写入。

因为它是 16 个字 4 位的存储器,故地址译码器输入线有 4 根——A_0、A_1、A_2、A_3,可以给出 $2^4 = 16$ 个状态,分别控制 16 条字选择线。若地址信号为 0000,则选中第 1 条字线;若地址信号为 1111,则选中第 16 条字线。

（2）双译码结构

采用双译码结构,可以减少选择线的数目。在双译码结构中,地址译码器分成两个。若每一个有 $n/2$ 个输入端,它可以有 $2^{n/2}$ 个输出状态,两个地址译码器就共有 $2^{n/2} \times 2^{n/2} = 2^n$ 个输出状态。而译码输出线却只有 $2^{n/2} + 2^{n/2} = 2 \times 2^{n/2}$ 根。若 $n = 10$,双译码的输出状态为 $2^{10} = 1024$ 个,而译码线却只要 $2 \times 2^5 = 64$ 根。但在单译码结构中却需要 1024 根选择线。

采用双译码结构的 1024×1 的电路如图 6-7 所示。其中的存储电路可采用六管静态存储电路。1024 个字排成 32×32 的矩阵需要 10 根地址线 $A_0 \sim A_9$,将其一分为二,$A_0 \sim A_4$ 输入至 X 译码器,它输出 32 条选择线,分别选择 $1 \sim 32$ 行;$A_5 \sim A_9$ 输至 Y 译码器,它也输出 32 条选择线,分别选择 $1 \sim 32$ 列控制各列的位线控制门。若输入地址为 0000000000,X 方向由 $A_0 \sim A_4$ 译码选中了第一行,则 X_1 为高电平,因而其控制的 $\boxed{1,1}$、$\boxed{1,2}$、…、$\boxed{1,32}$ 共 32 个存储电路分别与各自的位线相连,但能否与输入输出线相连,还要受各列的位线控制门控制。在 $A_5 \sim A_9$ 全为 0 时,Y_1 输出为“1”选中第一列,第一列的位线控制门打开。故双向译码的结果选中了 $\boxed{1,1}$ 这个电路。

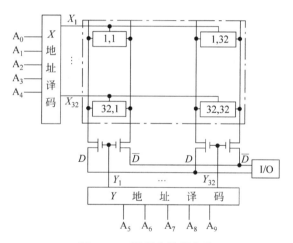

图 6-7　双译码存储器电路

这里还要指出一点:在双译码结构中,一条 X 方向选择线要控制挂在其上的所有存储电路(如在 1024×1 电路中要控制 32 个存储电路),故其要带的电容负载很大,译码输出需经过驱动器。

4. 一个实际的静态 RAM 的例子

Intel 2114 是一个 $1K \times 4$ 位的静态 RAM。它的芯片的引线(引脚)和逻辑符号结构方框图,分别如图 6-8(a)、(b)所示。

因为是 $1K \times 4$ 位的存储器,片上共有 4096 个六管存储电路,排成 64×64 的矩阵。因为 1K 字,故地址线 10 位,即 $A_0 \sim A_9$。其中 6 根即 $A_3 \sim A_8$ 用于行译码,产生 64 根行选择线;4 根 A_0、A_1、A_2、A_9 用于列译码,以产生 64/4 条选择线(即 16 条列选择线,每条线同时接至 4 位)。

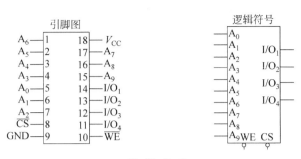

引脚名字

A$_0$~A$_9$	地址输入	V_{CC}	电源 (+5V)
$\overline{WE}$	写允许	GND	地
$\overline{CS}$	片选		
I/O$_1$~I/O$_4$	数据输入输出		

(a)

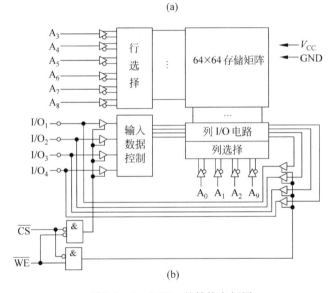

(b)

图 6 8　Intel 2114 的结构方框图

存储器的内部数据通过 I/O 电路以及输入和输出的三态门与数据总线相连。由片选信号$\overline{CS}$和写允许信号$\overline{WE}$，一起控制这些三态门。当$\overline{WE}$有效（低电平有效）时，使输入三态门导通，信号由数据总线（即 CPU 的数据总线）写入存储器；当$\overline{WE}$为高电平时，则输出三态门打开，从存储器读出的信号，送至数据总线。

6.2.3　RAM 与 CPU 的连接

在微型计算机中，CPU 对存储器进行读写操作，首先要由地址总线给出地址信号，然后要发出相应的是读还是写的控制信号，最后才能在数据总线上进行信息交流。所以，RAM 与 CPU 的连接，主要有以下三个部分：

- 地址线的连接；
- 数据线的连接；
- 控制线的连接。

在连接中要考虑的问题有以下几个方面。

（1）CPU 总线的负载能力

CPU 在设计时，一般输出线的直流负载能力为带一个 TTL 负载。现在的存储器都为 MOS 电路，直流负载很小，主要的负载是电容负载，故在小型系统中，CPU 是可以直接与存储器相连的，而较大的系统中，就要考虑 CPU 能否带得动，需要时就要加上缓冲器，由缓冲器的输出再带负载。

（2）CPU 的时序和存储器的存取速度之间的配合问题

CPU 在取指和存储器读或写操作时，是有固定时序的，就要由此来确定对存储器的存取速度的要求。或在存储器已经确定的情况下，考虑是否需要 T_W 周期，以及如何实现。

（3）存储器的地址分配和片选问题

内存通常分为 RAM 和 ROM 两大部分，而 RAM 又分为系统区（即机器的监控程序或操作系统占用的区域）和用户区，用户区又要分成数据区和程序区。所以内存的地址分配是一个重要的问题。另外，目前生产的存储器，单片的容量仍然是有限的，所以总是要由许多片才能组成一个存储器，这也就有一个如何产生片选信号的问题。

（4）控制信号的连接

CPU 在与存储器交换信息时，有以下几个控制信号（对 8086 来说）：$IO/\overline{M}$、$\overline{RD}$、$\overline{WR}$ 以及 READY（或 WAIT）信号。要考虑这些信号如何与存储器要求的控制信号相连，以实现所需的控制作用。

下面将举例说明如何连接，以及连接中应考虑的一些问题。

CPU 与 2KB RAM 的连接

若用 Intel 2114 1K×4 位的芯片，构成一个 2KB RAM 系统，其连接如图 6-9 所示。

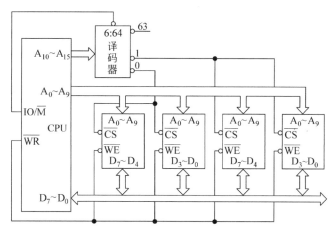

图 6-9　2KB RAM 的结构图

每一片为 1024×4 位，故 2KB RAM 共需 4 片。每片有 10 条地址线，直接接至 CPU 的地址线总线的 $A_0 \sim A_9$，可寻址 1KB。系统总共为 2KB RAM，则可看成是两组。如何能区分这不同的两组呢？这就要利用片选信号，用 $A_{10} \sim A_{15}$ 经过译码后来控制片选端。$A_{10} \sim A_{15}$ 经译码后可产生 64 条选择线以控制 64 个不同的组（在这里每组是 1KB）。现在 RAM 为 2KB，故只需用两条选择线。如用地址最低的两条，即用 000000 和 000001。则此两组存储器的地址分配为：

第一组：　　　　　$A_{15} \sim A_{10}$　　$A_9 \sim A_0$

　　地址最低　000000　　0000000000

　　地址最高　000000　　1111111111

即地址范围是：0000～03FFH

第二组：　　　　　$A_{15} \sim A_{10}$　　$A_9 \sim A_0$

　　地址最低　000001　　0000000000

　　地址最高　000001　　1111111111

即地址范围是：0400～07FFH

　　这种片选控制的译码方式称为全译码,译码电路较复杂,但是每一组的地址是确定的、唯一的。

　　在系统的 RAM 为 2KB 的情况下,为了区分不同的两组,可以不用全译码方式,而用 $A_{10} \sim A_{15}$ 中的任一位来控制片选端,例如用 A_{10} 来控制,如图 6-10 所示。

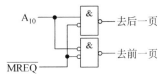

图 6-10　线选控制图

　　粗看起来,这两组的地址分配与全译码时相同,但是当用 A_{10} 这一个信号作为片选控制时,只要 $A_{10} = 0$,$A_{11} \sim A_{15}$ 可为任意值,都选中第一组;而只要 $A_{10} = 1$,$A_{11} \sim A_{15}$ 可为任意值,都选中第二组。所以,它们的地址有很大的重叠区(每一组占有 32KB 地址空间),但在实际使用时,只要我们了解这一点是不妨碍使用的。这种片选控制方式称为线选控制方式。

　　采用线选控制方式时,不仅有地址重叠问题,而且用不同的地址线作为片选控制,则它们的地址分配也是不同的。

　　在用 A_{11} 作为片选控制信号时,则这两组的基本地址分布为：

　　第一组：0000～03FFH

　　第二组：0800～0BFFH

　　但是,实际上只要 $A_{11} = 0$,$A_{15} \sim A_{12}$、A_{10} 可为任意值,都选中第一组;而只要 $A_{11} = 1$,A_{10}、$A_{12} \sim A_{15}$ 可为任意值,都选中第二组,它们同样有 32KB 的地址重叠区。

　　也可以用 A_{15} 作为片选控制,则就把 64KB 内存地址分为上、下两区,每区 32KB,前 32KB 地址都选中第一组,而后 32KB 地址都选中第二组,如图 6-11 所示。

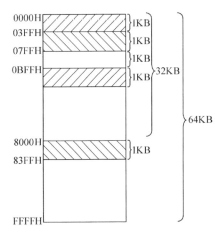

图 6-11　存储器的地址分布

　　总之,线选节省译码电路,但是必须要注意它们的地址分布,及其各自的地址重叠区。所以,在连地址线的时候,必须考虑到存储器的地址分布。

　　数据线每一组中的一片接数据总线的 $D_0 \sim D_3$,另一片接 $D_4 \sim D_7$,而片间则并联。

　　因 CPU 的地址和数据总线既与存储器也与各种外设相连,只有在 CPU 发出的 $IO/\overline{M}$ 信号为低电平时,才是与存储器交换信息。故要由 $IO/\overline{M}$ 与地址信号一起组成片选信号,控制存储器的工作。

　　通常存储器只有一个读/写控制端 $\overline{WE}$,当它的输入信号为低电平时,则存储器实现写操作,当它为高电平时,则实现读操作。故可用CPU的$\overline{WR}$信号作为存储器的$\overline{WE}$控制信号。

当系统RAM的容量大于2KB,如4KB(或更多)时,若还用Intel 2114组成,则必须分成4组(或更多)。此时,显然就不能只用$A_{10}\sim A_{15}$中的一条地址线作为组控制线,而必须经过译码,可采用全译码方式,也可采用部分译码方式,如图6-12所示。

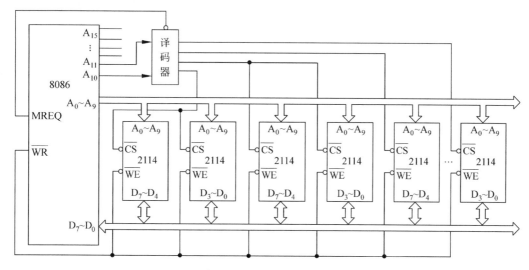

图6-12　4KB RAM结构图

其中,$A_0\sim A_9$作为片内寻址,用A_{10}、A_{11}经过译码作为组选择,则其地址分布为:

第一组:0000～03FFH;

第二组:0400～07FFH;

第三组:0800～0BFFH;

第四组:0C00～0FFFH;

但是,实际上$A_{15}\sim A_{12}$为任意值时仍可选中这几组,故每一组仍有16KB地址重叠区(每一组占有16KB地址,地址的最高位由0变到F都是重叠的范围)。

这种用高位地址中的几位经过译码作为片选控制,称为部分译码方式。

显然,也可以用$A_{10}\sim A_{15}$中的任两条线组成译码器,作为组控制。例如用A_{14}、A_{15}来代替A_{10}和A_{11},则它们的地址分布就变为:

第一组:0000～03FFH;

第二组:4000～43FFH;

第三组:8000～83FFH;

第四组:C000～03FFH;

实际上这时相当于把64KB内存地址分成4块,前16KB都选中第一组……最后16KB选中第4组。总之,CPU的16条地址线可寻址64KB。目前仍然要由许多片组成,则可由所选用的芯片的字数分组。有一部分地址线(通常是用低位)连到所有片,实现片内寻址;另外一些地址线或单独选用(线选),或组成译码器(部分译码或全译码),其输出控制芯片的片选端(当然实际的片选信号还要考虑CPU的控制信号,例如8086的IO/$\overline{M}$等),以实现组的寻址。在连接时要注意其地址分布的重叠区。

通常的微型计算机系统的内存储器中,总有相当容量的 ROM,它们的地址必须与 RAM 一起考虑,分别给它们一定的地址分配。图 6-13 是一个用 8086 和由 8708(1024×8 位)组成的 4KB ROM,由 Intel 2114 组成的 1KB RAM 的方框图。它用 $A_0 \sim A_9$ 作为组内寻址,由 A_{10}、A_{11}、A_{12} 组成译码器(部分译码)实现组寻址。ROM 的地址为 0000～0FFFH 共 4KB;RAM 的地址为 1000～13FFH 共 1KB。实际上它们都有相当大的地址重叠区,我们不再赘述了。

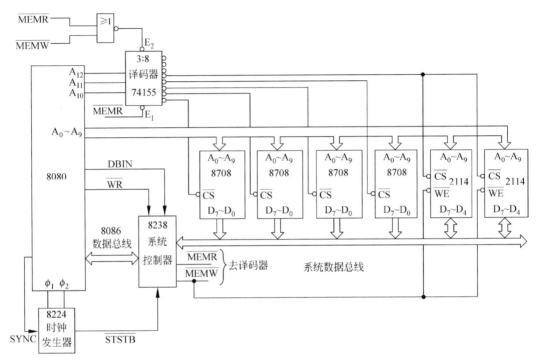

图 6-13　具有 RAM 和 ROM 的系列方框图

6.2.4　64KB 动态 RAM 存储器

一方面从使用的角度看,要求 RAM 的容量越来越大;另一方面超大规模集成电路技术的发展,也使大容量的 RAM 成为可能。为了说明简单,我们以 64K×1 位的芯片为例,虽然,这样的芯片在桌面机中已很少使用,但是其内部结构仍具有典型性(64MB、128MB、256MB 的芯片其工作原理与 64KB 的是一样的)。

1. Intel 2164A 的结构

其引脚图和逻辑符号如图 6-14 所示。

每一片的容量为 64K×1 位,即片内共有 64K(65 536)个地址单元,每个地址单元一位数据。用 8 片 Intel 2164A 就可以构成 64KB 的存储器。片内要寻址 64KB,则需要 16 条地址线,为了减少封装引线,地址线分为两部分:行地址与列地址。芯片的地址引线只要 8 条,内部设有地址锁存器,利用多路开关,由行地址选通信号 $\overline{RAS}$(Row Address Strobe),把先出现的 8 位地址,送至行地址锁存器;由随后出现的列地址选通信号 $\overline{CAS}$(Column Address Strobe)把后出现的 8 位地址送至列地址锁存器。这 8 条地址线也用于刷新(刷新时地址计数,实现逐行地刷新)。

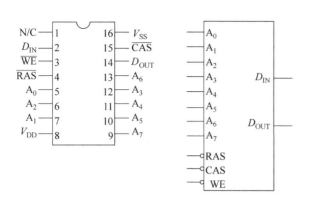

$A_0 \sim A_7$	地址输入
$\overline{CAS}$	列地址选通
D_{IN}	数据输入
D_{OUT}	数据输出
$\overline{WE}$	写允许
$\overline{RAS}$	行地址选通
V_{DD}	电源（＋5V）
V_{SS}	地

图 6-14　Intel 2164A 的引脚图

Intel 2164A 的内部结构示意图见图 6-15 所示。

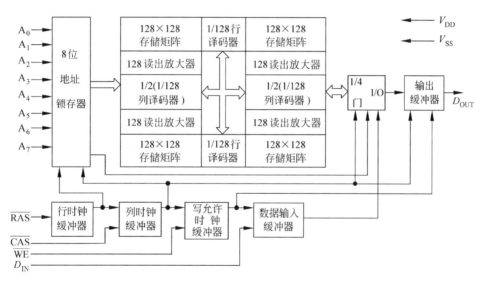

图 6-15　Intel 2164A 内部结构图

64Kb 存储体由 4 个 128×128 的存储矩阵构成。

每个 128×128 的存储矩阵,有 7 条行地址和 7 条列地址线进行选择。7 条行地址经过译码产生 128 条选择线,分别选择 128 行;7 条列地址线经过译码也产生 128 条选择线,分别选择 128 列。

锁存在行地址锁存器中的 7 位行地址 $RA_6 \sim RA_0$ 同时加到 4 个存储矩阵上,在每个矩阵中都选中一行,则共有 512 个存储电路被选中,它们存放的信息被选通至 512 个读出放大器,经过鉴别、锁存和重写。

锁存在列地址锁存器中的 7 位列地址 $CA_6 \sim CA_0$（地址总线上的 $A_{14} \sim A_8$）,在每个存储矩阵中选中一列,则共有 4 个存储单元被选中。最后经过 1∶4 I/O 门电路(由 RA_6 与 CA_6 控制)选中一个单元,可以对这个单元进行读写。

数据的输入和输出是分开的,由 $\overline{WE}$ 信号控制读写。当 $\overline{WE}$ 为高时,实现读出,选中单元的内容经过输出缓冲器(三态缓冲器)在 D_{OUT} 引脚上读出。当 $\overline{WE}$ 有效(低电平)时,实现写入,D_{IN} 引脚上的信号经过输入缓冲器(三态缓冲器)对选中单元进行写入。

Intel 2164A 只有一个控制信号端 $\overline{WE}$,而没有另外的片选信号 $\overline{CS}$。

2. Intel 2164A 的读周期

Intel 2164A 的读周期的波形如图 6-16 所示。

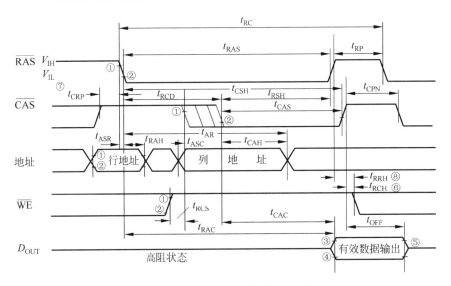

图 6-16 Intel 2164A 读周期的波形

读周期是由行地址选通信号 $\overline{RAS}$ 变低(有效)开始的。为了能使行地址可靠锁存,通常希望行地址能先于 $\overline{RAS}$ 信号有效,即行地址领先于 $\overline{RAS}$ 信号有效的时间为 t_{ASR},但参数中规定 t_{ASR} 最小可以为零。行地址必须在 $\overline{RAS}$ 有效后维持一段时间(t_{RAH}),参数中规定了 t_{RAH} 的最小值(2164A-15 为 20ns)。同样,为了保证列地址的可靠锁存,列地址领先于 $\overline{CAS}$ 信号有效的时间为 t_{ASC},列地址也必须在 $\overline{CAS}$ 有效后保持一段时间(t_{CAH})。

为了保证信息的可靠读写,$\overline{RAS}$ 有效的时间必须大于参数中给定的 t_{RAS}。当 $\overline{RAS}$ 变高后,对存储电路中的电容进行预充电,其持续时间必须大于或等于 t_{RP}。因此,实际工作时 $\overline{RAS}$ 的周期必须大于(或等于)t_{RC}。

要从指定单元读出信息,必须在 $\overline{RAS}$ 有效后,$\overline{CAS}$ 也有效。从 $\overline{RAS}$ 有效起到指定单元的信息能够读出至数据总线上(假定 $\overline{CAS}$ 能在指定的时刻前有效)之前的时间为 t_{RAC}。从 $\overline{CAS}$ 有效至信息读出的时间为 t_{CAC}。若如图 6-23 中所示,在 t_{RAC} 中包含了 t_{CAC}(对 $\overline{CAS}$ 开始有效的时刻有一定要求),则从 $\overline{RAS}$ 有效起至信息读出所需的时间就取决于 t_{RAC}。若 $\overline{CAS}$ 开始有效的时刻较晚,则信息读出的时间就取决于从 $\overline{CAS}$ 开始有效,加上 t_{CAC}。

信息的读写,取决于控制信号 $\overline{WE}$。为实现读出,则 $\overline{WE}$ 信号必须在 $\overline{CAS}$ 有效前 t_{RCS} 时间变为高电平。

3. Intel 2164A 的写周期

Intel 2164A 的写周期的波形如图 6-17 所示。

要选定写入的单元,$\overline{RAS}$ 和 $\overline{CAS}$ 必须都有效,而且行地址必须领先 $\overline{RAS}$ 有效,并保持

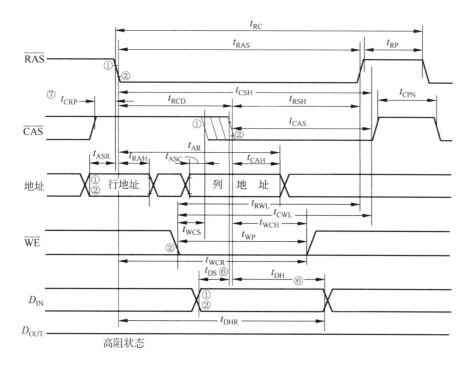

图 6-17　Intel 2164A 写周期的波形

t_{RAH}时间；列地址必须领先$\overline{CAS}$有效，并保持 t_{CAH} 时间。$\overline{RAS}$及$\overline{CAS}$的脉冲宽度以及预充时间也必须符合参数的要求。

由$\overline{WE}$有效实现写入，$\overline{WE}$信号必须领先$\overline{CAS}$有效 t_{WCS} 时间，在$\overline{CAS}$有效后还必须保持t_{WCH}时间，而且$\overline{WE}$有效的宽度只要为 t_{WP}。

要写入的信息，必须在$\overline{CAS}$有效前 t_{DS}时间已经送至数据输入线 D_{IN}，且在$\overline{CAS}$有效后必须保持 t_{DH}时间。

在满足了以上要求后，就可以把在 D_{IN} 上的信息写入指定的单元。

4. Intel 2164A 的读-修改-写周期

在指令中，常要对某一单元的内容读出进行修改，然后再写回这一单元。为了提高操作速度，在存储器中设计了读-修改-写周期。

这一周期的性质，类似于读出周期和写周期的组合，但它并不是由两个单独的读周期和写周期结合起来的，而是在$\overline{RAS}$和$\overline{CAS}$同时有效的情况下由$\overline{WE}$信号先实现读出，在完成修改后又实现写入，其波形如图 6-18 所示。

以上三种读写时序波形图中的注释如下：

① 、② V_{IHmin} 和 V_{ILmax} 是为了测量输入信号时间的参考电平。

③ 、④ V_{OHmin} 和 V_{OLmax} 是为了测量 D_{OUT} 时间的参考电平。

⑤ t_{OFF}测量到 $I_{OUT} \leqslant |I_{LO}|$。

⑥ t_{DS} 和 t_{DH} 是以$\overline{CAS}$或$\overline{WE}$哪一个晚为基准的。

⑦ t_{CRP}的要求，只适用于在$\overline{RAS}/\overline{CAS}$周期前有一个维持$\overline{CAS}$周期（也就是对于$\overline{CAS}$没有与$\overline{RAS}$一起被译码的系统）。

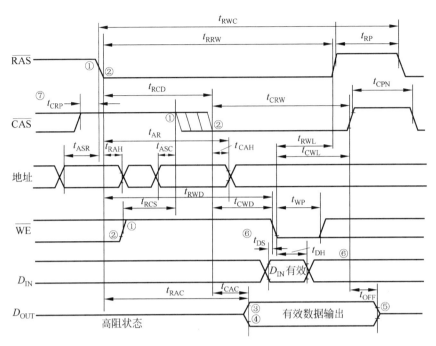

图 6-18　Intel 2164A 的读-修改-写周期

⑧ t_{RCH} 或 t_{RRH} 必须满足。

Intel 2164A 的三种读写时序的参数如表 6-1 所示。

表 6-1　Intel 2164A 的读写时序的参数

符号	参　　数	2164A-15		2164A-20		单位	注释
		最小	最大	最小	最大		
t_{RAC}	从 RAS 的读出时间		150		200	ns	④,⑤
t_{CAC}	从 CAS 的读出时间		85		120	ns	⑤,⑥
t_{REF}	刷新时间		2		2	ms	
t_{RP}	RAS 预充电时间	100		120		ns	
t_{CPN}	CAS 预充电时间(非页周期)	25		35		ns	
t_{CRP}	CAS 到 RAS 预充电时间	−20		−20		ns	
t_{RCD}	RAS 到 CAS 的延迟时间	30	65	35	80	ns	⑦
t_{RSH}	RAS 保持时间	85		120		ns	
t_{CSH}	CAS 保持时间	150		200		ns	
t_{ASR}	行地址建立时间	0		0		ns	
t_{RAH}	行地址保持时间	20		25		ns	
t_{ASC}	列地址建立时间	0		0		ns	
t_{CAH}	列地址保持时间	25		30		ns	
t_{AR}	列地址保持时间到 RAS	90		110		ns	
t_{T}	过渡时间(上升和下降)	3	50	3	50	ns	⑧
t_{OFF}	输出缓冲器转为断开的延迟	0	30	0	40	ns	

符 号	参 数	2164A-15		2164A-20		单位	注释
		最小	最大	最小	最大		
读和刷新周期							
t_{RC}	随机读周期	260		330		ns	
t_{RAS}	RAS 脉冲宽度	150	10 000	200	10 000	ns	
t_{CAS}	CAS 脉冲宽度	85	10 000	120	10 000	ns	
t_{RCS}	读命令建立时间	0		0		ns	
t_{RCH}	读命令相对于 CAS 的保持时间	5		5		ns	⑨
t_{RRH}	读命令相对于 RAS 的保持时间	20		20		ns	⑨
写周期							
t_{RC}	随机写周期	260		330		ns	
t_{RAS}	RAS 脉冲宽度	150	10 000	200	10 000	ns	
t_{CAS}	CAS 脉冲宽度	85	10 000	120	10 000	ns	
t_{WCS}	写命令建立时间	−10		−10		ns	⑩
t_{WCH}	写命令保持时间	30		40		ns	
t_{WCR}	写命令对 RAS 的保持时间	95		120		ns	
t_{WP}	写命令脉冲宽度	30		40		ns	
t_{RWL}	写命令有效至 RAS 无效时间	40		50		ns	
t_{CWL}	写命令有效至 CAS 无效时间	40		50		ns	
t_{DS}	数据输入建立时间	0		0		ns	
t_{DH}	数据输入保持时间	30		40		ns	
t_{DHR}	数据输入对 RAS 的保持时间	95		120		ns	
读-修改-写周期							
t_{RWC}	读-修改-写周期	280		355		ns	
t_{RRW}	RMW 周期 RAS 脉冲宽度	170	10 000	225	10 000	ns	
t_{CRW}	RMW 周期 CAS 脉冲宽度	105	10 000	145	10 000	ns	
t_{RWD}	RAS 到 WE 的延迟	125		170		ns	⑩
t_{CWD}	CAS 到 WE 的延迟	60		90		ns	⑩

注释:

① 所有电平以 V_{SS} 为参考点。

② 在电源上电经过 8 个初始化周期(任何一种组合的周期包含一个 $\overline{RAS}$ 时钟,例如唯 $\overline{RAS}$ 刷新)后要求一个 $500\mu s$ 的初始暂停时间。在扩展周期(大于 2ms)后要求 8 个初始化周期。

③ 交流特性假定 $t_T = 5\mu s$。

④ 假定 $t_{RCD} \geqslant t_{RCD}(max)$。若 t_{RCD} 大于 $t_{RCD}(max)$,则 t_{RAC} 将增加 t_{RCD} 超过 $t_{RCD}(max)$ 的数量。

⑤ 负载 = 2 个 TTL 负载和 100PF。

⑥ 假定 $t_{RCD} \geqslant t_{RCD}(max)$。

⑦ $t_{RCD}(max)$ 只规定为一个参考点,若 t_{RCD} 小于 $t_{RCD}(max)$ 访问时间是 t_{RAC}。若 t_{RCD} 大于 $t_{RCD}(max)$,访问时间为 $t_{RCD} + t_{CAC}$。 $t_{RCD}(min) = t_{RAH} + t_{ASC} + t_T + t_T (t_T = 5ns)$。

⑧ t_T 是在 $V_{IH}(min)$ 和 $V_{IL}(max)$ 之间测量的。

⑨ 或者 t_{RCH} 或 t_{RRh} 必须满足。

⑩ t_{WCS}、t_{CWD}、t_{RWD} 只是作为参考点规定的。若 $t_{WCS} \geqslant t_{WCS}(min)$ 这是一个早写周期,则数据输出端在整个周期中保持为高阻抗。若 $t_{WCD} \geqslant t_{WCD}(min)$ 且 $t_{RWD} \geqslant t_{WRD}(min)$,则为读-修改-写周期,数据输出脚保持从所选地址读出的数据。若不是上述两种之一的情况,则数据输出的状态是不确定的。

此处我们列出这些参数是想提醒读者,从存储器来说,从片选(或 RAS、CAS)等控制信号有效,至经过译码选中指定的单元及把信号读出或写入,每种存储器芯片都是有固定的时间(即时序)的。从 CPU 来说,从输出地址及读写控制信号至 CPU 准备从数据总线上读取数据(或完成数据输出),也是有固定的时间的。因此,在 CPU 与存储芯片之间存在着时序配合问题。在构建计算机系统时必须妥善解决这样的问题。如在上一章中指出的,CPU 是用 READY 信号来解决此问题的。通常是,CPU 的工作速度快,而存储器相对较慢,需要利用 READY 信号在 CPU 时序中插入若干个等待周期。所以,通常有零等待、1 等待、2 等待等。

5. Intel 2164A 的刷新周期

在 Intel 2164A 中有 512 个读出放大器,所以刷新时,最高位行地址 RA_7 是不起作用的,由 $RA_6 \sim RA_0$ 在 4 个存储矩阵中都选中一行(每次同时刷新 512 个单元),所以经过 128 个刷新周期,就可以完成整个存储体的刷新。

虽然读操作、写操作、读-修改-写操作都可以实现刷新,但推荐使用唯$\overline{RAS}$有效的刷新方式,它比其他方式周期功耗可降低 20%。

唯$\overline{RAS}$有效刷新方式的波形和参数如图 6-19 所示。

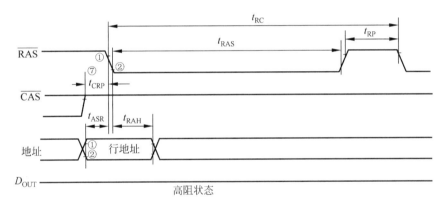

图 6-19 唯$\overline{RAS}$有效刷新方式

由$\overline{RAS}$有效把刷新地址锁存入行地址锁存器,则选中的 512 个单元都读出和重写。由于$\overline{CAS}$在刷新过程中始终无效,故数据不会读出至 D_{OUT} 线上。

6. 数据输出操作

Intel 2164A 的数据输出具有三态缓冲器,它由$\overline{CAS}$控制。当$\overline{CAS}$为高电平时,输出(D_{OUT})呈现高阻状态,表 6-2 总结了 Intel 2164A 在各种周期时的输出状态。

表 6-2 Intel 2164A 的输出状态

周期类型	输出状态	周期类型	输出状态
读周期	数据从所寻址的单元读出	唯$\overline{CAS}$有效周期	高阻
早写周期	高阻	读-修改-写周期	数据从所寻址的单元读出
唯$\overline{RAS}$有效刷新周期	高阻	延迟的写周期	不确定

6.3　现　代　RAM

现在在组装台式机时,半导体存储器是以内存条的形式提供的。内存条有很多种类,从先前的 EDO DRAM(扩展数据输出动态随机访问存储器)到现在流行的 SDRAM(同步动态随机访问存储器)以及以后的 DDR(双数据速率)-SDRAM、RDRAM(突发存取的高速动态随机访问存储器)等。

6.3.1　内存条的构成

整个内存条上的元件不多,主要是由集成电路和电阻、电容等元件组成的。

1. 内存芯片

内存芯片,也称为"颗粒",它才是真正意义上的"内存",因为对于各种内存系统而言,所有的数据的存取都是通过对内存芯片进行充电和放电进行的。由于内存芯片内部的大致结构是安装在一定的地址上的一排电容和晶体管,当我们向内存写入(或读出)一个数据(譬如"1")时,系统就会对内存地址进行定位,确定横向和纵向地址,确定存储单元的位置,然后进行充电(或放电)。内存芯片就是在这样的"充电-放电"的不断循环中保存数据的。

2. 桥路电阻

桥路电阻和一般的电阻唯一的区别就是它是由若干个电阻组成的。做成桥路的形式是因为在数据传输的过程中,要进行阻抗匹配和信号衰减,如果用分离的电阻会很麻烦并很难布线。

3. 电容

作用和在其他地方相同,都是用于滤除高频干扰。

4. EEPROM

这是在 PC-100、PC-133 等 SDRAM 以后的产品中才有的,EEPROM 是一个 2Kb 的存储单元,存放着内存的速度、容量、电压等基本参数,称为 SPD 参数。每一次开机,主板都会检测 EEPROM,读取 SPD 参数,对内存各项参数进行调整,以适应内存条。

内存条的印刷电路板(PBC)是做成多层结构的,这是由于内存条工作在 100MHz、133MHz 甚至更高的频率之下,这时,信号之间的高频干扰就不能视而不见了。从电磁学的角度来说,交叉的线路之间发生干扰的几率最大,在内存这样的小面积的双面印刷电路板中,要避免信号线路交叉几乎是不可能的,因此,必须采用屏蔽的方式来防止;而且屏蔽也必须是分离屏蔽,因为若用同一个导体屏蔽,那么中间的屏蔽导体又会变成一个导磁体,效果很差。

6.3.2　扩展数据输出动态随机访问存储器

扩展数据输出动态随机访问存储器(EDO DRAM)与上述传统的快速页面模式的动态随机访问存储器(FPM DRAM,如 Intel 2164)并没有本质上的区别,其内部结构和各种功能操作也与 FPM DRAM 基本相同。主要的区别是:当选择随机的列地址时,如果保持相同的行地址,那么,用于行地址的建立和保持时间以及行列地址的复合时间就可以不再需要,能够被访问的最大列数则取决于 t_{RAS}(即 $\overline{RAS}$ 为低)的最长时间。图 6-20 给出了西门子公司生产的 4M×16 位 EDO DRAM(型号为 HYB3164165AT)的读周期时序。

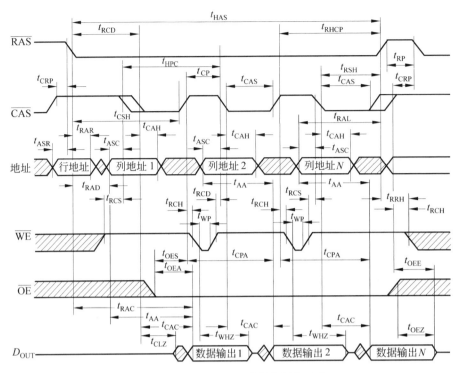

图 6-20　EDO DRAM 读操作周期时序

在 $\overline{\text{CAS}}$ 的上升沿处,EDO DRAM 并不进入高阻状态,数据输出一直有效,相对于上述 FPM DRAM 而言,扩展了数据输出的有效时间,因此,也称这种存储器为扩展动态随机访问存储器 EDO DRAM。特别在下一个列地址给出以及对其译码期间,外部数据读取设备仍然可以采样锁存数据。相对 FPM DRAM 来说,EDO DRAM 的数据有效输出时间延长了,对外部数据读取设备来说,如果所要求的占用数据总线的有效时间为一个定值,那么,将 EDO DRAM 的整个时序压缩也能满足要求,而压缩的结果就是提高了存储器的读取速度,对于写操作也是如此,因此,EDO DRAM 的存取速度一般比 FPM DRAM 要快。

在 $\overline{\text{CAS}}$ 变高之后,EDO DRAM 对下一个地址开始译码时,可以通过 $\overline{\text{OE}}$ 和 $\overline{\text{WE}}$ 信号控制输出阻抗。

6.3.3　同步动态随机访问存储器

同步动态随机访问存储器(SDRAM)是动态存储器系列中新一代的高速、高容量存储器,其内部存储体的单元存储电路仍然是标准的 DRAM 存储体结构,只是在工艺上进行了改进,如功耗更低、集成度更高等。与传统的 DRAM 相比,SDRAM 在存储体的组织方式和对外操作上则表现出了较大差别,特别是在对外操作上能够与系统时钟同步操作。

处理器访问 SDRAM 时,SDRAM 的所有输入或输出信号均在系统时钟 CLK 的上升沿被存储器内部电路锁定或输出,也就是说,SDRAM 的地址信号、数据信号以及控制信号都是 CLK 的上升沿采样或驱动的。这样做的目的是为了使 SDRAM 的操作在系统时钟 CLK 的控制下,与系统的高速操作严格同步进行,从而避免了因读写存储器产生的"盲目"等待状态,以此来提高存储器的访问速度。

在传统的 DRAM 中,处理器向存储器输出地址和控制信号,说明 DRAM 中某一指定位置的数据应该读出或应该将数据写入某一指定位置,经过一段访问延时之后,才可以进行数据的读取或写入。在这段访问延时期间,DRAM 进行内部各种动作,如行列选择、地址译码、数据读出或写入、数据放大等,外部引发访问操作的主控器则必须简单地等待这段延时,因此,降低了系统的性能。

然而,在对 SDRAM 进行访问时,存储器的各项动作均在系统时钟的控制下完成,处理器或其他主控器执行指令通过地址总线向 SDRAM 输出地址编码信息,SDRAM 中的地址锁存器锁存地址,经过几个时钟周期之后,SDRAM 便进行响应。在 SDRAM 进行响应(如行列选择、地址译码、数据读出或写入、数据放大)期间,因对 SDRAM 操作的时序确定(如突发周期),处理器或其他主控器能够安全地处理其他任务,而无须简单地等待,因此,提高了整个计算机系统的性能,而且,还简化了使用 SDRAM 进行存储器系统的应用设计。

在 SDRAM 的内部控制逻辑中,SDRAM 采用了一种突发模式,以减小地址的建立时间和第一次访问之后行列预充电时间。在突发模式下,在第一个数据项被访问之后,一系列的数据项能够迅速按时钟同步读出。当进行访问操作时,如果所有要访问的数据项是按顺序进行的,并且它们都处于第一次访问之后的相同行中,则这种突发模式非常有效。

另外,SDRAM 内部存储体都采用能够并行操作的分组结构,各分组可以交替地与存储器外部数据总线交换信息,从而提高了整个存储器芯片的访问速度;SDRAM 中还包含特有的模式寄存器和控制逻辑,以配合 SDRAM 适应特殊系统的要求。

由 SDRAM 构成的系统存储器已经广泛应用于现代微型计算机中,并且成为了主流。下面简要介绍 SDRAM 的内部结构。

下面以日立公司生产的 64MB SDRAM 为例,说明同步动态随机存储器的内部结构。图 6-21 与图 6-22 分别是日立公司生产的 64MB HM5264805 系列引脚封装图与内部结构示意图。

HM5264805 的引脚图具有代表性,其中,NC 的空引脚是为以后的 SDRAM 版本而预留的,已经定义的引脚在功能上将保持兼容。SDRAM 的引脚与过去的最大不同是具有时钟参考信号 CLK 和 CKE。CLK 是主控参考时钟,SDRAM 的所有输入输出信号均参考于 CLK 的上升沿。CKE 用于决定下一个 CLK 是否有效。如果 CKE 为高电平,则下一个 CLK 的上升沿有效;如果 CKE 为低电平,则下一个 CLK 的上升沿无效,该引脚主要用于降低 SDRAM 后备时的功耗和支持 SDRAM 的挂起模式。SDRAM 的其他信号与过去 DRAM 的定义类似,这里不再赘述。

HM5264805 的主要性能如下:

- 3.3V 供电,时钟 CLK 频率为 125MHz/100MHz,信号接口电气特性符合 LVTIL。
- 单脉冲的 $\overline{\text{RAS}}$、$\overline{\text{CAS}}$ 延迟可编程为 2/3 个时钟周期。
- 内部 4 组存储体能够同时和独立操作,各组既可以串行工作又可以交替工作。
- 支持突发的读/写操作和突发的读/单次写操作,突发长度可编程为 1 行/2 行/4 行/8 行/整个页面(注意:这里的页面与存储器管理中所提到的页面是两个完全不同的概念),突发过程亦可编程设定,突发过程可以连续进行,支持突发停止。
- 总共需要 4096 个刷新周期,时间为 64ms,支持两种方式的刷新:自动刷新和自我刷新。

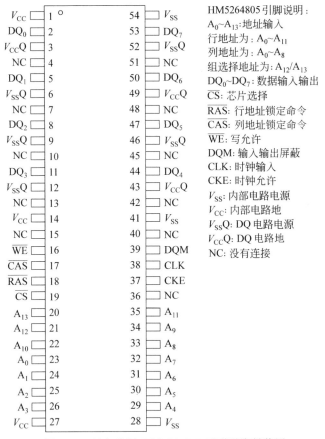

HM5264805引脚说明：
$A_0 \sim A_{13}$：地址输入
行地址为：$A_0 \sim A_{11}$
列地址为：$A_0 \sim A_8$
组选择地址为：A_{12}/A_{13}
$DQ_0 \sim DQ_7$：数据输入输出
$\overline{CS}$：芯片选择
$\overline{RAS}$：行地址锁定命令
$\overline{CAS}$：列地址锁定命令
$\overline{WE}$：写允许
DQM：输入输出屏蔽
CLK：时钟输入
CKE：时钟允许
V_{SS}：内部电路电源
V_{CC}：内部电路地
$V_{SS}Q$：DQ电路电源
$V_{CC}Q$：DQ电路地
NC：没有连接

图 6-21　日立公司 HM5264805 系列引脚封装图

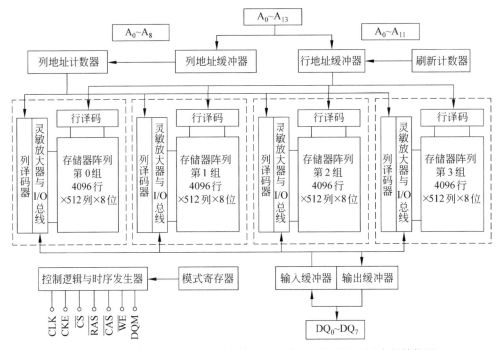

图 6-22　日立公司 HM5264805 系列 2M×8 位×4 组 SDRAM 内部结构图

6.3.4 突发存取的高速动态随机存储器

突发存取的高速动态随机存储器(Rambus DRAM, RDRAM)是继 SDRAM 之后的新型高速动态随机存储器。RDRAM 与以前的 DRAM 不同的是,RDRAM 在内部结构上进行了重新设计,并采用了新的信号接口技术,因此,RDRAM 的对外接口也不同于以前的DRAM,它们由 Rambus 公司首次提出,后被计算机界广泛接受并投入生产,主要应用于计算机存储器系统、图形、视频和其他需要高带宽、低延迟的应用场合。现在,Intel 公司推出的 820/840 芯片组均支持 RDRAM 应用。

目前,RDRAM 的容量一般为 64Mb/72Mb 或 128Mb/144Mb,组织结构为 4M×16 位或 8M×16 位或 4M×18 位或 8M×18 位,具有极高的速度,使用 Rambus 信号标准(RSL)技术,允许在传统的系统和板级设计技术基础上进行 600MHz 或 800MHz 的数据传输,RDRAM 能够在 1.25ns 内传输两次数据。

从 RDRAM 结构上看,它允许多个设备同时以极高的带宽随机寻址存储器,传输数据时,独立的控制和数据总线对行、列进行单独控制,使总线的使用效率提高 95% 以上,RDRAM 中的多组(可分成 16、32 或 64 组)结构支持最多 4 组的同时传输。通过对系统的合理设计,可以设计出灵活的、适应于高速传输的、大容量的存储器系统,对于 18 位的内部结构,还支持高带宽的纠错处理。

RDRAM 具有如下特点。

* 具有极高的带宽:支持 1.6Gbps 的数据传输率;独立的控制和数据总线,具有最高的性能;独立的行、列控制总线,使寻址更加容易,效率最高;多组的内部结构中,其中 4 组能够同时以全带宽进行数据传输。
* 低延迟特性:具有减少读延迟的写缓冲,控制器可灵活使用的 3 种预充电机制,各组间的交替传输。
* 高级的电源管理特性:具有多种低功耗状态,允许电源功耗只在传输时间处于激活状态;自我刷新时的低功耗状态。
* 灵活的内部组织:18 位的组织结构允许进行纠错 ECC 配置或增加存储带宽,16 位的组织结构允许使用在低成本场合。
* 采用 Rambus 信号标准(RSL),使数据传输在 800MHz 下可靠工作,整个存储芯片可以工作在 2.5V 的低电压环境下。

由 RDRAM 构成的系统存储器已经开始应用于现代微型计算机之中,并可能成为服务器及其他高性能计算机的主流存储器系统。

6.4 只读存储器

6.4.1 掩模只读存储器

掩模只读存储器由制造厂制作完成,用户不能对其进行修改。这类只读存储器(ROM)可由二极管,双极型晶体管或 MOS 电路构成,但工作原理与其他存储器是类似的。

1. 字译码结构

图 6-23 是一个简单的 4×4 位的 MOS ROM,采用字译码方式,两位地址输入,经译码后,输出四条选择线,每一条选中一个字,位线输出即为这个字的各位。在如图 6-23 所示的

存储矩阵中,有的列是连有管子的,有的列没有连管子,这是在制造时由二次光刻版的图形(掩模)所决定的,所以把它称为掩模式 ROM。

在图 6-23 中,若地址信号为 00,选中第一条字线,则它的输出为高电平。若有管子与其相连,如位线 1 和位线 4,则相应的 MOS 管导电,于是位线输出为"0";而位线 2 与位线 3,没有管子与字线相连,则输出为"1"(实际输出到数据总线上去是"1"还是"0",取决于在输出线上有无反相)。由此可见,当某一字线被选中时,连有管子的位线输出为"0"(或"1");而没有管子相连的位线,输出为"1"(或"0")。故存储矩阵的内容取决于制造工艺,而一旦制造好以后,用户是无法变更的。图 6-23 中的存储矩阵的内容,如表 6-3 所示。

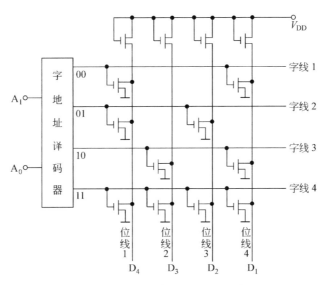

图 6-23　4×4 位 MOS ROM 图

表 6-3　ROM 的内容

字　　线	位　　　　线			
	位线 1	位线 2	位线 3	位线 4
字线 1	0 (1)	1 (0)	1 (0)	0 (1)
字线 2	0 (1)	1 (0)	0 (1)	1 (0)
字线 3	1 (0)	0 (1)	1 (0)	0 (1)
字线 4	0 (1)	0 (1)	0 (1)	0 (1)

ROM 有一个很重要的特点是:它所存储的信息不是易失的,即当电源掉电后又上电时,存储信息是不变的。

2. 复合译码结构

如图 6-24 所示是一个 1024×1 位的 MOS ROM 电路。10 条地址信号线分成两组,分别经过 X 和 Y 译码,各产生 32 条选择线。X 译码输出选中某一行,但这一行中,哪一个能输出与 I/O 电路相连,还取决于列译码输出,故每次只选中一个单元。8 个这样的电路,它们的地址线并联,则可得到 8 位信号输出。

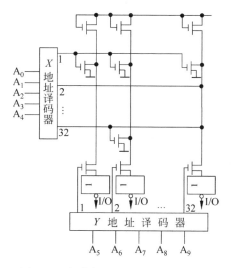

图 6-24 复合译码的 MOS ROM 电路

6.4.2 可擦除的可编程序的只读存储器

1. 基本存储电路

为了便于用户根据需要来确定 ROM 的存储内容,以便在研究工作中试验各种 ROM 方案(即可由用户改变 ROM 所存的内容),在 20 世纪 70 年代初就发展产生了一种可擦除的可编程序的只读存储器(Erasable Programmable ROM,EPROM)电路。它的一个基本电路如图 6-25 所示。

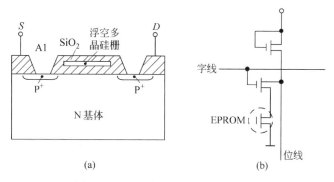

图 6-25 P 沟道 EPROM 结构示意图

它与普通的 P 沟道增强型 MOS 电路相似,在 N 型的基片上生产了两个高浓度的 P 型区,它们通过欧姆接触,分别引出源极(S)和漏极(D),在 S 和 D 之间有一个由多晶硅做的栅极,但它是浮空的,并被绝缘物 SiO_2 所包围。在制造好时,硅栅上没有电荷,则管子内没有导电沟道,D 和 S 之间是不导电的。当把 EPROM 管子用于存储矩阵时,一个基本存储电路如图 6-25(b)所示,则这样电路所组成的存储矩阵输出为全 1(或 0)。要写入时,则在 D 和基片(也即 S)之间加上 25V 的高压,另外加上编程序脉冲(其宽度约为 50ms),所选中的单元在这个电源作用下,D 和 S 之间被瞬时击穿,就会有电子通过绝缘层注入硅栅,当高电源去除后,因为硅栅被绝缘层包围,故注入的电子无处泄漏,硅栅上带负电荷,于是就形成了导电沟道,从而使 EPROM 单元导通,输出为"0"(或"1")。

由这样的 EPROM 存储电路做成的芯片的上方有一个石英玻璃的窗口,当用紫外线通过这个窗口照射时,所有电路中的浮空晶栅上的电荷会形成光电流泄漏,使电路恢复起始状态,从而把写入的信号擦去。这样经过照射后的 EPROM 就可以实现重写。由于写的过程是很慢的,所以,这样的电路在使用时,仍是作为只读存储器使用的。

这样的 EPROM 芯片的工作速度仅为双极型芯片工作速度的 $1/5 \sim 1/10$(如 Intel 2716 的读出速度为 $350 \sim 450$ns)。常用的芯片的集成度为 16Kb、32Kb 或 64Kb(如 Intel 2716 为 $2K \times 8b$,2732 为 $4K \times 8b$,2764 为 $8K \times 8b$)。集成度较高的为 128Kb 和 256Kb(如 Intel 27128 或 27256)。

2. 一个 EPROM 的例子

Intel 2716 是一个 16Kb($2K \times 8$)的 EPROM,它只要求单一的 5V 电源。它的引脚及内部方框图如图 6-26 所示。因其容量是 $2K \times 8$ 位,故用 11 条地址线,7 条用于 X 译码,以选择 128 行中的一行。8 位输出均有缓冲器。

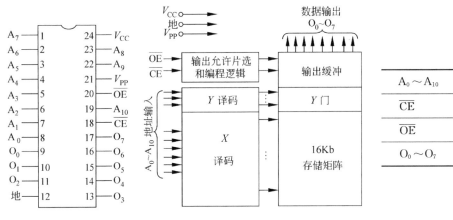

图 6-26　Intel 2716 方框图

为了减少功耗,EPROM 可以工作在备用方式。这时功耗可由 525mW 降为 132mW,下降了 75%。当 $\overline{CE}$ 端为高电平时,2716 就工作在备用方式,此时它的输出端工作在高阻状态。

Intel 2716 在出厂时或在擦除后,所有单位的内容全为"1",要使某一位为"0",必须经过编程。编程是一个单元一个单元进行的,此时 V_{PP} 接至 +25V,$\overline{OE}$ 接高电平,要编程写入的数据接至 2716 的数据输出线,当地址和数据稳定以后在 $\overline{CE}$ 输入端加一个 50ms 的正脉冲。在这个正脉冲的作用下,可以使内部的管子瞬时击穿,从而使浮空栅截获足够数量的电子。当脉冲过后,管子恢复,但浮空栅被绝缘物 SiO_2 所包围,电子的泄漏很慢,于是相当于在浮空栅上加上了负电源,从而感应出导电沟道使管子导通,存储的内容变为"0"。

要注意的是,编程后的芯片在阳光的影响和正常水平的荧光灯的照射下,经过 3 年时间,在浮空栅上的电荷可泄漏完;在阳光的直接照射下,经过一个星期,电荷可泄漏完。所以,在正常使用的时候,应在芯片的照射窗口上贴上黑色的保护层。

若要擦除已编程的内容,建议使用 2537A 的紫外线灯。用功率为 $12\,000\mu W/cm^2$ 的紫外线灯泡,在 2716 窗口 1 英寸的上方照射 15～20 分钟。

3. 高集成度的 EPROM

随着超大规模集成电路技术的发展,现在 EPROM 的集成度越来越高。高集成度的 EPROM 的工作原理、使用方法与 2716 是类似的。下面以 Intel 27128 为例,介绍它的主要特点。

Intel 27128 的最大访问时间为 250ns,它可以与高速的 8MHz 的 iAPX186 兼容,不需要插入等待状态。它的结构方框图如图 6-27 所示。

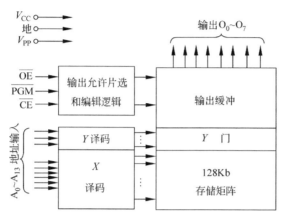

图 6-27　Intel 27128 结构方框图

128Kb 组成 16K×8,则需要有 14 条地址输入线,经过译码在 16K 地址中选中一个单元,此单元的 8 位同时输出,故有 8 条数据线。

输出和编程以及各种工作方式由 3 条控制线控制,这就是片选信号 $\overline{CE}$、输出允许信号 $\overline{OE}$ 和编程控制信号 $\overline{PGM}$。

Intel 27128 的引线以及与别的芯片的引线对照如图 6-28 所示。

27256	2764	2732A	2716
V_{PP}	V_{PP}		
A_{12}	A_{12}		
A_7	A_7	A_7	A_7
A_6	A_6	A_6	A_6
A_5	A_5	A_5	A_5
A_4	A_4	A_4	A_4
A_3	A_3	A_3	A_3
A_2	A_2	A_2	A_2
A_1	A_1	A_1	A_1
A_0	A_0	A_0	A_0
O_0	O_0	O_0	O_0
O_1	O_1	O_1	O_1
O_2	O_2	O_2	O_2
地	地	地	地

27128 引线:

V_{PP}	1	28	V_{CC}
A_{12}	2	27	$\overline{PGM}$
A_7	3	26	A_{13}
A_6	4	25	A_8
A_5	5	24	A_9
A_4	6	23	A_{11}
A_3	7	22	$\overline{OE}$
A_2	8	21	A_{10}
A_1	9	20	$\overline{CE}$
A_0	10	19	O_7
O_0	11	18	O_6
O_1	12	17	O_5
O_2	13	16	O_4
地	14	15	O_3

2716	2732A	2764	27256
		V_{CC}	V_{CC}
		$\overline{PGM}$	A_{14}
V_{CC}	V_{CC}	N.C.	A_{13}
A_8	A_8	A_8	A_8
A_9	A_9	A_9	A_9
V_{PP}	A_{11}	A_{11}	A_{11}
$\overline{OE}$	$\overline{OE}/V_{PP}$	$\overline{OE}$	$\overline{OE}$
A_{10}	A_{10}	A_{10}	A_{10}
$\overline{CE}$	$\overline{CE}$	$\overline{CE}$	$\overline{CE}$
O_7	O_7	O_7	O_7
O_6	O_6	O_6	O_6
O_5	O_5	O_5	O_5
O_4	O_4	O_4	O_4
O_3	O_3	O_3	O_3

图 6-28　Intel 27128 的引线

Intel 27128 有 8 种工作方式,这些工作方式的选择如表 6-4 所示。

表 6-4   Intel 27128 方式选择表

方式	引　　线						
	$\overline{\text{CE}}$ (20)	$\overline{\text{OE}}$ (22)	$\overline{\text{PGM}}$ (27)	AG (24)	V_{PP} (1)	V_{CC} (28)	输出端 (11~13,15~19)
读	低	低	高	×	V_{CC}	V_{CC}	数据输出
输出禁止	低	高	高	×	V_{CC}	V_{CC}	高阻
备用	高	×	×	×	V_{CC}	V_{CC}	高阻
编程	低	高	低	×	V_{PP}	V_{CC}	数据输入
校验	低	低	高	×	V_{PP}	V_{CC}	数据输出
编程禁止	高	×	×	×	V_{PP}	V_{CC}	高阻
Intel 标识符	低	低	高	高	V_{CC}	V_{CC}	编码
Intel 编程方法	低	高	低	×	V_{PP}	V_{CC}	数据输入

(1) 读方式

这是 Intel 27128 正常的使用方式,此时两条电源引线 V_{CC} 和 V_{PP} 都接 +5V,$\overline{\text{PGM}}$ 接至高电平。每当要从一个地址单元读数据时,CPU 先通过地址引线送来地址信号,接着要用控制信号(若 8086 CPU 则为 IO/$\overline{\text{M}}$ 和 $\overline{\text{RD}}$ 信号),使 $\overline{\text{CE}}$ 和 $\overline{\text{OE}}$ 都有效。于是经过一段时间,指定单元的内容就可以读出到数据输出脚上。其时序如图 6-29 所示。

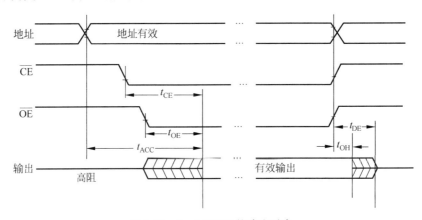

图 6-29   Intel 27128 的读出时序

(2) 备用方式

当某一片 27128 未被选中时,为了降低芯片的功耗,设了一种备用方式。只要 $\overline{\text{CE}}$ 为高电平,则 27128 就工作在备用方式,此时,最大的有效电流由 100mA 降为 40mA,输出端处在高阻状态。

(3) 编程方式

当芯片出厂时,或利用紫外线擦除后,所有单元的所有位的信息全为"1",只有经过编程才能使"1"变为"0"。编程是以存储单元为单位进行的,编程时,从输出端 $O_0 \sim O_7$ 输入这个单元要存放的数据;电源 V_{CC} 端仍接 5V,而 V_{PP} 端必须接 21V;$\overline{\text{CE}}$ 端保持为低,而 $\overline{\text{OE}}$ 保持为高,对于每一个地址单元,在$\overline{\text{PGM}}$端必须供给一个低电平有效、宽度为 50ms 的脉冲,如图 6-30 所示。

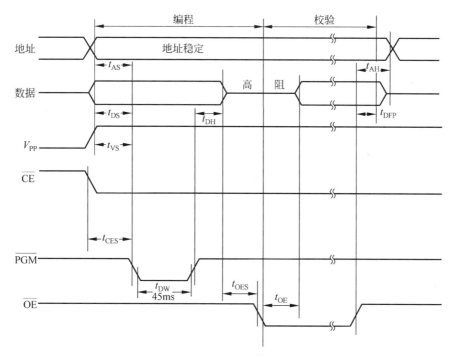

图 6-30　Intel 27128 编程时的波形

若多片 27128 的同一地址单元的内容相同,则只要把它们并行连接,就可以用同一个数据对它们同时实现编程。

（4）编程禁止方式

若在编程时,有若干个 27128 并联,但是某一地址单元要写入的数据不同,因此,有的芯片的编程要禁止,则只要使这个芯片的$\overline{\text{CE}}$端为高电平就可以了。

（5）校验方式

在编程过程中,为了检查编程时写入的数据是否正确,通常在编程过程中包含校验操作,在一个字节的编程完成以后,电源的接法不变,$\overline{\text{PGM}}$为高电平,$\overline{\text{CE}}$保持低电平,令$\overline{\text{OE}}$也变为低电平,则同一单元的数据在 $O_0 \sim O_7$ 上输出,就可以与要输入的数据相比较,校验编程是否正确。

（6）Intel 的编程算法

上面提到的利用 50ms 的$\overline{\text{PGM}}$脉冲进行编程,是对 EPROM 编程的典型方法。为了缩短编程时间,Intel 开发了一种新的编程方法,其流程图如图 6-31 所示。用这种方法进行编程,其可靠性与标准的用 50ms 脉冲进行编程时相同,而编程时间,对于 27128 来说约为 2 分钟,仅为标准方法的 1/6。

4. 电可擦除的可编程序的 ROM

一个电可擦除的可编程序的 ROM（Electrically Erasable Programmable ROM,E^2PROM）管子的结构示意图如图 6-32 所示。它的工作原理与 EPROM 类似,当浮空栅上

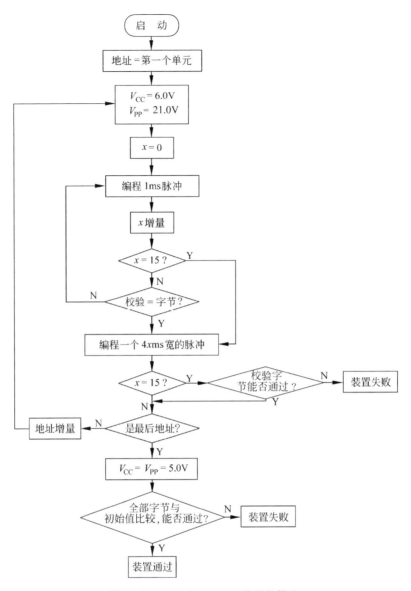

图 6-31　Intel 对 EPROM 编程的算法

没有电荷时，则管子的漏极和源之间不导电；若设法使浮空栅带上电荷，则管子就导通。在 E^2PROM 中，使浮空栅带上电荷和消去电荷的方法与 EPROM 中是不同的。在 E^2PROM 中漏极上面增加了一个隧道二极管，它在第二栅与漏极之间的电压 V_G 的作用下（在电场的作用下），可以使电荷通过它流向浮空栅（即起编程作用）；若 V_G 的极性相反，也可以使电荷从浮空栅流向漏极（起擦除作用）。而编程与擦除所用的电流是极小的，可用极普通的电源供给 V_G。

E^2PROM 的另一个优点是擦除可以按字节分别进行（不像 EPROM 擦除时把整个芯片的内容全变为"1"）。字节的编程和擦除都只需要 10ms。

E^2PROM 仍在发展中，所以我们就不作进一步的介绍了。

5. 新一代可编程只读存储器 FLASH 存储器

FLASH 的典型结构与逻辑符号如图 6-33 所示。

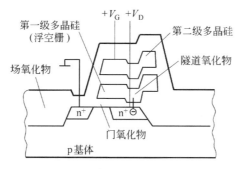

图 6-32 E²PROM 结构示意图

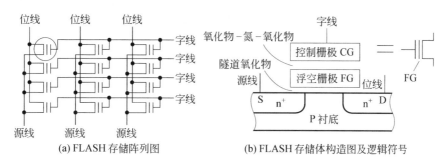

(a) FLASH 存储阵列图   (b) FLASH 存储体构造图及逻辑符号

图 6-33 FLASH 结构示意图

FLASH 与 E²PROM 有些类似,但工作机制却有所不同。FLASH 的信息存储电路由一个晶体管构成,通过沉积在衬底上被场氧化物包围的多晶硅浮空栅来保存电荷,以此维持衬底上源、漏极之间导电沟道的存在,从而保持其上的信息存储。若浮空栅上保存有电荷,则在源、漏极之间形成导电沟道,这是一种稳定状态,此时可以认为该单元电路保存"0"的信息;若浮空栅上没有电荷存在,则在源、漏极之间无法形成导电沟道,这是另一种稳定状态,此时可以认为该单元电路保存"1"的信息。

上述这两种稳定状态可以相互转换:状态"0"到状态"1"的转换过程,是将浮空栅上的电荷移走的过程,如图 6-34(a)所示。若在源极与栅极之间加一个正向电压 $V_{GS}=12V$(或一个其他值),则浮空栅上的电荷将向源极扩散,从而导致浮空栅的部分电荷丢失,不能在源、漏极之间形成导电沟道,完成状态的转换,该转换过程称为对 FLASH 擦除。当要进行状态"1"到状态"0"的转换时,如图 6-34(b)所示,在栅极与源极之间加一个正向电压 V_{SG}(与上面提到的电压 V_{GS} 的极性相反),在漏极与源极之间加一个正向电压 V_{SD},并保证 $V_{SG} > V_{SD}$,来自源极的电荷向浮空栅扩散,使浮空栅上带上电荷,在源、漏极之间形成导电沟道,完成状态

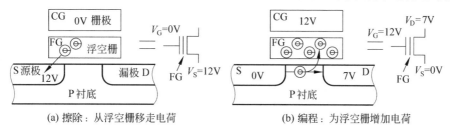

(a) 擦除:从浮空栅移走电荷   (b) 编程:为浮空栅增加电荷

图 6-34 FLASH 擦除与编程说明示意图

的转换,该转换过程称为对 FLASH 编程。进行正常的读取操作时只要撤销 V_{SG},加一个适当的 V_{SD} 即可。据测定,正常使用情况下,在浮空栅上编程的电荷可以保存 100 年而不丢失。

由于 FLASH 只需单个器件(即一个晶体管)即可保存信息,因此,具有很高的集成度,这与 DRAM 类似,由于 DRAM 用一个电容来保存电荷,而电容存在漏电现象,故需要动态刷新电路对电容进行不断的电荷补偿。在访问速度上 FLASH 也已经接近 EDO 类型的 DRAM。供电撤销之后,保存在 FLASH 中的信息不丢失,FLASH 具有只读存储器的特点。在对其擦除和编程时,只要在源、栅极或栅、源极之间加一个适当的正向电压即可,可以在线擦除与编程,FLASH 又具有 E^2 PROM 的特点。对 FLASH 进行擦除时是按块进行的,这又具有 E^2 PROM 的整块擦除的特点。总之,FLASH 是一种高集成度、低成本、高速、能够灵活使用的新一代只读存储器。FLASH 存储器与其他类型的存储器的对比,如表 6-5 和表 6-6 所示。

表 6-5　存储器技术比较

特性	FLASH 1 个晶体管	DRAM 1 个晶体管 加 1 个电容	E^2 PROM 2 个晶体管	SRAM 4 个晶体管 加 2 个晶体管
核心电路面积/μmm² (0.4μm 的工艺)	2.0	3.2	4.2	2.2
芯片面积/mm² (16Mb 密度)	61	98	107	59 (1Mb 密度)
读取速度/ns	80(5V) 120(3V)	60	150	≤60

表 6-6　FLASH 与 E^2 PROM 存储器比较

特　性	FLASH	E^2 PROM
写时间(典型值)	10μs/B(5V);17μs/B(3V)	10ms/16、32 或 64 页面; 157~625μs/B
擦除时间(典型值)	800ms/8KB 块(5V); 1000ms/8KB 块(3V)	——
内部编程/擦除电压	5V/12V(PSE),5V/−10V(HOE)	5V/21V
周期	10~100KB 擦除周期/块, 10~300MB 写周期/字节	10~100MB 写周期/字节

习　　题

6.1　若有一单板机,具有用 8 片 2114 芯片构成的 4KB RAM,连线如图 6-35 所示。

若以每 1KB RAM 作为一组,则此 4 组 RAM 的基本地址是什么? 地址有没有重叠区? 每一组的地址范围为多少?

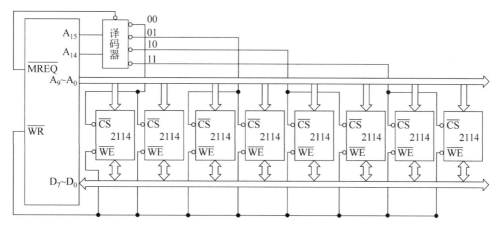

图 6-35　单板机与用 8 片 2114 芯片构成 4KB RAM 的连线图

6.2 若某一单板机的存储器连线如图 6-36 所示。

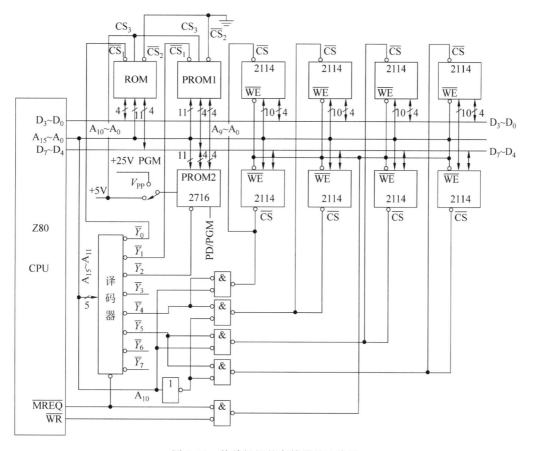

图 6-36　某单板机的存储器的连线图

其中,地址译码器的输出与输入编码之间的关系如表 6-7 所示。

分析图上的 ROM、PROM1、PROM2 和各组 RAM(1KB 为一组)的地址范围;每一种存储器的地址有没有重叠？重叠区是什么？

表 6-7　习题 6.2 译码器的输出与输入编码之间的关系

$A_{15} \sim A_{11}$	译码器输出		$A_{15} \sim A_{11}$	译码器输出	
00111	$\overline{Y}_7$	未用	00011	$\overline{Y}_3$	未用
00110	$\overline{Y}_6$	未用	00010	$\overline{Y}_2$	PROM2 选择
00101	$\overline{Y}_5$	RAM2 选择	00001	$\overline{Y}_1$	PROM1 选择
00100	$\overline{Y}_4$	RAM1 选择	00000	$\overline{Y}_0$	ROM 选择

6.3　在题 6.2 中，若用 2114 芯片扩展 4KB RAM 有没有可能？芯片的各引线应如何连接？

6.4　若要扩充 1KB RAM(用 2114 芯片)，规定地址为 8000～83FFH，地址线应如何连接？

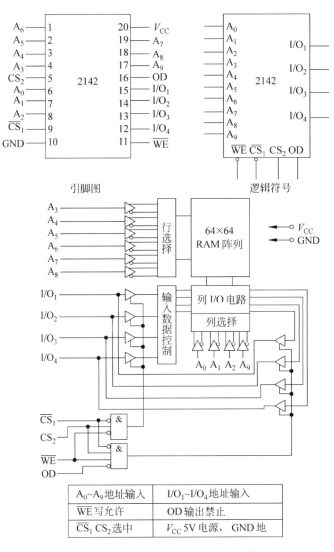

图 6-37　静态 RAM 芯片 2142 的方框图

6.5 若要用 2114 芯片扩充 2KB RAM,规定地址为 4000～47FFH,地址线应如何连接?

6.6 如何检查扩展的 RAM 工作是否正常?

6.7 编写一个简单的 RAM 检查程序,此程序能记录有多少个 RAM 单元工作有错,且能把出错的 RAM 单元的地址记录下来。

6.8 若有型号为 2142 的 1024×4 位静态 RAM 芯片,其方框图、读出和写入的时序如图 6-37、图 6-38 和图 6-39 所示。若与 8088 CPU 相配合构成 2KB RAM。分析此存储器与 CPU 如何连线;分析存储器读周期以及写周期的时序能否与 CPU 相配合,是否要插入 T_W 状态。

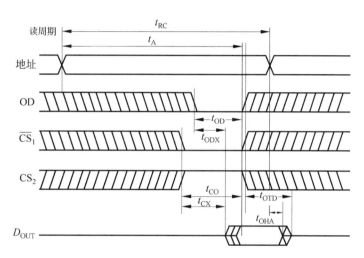

符号	参　　数	2142-2		2142-3,2142L3		2142,2142L		单位
		最小	最大	最小	最大	最小	最大	
t_RC	读周期	200		300		450		ns
t_A	存取时间		200		300		450	ns
t_OD	输出允许到输出稳定		70		100		120	ns
t_ODX	输出允许到输出有效	20		20		20		ns
t_CO	片选到输出稳定		70		100		120	ns
t_CX	片选到输出有效	20		20		20		ns
t_OTD	从禁止到输出三态		60		80		100	ns
t_OHA	从地址改变到输出保持	50		50		50		ns

图 6-38　静态 RAM 芯片 2142 的读出时序

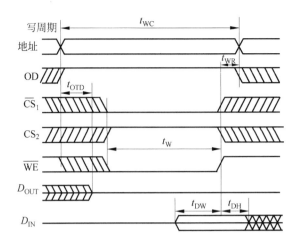

符号	参 数	2142-2		2142-3,2142L3		2142,2142L		单位
		最小	最大	最小	最大	最小	最大	
t_{WC}	写周期	200		300		450		ns
t_W	写时间	120		150		200		ns
t_{WR}	写释放时间	0		0		0		ns
t_{OTD}	从禁止到输出三态		60		80		100	ns
t_{DW}	数据与写信号的重叠时间	120		150		200		ns
t_{DH}	写无效后的数据保持	0		0		0		ns

图 6-39 静态 RAM 芯片 2142 的写入时序

第 7 章　输入和输出

7.1　概　　述

输入和输出设备是计算机系统的重要组成部分。程序、原始数据和各种现场采集到的资料和信息,都要通过输入设备输入至计算机;计算结果或各种控制信号要输出给对应的输出设备,以便显示、打印和实现各种控制动作。常用的输入设备有键盘、鼠标、扫描仪,以及提供经过 A/D(模/数)转换的现场信息的设备等;常用的输出设备有显示器、打印机、绘图仪,以及提供经过 D/A(数/模)转换的各种控制信号的设备。近年来,多媒体技术有了很大发展,声音和图像的输入和输出设备也是重要的 I/O 设备。CPU 与外部设备(Peripheral)交换信息也是计算机系统中十分重要和十分频繁的操作。

外部设备的种类繁多,可以是机械式、电动式、电子式以及其他形式。输入的信息也不相同,可以是数字量、模拟量(模拟式的电压、电流),也可以是开关量(两个状态的信息)。输入信息的速度也有很大区别,可以是手动的键盘输入(每个字符输入的速度为秒级),也可以是磁盘输入(它能以 1Mbps 的速率传送)。所以 CPU 与外设之间的连接与信息交换是比较复杂的。

7.1.1　输入输出的寻址方式

CPU 寻址外设可以有两种方式:存储器对应的输入输出方式和端口寻址的输入输出方式。

1. 存储器对应的输入输出方式

在这种方式中,把一个外设端口作为存储器的一个单元来对待,故每一个外设端口占有存储器的一个地址。从外部设备输入一个数据,作为一次存储器读的操作;而向外部设备输出一个数据,则作为一次存储器写的操作。

这种方式的优点是:

- CPU 对外设的操作可使用全部的存储器操作指令,故指令多,使用方便。如可以对外设中的数据(存于外设的寄存器中)进行算术和逻辑运算,进行循环或移位等。
- 内存和外设的地址分布图是同一个。
- 不需要专门的输入输出指令以及区分是存储器还是 I/O 操作的控制信号。

缺点是:

外设占用了内存单元,使内存容量减小。

2. 端口寻址的输入输出方式

在这种工作方式中,CPU 有专门的 I/O 指令,用于区分是存储器访问还是外设访问的控制信号。用地址来区分不同的外设。但要注意,实际上是以端口(Port)作为地址的单元,因为一个外设不仅有数据寄存器,还有状态寄存器和控制命令寄存器,它们各需要一个端口才能加以区分,故一个外设往往需要多个端口地址。CPU 用地址来选择外设。通常专用的 I/O 指令,只用一个字节作为端口地址,故最多可寻址 256 个端口。

要寻址的外设的端口地址,显然比内存单元的地址要少得多。所以,在用直接寻址方式寻址外设时,它的地址字节,通常总要比寻址内存单元的地址少一个字节,因而节省了指令的存储空间,缩短了指令的执行时间。

在 x86 系列微处理器中,例如在 Intel 8088 和 8086 中,若用直接寻址方式寻址外设,则仍用一个字节的地址,可寻址 256 个端口;而在用 DX 间接寻址外设时,则端口地址是 16 位的,可寻址 $2^{16}=64\mathrm{K}$ 个端口地址。

在用端口寻址方式寻址外设的 CPU 中,必须要有控制线来区分是寻址内存,还是寻址外设。

7.1.2　CPU 与 I/O 设备之间的接口信息

CPU 与一个外设之间交换信息,如图 7-1 所示。

通常传送的是如下一些信号。

1. 数据

在微型计算机中,数据(Data)通常为 8 位、16 位或 32 位。它大致可以分为 3 种基本类型:

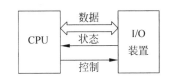

图 7-1　CPU 与 I/O 之间传送的信息

(1) 数字量

由键盘等输入的信息,是以二进制形式表示的数或以 ASCII 码表示的数或字符。

(2) 模拟量

当计算机用于控制时,大量的现场信息经过传感器把非电量(例如温度、压力、流量、位移等)转换为电量,并经放大即得到模拟电压或电流。这些模拟量必须先经过 A/D 转换才能输入计算机(位数由 A/D 转换的精度确定),计算机的控制输出也必须先经过 D/A 转换才能去控制执行机构。

(3) 开关量

这是一些两个状态的量,如电机的运转与停止、开关的合与断、阀门的打开和关闭等。这些量只要用一位二进制数即可表示,故字长 8 位的机器一次输入或输出,可控制 8 个这样的开关量。

2. 状态信息

在输入时,有输入设备是否准备好(Ready)的状态信息(Status);在输出时,有输出设备是否有空(Empty)的状态信息,若输出设备正在输出,则以忙(Busy)指示等。

3. 控制信息

控制信息(Control)用于控制输入输出设备启动或停止等。

状态信息和控制信息与数据是不同性质的信息,必须要分别传送。但在大部分微型计算机中(8086 也如此),只有通用的 IN 和 OUT 指令,因此,外设的状态也必须作为一种数据输入;而 CPU 的控制命令也必须作为一种数据输出。为了使它们相互区分开,它们必须有自己的不同的端口地址,如图 7-2 所示。数据需要一个端口;外设的状态也需要一个端口,

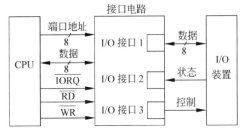

图 7-2　CPU 与外设之间的接口

CPU 才能把它读入,以便了解外设的运行情况;CPU 的控制信号往往也需要一端口输出,以控制外设的正常工作。所以,一个外设往往要几个端口地址,CPU 寻址的是端口,而不是笼统的外设。一个端口的寄存器往往是 8 位的,通常一个外设的数据端口也是 8 位的,而状态与控制端口只用其中的 1 位或 2 位,故不同的外设的状态或控制信息可共用一个端口。

7.1.3　CPU 的输入输出时序

第 5 章介绍了在最大组态下 8086 的基本输入输出总线周期的时序,它与存储器读写的时序是类似的。但是,通常 I/O 接口电路的工作速度较慢,往往要插入等待状态。所以,基本 I/O 操作由 T_1、T_2、T_3、T_W、T_4 组成,占用 5 个时钟周期,如图 7-3 所示。

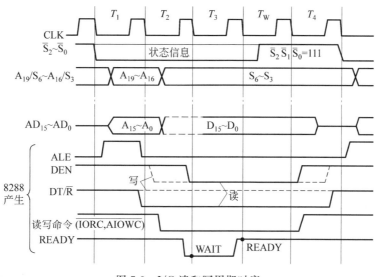

图 7-3　I/O 读和写周期时序

我们在这里要强调一下,图 7-3 是 CPU 在实现输入输出时的时序,它在 T_1 周期发出要访问的端口的地址以及相关的控制信号。等待一段时间后,准备于 T_4 的前沿获取输入的数据或完成数据的输出。

要访问的外部设备或接口电路(由于输入输出设备的工作速度与电气性能与 CPU 差距巨大,通常要通过接口电路与 CPU 相连接)能否如 CPU 所希望的时间内传递数据。这就存在一个时间配合问题。为此,CPU 提供一个联络信号——READY 来妥善处理 CPU 与外设接口的时序配合。

7.1.4　CPU 与接口电路间数据传送的形式

CPU 与外设的信息交换称为通信(Communication)。基本的通信方式有两种(如图 7-4 所示):

- 并行通信——数据的各位同时传送;
- 串行通信——数据一位一位顺序传送。

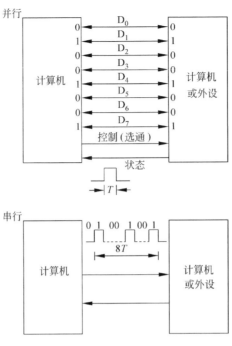

图 7-4　并行通信与串行通信

7.1.5　IBM PC 与外设的接口与现代 PC 的外设接口

1981 年 IBM PC 刚推出来时,系统的基本配置如图 7-5 所示。它所配置的外设是非常简单和初级的。当时,CPU 为了与这些外设接口采用了如图 7-6 中所示的主要接口芯片。

通用的集成芯片有计数器/定时器电路 8253、并行接口芯片 8255、中断控制器 8259、DMA 控制器 8237、串行通信控制器 8250 等。另外,还用几十个中小规模的集成电路做成的缓冲器、锁存器,用于与存储器以及键盘等 I/O 设备接口。总之,在主板上密密麻麻有大量的各种集成电路芯片及各种电阻和电容。

随着集成电路技术的发展,把这些集成电路制作在两块大规模集成电路芯片中。图 7-7 是 Pentium Ⅲ 时的主流集成电路接口芯片。

Pentium Ⅲ 通过上面一块接口芯片 82815 GMCH(通常称为北桥),一方面与高速主存储器(SDRAM)接口,另一方面与显示器接口,特别是与高速图形接口 AGP(Accelerate Graphic Port)局部总线相接口。AGP 是为了解决高速视频或高品质图形、图像的显示专门引入的接口。

Pentium Ⅲ 又通过下一块接口芯片 82801BA ICH2(通常称为南桥)连接 IDE 接口(硬盘、CD-ROM 等)、USB 接口;音频设备、调制解调器;键盘与鼠标以及接至 PCI 总线的扩展槽等。

图 7-8 显示了最新的 80x86 系列结构微处理器 Pentium 4 及其专用的台式机接口芯片。

其主要功能与上述的 Pentium Ⅲ 接口芯片相同。

虽然这些接口芯片采用了最新技术,性能上有了很大的提高,也使现代 PC 的主板结构大大简化。但从功能上来说,它们仍然要实现 8253 的计数器/定时器功能、8255 的并行 I/O 接口功能、8259 的中断控制器功能、8237 的 DMA 控制器功能和 8250 的串行通信功能,而

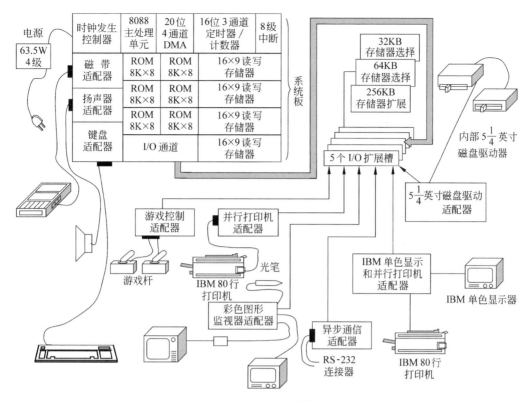

图 7-5　IBM PC 基本系统结构方框图

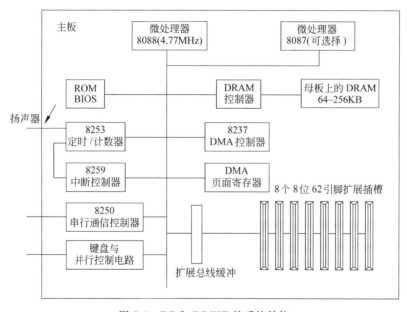

图 7-6　PC 和 PC/XT 的系统结构

且它们是台式机的专用芯片。如果读者要构成一个测量或控制系统,就不可能使用这些专用芯片,而是仍然要用上述的通用芯片。从这种情况出发,故本书中介绍的接口芯片,仍然是 8253(4)、8255、8259、8237 和 8251 等。

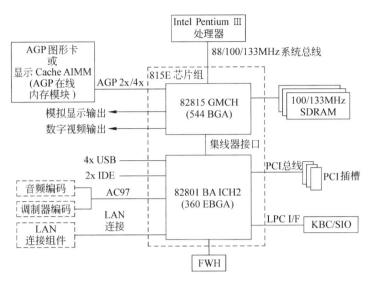

图 7-7　Pentium Ⅲ 台式机专用接口芯片

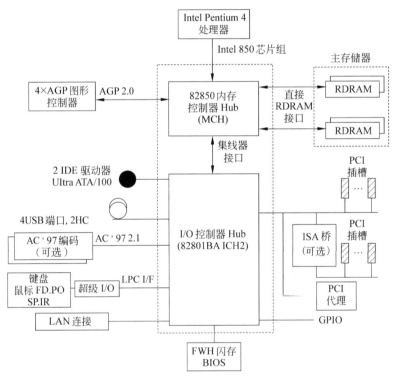

图 7-8　Pentium 4 台式机专用接口芯片

7.2　CPU 与外设数据传送的方式

当 CPU 与外设进行信息（数据、状态信号和控制命令）传送时，为了保证传送的可靠和提高工作效率，有几种不同的传送方式。

7.2.1 查询传送方式

CPU 与 I/O 设备的工作往往是异步的,因此很难保证当 CPU 执行输入操作时,外设已把要输入的信息准备好了;而当 CPU 执行输出时,外设的寄存器(用于存放 CPU 输出数据的寄存器)一定是空的。所以,通常程序控制的传送方式在传送之前,必须要查询一下外设的状态,当外设准备就绪了才传送;若未准备好,则 CPU 等待。

1. 查询式输入

在输入时,CPU 必须了解外设的状态,看外设是否准备好。所以,接口部分除了有数据传送的端口以外,还必须有传送状态信号的端口,其方框图如图 7-9 所示。

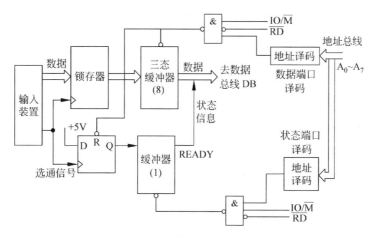

图 7-9　查询式输入的接口电路

当输入设备的数据已准备好后,便发出一个选通信号,一边把数据送入锁存器,一边使 D 触发器为"1",给出"准备好"(READY)的状态信号。数据信号与状态信号必须由不同的端口输至 CPU 数据总线。当 CPU 要由外设输入信息时,先输入状态信息,检查数据是否已准备好,当数据已经准备好后,才输入数据。读入数据的指令,使状态信息清"0"。

读入的数据是 8 位或 16 位的,而读入的状态信息往往是 1 位的,如图 7-10 所示。所以,不同的外设的状态信息,可以使用同一个端口,而只要使用不同的位就可以了。

这种查询输入方式的程序流程图如图 7-11 所示。

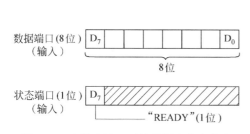

图 7-10　查询式输入时的数据和状态信息

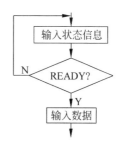

图 7-11　查询式输入程序流程图

查询部分的程序如下:

POLL:	IN	AL,STATUS_PORT	;从状态端口输入状态信息
	TEST	AL,80H	;检查 READY 是否为 1
	JE	POLL	;未准备好,循环
	IN	AL,DATA_PORT	;准备好,从数据端口输入数据

这种 CPU 与外设的状态信息的交换方式,称为应答式,状态信息称为"联络"或称为"握手"(Handshake)信息。

2. 查询式输出

同样地,在输出时 CPU 也必须了解外设的状态,看外设是否有空(即外设不是正处在输出状态,或外设的数据寄存器是空的,可以接收 CPU 输出的信息),若有空,则 CPU 执行输出指令,否则就等待。因此,接口电路中也必须要有状态信息的端口,其电路方框图如图 7-12 所示。

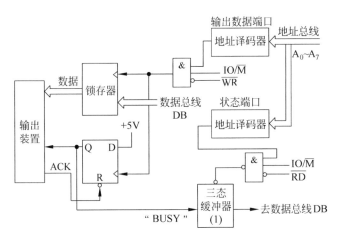

图 7-12　查询式输出接口电路

当输出设备把 CPU 要输出的数据输出以后,发出一个 ACK(Acknowledge)信号,使 D 触发器置"0",也就是使"BUSY"线为 0(Empty=$\overline{BUSY}$),当 CPU 输入这个状态信息后,知道外设为"空",于是就执行输出指令。输出指令执行后,由地址信号和 IO/$\overline{M}$ 及 $\overline{WR}$ 相"与"后,发出选通信号,把在数据线上输出的数据送至锁存器,同时,令 D 触发器置"1",它一方面通知外设输出数据已经准备好,可以执行输出操作,另一方面在数据由输出设备输出以前,一直为"1",告知 CPU(CPU 通过读状态端口而知道)外设"BUSY",阻止 CPU 输出新的数据。

接口电路的端口信息为:数据端口为 8 位或 16 位,状态信息 1 位,如图 7-13 所示,查询式输出的程序流程图如图 7-14 所示。

查询部分的程序为:

POLL:	IN	AL,STATUS_PORT	;从状态端口输入状态信息
	TEST	AL,80H	;检查 BUSY 位
	JNE	POLL	;若忙,则循环等待
	MOV	AL,STORE	;否则,从缓冲区取数据
	OUT	DATA_PORT,AL	;从数据端口输出

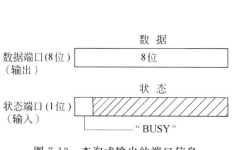

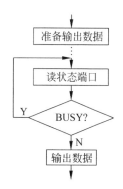

图 7-13　查询式输出的端口信息　　　　图 7-14　查询式输出程序流程图

其中，STATUS_PORT 是状态端口的符号地址；DATA_PORT 是数据端口的符号地址；STORE 是存放数据的单元的地址偏移量。

3. 一个采用查询方式的数据采集系统

一个有 8 个模拟量输入的数据采集系统，用查询的方式与 CPU 传送信息，其电路方框图如图 7-15 所示。

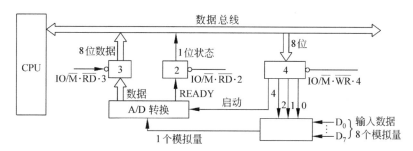

图 7-15　查询式数据采集系统

8 个输入模拟量，经过多路开关——它由端口 4 输出的 3 位二进制码（D_0、D_1、D_2）控制（000——相应于 A_0 输入），每次送出一个模拟量至 A/D 转换器；同时 A/D 转换器由端口 4 输出的 D_4 位控制启动与停止。A/D 转换器的 READY 信号由端口 2 的 D_0 输至 CPU 数据总线，经 A/D 转换后的数据由端口 3 输至数据总线。所以，这样的一个数据采集系统，需要用到 3 个端口，它们有各自的地址。

实现这样的数据采集过程的程序为：

```
START：  MOV   DL,0F8H    ;设置启动 A/D 转换的信号
         LEA   DI,DSTOR   ;存放输入数据缓冲区的地址偏移量→DI
AGAIN：  MOV   AL,DL
         AND   AL,0EFH    ;使 D₄＝0
         OUT   [4],A      ;停止 A/D 转换
         CALL  DELAY      ;等待停止 A/D 操作的完成
         MOV   AL,DL
         OUT   [4],A      ;启动 A/D,且选择模拟量 A₀
```

```
POLL:   IN      AL,[2]      ;输入状态信息
        SHR     AL,1
        JNC     POLL        ;若未准备好,程序循环等待
        IN      AL,[3]      ;否则,输入数据
        STOSB               ;存至内存
        INC     DL          ;修改多路开关控制信号,指向下一个模拟量
        JNE     AGAIN       ;8 个模拟量未输入完,循环
                            ;已完,执行别的程序段
```

7.2.2　中断传送方式

在上述的查询传送方式中,CPU 要不断地询问外设,当外设没有准备好时,CPU 要等待,不能进行其他操作,这样就浪费了 CPU 的时间。而且许多外设的速度是较慢的,如键盘、打印机等,它们输入或输出一个数据的速度是很慢的,在这个过程中,CPU 可以执行大量的指令。为了提高 CPU 的效率,可采用中断的传送方式:在输入时,若外设的输入数据已存入寄存器;在输出时,若外设已把上一个数据输出,输出寄存器已空,由外设向 CPU 发出中断请求(有关中断的详细工作情况,我们将在第 8 章中讨论),CPU 就暂停原执行的程序(即实现中断),转去执行输入或输出操作(中断服务),待输入输出操作完成后即返回,CPU 再继续执行原来的程序。这样就可以大大提高 CPU 的效率,而且允许 CPU 与外设(甚至多个外设)同时工作。

在中断传送时的接口电路的方框图如图 7-16 所示。

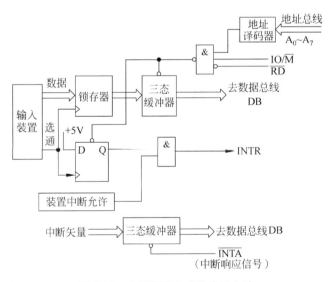

图 7-16　中断传送方式的接口电路

当输入设备输入数据时,应发出选通信号,把数据存入锁存器,又使 D 触发器置"1",发出中断请求,若中断是开放的,CPU 接受了中断请求信号后,在现行指令执行完后,暂停正在执行的程序,发出中断响应信号 $\overline{\text{INTA}}$,于是外设把一个中断矢量发到数据总线上,CPU 就转入中断服务程序——即输入(或输出)数据,同时清除中断请求标志。当中断处理完后,CPU 返回被中断的程序继续执行。

7.2.3 直接数据通道传送方式

利用中断进行数据传送,可以大大提高 CPU 的利用率。例如某一外设 1 秒能传送 100 个字节。若用查询方式输入,则在这 1 秒内 CPU 全部用于查询和传送;若用中断方式,假定 CPU 每传送一个字节的服务程序需 $100\mu s$,则传送 100 字节,CPU 只需用 10ms,即只占 1 秒的 1/100,这样,99/100 的时间 CPU 可用于执行主程序。

但是中断传送仍是由 CPU 通过程序来传送,每次保护断点,保护现场需用多条指令,每条指令要有取指和执行时间。这对于一个高速 I/O 设备,以及成组交换数据的情况,例如磁盘与内存间的信息交换,就显得速度太慢了。

所以我们希望用硬件在外设与内存间直接进行数据交换(DMA),而不通过 CPU,这样数据传送速度的上限就取决于存储器的工作速度。但是,通常系统的地址和数据总线以及一些控制信号线(例如 IO/$\overline{\text{M}}$、$\overline{\text{RD}}$、$\overline{\text{WR}}$等)是由 CPU 管理的。在 DMA 方式下,就希望 CPU 把这些总线让出来(即 CPU 连到这些总线上的线处于第三态——高阻状态),而由 DMA 控制器接管,控制传送的字节数,判断 DMA 是否结束,以及发出 DMA 结束等信号。这些都是由硬件实现的。故 DMA 控制器必须有以下功能:

- 能向 CPU 发出 HOLD 信号;
- 当 CPU 发出 HLDA 信号后,接管对总线的控制,进入 DMA 方式;
- 发出地址信息,能对存储器寻址及能修改地址指针;
- 能发出读或写等控制信号;
- 能决定传送的字节数,及判断 DMA 传送是否结束;
- 发出 DMA 结束信号,使 CPU 恢复正常工作状态。

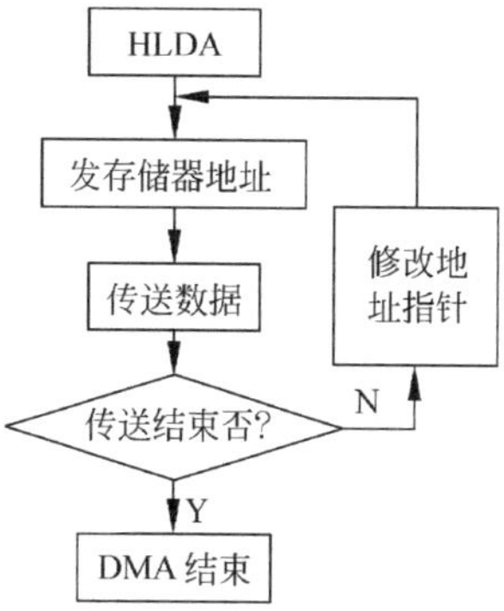

通常 DMA 的工作流程如图 7-17 所示。

图 7-17　DMA 工作流程图

能实现上述操作的 DMA 控制器的硬件方框图如图 7-18 所示。

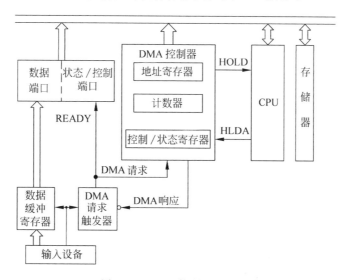

图 7-18　DMA 控制器方框图

当外设把数据准备好以后,发出一个选通脉冲,使 DMA 请求触发器置"1"。它一方面向控制/状态端口发出准备就绪信号,另一方面向 DMA 控制器发出 DMA 请求。于是 DMA 控制器向 CPU 发出 HOLD 信号,当 CPU 在现行的机器周期结束后,响应 HOLD 信号发出 HLDA 信号,于是 DMA 控制器就接管总线,向地址总线发出地址信号,在数据总线上给出数据,并给出存储器写的命令,这样就可把由外设输入的数据写入存储器。然后修改地址指针,修改计数器,检查传送是否结束,若未结束则循环直至整个数据传送完,其工作过程波形图如图 7-19 所示。

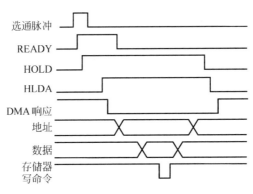

图 7-19 DMA 工作过程波形图

在整个数据传送完后,DMA 控制器撤除总线请求信号(HOLD 变低),在下一个 T 周期的上升沿,就使 HLDA 变低。

当 CPU 需要运行别的周期时,就会取得对总线的控制。

随着大规模集成电路技术的发展,DMA 传送已不局限于存储器与外设间的信息交换,而可以扩展为在存储器的两个区域之间,或两种高速的外设之间进行 DMA 传送,如图 7-20 所示。

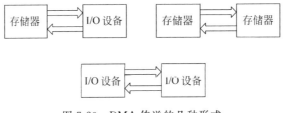

图 7-20 DMA 传送的几种形式

1. DMA 控制器的基本功能

DMAC 是控制存储器和外部设备之间直接高速地传送数据的硬件电路,它应能取代 CPU,用硬件完成如图 7-17 所示的各项功能。具体地说,DMAC 应具有如下功能:

① 能接收外设的请求,向 CPU 发出 DMA 请求信号;

② 当 CPU 发出 DMA 响应信号之后,接管对总线的控制,进入 DMA 方式;

③ 能寻址存储器,即能输出地址信息和修改地址;

④ 能向存储器和外设发出相应的读/写控制信号;

⑤ 能控制传送的字节数,判断 DMA 传送是否结束;

⑥ 在 DMA 传送结束以后,能结束 DMA 请求信号,释放总线,使 CPU 恢复正常工作。

以上是DMAC应该完成的基本功能,不同系列的DMAC往往附加一些新的功能,如一个芯片有几个DMA通道,能在DMA传送结束时产生中断请求信号等。

2. DMA传送方式

DMAC一般都有两种基本的DMA传送方式:

(1)单字节方式

每次DMA请求只传送一个字节数据,每传送完一个字节,都撤除DMA请求信号,释放总线。

(2)字节(字符)组方式

每次DMA请求连续传送一个数据块,待规定长度的数据块传送完了以后,才撤除DMA请求,释放总线。

在DMA传送中,为了使源和目的设备间的数据传送取得同步,不同的DMAC在操作时都受到外设的请求信号或准备就绪信号——READY信号的限制。

Intel系列、Zilog系列和Motorola系列都有自己的DMAC,其功能的基本方面是相似的,深入掌握了一种DMAC的工作原理和使用方法后,再学习其他的DMAC就容易多了。在IBM PC/XT中,采用的是Intel 8237 DMAC,所以,我们在后面以Intel 8237 DMAC为例进行介绍。

7.3   DMA控制器Intel 8237/8237-2

Intel 8237/8237-2是一种高性能的可编程的DMA控制器,采用5MHz的8237-2传送速度可以达到1.6Mbps。

7.3.1   主要功能

8237的主要功能如下。

① 一个芯片中有4个独立的DMA通道(8237必须与一片8位地址锁存器如8282连用)。

② 每一个通道的DMA请求都可以分别被允许和禁止。

③ 每一个通道的DMA请求有不同的优先权,优先权可以是固定的,也可以是旋转的(由编程决定)。

④ 每一个通道一次传送数据的最大长度可达64KB。可以在存储器与外设间进行数据传送,也可以在存储器的两个区域之间进行传送。

⑤ 8237的DMA传送有以下4种方式:

* 单字节传送方式;
* 数据块传送方式;
* 请求传送方式;
* 级连方式。

在每一种传送方式下,都能接收外设的请求信号DREQ,向CPU发出DMA请求信号HRQ。当接收到CPU的响应信号HLDA后就可以接管总线,进行DMA传送,并向外设发出响应信号DACK。每传送一个数据,都要修改地址指针(可以编程规定为增量修改或减量修改),字节数减1,当规定的传送长度(字节数)减到零时,会发出TC信号结束DMA

传送或重新初始化。

⑥ 有一个结束处理的输入信号 EOP,允许外界用此输入端来结束 DMA 传送或重新初始化。

⑦ 8237 可以级连,任意扩展通道数。

7.3.2　8237 的结构

8237 的方框图如图 7-21 所示。其中的通道部分只画出了一个通道的情况,即每个通道都有一个基地址寄存器(16 位)、基字节数计数器(16 位)、现行地址寄存器(16 位)和现行字节数计数器(16 位),每一个通道都有一个 6 位的模式寄存器以控制不同的工作模式,所以,8237 的内部寄存器类型和数量如表 7-1 所示。

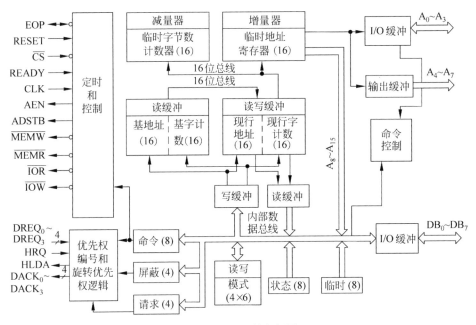

图 7-21　8237 的方框图

表 7-1　8237 内部寄存器

寄 存 器 名	容量/位	数量
基地址寄存器	16	4
基字节数计数器	16	4
现行地址寄存器	16	4
现行字节数计数器	16	4
临时地址寄存器	16	1
临时字节数计数器	16	1
状态寄存器	8	1
命令寄存器	8	1

寄 存 器 名	容量/位	数量
临时寄存器	8	1
模式寄存器	6	4
屏蔽寄存器	4	1
请求寄存器	4	1

这些寄存器的功用和编程我们将在后面介绍。

8237 的结构中包含了 3 个基本的控制逻辑块：

1. 时序控制逻辑块

根据编程规定的 DMAC 的工作模式,产生包括 DMA 请求、DMA 传送以及 DMA 结束所需要的内部时序(在后面介绍)和外部信号。

2. 程序命令控制块

对在 DMA 请求服务之前,CPU 编程时给定的命令字和模式控制字进行译码,以确定 DMA 服务的类型。

3. 优先权编码逻辑

对同时有请求的通道进行优先权编码,确定哪个通道的优先权最高。在 8237 中通道的优先权可以是固定的,也可以是旋转的。

另外,缓冲器、8237 的数据引线、地址引线都有三态缓冲器,因而可以接管也可以释放总线。

7.3.3　8237 的工作周期

8237 在设计时规定它有两种主要的工作周期(或工作状态),即空闲周期和有效周期。每一个周期又是由若干个时钟周期组成的。

1. 空闲周期

当 8237 的任一通道都无请求时,就进入空闲周期(Idle Cycle),在空闲周期,8237 始终执行 SI 状态,在每一个时钟周期都采样通道的请求输入线 DREQ。只要无请求就始终停留在 SI 状态。

在 SI 状态可由 CPU 对 8237 编程,或从 8237 读取状态。8237 在 SI 状态也始终采样片选信号 $\overline{CS}$,只要 $\overline{CS}$ 信号变为有效,则为 CPU 要对 8237 进行读/写操作。当 8237 采样到 $\overline{CS}$ 为低(有效)而 HRQ 也为低(无效)时,则进入程序状态,CPU 就可以写入 8237 的内部寄存器,实现对 8237 的编程或改变工作状态。在这种情况下,由控制信号 $\overline{IOR}$ 和 $\overline{IOW}$、地址信号 $A_3 \sim A_0$ 来选择 8237 内部的不同寄存器。由于 8237 内部的地址寄存器和字节数计数器都是 16 位的,而数据线是 8 位的,所以,在 8237 的内部有一个触发器,称为高/低触发器,由它来控制写入 16 位寄存器的高 8 位还是低 8 位。8237 还具有一些软件命令,这些命令是通过对地址($A_3 \sim A_0$)和 $\overline{IOW}$、$\overline{CS}$ 信号的译码决定的,不使用数据总线。

2. 有效周期

当 8237 在 SI 状态采样到外设有请求,就脱离 SI 而进入 S_0 状态,S_0 状态是 DMA 服务的第一个状态,在这个状态 8237 已接收了外设的请求,向 CPU 发出了 DMA 请求信号 HRQ,但尚未收到 CPU 的 DMA 响应信号 HLDA。当接收到 HLDA,就使 8237 进入工作状态,开始 DMA 传送。工作状态由 S_1、S_2、S_3、S_4 组成,以完成数据传送,若外设的数据传送速度较慢,不能在 S_4 之前完成,则可由 READY 线在 S_2 或 S_3 与 S_4 之间插入 S_w 状态。

在存储器与存储器之间的传送,需要完成从存储器读和存储器写的操作,所以每一次传送需要 8 个时钟周期,在前 4 个周期 S_{11}、S_{12}、S_{13}、S_{14} 完成从存储器读操作,在另外 4 个周期 S_{21}、S_{22}、S_{23}、S_{24} 完成存储器写操作。

7.3.4 8237 的引线

8237 是 40 个引脚的双列直插式器件,其引线如图 7-22 所示。

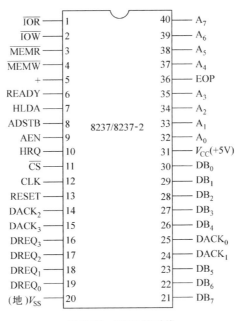

图 7-22 8237 的引线

- CLK(Clock,输入信号)——这个时钟信号控制了 8237 内部的操作和数据传送的速度,对于标准的 8237 频率为 3MHz,对于 8237-2 可以高达 5MHz。
- $\overline{CS}$(Chip Select,输入信号)——这是一个低电平有效的片选信号。当 8237 在空闲周期时,$\overline{CS}$ 有效就把 8237 作为一个 I/O 设备,可以通过数据总线与 CPU 通信。
- RESET(Reset,输入信号)——这是一个异步的高电平有效的复位信号。RESET 信号清除命令、状态、请求和临时寄存器;它也使高/低触发器复位并置屏蔽触发器(即所有通道工作在屏蔽状态)。在复位以后,8237 工作在空闲周期。
- READY(Ready,输入信号)——这是外设输给 8237 的高电平有效的信号,当在 S_3 状态以后的时钟下降沿检测到 READY 线为低电平,则插入 S_w 状态,直至 READY 线有效才进入 S_4 状态,完成数据传送。
- $DREQ_0 \sim DREQ_3$(DMA Request,输入)——这 4 个通道是外设请求 DMA 服务的信号。当外设要求服务时,就使相应的 DREQ 信号变为有效(DREQ 的有效电平可由编程确定）。在固定优先权情况下，$DREQ_0$优先权最高，而 $DREQ_3$ 优先权最低，但优先权可由编程改变。8237 用 DACK 信号作为对 DREQ 的响应，所以在相应的 DACK 信号变为有效之前，DREQ 信号必须维持有效。复位以后，DREQ 为高电平有效。

- $DACK_0 \sim DACK_3$（DMA Acknowledge，输出）——这是 8237 对每个通道请求的响应信号。8237 接收了通道请求，向 CPU 发送了 DMA 请求信号 HRQ，又接收到 CPU 的 DMA 响应信号 HLDA，开始了 DMA 传送以后，相应通道的 DACK 信号输出有效（有效电平可由编程确定）。复位以后，该信号规定为低电平有效。

- HRQ（Hold Request，输出）——这是 8237 输送给 CPU 的要求控制总线的 DMA 请求信号，高电平有效。8237 的任一个未屏蔽的通道有请求，都可以使 8237 向 CPU 输出一个有效的 HRQ 信号。在 HRQ 有效至 HLDA 有效之前至少有一个时钟周期（T_{CY}）。

- HLDA（Hold Acknowledge，输入）——这是 CPU 对 8237 的 HRQ 信号的响应。CPU 在接收到 HRQ 信号后，在现行机器（总线）周期结束以后让出总线，并使 HLDA 信号有效（高电平）。8237 接收到有效的 HLDA 信号就开始 DMA 传送。

- $DB_0 \sim DB_7$（Data Bus，输入输出）——这是 8 条双向三态数据总线，与系统的数据总线相连。在空闲周期，CPU 可以用 I/O 读命令，从数据总线上读取 8237 的地址寄存器、字节数计数器、状态寄存器和临时寄存器的内容，以了解 8237 的工作情况。CPU 也可以用 I/O 写命令通过这些线对各个寄存器编程。在 DMA 传送时，地址的高 8 位通过这些线输出，由 ADSTB 信号锁存至外设锁存器中。在存储器到存储器的传送时，从存储器读出数据通过这些线进入 8237 的内部，又由这些线把数据送至新的存储单元。

- $A_0 \sim A_3$（Address，输入输出）——这 4 条最低 4 位地址线也是双向三态信号线。在空闲周期，这 4 条是地址输入线，CPU 用这 4 条地址线选择 8237 内部不同的寄存器。在 DMA 传送时，这 4 条线是地址输出线，指出要访问的存储单元的最低 4 位地址。

- $A_4 \sim A_7$（Address，输出）——这是 4 条三态的地址输出线，只用于 DMA 传送时，由它们输出要访问的存储单元地址低 8 位中的高 4 位。

- $\overline{IOR}$（I/O Read，输入输出）——这是一条低电平有效的双向三态信号线。在空闲周期，它是一条输入控制信号，CPU 利用这个信号读取 8237 内部寄存器的状态。而在 DMA 传送时，这是一条输出控制信号，与 $\overline{MEMW}$ 相配合，控制数据由外设传送至存储器（DMA 写传送）。

- $\overline{IOW}$（I/O Write，输入输出）——这是一条低电平有效的双向三态信号线。在空闲周期，它是一个输入控制信号，CPU 利用它把信号写入 8237 内部寄存器（编程）。而在 DMA 传送时，它是一条输出控制信号，与 $\overline{MEMR}$ 相配合把数据从存储器传送至外设（DMA 读传送）。

- $\overline{MEMR}$（Memory Read，输出）——这是一条低电平有效的三态输出信号，只用于 DMA 传送。在 DMA 读传送时，它与 $\overline{IOW}$ 信号相配合，把数据从存储器传送至外设；在存储器到存储器传送时，$\overline{MEMR}$ 信号也有效，控制从源单元读出数据。

- $\overline{MEMW}$（Memory Write，输出）——这是一条低电平有效的三态输出信号，只用于

DMA 传送。在 DMA 写传送时,它与 $\overline{\text{IOR}}$ 信号相配合,把数据从外设写入存储器;在存储器到存储器传送时,$\overline{\text{MEMW}}$ 信号也有效,控制把数据写入目的单元。

- AEN(Address Enable,输出)——这是高电平有效的输出信号,由它把锁存在外部锁存器中的高 8 位地址放到系统的地址总线。AEN 在 DMA 传送时也可以用来屏蔽别的系统总线驱动器。

- ADSTB(Address Strobe,输出)——这是高电平有效的输出信号,在 DMA 传送开始时,此信号把在 $DB_0 \sim DB_7$ 上输出的高 8 位地址锁存至外部锁存器中。

- $\overline{\text{EOP}}$(End Of Process,输入输出)——这是一个低电平有效的双向信号。在 DMA 传送时,当字节数计数器减到零时(即 TC(Terminal Count)发生时),在 $\overline{\text{EOP}}$ 引线上输出一个有效脉冲。8237 也允许外部信号来终结 DMA 传送,若由外部产生一个信号使 $\overline{\text{EOP}}$ 变低,则使 DMA 传送结束。不论是由内部还是由外部产生一个有效的 $\overline{\text{EOP}}$ 信号,都会终结 DMA 服务,使请求复位;如果编程时允许自动初始化,则会把基寄存器(包括地址和字节数)的内容复制到现行寄存器中。在存储器到存储器的传送中,当通道 1 的 TC 发生时,在 $\overline{\text{EOP}}$ 输出一个有效脉冲。$\overline{\text{EOP}}$ 引脚应该通过一个上拉电阻接至电源,以防止干扰引起的误操作。

7.3.5　8237 的工作方式

8237 在 DMA 传送时有 4 种工作方式。

1. 单字节传送方式

这种方式一次只传送一个字节。数据传送后字节计数器减量,地址要相应修改(增量或减量取决于编程)。HRQ 变为无效,释放系统总线。若传送使字节数减为 0,TC 发生或者终结 DMA 传送,或重新初始化。

在这种方式下,DREQ 信号必须保持有效,直至 DACK 信号变为有效。但是若 DREQ 有效的时间覆盖了单字节传送所需的时间,则 8237 在传送完一个字节后,先释放总线,然后再产生下一个 DREQ,完成下一个字节的传送。在 8080/8085 系统中,这样的方式在两次 DMA 传送之间,CPU 至少执行一个机器周期。

2. 块传送方式

在这种传送方式下,8237 由 DREQ 启动后就连续地传送数据,直至字节数计数器减到 0,产生 TC,或者由外部输入有效的 $\overline{\text{EOP}}$ 信号来终结 DMA 传送。

在这种方式下,DREQ 信号只需要维持到 DACK 有效。在数据块传送完毕后,或是终结操作,或是重新初始化。

3. 请求传送方式

在这种工作方式下,8237 可以进行连续的数据传送。当出现以下三种情况之一时停止传送。

① 字节数计数器减到 0,发生 TC;

② 由外界传送来一个有效的 $\overline{\text{EOP}}$ 信号;

③ 外界的 DREQ 信号变为无效(外设的数据已传送完)。

当由于第三种情况使传送停下来时,8237 释放总线,CPU 可以继续操作。而 8237 的地址和字节数的中间值,可以保持在相应通道的现行地址和字节数寄存器中。只要外设准备好了要传送的新的数据,由 DREQ 再次有效就可以使传送继续下去。

4. 级连方式

这种方式用于通过级连以扩展通道的情况。第二级的 HRQ 和 HLDA 信号连到第一级的 DREQ 和 DACK 上,如图 7-23 所示。

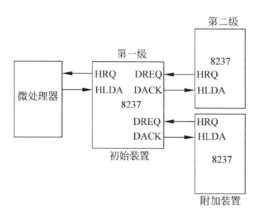

图 7-23　8237 的级连

第二级各个芯片的优先权等级与所连的通道相对应。在这种工作情况下,第一级只起优先权网络的作用,除了由某一个二级的请求向 CPU 输出 HRQ 信号外,并不输出任何其他信号。实际的操作是由第二级的芯片完成的。若有需要还可由第二级扩展到第三级等。

在前三种工作方式下,DMA 传送有三种类型:DMA 读、DMA 写和校验。

DMA 读传送是把数据由存储器传送至外设,操作时由 $\overline{\text{MEMR}}$ 有效从存储器读出数据,由 $\overline{\text{IOW}}$ 有效把数据传送给外设。

DMA 写传送是把由外设输入的数据写至存储器中。操作时由 $\overline{\text{IOR}}$ 信号有效从外设输入数据,由 $\overline{\text{MEMW}}$ 有效把数据写入内存。

校验操作是一种空操作,8237 本身并不进行任何校验,而只是像 DMA 读或 DMA 写传送一样地产生时序,产生地址信号,但是存储器和 I/O 控制线保持无效,所以并不进行传送。外设可以利用这样的时序进行校验。

存储器到存储器传送。8237 可以编程工作在这种工作方式,这时就要用到两个通道。通道 0 的地址寄存器编程为源区地址;通道 1 的地址寄存器编程为目的区地址,字节数寄存器编程为传送的字节数。传送由设置一个通道 0 的软件 DREQ 启动,8237 按正常方式向 CPU 发出 DMA 请求信号 HRQ,待 CPU 用 HLDA 信号响应后,传送就可以开始,每传送一个字节要用 8 个时钟周期,4 个时钟周期以通道 0 为地址从源区读数据送入 8237 的临时寄存器;另 4 个时钟周期以通道 1 为地址把临时寄存器中的数据写入目的区。每传送一个字节,源地址和目的地址都要修改(可增量,也可以减量修改),字节数减量。传送一直进行到通道 1 的字节数计数器减到零,产生 TC,引起在 $\overline{\text{EOP}}$ 端输出一个脉冲,结束 DMA 传送。

在存储器到存储器的传送中,也允许外部送来一个 $\overline{\text{EOP}}$ 信号停止 DMA 传送。这种方式可用于数据块搜索,当发现匹配时,发出 $\overline{\text{EOP}}$ 信号停止传送。

7.3.6　8237 的寄存器组和编程

1. 现行地址寄存器

每一个通道有一个 16 位的现行地址寄存器。在这个寄存器中保存着用于 DMA 传送的地址值,在每次传送后,这个寄存器的值自动增量或减量。这个寄存器的值可由 CPU 写入或读出(分两次连续操作)。若编程为自动初始化,则在每次 $\overline{EOP}$ 后,将其初始值(即保存在基地址寄存器中的值)装入寄存器。

2. 现行字节数寄存器

每个通道有一个 16 位的现行字节数寄存器,它保存着要传送的字节数,在每次传送后,此寄存器减量。当这个寄存器的值减为零时,TC 将产生。这个寄存器的值在编程状态可由 CPU 读出和写入。在自动初始化的情况下,当 $\overline{EOP}$ 产生时,它的值可初始化到起始状态。

3. 基地址和基字节数寄存器

每一个通道有一对 16 位的基地址和基字节数寄存器,它们存放着与现行寄存器相联系的初始值。在自动初始化的情况下,这两个寄存器中的值,用来恢复相应的现行寄存器中的初始值。在编程状态,基寄存器与它们相应的现行寄存器是同时由 CPU 写入的。这些寄存器的内容不能读出。

4. 命令寄存器

这是一个 8 位寄存器,用以控制 8237 的工作。8237 命令字的格式如图 7-24 所示。

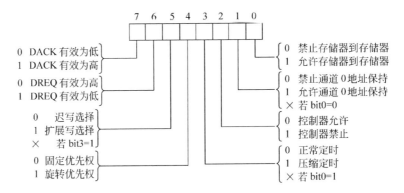

图 7-24　8237 命令字的格式

D_0 位用来规定是否工作在存储器到存储器传送方式。

D_4 位用来选择是固定优先权还是旋转优先权。8237 有两种优先权方式可供选择:一种是固定优先权,在这种方式下通道的优先权是固定的,通道 0 的优先权最高,通道 3 的优先权最低;另一种方式是旋转优先权,在这种方式下,刚服务过的通道的优先权变为最低的,其他通道的优先权也作相应的旋转,如图 7-25 所示。

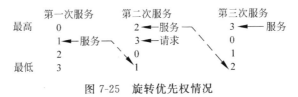

图 7-25　旋转优先权情况

命令寄存器可由 CPU 写入进行编程,复位信号使其清零。

5. 模式寄存器

每一个通道有一个 6 位的模式寄存器以规定通道的工作模式,如图 7-26 所示。

在编程时用最低两位来选择写入哪个通道的模式寄存器。

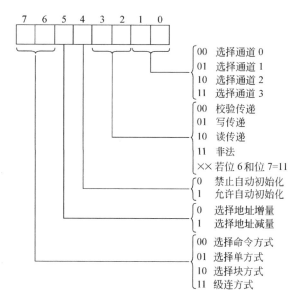

图 7-26 模式寄存器

最高两位(D_7、D_6)规定了 4 种工作模式中的某一种,D_3、D_2 两位规定是 DMA 读还是 DMA 写或是校验操作。

D_5 位用于规定地址是增量修改还是减量修改。

D_4 位规定是否允许自动初始化。若工作在自动初始化方式,则每当产生 $\overline{EOP}$ 信号时 (不论是由内部的 TC 产生或是由外界产生),都用基地址寄存器和基字节数寄存器的内容 使相应的现行寄存器恢复初值。而现行寄存器和基寄存器的内容是由 CPU 编程时同时 写入的,但在 DMA 传送过程中,现行寄存器的内容是不断修改的,而基寄存器的内容则维 持不变(除非重新编程)。在自动初始化以后通道就做好了进行另一次 DMA 传送的准备。

6. 请求寄存器

8237 的每个通道有一条硬件的 DREQ 请求线,当工作在数据块传送方式时,也可以由 软件发出 DREQ 请求。所以,在 8237 中有一种请求寄存器,如图 7-27 所示。

每个通道的软件请求可以分别设置。软 件请求是非屏蔽的,它们的优先权同样受优先 权逻辑的控制。

软件请求位由 TC 或外部的 $\overline{EOP}$ 复位。 RESET 信号使整个寄存器的内容被清除。

只有在数据块传送方式下,才允许使用软 件请求,若用于存储器到存储器传送,则 0 通道 必须用软件请求,以启动传送过程。

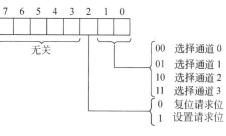

图 7-27 请求寄存器

7. 屏蔽寄存器

每个通道外设通过 DREQ 线发出的请求,可以单独地屏蔽或允许,所以在 8237 中有一 个屏蔽寄存器,如图 7-28 所示。

在 RESET 信号作用后,4 个通道全置于屏蔽状态,所以在编程时,必须根据需要复位屏 蔽位。当某一个通道进行 DMA 传送后,产生 $\overline{EOP}$ 信号,如果不是工作在自动初始化方式,

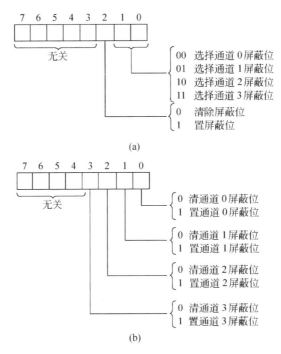

(a)

(b)

图 7-28　屏蔽寄存器

则这一通道的屏蔽位置位，必须再次编程为允许，才能进行下一次的 DMA 传送。

也可以用如图 7-28(b)所示的格式在一个命令字中对 4 个通道的屏蔽情况进行编程。

8. 状态寄存器

8237 中有一个可由 CPU 读取的状态寄存器，如图 7-29 所示。

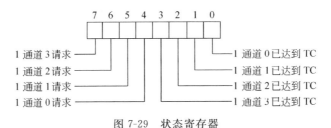

图 7-29　状态寄存器

状态寄存器中的低 4 位反映了在读命令的瞬间每个通道的字节数是否已减到零。高 4 位反映每个通道的请求情况。

9. 临时寄存器

在存储器到存储器的传送方式下，临时寄存器保存从源单元读出的数据，又由它写入目的单元。在传送完成时，它保留传送的最后一个字节，此字节可由 CPU 读出。READY 信号使其复位。

如上所述，8237 内部寄存器可以分成两大类，一类是通道寄存器，即每个通道都有的现行地址寄存器、现行字节数寄存器和基地址及基字节数寄存器；另一类是控制和状态寄存器。这些寄存器是由最低 4 位地址 $A_3 \sim A_0$ 以及读写命令来区分的。通道寄存器的寻址如表 7-2 所示。

表 7-2　通道寄存器的寻址

通道	寄存器	操作	$\overline{CS}$	$\overline{IOR}$	$\overline{IOW}$	A_3	A_2	A_1	A_0	内部触发器	$DB_0 \sim DB_7$
0	基和现行地址	写	0	1	0	0	0	0	0	0	$A_0 \sim A_7$
			0	1	0	0	0	0	0	1	$A_8 \sim A_{15}$
	现行地址	读	0	0	1	0	0	0	0	0	$A_0 \sim A_7$
			0	0	1	0	0	0	0	1	$A_8 \sim A_{15}$
	基和现行字节数	写	0	1	0	0	0	0	1	0	$W_0 \sim W_7$
			0	1	0	0	0	0	1	1	$W_8 \sim W_{15}$
	现行字节数	读	0	0	1	0	0	0	1	0	$W_0 \sim W_7$
			0	0	1	0	0	0	1	1	$W_8 \sim W_{15}$
1	基和现行地址	写	0	1	0	0	0	1	0	0	$A_0 \sim A_7$
			0	1	0	0	0	1	0	1	$A_8 \sim A_{15}$
	现行地址	读	0	0	1	0	0	1	0	0	$A_0 \sim A_7$
			0	0	1	0	0	1	0	1	$A_8 \sim A_{15}$
	基和现行字节数	写	0	1	0	0	0	1	1	0	$W_0 \sim W_7$
			0	1	0	0	0	1	1	1	$W_8 \sim W_{15}$
	现行字节数	读	0	0	1	0	0	1	1	0	$W_0 \sim W_7$
			0	0	1	0	0	1	1	1	$W_8 \sim W_{15}$
2	基和现行地址	写	0	1	0	0	1	0	0	0	$A_0 \sim A_7$
			0	1	0	0	1	0	0	1	$A_8 \sim A_{15}$
	现行地址	读	0	0	1	0	1	0	0	0	$A_0 \sim A_7$
			0	0	1	0	1	0	0	1	$A_8 \sim A_{15}$
	基和现行字节数	写	0	1	0	0	1	0	1	0	$W_0 \sim W_7$
			0	1	0	0	1	0	1	1	$W_8 \sim W_{15}$
	现行字节数	读	0	0	1	0	1	0	1	0	$W_0 \sim W_7$
			0	0	1	0	1	0	1	1	$W_8 \sim W_{15}$
3	基和现行地址	写	0	1	0	0	1	1	0	0	$A_0 \sim A_7$
			0	1	0	0	1	1	0	1	$A_8 \sim A_{15}$
	现行地址	读	0	0	1	0	1	1	0	0	$A_0 \sim A_7$
			0	0	1	0	1	1	0	1	$A_8 \sim A_{15}$
	基和现行字节数	写	0	1	0	0	1	1	1	0	$W_0 \sim W_7$
			0	1	0	0	1	1	1	1	$W_8 \sim W_{15}$
	现行字节数	读	0	0	1	0	1	1	1	0	$W_0 \sim W_7$
			0	0	1	0	1	1	1	1	$W_8 \sim W_{15}$

控制和状态寄存器的寻址如表 7-3 所示。

表 7-3　控制和状态寄存器的寻址

寄存器	操　作	$\overline{CS}$	$\overline{IOR}$	$\overline{IOW}$	A_3	A_2	A_1	A_0
命令	写	0	1	0	1	0	0	0
模式	写	0	1	0	1	0	1	1
请求	写	0	1	0	1	0	0	1
屏蔽	置位/复位	0	1	0	1	0	1	0

寄存器	操作	$\overline{\text{CS}}$	$\overline{\text{IOR}}$	$\overline{\text{IOW}}$	A_3	A_2	A_1	A_0
屏蔽	写	0	1	0	1	1	1	1
临时	读	0	0	1	1	1	0	1
状态	读	0	0	1	1	0	0	0

10. 软件命令

8237 在编程状态还有两种软件命令,软件命令不需要通过数据总线写入控制字,而由 8237 直接对地址和控制信号进行译码。

(1) 清除高/低触发器命令

8237 内部的高/低触发器用以控制写入或读出 16 位寄存器的高字节还是低字节。如表 7-2 中所示,若触发器为"0",则操作的为低字节;若为"1",则操作的为高字节。在复位以后,此触发器被清零,每当对 16 位寄存器进行一次操作,则此触发器改变状态。我们也可以用此命令使它清零,以改变下面要进行的读/写操作的顺序。软件命令的格式如表 7-4 中所示。

表 7-4 软件命令码

A_3	A_2	A_1	A_0	$\overline{\text{IOR}}$	$\overline{\text{IOW}}$	操作	A_3	A_2	A_1	A_0	$\overline{\text{IOR}}$	$\overline{\text{IOW}}$	操作
1	0	0	0	0	1	读状态寄存器	1	1	0	0	0	1	非法
1	0	0	0	1	0	写命令寄存器	1	1	0	0	1	0	清除高/低触发器命令
1	0	0	1	0	1	非法	1	1	0	1	0	1	读临时寄存器
1	0	0	1	1	0	写请求寄存器	1	1	0	1	1	0	主清除命令
1	0	1	0	0	1	非法	1	1	1	0	0	1	非法
1	0	1	0	1	0	写单屏蔽寄存器位	1	1	1	0	1	0	非法
1	0	1	1	0	1	非法	1	1	1	1	0	1	非法
1	0	1	1	1	0	写模式寄存器	1	1	1	1	1	0	写所有屏蔽位

(2) 主清除命令

这个命令与硬件的 RESET 信号有相同的功能,即它使命令、状态、请求、临时寄存器以及内部的高/低触发器清零;使屏蔽寄存器全置为"1"(即屏蔽状态);使 8237 进入空闲周期,以便进行编程。其命令格式如表 7-4 所示。

11. 8237 编程步骤

8237 的编程步骤如下:

① 输出主清除命令;

② 写入基和现行地址寄存器;

③ 写入基和现行字节数寄存器;

④ 写入模式寄存器;

⑤ 写入屏蔽寄存器；

⑥ 写入命令寄存器；

⑦ 写入请求寄存器。

若有软件请求,就写入指定通道,开始 DMA 传送的过程。若无软件请求,则在完成了①～⑥的编程后,由通道的 DREQ 启动 DMA 传送过程。

12. 编程举例

若要利用通道 0,由外设(磁盘)输入 32KB 的一个数据块,传送至从 8000H 开始的内存区域(增量传送),采用块连续传送的方式,传送完不自动初始化,外设的 DREQ 和 DACK 都为高电平有效。

要编程首先要确定端口地址。地址的低 4 位用以区分 8237 的内部寄存器,高 4 位地址 $A_7 \sim A_4$ 经译码后,连至片选端 $\overline{CS}$,假定选中时高 4 位为 0101。

(1) 模式控制字

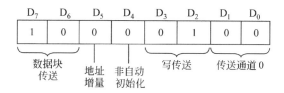

(2) 屏蔽字

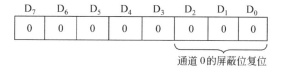

(3) 命令字

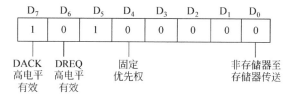

初始化程序如下:

```
OUT   5DH,AL      ;输出主清除命令
MOV   AL,00H
OUT   50H,AL      ;输出基和现行地址的低 8 位
MOV   AL,80H
OUT   50H,AL      ;输出基和现行地址的高 8 位
MOV   AL,00H
OUT   51H,AL
MOV   AL,80H
OUT   51H,AL      ;给基和现行字节数赋值
MOV   AL,84H
```

```
    OUT    5BH,AL         ;输出模式字
    MOV    AL,00H
    OUT    5AH,AL         ;输出屏蔽字
    MOV    AL,0A0H
    OUT    58H,AL         ;输出命令字
```

习　　题

7.1　外部设备为什么要通过接口电路和主机系统相连？

7.2　接口电路的作用是什么？按功能可分为几类？

7.3　数据信息有哪几类？举例说明它们各自的含义。

7.4　CPU 和输入输出设备之间传送的信息有哪几类？

7.5　什么叫端口？通常有哪几类端口？计算机对 I/O 端口编址时通常采用哪两种方法？在 8086/8088 系统中，用哪种方法对 I/O 端口进行编址？

7.6　为什么有时候可以使两个端口对应同一个地址？

7.7　CPU 和外设之间的数据传送方式有哪几种？实际选择某种传输方式时，主要依据是什么？

7.8　条件传送方式的工作原理是怎样的？主要用在什么场合？画出条件传送（查询传送）方式输出过程的流程图。

7.9　设一个接口的输入端口地址为 0100H，状态端口地址为 0104H，状态端口中第 5 位为 1，表示输入缓冲区中有一个字节准备好，可以输入。设计具体程序实现查询方式输入。

7.10　查询传送方式有什么优缺点？中断传送方式为什么能弥补查询传送方式的缺点？

7.11　与 DMA 方式比较，中断传送方式有什么不足之处？

7.12　叙述用 DMA 方式传送单个数据的全过程。

7.13　8237 DMA 控制器的有些地址线为什么是双向的？什么时候向 DMA 控制器传输地址？什么时候 DMA 控制器向地址总线传输地址？

7.14　在设计 DMA 传输程序时，要有哪些必要的程序模块？设计一个用 DMA 方式实现数据块输出的程序段。

7.15　在查询方式、中断方式和 DMA 方式中，分别用什么方法启动数据传送过程？

7.16　若有一个 CRT 终端，它的输入输出数据的端口地址为 01H，状态端口的地址为 00H，其中 D_7 位为 TBE，若其为 1，则表示发送缓冲区空，CPU 可向它输出新的数据；D_6 位为 RDA，若其为 1，则表示输入数据有效，CPU 可以输入该有效数据。

（1）编写一个程序，从终端上输入 100 个字节的字符，送到自 BUFFER 开始的内存缓冲区中去。

（2）若已有一个能用查询方法从键盘输入一个字符放于累加器 A 中的子程序 GETCH，利用此子程序，完成本题（1）中提出的要求。

（3）编写一个程序，把内存中自 BLOCK 开始的 100 个字节的数据块，通过终端显示。

（4）若已有一个能用查询方式把累加器 AL 中的字符输出的子程序 PUTCH，利用此子程序，完成本题（3）中的要求。

（5）编写一个程序，能从终端上输入一个字符，放入寄存器 CL。

（6）编写一个程序，能把在寄存器 CL 中的一个字符输出给终端。

（7）编写一个程序，能把内存中自 STRING 开始的一个字符串（以′$′字符作为结束标志）通过终端输出。

（8）编写一个程序，利用子程序 PUTCH 实现本题（7）的要求。

（9）编写一个程序，能从终端输入一个字符串（以 Enter 键作为字符串的结束标志）放到内存中自 BUFFER 开始的缓冲区。

（10）编写一个程序，先向终端输出一个提示符"＞"，表示要求输入一个十进制数；然后能从终端上输入一个带符号的最多为 5 位的十进制数（但数值范围在 ±32 768），以非数字字符作为输入的十进制数的结束标志，把这个十进制数连同符号放至内存中自 DATA 开始的缓冲区（高位在前）。

（11）条件及要求同本题（10），在输入十进制数的程序中，允许输入的十进制数码多于 5 个，但程序中取后输入的 5 个。

（12）编写一个程序，能把累加器 A 中的 8 位带符号二进制数以十进制数形式输出（注意：在终端上输入输出的字符都以 ASCII 码表示）。

（13）编写一个程序，把在 AX 寄存器中的 16 位带符号二进制数以十进制数的形式输出。

7.17 试说明在 DMA 方式时内存向外设传输数据的过程。

7.18 对一个 8237 DMA 控制器的初始化工作包括哪些内容？

7.19 DMA 控制器 8237A 何时作为主模块工作？何时作为从模块工作？在这两种情况下，各控制信号处于什么状态？试说明。

7.20 8237A 有哪几种工作模式？各自用在什么场合？

7.21 什么叫 DMA 控制器的自动预置功能？这种功能的使用非常普遍，举一个例子说明它的使用场合。

7.22 用 DMA 控制器进行内存到内存的传输时，有什么特点？

7.23 DMA 控制器 8237A 是怎样进行优先级管理的？

7.24 设计 8237A 的初始化程序。其中，8237A 的端口地址为 0000～000FH，设通道 0 工作在块传输模式，地址加 1 变化，自动预置功能；通道 1 工作于单字节读传输，地址减 1 变化，无自动预置功能；通道 2、通道 3 和通道 1 工作于相同方式。然后对 8237A 设控制命令，使 DACK 为高电平有效，DREQ 为低电平有效，用固定优先级方式，并启动 8237A 工作。

第8章 中　断

8.1 引　言

8.1.1 为什么要用中断

如第 7 章所述,当 CPU 与外设交换信息时,若用查询的方式,则 CPU 就要浪费很多时间去等待外设。这是快速的 CPU 与慢速的外设之间的矛盾,也是计算机在发展过程中遇到的严重问题之一。为解决这个问题,一方面要提高外设的工作速度,另一方面引入了中断的概念。中断的出现,带来了以下好处:

1. 同步操作

有了中断功能,就可以使 CPU 和外设同时工作。CPU 在启动外设工作后,继续执行主程序,同时外设也在工作。当外设把数据准备好后,发出中断申请,请求 CPU 暂时终止主程序,执行输入或输出(中断处理),处理完以后,CPU 恢复执行主程序,外设也继续工作。有了中断功能,CPU 可允许多个外设同时工作。这样就大大提高了 CPU 的利用率,也提高了输入输出的速度。

2. 实现实时处理

当计算机用于实时控制时,中断是一个十分重要的功能。现场设备可根据需要,在任何时间发出中断请求,要求 CPU 处理;CPU 一旦接收到中断请求,就可以马上响应(若中断是开放的话),加以处理。这样的及时处理在查询的工作方式下是做不到的。

3. 故障处理

计算机在运行过程中,往往会出现事先预料不到的情况或一些故障,如电源掉电、存储出错、运算溢出等。此时计算机可以利用中断系统自行处理,而不必停机或报告工作人员。

8.1.2 中断源

引起中断的原因,或能发出中断请求的来源,称为中断源。通常中断源有以下几种:

① 一般的输入输出设备。如键盘、行打印机等。

② 数据通道中断源。如磁盘、磁带等。

③ 实时时钟。在控制中,常要遇到时间控制,若用前面介绍的用 CPU 执行一段程序来实现延时的方法,则在这段时间内,CPU 不能进行其他工作,这样就降低了 CPU 的利用率。所以,常采用外部时钟电路来产生实时时钟。当需要定时时,CPU 发出命令,让时钟电路(这样的电路的定时时间通常是可编程的——即可用程序来确定和改变的)开始工作,待规定的时间到了以后,时钟电路发出中断申请,由 CPU 加以处理。

④ 故障源。例如电源掉电,就要求把正在执行的程序的断点——PC(或 IP)、各个寄存器的内容和标志位的状态保留下来,以便重新供电后能从断点处继续运行。另外,在目前的

大部分微型计算机中,RAM 是使用半导体存储器,故电源掉电后,必须接入备用的电池供电电路,以保护存储器中的信息。所以,在直流电源上并上大电容,使其因掉电、电压下降到一定值时就发出中断请求,由计算机的中断系统执行上述的各项操作。

⑤ 为调试程序而设置的中断源。一个新的程序编制好以后,必须经过反复调试才能正确可靠地工作。在程序调试时,为了检查中间结果,或为了寻找问题所在,往往要求在程序中设置断点,或进行单步工作(一次只执行一条指令),这些就要由中断系统来实现。

8.1.3 中断系统的功能

为了满足上述各种情况下的中断要求,中断系统应具有如下功能:

1. 实现中断及返回

当某一中断源发出中断请求时,CPU 能决定是否响应这个中断请求(当 CPU 在执行更紧急、更重要的工作时,可以暂不响应中断),若允许响应这个中断请求,CPU 必须在现行的指令执行完后,把断点处的 IP 和 CS 值(即下一条应执行的指令的地址)、各个寄存器的内容和标志位的状态,推入堆栈保留下来——称为保护断点和现场。然后转到需要处理的中断源的服务程序(Interrupt Service Routine)的入口,同时清除中断请求触发器。当中断处理完后,先恢复被保留下来的各个寄存器和标志位的状态(称为恢复现场),再恢复 IP 和 CS 值(称为恢复断点),使 CPU 返回断点,继续执行主程序。

2. 能实现优先权排队

通常,在系统中有多个中断源,会出现两个或更多的中断源同时提出中断请求的情况,这样就需要设计者事先根据轻重缓急,给每个中断源确定一个中断级别——优先权。当多个中断源同时发出中断请求时,CPU 能找到优先权级别最高的中断源,响应它的中断请求;在优先权级别最高的中断源处理完了以后,再响应级别较低的中断源的中断请求。

3. 高级中断源能中断低级的中断处理

当 CPU 响应某一中断源的请求,在进行中断处理时,若有优先权级别更高的中断源发出中断请求,则 CPU 要能暂时中止正在进行的中断服务程序;保留这个程序的断点和现场(类似于子程序嵌套),响应高级中断,在高级中断处理完以后,再继续执行被中断的中断服务程序。而当发出新的中断请求的中断源的优先权级别与正在处理的中断源同级或更低时,则 CPU 就先不响应这个中断请求,直至正在处理的中断服务程序执行完以后才去处理新的中断请求。

8.2 最简单的中断情况

由于 CPU 引脚的限制,中断请求线的数量是有限的,例如,8086 只有一条中断请求线。最简单的情况当然是只有一个中断源,我们就从这种最简单的情况开始分析。

8.2.1 CPU 响应中断的条件

1. 设置中断请求触发器

每一个中断源,要能发出中断请求信号,并且这个信号能一直保持,直至 CPU 响应这个中断后,才可清除中断请求。故要求每一个中断源有一个中断请求触发器 A,如图 8-1 所示。

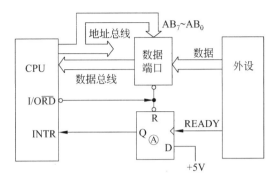

图 8-1 设置中断请求的情况

2. 设置中断屏蔽触发器

在实际系统中,往往有多个中断源。为了增加控制的灵活性,在每一个外设的接口电路中,增加了一个中断屏蔽触发器,只有当此触发器为"1"时,外设的中断请求才能被送出至 CPU,如图 8-2 所示。可把 8 个外设的中断屏蔽触发器组成一个端口,用输出指令来控制它们的状态。

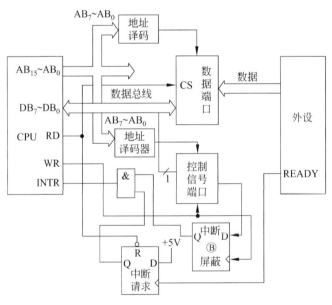

图 8-2 具有中断屏蔽的接口电路框图

3. 中断是开放的

在 CPU 内部有一个中断允许触发器。只有当其为"1"时(即中断开放时),CPU 才能响应中断;若其为"0"(即中断是关闭的),即使 INTR 线上有中断请求,CPU 也不响应。这个触发器的状态可由 STI 和 CLI 指令来改变。当 CPU 复位时,中断允许触发器为"0",即关中断,所以必须要用 STI 指令来开中断。当中断响应后,CPU 就自动关中断,所以在中断服务程序中必须要用 STI 指令来开中断。

4. 现行指令执行结束

CPU 在现行指令结束后响应中断,即运行到最后一个机器周期的最后一个 T 状态时,CPU 才对 INTR 线采样。若发现有中断请求,则把内部的中断锁存器置"1",然后下一个机器周期(总线周期)不进入取指周期,而进入中断周期。其响应的流程如图 8-3 所示。

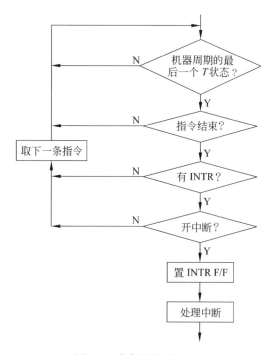

图 8-3　中断响应流程图

8.2.2　CPU 对中断的响应

当满足上述条件后,CPU 就响应中断,转入中断周期,CPU 将完成以下几项工作:

1. 关中断

8086 在 CPU 响应中断后,在发出中断响应信号 $\overline{\text{INTA}}$ 的同时,内部自动地实现关中断。

2. 保留断点

CPU 响应中断,封锁 IP+1,且把 IP 和 CS 推入堆栈保留,以便在中断处理完毕后,能返回主程序。

3. 保护现场

为了使中断处理程序不影响主程序的运行,故要把断点处的有关寄存器的内容和标志位的状态,推入堆栈保护起来。8086 是由软件(即在中断服务程序中)把这些寄存器的内容推入堆栈的(利用 PUSH 指令)。

4. 给出中断入口,转入相应的中断服务程序

8086 是由中断源提供的中断向量形成中断入口地址(即中断服务程序的起始地址)。

在中断服务程序执行完毕后,还要进行下述的第 5、第 6 步操作。

5. 恢复现场

把所保存的各个内部寄存器的内容和标志位的状态从堆栈弹出,送回 CPU 中的原来位置。这个操作在 8086 中也是由服务程序来完成的(利用 POP 指令)。

6. 开中断与返回

在中断服务程序的最后,要开中断(以便 CPU 能响应新的中断请求)和安排一条中断返回指令,将堆栈内保存的 IP 和 CS 值弹出,以恢复到主程序运行。

上述过程可用如图 8-4 所示的流程图表示。

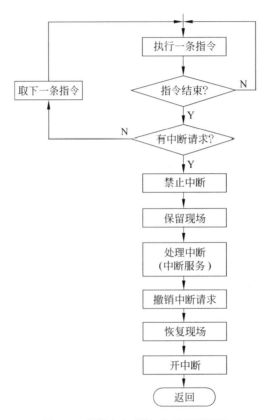

图 8-4　中断响应、服务及返回流程图

8.3　中断优先权

如前所述,在实际的系统中,是有多个中断源的,但是,由于 CPU 引脚的限制,往往就只有一条中断请求线。于是,当有多个中断源同时请求时,CPU 就要识别出是哪些中断源有中断请求,并辨别和比较它们的优先权(Priority),先响应优先权级别最高的中断申请。另外,当 CPU 正在处理中断时,也要能响应更高级的中断申请,而屏蔽掉同级或较低级的中断请求。

8.3.1 用软件确定中断优先权

要判别和确定各个中断源的中断优先权,可以用软件和硬件两种方法。

软件采用查询技术。当 CPU 响应中断后,就用软件查询以确定是哪些外设申请中断,并判断它们的优先权。

把 8 个外设的中断请求触发器组合起来,作为一个端口,并赋以设备号,如图 8-5 所示。

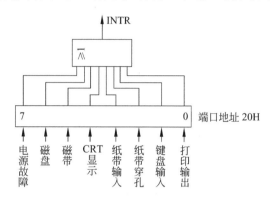

图 8-5　用软件查询方式的接口电路

把各个外设的中断请求信号相"或"后,作为 INTR 信号,故任一外设有中断请求,都可向 CPU 送出 INTR 信号。当 CPU 响应中断后,把中断寄存器的状态,作为一个外设读入CPU,逐位检测它们的状态,若有中断请求就转到相应的服务程序的入口。其流程如图 8-6所示。

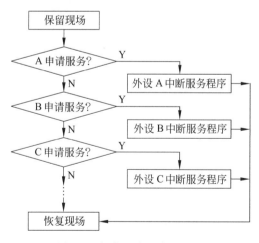

图 8-6　软件查询程序流程图

查询程序有两种方式:

1. 屏蔽法

IN	AL,[20H]	;输入中断请求触发器的状态
TEST	AL,80H	;检查最高位(电源故障)是否有请求
JNE	PWF	;有,则转至电源故障处理程序

TEST	AL 40H	;否,检查磁盘是否有请求
JNE	DISS	;有,转至磁盘服务程序
TEST	AL 20H	;否,检查磁带是否有请求
JNE	MT	;有,转至磁带服务程序

2. 移位法

XOR	AL,AL
IN	AL,[20H]
RCL	AL,1
JC	PWF
RCL	AL,1
JC	DISS

查询方法的优点是：

- 询问的次序,即是优先权的次序。显然,最先询问的,优先权的级别最高。
- 省硬件。不需要有判断与确定优先权的硬件排队电路。

但随之而来的缺点是：

由询问转至相应中断服务程序入口的时间长,尤其是在中断源较多的情况下。

8.3.2 硬件优先权排队电路

1. 中断优先权编码电路

用硬件编码器和比较器的优先权排队电路,如图 8-7 所示。

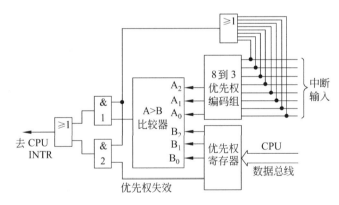

图 8-7 编码器和比较器的优先权排队电路

若有 8 个中断源,当任一个有中断请求时,通过"或"门,即可有一个中断请求信号产生,但它能否送至 CPU 的中断请求线,还要受比较器的控制(若优先权失效信号为低电平,则与门 2 关闭)。

8 条中断输入线的任一条,经过编码器可以产生 3 位二进制优先权编码 $A_2 A_1 A_0$,优先权最高的线的编码为 111,优先权最低的线的编码为 000。若有多个输入线同时输入,则编码器只输出优先权最高的编码。

正在进行中断处理的外设的优先权编码,通过 CPU 的数据总线,送至优先权寄存器,然后输出编码 $B_2 B_1 B_0$ 至比较器,以上过程是由软件实现的。

比较器比较 $A_2A_1A_0$ 与 $B_2B_1B_0$ 的大小,若 $A \leqslant B$,则"$A > B$"端输出低电平,此时封锁与门 1,不向 CPU 发出新的中断请求(即当 CPU 正在处理中断时,当有同级或低级的中断源请求中断时,优先权排队线路就屏蔽它们的请求);只有当 $A > B$ 时,比较器输出端才为高电平,此时打开与门 1,将中断请求信号送至 CPU 的 INTR 输入端,CPU 就中断正在进行的中断处理程序,转去响应更高级的中断。

若 CPU 不在进行中断处理过程中(即在执行主程序),则优先权失效信号为高电平,当有任一中断源请求中断时,都能通过与门 2,发出 INTR 信号。这样的优先权电路,如何能做到转入优先权最高的外设的服务程序的入口呢?当外设的个数 $\leqslant 8$ 时,则它们共用一个产生中断向量的电路,比较器可以由优先权编码 $A_2A_1A_0$ 供给,这样就能做到不同的编码转入不同的入口地址。

2. 雏菊花环式或称为链式优先权排队电路

这是另一种常用的硬件排队电路,如图 8-8 所示。

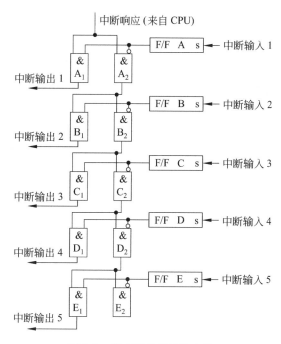

图 8-8　链式优先权排队电路

当多个输入有中断请求时,则由中断输入信号的"或"电路产生 INTR 信号,送至 CPU。当 CPU 在现行指令执行完后,响应中断,发出中断响应信号。但究竟响应哪一个中断呢?或 CPU 是转向哪一个中断服务程序的入口呢?这还要由如图 8-8 所示的链式优先权排队电路确定。

当中断响应为高电平,若 F/F A 有中断请求,则它的输出为高,于是与门 A_1 输出为高,由它控制转至中断 1 的服务程序的入口;且门 A_2 输出为低电平;因而使门 B_1、B_2 和 C_1、C_2……所有下面各级门的输入和输出全为低电平,即屏蔽了所有其他级的中断。

若第一级没有中断请求,即 F/F A $= 0$,则中断输出 1 为低电平,但门 A_2 的输出却为高电平,起到了把中断响应传递至下一级的作用。若此时 $\boxed{\text{F/F B}}=1$,则与门 B_1 输出为高电平,控制转去执行中断 2 的服务程序;此时与门 B_2 的输出为低,因而屏蔽了以下各级。而若 $\boxed{\text{F/F B}}=0$,则与门 B_1 输出为低,而与门 B_2 输出为高,把中断响应传递至再下一级⋯⋯

综上所述,在链式优先权排队电路中,若上级的输出信号为"0",则屏蔽了本级和所有的低级中断,若上级输出为"1",则在本级有中断请求时,将转去执行本级的处理程序,且使本级输至下级的输出为"0",屏蔽所有低级中断;若本级没有中断请求,则输至下级的为"1",允许下一级中断。故在链式电路中,排在链的最前面的中断源的优先权最高。

8.4 8086 的中断方式

8086 有两类中断:软件中断——由指令的执行所引起的中断;硬件中断——由外部(主要是外设)的请求所引起的中断。

8.4.1 外部中断

8086 有两条外部中断请求线:非屏蔽中断(Non Maskable Interrupt,NMI)和可屏蔽中断(INTR)。

1. 可屏蔽中断

出现在 INTR 线上的请求信号是电平触发的,它的出现是异步的,在 CPU 内部是由 CLK 的上升沿来同步的。在 INTR 线上的中断请求信号(即有效的高电平)必须保持到当前指令结束。

在这条线上出现的中断请求,CPU 是否响应要取决于标志位 IF 的状态,若 IF=1,则 CPU 响应,可以认为此时 CPU 是处在开中断状态;若 IF=0,则 CPU 不响应,可以认为此时 CPU 是处在关中断状态。IF 位的状态,可以用指令 STI 使其置位——即开中断;也可以用 CLI 指令来使其复位——即关中断。

注意:在系统复位以后,标志位 IF=0;另外任一种中断(内部中断、NMI、INTR)被响应后,IF=0。所以必须在一定的时候用 STI 指令来开放中断。

CPU 在当前指令周期的最后一个 T 状态采样中断请求线,若发现有可屏蔽中断请求,且中断是开放的(IF 标志为"1"),则 CPU 转入中断响应周期。8086 转入两个连续的中断响应周期,每个响应周期都是由 4 个 T 状态组成,而且都发出有效的中断响应信号。请求中断的外设,必须在第二个中断响应周期的 T_3 状态前,把反映中断的向量(类型)号送至 CPU 的数据总线(通常通过 8259A 传送)。CPU 在 T_4 状态的前沿采样数据总线,获取中断向量号,接着就进入了中断处理序列。

2. 非屏蔽中断

出现在 NMI 线上的中断请求,不受标志位 IF 的影响,在当前指令执行完以后,CPU 就响应。

在 NMI 线上的请求信号是边沿触发的,它的出现是异步的,由内部把它锁存。8086 要求 NMI 上的请求脉冲的有效宽度(高电平的持续时间)要大于两个时钟周期。

通常非屏蔽中断用于电源故障。非屏蔽中断的优先权高于屏蔽中断。

CPU采样到有非屏蔽中断请求时,自动给出中断向量号2,而不需要经过上述可屏蔽中断那样的中断响应周期。

8.4.2 内部中断

8086可以有几种产生内部中断的情况:

1. DIV 或 IDIV 指令

在执行除法指令时,若发现除数为0或商超过了寄存器所能表达的范围,则立即产生一个类型为0的内部中断。

2. INT 指令

如前所述,在8086的指令系统中有一条中断指令——即INT n指令。这种指令的执行引起中断,而且中断的类型可由指令中的n加以指定。

3. INTO 指令

若上一条指令执行的结果,使溢出标志位OF=1,则INTO指令引起类型为4的内部中断;否则,此指令不起作用,程序执行下一条指令。

4. 单步执行

若标志位TF=1,则CPU在每一条指令执行完以后,引起一个类型为1的中断,这可以做到单步执行,是一种强有力的调试手段。

8086规定这些中断的优先权次序为:内部中断、NMI、INTR,优先权最低的是单步执行。

8.4.3 中断向量表

8086有一个简便而又多功能的中断系统。对于上述的任何一种中断,CPU响应以后,都是要保护现场(主要是标志位)和保护断点(现行的代码段寄存器CS和指令指针IP),然后转入各自的中断服务程序。在8086中各种中断如何转入各自的中断服务程序呢?

8086在内存的前1KB(地址00000H～003FFH)建立了一个中断向量表,可以容纳256个中断向量(或256个中断类型),每个中断向量占用4个字节。在这4个字节中,包含着这个中断向量(或这种中断类型)的服务程序的入口地址——前两个字节为服务程序的IP,后两个字节为服务程序的CS。如图8-9所示。

其中前5个中断向量(或中断类型)由Intel专用,系统又保留了若干个中断向量,余下的就可以由用户使用,可作为外部中断源的向量。

外部中断源,只要在第二个中断响应周期,向数据总线送出一个字节的中断类型码,即可转至相应的中断处理程序。

8.4.4 8086 中的中断响应和处理过程

8086中的各种中断的响应和处理过程是不相同的,但主要区别在于如何获取相应的中断类型码(向量号)。

对于硬件(外部)中断,CPU是在当前指令周期的T状态采样中断请求输入信号,如果

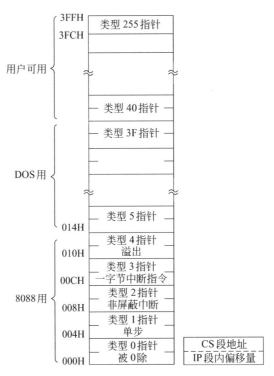

图 8-9 中断向量表

有可屏蔽中断请求,且 CPU 处在开中断状态(IF 标志为 1),则 CPU 转入两个连续的中断响应周期,在第二个中断响应周期的 T_4 状态前沿,采样数据线获取由外设输入的中断类型码;若是采样到非屏蔽中断请求,则 CPU 不经过上述的两个中断响应周期,而在内部自动产生中断类型码 2。

对于软件中断,中断类型码也是自动形成的,几种中断的类型码如表 8-1 所示。

对于 INT n 指令,则类型码即为指令中给定的 n。

8086 在取得了类型码后的处理过程是一样的,其顺序为:

① 将类型码乘 4,作为中断向量表的指针;

② 把 CPU 的标志寄存器入栈,保护各个标志位,此操作类似于 PUSHF 指令;

③ 复制追踪标志 TF 的状态,接着清除 IF 和 TF 标志,屏蔽新的 INTR 中断和单步中断;

表 8-1　中断类型码

中断功能	中断类型码
被零除	0
单步中断	1
断点中断	3
溢出中断	4

④ 保存主程序中的断点,即把主程序断点处的 IP 和 CS 值推入堆栈保护:先推入 CS 值,再推入 IP 值;

⑤ 从中断向量表中取中断服务程序的入口地址,分别送至 CS 和 IP 中,先取 CS 值;

⑥ 按新地址执行中断服务程序。

在中断服务程序中,通常要保护 CPU 内部寄存器的值(保护现场),开中断(若允许中断嵌套的话)。在中断服务程序执行完后,要恢复现状,最后执行中断返回指令 IRET,IRET 指令按次序恢复断点处的 IP 和 CS 值,恢复标志寄存器(相当于 POP F)。于是程序就恢复到断点处继续执行。8086 的中断响应和处理过程可用如图 8-10 所示的流程图来表示。

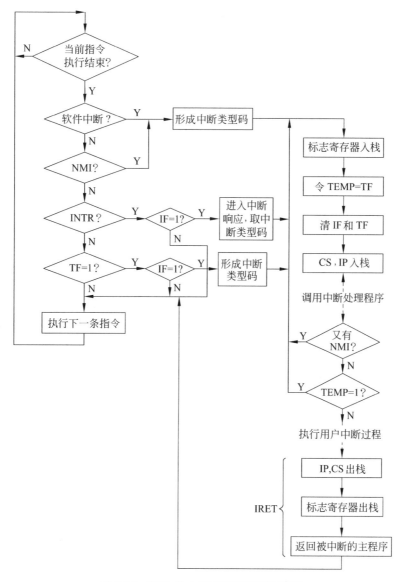

图 8-10　8088 的中断响应和处理流程图

8.5　中断控制器 Intel 8259A

8.5.1　8259A 的功能

Intel 8259A 是与 8086 系列兼容的可编程的中断控制器。它的主要功能为:

① 具有 8 级优先权控制,通过级连可扩展至 64 级优先权控制。

② 每一级中断都可以屏蔽或允许。

③ 在中断响应周期,Intel 8259A 可提供相应的中断向量,从而能迅速地转至中断服务程序。

④ Intel 8259A 有几种工作方式,可以通过编程来进行选择。

8.5.2 8259A 的结构

Intel 8259A 的方框图如图 8-11 所示。

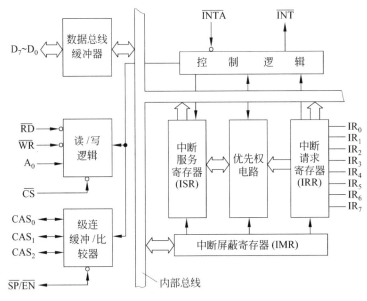

图 8-11　Intel 8259A 的方框图

一片 Intel 8259A 有 8 条外界中断请求线 $IR_0 \sim IR_7$,每一条请求线有一个相应的触发器来保存请求信号,从而形成了中断请求寄存器 IRR(Interrupt Request Register)。正在服务的中断,由中断服务寄存器 ISR(Interrupt Service Register)保存。

优先权电路对保存在 IRR 中的各个中断请求,经过判断确定最高的优先权,并在中断响应周期把它选通至中断服务寄存器。

中断屏蔽寄存器 IMR(Interrupt Mask Register)的每一位都可以对 IRR 中的相应的中断源进行屏蔽。但对于较高优先权的输入线实现屏蔽并不影响较低优先权的输入。

数据总线缓冲器是 Intel 8259A 与系统数据总线的接口,它是 8 位的双向三态缓冲器。凡是 CPU 对 Intel 8259A 编程时的控制字,都是通过它写入 Intel 8259A 的;Intel 8259A 的状态信息,也是通过它读入 CPU 的;在中断响应周期,Intel 8259A 送至数据总线的中断向量也是通过它传送的。

读/写控制逻辑,CPU 能通过它实现对 Intel 8259A 的读出(状态信号)和写入(初始化编程)。

级连缓冲器,实现 Intel 8259A 芯片之间的级连,使得中断源可由 8 级扩展至 64 级。

控制逻辑部分,对芯片内部的工作进行控制,使它按编程的规定工作。

8.5.3 8259A 的引线

Intel 8259A 是 28 个引脚的双列直插式芯片,其引线如图 8-12 所示。

引　　线	引线名称
$D_7 \sim D_0$	数据总线（双向）
$\overline{RD}$	读输入
$\overline{WR}$	写输入
A_0	命令选择地址
$\overline{CS}$	片选
$CAS_2 \sim CAS_0$	级连线
$\overline{SP/EN}$	从程序/允许缓冲
INT	中断输出
$\overline{INTA}$	中断响应输入
$IR_0 \sim IR_7$	中断请求输入

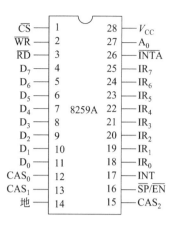

图 8-12　Intel 8259A 的引线

$D_7 \sim D_0$ 是双向三态数据线，它可直接与系统的数据总线相连。

$IR_0 \sim IR_7$ 是 8 条外界中断请求输入线。

$\overline{RD}$ 读命令信号线，当其有效时，控制信息由 Intel 8259A 送至 CPU。

$\overline{WR}$ 写命令信号线，当其有效时，控制信息由 CPU 写入至 Intel 8259A。

$\overline{CS}$ 片选信号线，由地址高位控制。高位地址可以经过译码与 $\overline{CS}$ 相连（全译码方式），也可以某一位直接与 $\overline{CS}$ 相连（线选方式）。

A_0 用以选择 Intel 8259A 内部的不同寄存器，通常直接连至地址总线的 A_0。

$CAS_2 \sim CAS_0$ 级连信号线，当 Intel 8259A 作为主片时，这 3 条为输出线；作为从片时，则此 3 条线为输入线。这 3 条线与 $\overline{SP/EN}$ 线相配合，可实现 Intel 8259A 的级连（详见后面有关级连部分的叙述）。

Intel 8259A 与 Intel 系列的标准系统总线的连接，如图 8-13 所示。

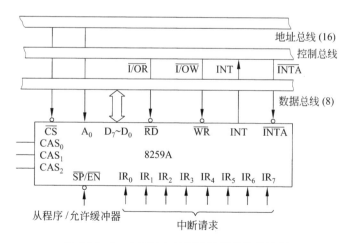

图 8-13　Intel 8259A 与标准系统总线的连接

8259A 的 A_0 通常与地址总线的 A_0 相连。

$\overline{\text{RD}}$与系统的控制信号线$\overline{\text{I/OR}}$相连,$\overline{\text{WR}}$线与$\overline{\text{I/OW}}$相连。

其他与系统的同名信号端相连就可以了。

8.5.4 8259A的中断顺序

1. 中断响应顺序

① 当有一条或若干条中断请求输入线($\text{IR}_7 \sim \text{IR}_0$)变高,则使中断请求寄存器IRR的相应位置位。

② 若中断请求线中至少有一条是中断允许的,则Intel 8259A由INT引脚向CPU送出中断请求信号。

③ 若CPU处在开中断状态,则在当前指令执行完以后,用$\overline{\text{INTA}}$信号作为响应。

④ Intel 8259A在接收到CPU的$\overline{\text{INTA}}$信号后,使最高优先权的ISR位置位,而相应的IRR位复位。但在此周期中,8259A并不向系统数据总线送任何内容。

⑤ 8088/8086 CPU将启动另一个中断响应周期,输出另一个$\overline{\text{INTA}}$脉冲。在这个周期Intel 8259A向数据总线输送一个8位的指针(向量)。CPU在此周期中,读取此向量把它乘以4,就可以从中断向量表中取出中断服务程序的入口地址(包括段地址和段内偏移量)。

⑥ 中断响应周期完成后,CPU就可以转至中断服务程序。若Intel 8259A工作在AEOI模式,则在第二个$\overline{\text{INTA}}$脉冲结束时,使ISR的相应位复位;否则,直至中断服务程序结束,发出EOI命令,才使ISR的相应位复位。

在中断响应周期,Intel 8259A向CPU输送一个指针(中断向量),此中断向量是可由用户编程的。

2. 8259A在中断响应周期向CPU输送的内容

在第一个中断响应周期,8259A并不向CPU输送任何内容。

在第二个中断响应周期,8259A将向CPU输送如表8-2所示的中断向量。其中的$T_7 \sim T_3$是由用户在Intel 8259A的初始化编程中规定的,而低3位则是由Intel 8259A自动插入的。

表 8-2 8259A 输送的中断向量

中断向量	D_7 D_6 D_5 D_4 D_3 D_2 D_1 D_0	中断向量	D_7 D_6 D_5 D_4 D_3 D_2 D_1 D_0
IR_7	T_7 T_6 T_5 T_4 T_3 1 1 1	IR_3	T_7 T_6 T_5 T_4 T_3 0 1 1
IR_6	T_7 T_6 T_5 T_4 T_3 1 1 0	IR_2	T_7 T_6 T_5 T_4 T_3 0 1 0
IR_5	T_7 T_6 T_5 T_4 T_3 1 0 1	IR_1	T_7 T_6 T_5 T_4 T_3 0 0 1
IR_4	T_7 T_6 T_5 T_4 T_3 1 0 0	IR_0	T_7 T_6 T_5 T_4 T_3 0 0 0

8.5.5 8259A的编程

Intel 8259A的编程可以分为如下两种。

(1) 初始化编程

由CPU向Intel 8259A送2~4个字节的初始化命令字ICW(Initialization Command Word)。在Intel 8259A开始正常工作之前,必须先送初始化命令字。

（2）工作方式编程

由 CPU 向 Intel 8259A 送 3 个字节的工作命令字 OCW（Operation Command Word）。以规定 Intel 8259A 的工作方式，例如：

- 中断屏蔽；
- 结束中断；
- 优先权旋转；
- 中断状态。

工作命令字可在 Intel 8259A 已经初始化以后的任何时间写入。

这些命令字的写入，以及 Intel 8259A 的状态的读出是由 $\overline{RD}$ 和 $\overline{WR}$ 信号、A_0 以及命令字中的某些特定位所规定的。表 8-3 小结了 Intel 8259A 的读写操作。

表 8-3　8259A 的读写操作

(a) 8259A 输入操作

A_0	D_4	D_3	$\overline{RD}$	$\overline{WR}$	$\overline{CS}$	输入操作（读）
0			0	1	0	IRR、ISR 或中断级别→数据总线（＊）
1			0	1	0	IMR→数据总线

(b) 8259A 输出操作

A_0	D_4	D_3	$\overline{RD}$	$\overline{WR}$	$\overline{CS}$	输出操作（写）
0	0	0	1	0	0	数据总线→OCW2
0	0	1	1	0	0	数据总线→OCW3
0	1	×	1	0	0	数据总线→OCW1
1	×	×	1	0	0	数据总线→ICW1,ICW2,ICW3,ICW4（＊＊）

(c) 8259A 断开功能

A_0	D_4	D_3	$\overline{RD}$	$\overline{WR}$	$\overline{CS}$	断开功能
×	×	×	1	1	0	数据总线——三态（无操作）
×	×	×	×	×	1	数据总线——三态（无操作）

＊　IRR、ISR 或中断级别的选择，取决于在读操作前所写入的 OCW3 的内容。

＊＊　由片上的顺序逻辑队列，使这些命令字按适当的顺序写入。

1. 8259A 的初始化编程

对 Intel 8259A 的初始化编程是向它输送 2～4 个字节的初始化命令字，其顺序如图 8-14 所示。

ICW1 和 ICW2 是必须送的，而 ICW3 和 ICW4 是由工作方式来选择的。

若 CPU 用一条输出指令向 Intel 8259A 写入一个命令字，其 $D_4=1$，输出指令地址中 $A_0=0$，则被解释为初始化命令字 1（ICW1）。ICW1 启动了 Intel 8259A 中的初始化顺序，自动发生下列事件：

① 边沿敏感电路复位，这意味着在初始化以后，中断请求输入线必须由低变高才产生中断；

② 中断屏蔽寄存器清零；

③ IR_7 输入被赋为优先权 7；

④ 从模式地址置为 7；

⑤ 特殊屏蔽模式清除，状态读置为 IRR；

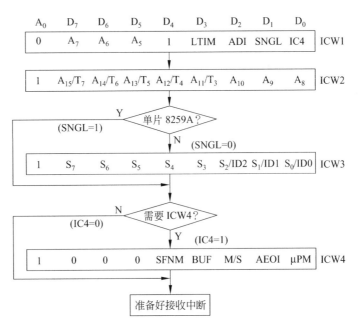

图 8-14　Intel 8259A 的初始化顺序

⑥ 若 IC4＝0,则在 ICW4 中所选择的所有功能全置为 0。

ICW1 的各位的功能如图 8-15 所示。其 D_4 必须为 1。D_0 确定是否送 ICW4,若根据选择 ICW4 的各位应为 0,则可令 D_0 位(即 IC4)为 0,即不送 ICW4。D_1 位 SNGL,规定系统中是单片 8259A 工作还是级连工作。D_2 位 ADI,规定 CALL 地址的间隔,D_2＝1,间隔为 4;D_2＝0,则间隔为 8。D_3 位 LTIM,规定中断请求输入线的触发方式,D_3＝1,则为电平触发方式,此时边沿检测逻辑断开;D_3＝0,则为边沿触发方式。

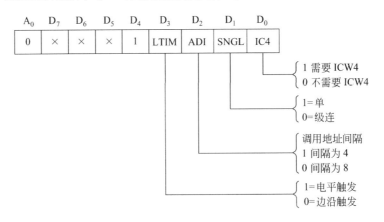

图 8-15　ICW1 的功能

ICW2 各位的功能如图 8-16 所示。

当 Intel 8259A 应用于 8088/8086 系统中时,ICW2 的 $D_7 \sim D_3$ 用以确定中断向量的 $T_7 \sim T_3$,此时 ICW2 的 $D_2 \sim D_0$ 位无用。

ICW3 用于 Intel 8259A 的级连,若系统中只有一片 Intel 8259A,则不用 ICW3;若有多片 Intel 8259A 级连,则主 8259A 和每一片从 8259A 都必须用 ICW3。Intel 8259A 最多允

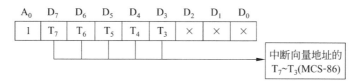

图 8-16　ICW2 的功能

许有一片主 8259A 和 8 片从 8259A,使中断源扩展至 64 个。主和从 8259A 的 ICW3 有所不同,其功能如图 8-17 所示。

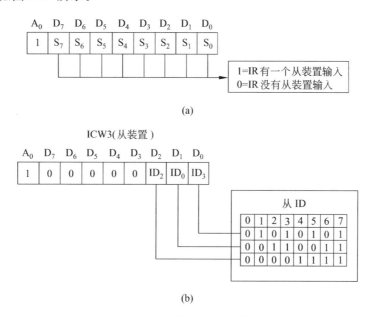

(a)

(b)

图 8-17　Intel 8259A ICW3 的功能

① 对于主 8259A(由 $\overline{SP}=1$ 或由 ICW4 中的 M/S＝1 规定的缓冲方式所决定),ICW3 的每一位对应于一片从 8259A,即若有一片从 8259A,则可令 ICW3 的 $S_0=1$,其他位全为 0;若有两片从 8259A,则可令 $S_0=1,S_1=1$,其他位全为 0……。在中断响应周期,由相应的从 8259A 输送一字节的中断向量。

② 若是从 8259A,则 ICW3 中只有低 3 位 $(D_2 \sim D_0)$ 作为这个从 8259A 的标识符 (ID),高 5 位全为 0。在中断响应周期中,主 8259A 通过级连线输送优先权最高的中断源所在的从 8259A 的标识符,每个从 8259A 用这个标识符与自己编程时 ICW3 中所规定的标识符相比较,只有两者相符合的从 8259A,能在下两个中断响应周期输送一个字节的中断向量。

ICW4 各位的功能如图 8-18 所示。

D_0 位 μPM,规定所用的微处理器。若 μPM＝1,则规定用于 MCS-86 系统中。

D_1 位 AEOI,规定结束中断的方式,若 AEOI＝1,则为自动结束中断方式。

D_2 位 M/S,它与 D_3 位 BUF 配合使用,若 BUF＝1,选择为缓冲模式,则 M/S＝1,确定为主 8259A;若 M/S＝0,则为从 8259A。若 BUF＝0,则 M/S 位不起作用。

D_3 位 BUF,若 BUF＝1,则为缓冲模式,此时 $\overline{SP}/\overline{EN}$ 变为允许输出线,同时由 M/S 确定

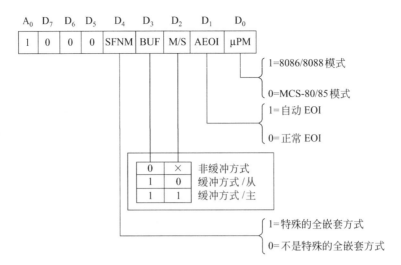

图 8-18   ICW4 的功能

是主还是从 8259A。

D_4 位 SFNM，若 SFNM＝1，则规定为特殊的全嵌套模式。

2. 8259A 的工作命令字

在对 Intel 8259A 进行了初始化编程（输送了适当的初始化命令字）之后，芯片已做好了接收中断请求输入的准备。在 Intel 8259A 的工作期间可由工作命令字以规定其各种工作方式。Intel 8259A 有 3 个工作命令字 OCW。

OCW1 是中断屏蔽命令字，如图 8-19 所示。

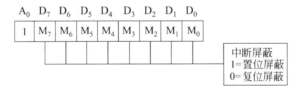

图 8-19   OCW1 的功用

命令字的每一位，可以对相应的中断请求输入线进行屏蔽。若 OCW1 的某一位为"1"，则相应的输入线被屏蔽；若某一位为"0"，则相应的输入线的中断被允许。

OCW2 的功用如图 8-20 所示。

图 8-20 中说明了 R、SL、EOI 这 3 位的功用，它们的不同组合决定了几种不同的工作方式（详见后述）。在其中的 3 种工作方式中要用到 OCW2 的最低 3 位即 L_2、L_1、L_0，这 3 位二进制编码决定了 8 个中断源的某一个被 SEOI 信号复位，或规定某一个的优先权最低。D_4、D_3 为 00 是写入 OCW2 的标志。

OCW3 的功用如图 8-21 所示。

它的最低两位（D_1 和 D_0）决定下一个操作是否为读操作（RR＝1），以及是读中断请求寄存器 IRR（若 RIS＝0），还是读中断服务寄存器 ISR（若 RIS＝1）。

D_2 位 P，决定是查询命令（P＝1），还是非查询命令（P＝0）。

D_4、D_3 位为 01 为写入 OCW3 的标志。

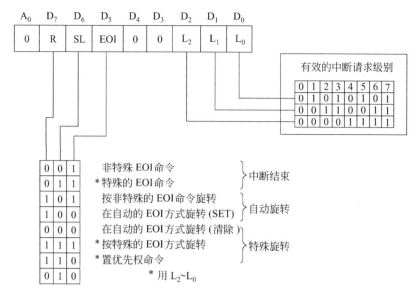

图 8-20 OCW2 的功用

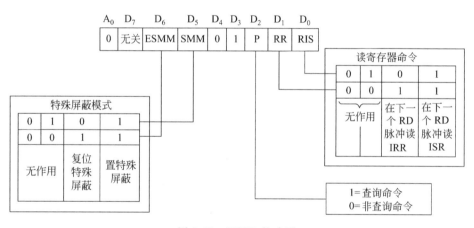

图 8-21 OCW3 的功用

D_6、D_5 这两位决定是否工作于特殊屏蔽模式,当 D_6、D_5 为 11 时,则允许特殊屏蔽模式;而 D_6、D_5 为 10 时,则撤除特殊屏蔽模式返回正常的屏蔽模式。若 D_6 位 ESMM＝0,则 D_5 位 SMM 不起作用。

8.5.6 8259A 的工作方式

1. 查询方式

当系统的中断源很多,超过了 64 个时,则 Intel 8259A 可工作在查询方式。此时,在 Intel 8259A 的编程中,使 OCW3 的 D_2 位 P 置为 1。程序中令 CPU 关中断,用查询方式对外设进行服务。

在令 OCW3 的 D_2 位 P 置为 1 后的下一个读命令,被 8259A 看作为中断响应信号,使最高优先权的 ISR 的相应位置位。读命令从数据总线上读取一个字节,其内容为:

D_7	D_6	D_5	D_4	D_3	D_2	D_1	D_0
I	—	—	—	—	W_2	W_1	W_0

其中 I＝1,则表示此 8259A 芯片有中断请求,I＝0 则无中断,可查询其他芯片。在 I＝1 时,$W_2 \sim W_0$ 即为最高优先权中断源的编码。

2. 中断屏蔽

Intel 8259A 的 8 个中断请求线的每一条都可根据需要单独屏蔽,OCW1 写入主屏蔽字寄存器,它的每一位可对相应的请求线实现屏蔽。

在某些应用场合,可能要求能在软件的控制下动态地改变系统的优先权结构。也就是说,若 CPU 正处在中断服务过程中,希望能屏蔽一些较低优先权的中断,而允许一些优先权更低的中断源申请中断。但是在通常的工作方式下,当较高优先权的中断源正处在中断服务的过程中时,所有优先权较低的中断全部会被屏蔽,达不到上述的要求。为此,Intel 8259A 中有一种特殊屏蔽模式。若在 OCW3 中的 D_6 位 ESMM＝1,且 D_5 位 SMM＝1,则使 8259A 工作在特殊的屏蔽模式。此时,由 OCW1 写入的屏蔽字中为"1"的那些位的中断被屏蔽,而为"0"的那些位的中断不管其优先权如何,在任何情况下都可申请中断。

若 OCW3 中的 ESMM＝1 且 SMM＝0,则恢复为正常的屏蔽方式。

3. 缓冲模式

当 Intel 8259A 在一个大的系统中使用,且 Intel 8259A 要求级连,则要求数据总线有总线驱动缓冲器,也就要求有一个缓冲器的允许信号。当编程规定使 Intel 8259A 工作在缓冲模式,则 Intel 8259A 送出一个允许信号 $\overline{SP/EN}$,每当 Intel 8259A 的数据总线输出是允许的,$\overline{SP/EN}$ 输出变为有效。

在缓冲器模式,必须在初始化编程时规定此片 8259A 是主还是从。

以上的工作方式是由 ICW4 决定的。

4. 中断嵌套模式

在 Intel 8259A 中有两种中断嵌套模式:全嵌套模式和特殊全嵌套模式,常用的是全嵌套模式。

当工作在全嵌套模式时,在初始化编程以后,中断优先权是固定的,且 IR_0 优先权最高,IR_7 优先权最低(除非用优先权旋转的办法来改变)。当 CPU 响应中断时,优先权最高的中断源在 ISR 中的相应位置位,而且把它的中断向量送至数据总线。在此中断源的中断服务程序完成之前,与它同级或优先权更低的中断源的请求被屏蔽,只有优先权比它高的中断源的中断请求才是允许的(当然 CPU 是否响应取决于 CPU 是否处在开中断状态)。

5. 中断优先权旋转

在实际应用中,中断源的优先权的情况是比较复杂的,不一定有明显的等级,而且优先权还有可能改变。所以,不能总是规定 IR_0 优先权最高,IR_7 优先权最低,而要能根据情况来改变。在 Intel 8259A 中有两种改变优先权的办法。

(1)自动旋转

在某些应用情况下,若干个中断源有相等的优先权。因此,当某一个中断源服务完以后,它的优先权应该变成最低的。这样,某个中断源的请求必须等待,在最坏情况下,必须等待其他 7 个源都服务一次以后才能再服务。下面用图 8-22 说明在这种工作模式下,优先权是如何改变的。

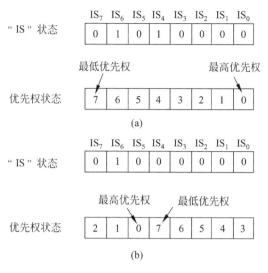

图 8-22　自动旋转模式下,优先权的改变

在旋转以前,若 IR_4 和 IR_6 同时有中断请求,而当时的优先权次序为 IR_0 最高,IR_7 最低,如图 8-22(a)所示。因此,就服务 IR_4 的请求。而在 IR_4 被服务以后,它的优先权就变为最低的了(优先权的等级为 7),而 IR_5 就变为优先权等级最高的了(优先权的等级为 0),如图 8-22(b)所示。因而,接着就应该响应 IR_6 的请求。这种工作模式,可由 OCW2 来规定。

（2）特殊旋转方式

上述的自动旋转方式,适用于设备的优先权相等的情况下。在特殊旋转方式下,可用程序来改变优先权。可以用 OCW2 来设置最低优先权的中断源,则别的输入线的优先权也就相应固定了。例如设置 IR_5 为最低优先权,则 IR_6 的优先权就变为最高的了。

在这种工作模式下,优先权的设置,是由 OCW2 决定的,可以用设置优先权命令,即 R＝1、SL＝1、EOI＝0,此时规定 $L_2 \sim L_0$ 为最低优先权中断源的编码。优先权还可以在执行 EOI 命令时予以改变,这就要使 OCW2 中的 R＝1、S＝1、EOI＝1,同样 $L_2 \sim L_0$ 为要改变为最低优先权中断源的编码。

6. 中断结束命令

当某一个中断源的服务完成时,必须给 Intel 8259A 一个中断结束命令,使这个中断源在 ISR 中的相应位复位。在不同的工作情况下,Intel 8259A 可以有几种不同的给出中断结束命令的方法。

（1）自动中断结束模式（AEOI）

可以在 ICW4 中规定工作在这种模式。在这种模式下,最后一个中断响应周期的 $\overline{INTA}$ 信号的后沿自动地使 ISR 中的相应位复位。这种方式显然只能用于不要求中断嵌套的情况下。

（2）非自动中断结束方式（EOI）

在这种工作方式下,当中断服务程序执行完毕,从中断服务程序返回之前,必须输送中断结束（EOI）命令。若工作在 8259A 级连的情况下,则必须输送两个 EOI 命令,一个送给从 8259A,另一个送给主 8259A(若在特殊嵌套模式下,在送第一个 EOI 命令后,必须经过检查,确定这片从 8259A 的所有请求中断的中断源都已经被服务了,才向主 8259A 送出另一个 EOI 命令)。

EOI 命令又有两种形式:特殊的和非特殊的,常用的是非特殊的。当 Intel 8259A 工作在全嵌套模式下,且当刚服务过的中断源就是最高优先权的中断源时,可以用非特殊 EOI 命令使它在 ISR 中的相应位复位。

7. 读 8259A 的状态

Intel 8259A 内部几个寄存器的状态,可以读至 CPU 中,以供 CPU 了解 Intel 8259A 的工作状况。

在读命令之前,输出一个 OCW3,令其中的 RR＝1、RIS＝0,则用读命令可以读入中断请求寄存器 IRR 的状态,其中包含着尚未被响应的中断源的情况。

在读命令之前,输出一个 OCW3,令其中的 RR＝1、RIS＝1,则用读命令可以读入中断服务寄存器 ISR 的状态,其中包含着处在服务过程中的中断源的情况,也可以看到是否处于中断嵌套的情况。

当用读命令,而地址总线的 A_0 为 0 时,则可读入中断屏蔽寄存器 IMR 的状态,其中包含着所设置的中断屏蔽的情况。

8. 8259A 的级连

在一个系统中,Intel 8259A 可以级连,有一个主 8259A,若干个从 8259A,最多可以有 8 个从 8259A,把中断源扩展到 64 个。

Intel 8259A 级连的典型情况如图 8-23 所示。主 8259A 的 3 条级连线 CAS_0、CAS_1、CAS_2 作为输出线,连至每一个从 8259A 的 CAS_0、CAS_1、CAS_2。每个从 8259A 的中断请求信号 INT,连至主 8259A 的一个中断请求输入端。主 8259A 的 INT 线连至 CPU 的中断请

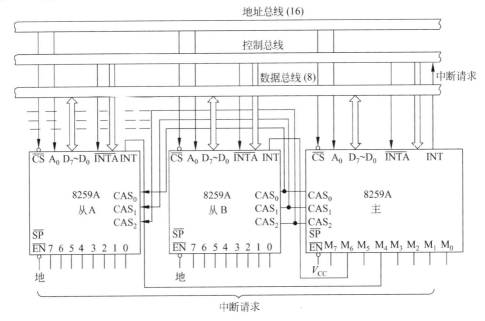

图 8-23　Intel 8259A 的级连

求输入端。主 8259A 和每一片从 8259A 必须分别初始化和设置必要的工作状态。当任一个从 8259A 有中断请求时,经过主 8259A 向 CPU 发出请求,当 CPU 响应中断时,在每一个中断响应周期,主 8259A 通过 3 条级连线输出被响应中断的从 8259A 的编码。由此编码确定的从 8259A 在第 2 个中断响应周期输出它的中断向量(对于 MCS-86 系统),或输出 CALL 指令地址的低 8 位,在第 3 个中断响应周期输出地址的高 8 位(对于 MCS-80/85 系统)。

8.6　IBM PC/XT 的中断结构

8.6.1　中断类型

IBM PC/XT 中有 3 种类型的中断:

1. 内部中断

即软件中断。包括被零除、单步、溢出和中断指令(包括断点中断)等。这是由 8086 执行指令产生的中断。

2. 非屏蔽中断 NMI

在 IBM PC/XT 中若存储器的读写奇偶校验错,或者是由 8087 的异常状态产生的中断都送至 8086 的 NMI 输入端要求处理。

3. 可屏蔽中断 INTR

这是由外部设备通过一片 Intel 8259A 产生的中断请求。IBM PC/XT 中的可屏蔽中断源及其相应的类型码如表 8-4 所示。

表 8-4　IBM PC/XT 中的中断源

中断优先级	中　断　源	中断类型码(二进制)
IRQ_0	电子钟时间基准	0000　1000
IRQ_1	键盘	0000　1001
IRQ_2	为用户保留的中断	0000　1010
IRQ_3	异步通信(COM2)	0000　1011
IRQ_4	异步通信(COM1)	0000　1100
IRQ_5	硬盘	0000　1101
IRQ_6	软磁盘	0000　1110
IRQ_7	并行打印机	0000　1111

8.6.2　IBM PC/XT 中系统保留的中断

8086 CPU 最多能处理 256 种不同的中断,其中有 5 个是 8086 CPU 保留为 CPU 专用的,又有相当一部分是由磁盘操作系统 DOS 保留为系统用的。所有已经保留的中断类型用户就不能再使用了,但用户仍然可以使用近 200 个中断,这对于绝大部分用户来说已经是足够的。

IBM PC/XT 中保留的中断(所用的 PC-DOS 的版本号不同会有一些不同)的前 5 个中断类型是 8086 规定的专用中断。BIOS 安排到中断类型号 1F,这些中断类型的功能如表 8-5 所示。

表 8-5　IBM PC/XT 的中断类型

中断类型号	中断功能	中断类型号	中断功能
0	被零除中断	10	CRT 显示 I/O 驱动程序
1	单频中断	11	设备检测
2	NMI	12	存储器容量检测
3	断点中断	13	磁盘 I/O 驱动程序
4	溢出中断	14	RS-232 I/O 驱动程序
5	打印屏幕	15	盒式磁带机处理
6	保留	16	键盘 I/O 驱动程序
7	保留	17	打印机 I/O 驱动程序
8	电子钟定时中断	18	ROM BASIC
9	键盘中断	19	引导(BOOT)
A	保留的硬件中断	1A	一天的时间
B	异步通信中断(COM2)	1B	用户键盘 I/O
C	异步通信中断(COM1)	1C	用户定时器时标
D	硬磁盘中断	1D	CRT 初始化参数
E	软磁盘中断	1E	磁盘参数
F	并行打印机中断	1F	图形字符集

在这些类型中断中,类型号 8～F 就是上述的通过 Intel 8259A 的 8 级硬件中断。5 号和 10～1A 号是基本外部设备的输入输出驱动程序和 BIOS 中调用的有关程序。1B 和 1C 由用户设定,1D～1F 指向 3 个数据区域。

中断类型号 20～3F 由 DOS 操作系统使用,用户程序也可以调用其中的 20～27 号中断。这些中断的功能如表 8-6 所示。

表 8-6　IBM PC/XT 的中断功能

中断类型号	中断功能	中断类型号	中断功能
20	程序结束	26	磁盘顺序写
21	请求 DOS 功能调用	27	程序结束且驻留内存
22	结束地址	28	DOS 内部使用
23	中止(Ctrl-Break)处理	29～2E	DOS 保留使用
24	关键性错误处理	2F	DOS 内部使用
25	磁盘顺序读	30～3F	DOS 保留使用

40 号以后的中断类型可由用户程序安排使用。

习 题

8.1 在中断响应过程中,8086 CPU 向 8259A 发出的两个 $\overline{INTA}$ 信号分别起什么作用?

8.2 8086 CPU 最多可有多少个中断类型?按照产生中断的方法分为哪两大类?

8.3 非屏蔽中断有什么特点?可屏蔽中断有什么特点?它们分别用在什么场合?

8.4 什么叫中断向量?它如何产生?如果 1CH 的中断处理子程序从 5110H:2030H 开始,则中断向量表应怎样存放?

8.5 从 8086/8088 CPU 的中断向量表中可以看到,如果一个用户想定义某个中断,应该选择在什么范围?

8.6 非屏蔽中断处理程序的入口地址怎样寻找?

8.7 简述可屏蔽中断的响应过程,一个可屏蔽中断或者非屏蔽中断响应后,堆栈顶部 6 个单元中是什么内容?

8.8 一个可屏蔽中断请求来到时,通常只要中断允许标志为 1,便可在执行完当前指令后响应,但是在哪些情况下有例外?

8.9 在编写中断处理子程序时,为什么要在子程序中保护许多寄存器?

8.10 中断指令执行时,堆栈的内容有什么变化?中断处理子程序的入口地址是怎样得到的?

8.11 中断返回指令 IRET 和普通子程序返回指令 RET 在执行时,具体操作内容有什么不同?

8.12 若在一个系统中有 5 个中断源,它们的优先权排列为:1、2、3、4、5,它们的中断服务程序的入口地址分别为:3000H、3020H、3050H、3080H、30A0H。编写一个程序,当有中断请求 CPU 响应时,能用查询方式转至申请中断的优先权最高的源的中断服务程序。

8.13 设置中断优先级的目的是什么?

8.14 软中断(两字节 INT n 指令)的功能调用与子程序调用有何异同?

8.15 可编程中断控制器 8259A 在中断处理时,将协助 CPU 完成哪些功能?

8.16 8259A 具有哪些中断操作功能?指出与这些功能相对应的控制字(ICW/OCW)的内容。

8.17 什么是中断响应周期?在中断响应中,8086 CPU 和 8259A 一般完成哪些工作?

8.18 若有一个中断源,当其有中断请求时,要求 CPU 把一个 100 个字节的数据块从 AREA1 开始的存储区传送至 AREA2 开始的存储区。要求编写主程序(与中断有关的部分)和中断服务程序。所有程序的入口地址(包括中断服务程序入口地址表)由伪指令给定(具体的值可自己指定)。

8.19 若在内存中自 7000H 单元开始有一个 1000 个字节的信息组要存入磁盘。存入磁盘的操作是在中断服务程序中完成的,但磁盘的写入每次只写入一个记录即 128 字节;且是从指定的磁盘缓冲区(例如起始地址为 0080H)把信息写入磁盘的,所以在每次写入磁盘以前,要把一个记录的信息从它所在的存储区传送至磁盘缓冲区。编写中断服务程序中完成这样的传送过程的程序段。

8.20 若要把磁盘上一个 1KB 的文件读入内存自 7000H 开始的存储区中。读盘的操作是在中断服务程序中完成的,但读盘每次读入一个记录(128 字节)放在磁盘缓冲区中。所以在每次读入一个记录后,要把信息自磁盘缓冲区传送至它的存储区。编写中断服务程序中能完成这样的传送过程的程序段。

8.21 8086 CPU 有哪几种中断? 哪些是硬件中断? 哪些是软件中断?

8.22 什么是 8086 的中断向量? 中断向量表是什么? 8086 CPU 系统的中断向量表放在何处?

8.23 8259A 的初始化命令字和操作命令字有什么差别? 它们分别对应于编程结构中的哪些内部寄存器?

8.24 8259A 的中断屏蔽寄存器 IMR 和 8086/8088 CPU 的中断允许标志 IF 有什么差别? 在中断响应过程中,它们怎样配合工作?

8.25 8259A 引入中断请求的方式有哪几种? 如果 8259A 用查询方式引入中断请求,会有什么特点? 中断查询方式一般用在什么场合?

8.26 中断控制器 8259A 的 ICW2 设置了中断类型码的哪几位? 说明对 8259A 分别设置 ICW2 为 30H、38H、36H 有什么差别?

8.27 8259A 通过 ICW4 可以给出哪些重要信息? 什么情况下不需要用 ICW4? 什么情况下要使用 ICW4?

8.28 试按照如下要求对 8259A 设置初始化命令字:系统中有一片 8259A,中断请求信号用电平触发方式,下面要用 ICW4,中断类型码为 60H、61H、62H、…、67H,用特殊全嵌套方式,不用缓冲方式,采用中断自动结束方式。8259A 的端口地址为 93H、94H。

8.29 怎样用 8259A 的屏蔽命令字来禁止 IR_3 和 IR_5 引脚上的请求? 又怎样撤销这一禁止命令? 设 8259A 的端口地址为 93H、94H。

8.30 试用 OCW2 对 8259A 设置中断结束命令,并使 8259A 按优先级自动循环方式工作。

8.31 80386 系统中,8259A 采用了级连方式,试说明在主从式中断系统中 8259A 的主片和从片的连接关系。

第9章 计数器和定时器电路
Intel 8253/8254-PIT

在控制系统中,常常要求有实时时钟以实现定时或延时控制,如定时中断、定时检测、定时扫描等,也往往要求有计数器能对外部事件计数。

要实现定时或延时控制,有三种主要方法:软件定时、不可编程的硬件定时、可编程的硬件定时器。

软件定时——即让机器执行一个程序段,这个程序段本身没有具体的执行目的,但由于执行每条指令都需要时间,则执行一个程序段就需要一个固定的时间。通过正确地挑选指令和安排循环次数很容易实现软件定时,但软件定时占用了 CPU,降低了 CPU 的利用率。

不可编程的硬件定时可以采用小规模集成电路器件例如 555,外接定时部件——电阻和电容构成。这样的定时电路简单,而且通过改变电阻和电容,可以使定时在一定的范围内改变。但是,这种定时电路在硬件连接好以后,定时值及定时范围不能由程序(软件)来控制和改变。

可编程定时器电路的定时值及其定时范围,可以很容易地由软件来确定和改变。所以,功能较强,使用灵活。在本章中就介绍这种定时器电路。从本章开始的几章中介绍的可编程的接口电路,包括这些接口电路的工作方式、功能与性能等,可以通过软件对其中的某些寄存器进行适当的设置(即编程)来改变。

Intel 系列的定时器/计数器电路为可编程间隔定时器 PIT(Programmable Interval Timer),型号为 8253,其改进型为 8254。

9.1 概　　述

Intel 8253 具有 3 个独立的 16 位计数器,使用单一 5V 电源,它是具有 24 个引脚的双列直插式器件。

9.1.1　8253-PIT 的主要功能

Intel 8253-PIT 的主要功能如下:
① 有 3 个独立的 16 位计数器;
② 每个计数器都可以按照二进制或 BCD 码进行计数;
③ 每个计数器的计数速率可高达 2MHz(8254-2 计数频率可达到 10MHz);
④ 每个计数器有 6 种工作方式,可由程序设置和改变;
⑤ 所有的输入输出引脚电平都与 TTL 电平兼容。

9.1.2　8253-PIT 的内部结构

Intel 8253 的内部结构如图 9-1 所示。

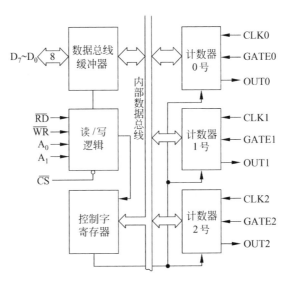

图 9-1　Intel 8253 的内部结构

1. 数据总线缓冲器

这是 Intel 8253 与 CPU 数据总线连接的 8 位双向三态缓冲器。CPU 用输入输出指令对 Intel 8253 进行读写的所有信息,都是通过这 8 条总线传送的。包括:

① CPU 在初始化编程时,写入 8253 的控制字;

② CPU 向某一计数器写入计数值;

③ CPU 从某一个计数器读取的计数值。

2. 读/写逻辑

这是 Intel 8253 内部操作的控制部分。首先,有片选信号$\overline{CS}$的控制部分,当$\overline{CS}$为高(无效)时,数据总线缓冲器处在三态,与系统的数据总线脱开,故不能进行编程,也不能进行读写操作。其次,由这部分选择读写操作的端口(3 个计数器及控制字寄存器),也由这部分控制数据传送的方向,读——数据由 8253 传向 CPU,写——数据由 CPU 传向 8253。

3. 控制字寄存器

在 Intel 8253 初始化编程时,由 CPU 写入控制字以决定计数器的工作方式。此寄存器只能写入而不能读出。

4. 计数器 0、计数器 1、计数器 2

这是 3 个计数器/定时器,每一个都是由一个 16 位的可预置值的减法计数器构成。这 3 个计数器的操作是完全独立的。

每个计数器都是对输入脉冲 CLK 按二进制或 BCD 码进行计数,从预置值开始减 1 计数。当预置值减到零时,从 OUT 输出端输出一个信号。

计数器/定时器电路的本质是一个计数器。若计数器对频率精确的时钟脉冲计数,则计数器就可作为定时器。计数频率取决于输入脉冲的频率。在计数过程中,计数器受到门控信号 GATE 的控制。计数器的输入与输出以及门控信号之间的关系,取决于工作方式。

计数器的初值必须在开始计数之前,由 CPU 用输出指令预置。在计数过程中,CPU 随时可用输入指令读取任一计数器的当前计数值,这一操作对计数没有影响。

9.1.3 8253-PIT 的引线

Intel 8253 的引线如图 9-2 所示。

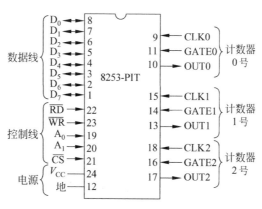

图 9-2　Intel 8253 的引线

Intel 8253 与 CPU 接口的引线,除了没有复位信号 RESET 引脚外,其他与 8255 相同
(请参阅本书第 10 章)。

每一个计数器有如下 3 条引线。

- CLK:输入脉冲线。计数器就是对这个脉冲计数。Intel 8253 规定,加在 CLK 引脚
  的输入时钟周期不能小于 380ns。
- GATE:门控信号输入引脚。这是控制计数器工作的一个外部信号。当 GATE 引脚
  为低(无效)时,通常都是禁止计数器工作的;只有当 GATE 为高时,才允许计数器
  工作。
- OUT:输出引脚。当计数到"0"时,OUT 引脚上必然有输出,输出信号的波形取决
  于工作方式。

Intel 8253 内部端口的选择是由引线 A_1 和 A_0 决定的,它们通常接至地址总线的 A_1 和
A_0。各个通道的读/写操作的选择如表 9-1 所示。

表 9-1　8253-PIT 的端口选择

$\overline{CS}$	$\overline{RD}$	$\overline{WR}$	A_1	A_0	寄存器选择和操作
0	1	0	0	0	写入计数器 0
0	1	0	0	1	写入计数器 1
0	1	0	1	0	写入计数器 2
0	1	0	1	1	写入控制寄存器
0	0	1	0	0	读计数器 0
0	0	1	0	1	读计数器 1
0	0	1	1	0	读计数器 2
0	0	1	1	1	无操作(三态)

$\overline{CS}$	$\overline{RD}$	$\overline{WR}$	A_1	A_0	寄存器选择和操作
1	×	×	×	×	禁止(三态)
0	1	1	×	×	无操作(三态)

9.2 8253-PIT 的控制字

在 Intel 8253 的初始化编程中,由 CPU 向 Intel 8253 的控制字寄存器写入一个控制字, 它规定了 Intel 8253 的工作方式。其格式如图 9-3 所示。

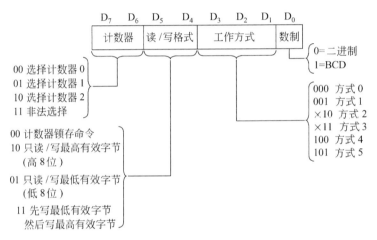

图 9-3 Intel 8253 的控制字

1. 计数器选择（$D_7 D_6$）

控制字的最高两位决定这个控制字是哪一个计数器的控制字。由于 3 个计数器的工作 是完全独立的,所以需要有 3 个控制字寄存器分别规定相应计数器的工作方式。但它们的 地址是同一个,即 $A_1 A_0 = 11$——控制字寄存器的地址。所以,需要由这两位来决定是哪一 个计数器的控制字。因此,对 3 个计数器的编程需要向同一个地址(控制字寄存器地址)写 入 3 个控制字,$D_7 D_6$ 位分别指定不同的计数器。在控制字中的计数器选择与计数器的地址 是两回事,不能混淆。计数器的地址是用作 CPU 向计数器写初值,或从计数器读取计数的 地址值。

2. 数据读/写格式（$D_5 D_4$）

CPU 向计数器写入初值和读取它们的当前状态时,有几种不同的格式。例如,写数据 时,是写入 8 位数据还是 16 位数据。若 $D_5 D_4 = 01$,则只写低 8 位,高 8 位自动为 0;若 $D_5 D_4 = 10$,则只写高 8 位,低 8 位自动为 0;若 $D_5 D_4 = 11$,则先写入低 8 位,后写入高 8 位。

在读取计数值时,可令 $D_5 D_4 = 00$,先将写控制字时的计数值锁存,然后再读取。

3. 工作方式（$D_3 D_2 D_1$）

Intel 8253 的每个计数器可以有 6 种不同的工作方式,由这 3 位决定。每一种方式的特点,随后介绍。

4. 数制选择(D₀)

Intel 8253 的每个计数器有两种计数制:二进制计数和 BCD 码计数,具体由 D_0 位决定。在二进制计数时,写入的初值的范围为 0000H~FFFFH,其中 0000H 是最大值,代表 65 536。在 BCD 码计数时,写入的初值的范围为 0000~9999,其中,0000 是最大值,代表 10 000。

9.3 8253-PIT 的工作方式

Intel 8253 有 6 种工作方式,其原理和编程基本类似。本书重点介绍方式 0。

9.3.1 方式 0——计完最后一个数时中断

在这种方式下,当控制字 CW(Control Word)写入控制字寄存器时,则使 OUT 输出端变低,此时计数器没有赋予初值,也没开始计数。

要开始计数,GATE 信号必须为高电平,并在写入计数初值后,计数器开始计数,在计数过程中 OUT 信号线一直维持为低电平,直到计数到 0 时。OUT 输出信号线变为高电平。其过程如图 9-4 所示。

其中,LSB=4 表示只写低 8 位计数值为 4。最底下一行是计数器中的数值。

方式 0 工作的特点如下:

① 计数器只计一遍。当计数到 0 时,并不恢复计数值,不开始重新计数,且输出保持为高。只有在写入另一个计数值时,OUT 变低,开始新的计数。

② Intel 8253 内部是在 CPU 写计数值的 $\overline{WR}$ 信号上升沿,将此值写入计数器的计数初值寄存器,在 $\overline{WR}$ 信号上升沿后的下一个 CLK 脉冲,才将计数值由计数初值寄存器送至计数器,开始计数。如果设置计数初值为 N,则输出信号 OUT 是在写入计数值后经过 N+1 个 CLK 脉冲才变高的。这个特点在方式 1、方式 2、方式 4 和方式 5 时也是同样的。

③ 在计数过程中,可由门控制信号 GATE 控制暂停。当 GATE=0 时,计数暂停;当 GATE 变高后就接着计数,其波形如图 9-5 所示。

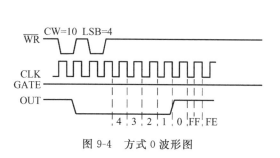

图 9-4 方式 0 波形图   图 9-5   方式 0 时 GATE 信号的作用

④ 在计数过程中可改变计数值。若是 8 位计数,则在写入新的计数值后,计数器将按新的计数值重新开始计数,如图 9-6 所示。若是 16 位计数,则在写入第一个字节后,计数器停止计数,在写入第二个字节后,计数器按照新的数值开始计数。即改变计数值是立即有效的。

⑤ Intel 8253 内部没有中断控制电路,也没有专用的中断请求引线,所以若要用于中断,

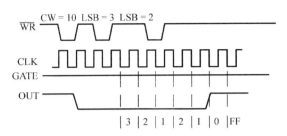

图 9-6　方式 0 计数过程中改变计数值

则可用 OUT 信号作为中断请求信号,但需要有外接的中断优先权排队电路与向量产生电路。

若 Intel 8253 的地址为 04H~07H,要使计数器 1 工作在方式 0,仅用 8 位二进制计数,计数值为 128,初始化程序为:

```
MOV      AL,50H      ;设控制字
OUT      07H,AL      ;输至控制字寄存器
MOV      AL,80H      ;计数值
OUT      05H,AL      ;输至计数器 1
```

9.3.2　8253-PIT 工作方式小结

8253 有 6 种不同的工作方式,它们的特点不同,因而应用的场合也就不同。

方式 2、4、5 的输出波形是相同的,都是宽度为一个 CLK 周期的负脉冲。但方式 2 是连续工作,方式 4 由软件(设置计数值)触发启动,而方式 5 由门控脉冲触发启动。

方式 5(硬件触发选通)与方式 1(硬件再触发单拍脉冲)的工作方式基本相同,但输出波形不同,方式 1 输出的是宽度为 N 个 CLK 脉冲的低有效脉冲(计数过程中输出为低),而方式 5 输出的是宽度为 1 个 CLK 脉冲的负脉冲(计数过程中输出为高)。

1. 输出 OUT 的初始状态

在 6 种方式中,只有方式 0,在写入控制字后输出为低。其他 5 种方式,都是在写入控制字后输出为高。

2. 计数值的设置

任一种方式,只有在写入计数值后才能开始计数,方式 0、2、3 和 4 都是在写入计数值后,计数过程就开始了,而方式 1 和 5 需要外部触发启动,才开始计数。

在不同工作方式下,计数值 N 对输出波形的影响是不同的,如表 9-2 所示。

表 9-2　计数值 N 与输出波形

方　式	功　　能	N 与输出波形的关系
0	计完最后一个数中断	写入计数值 N 后,经过 $N+1$ 个 CLK 脉冲输出变高
1	硬件再触发单拍脉冲	单拍脉冲的宽度为 N 个 CLK 脉冲
2	速率发生器	每 N 个 CLK 脉冲,输出一个宽度为 CLK 周期的脉冲
3	方波速率发生器	写入 N 后,输出 $N/2$ 个 CLK 高电平,$N/2$ 个 CLK 低电平(N 为偶数) $(N+1)/2$ 个 CLK 高电平,$(N-1)/2$ 个 CLK 低电平(N 为奇数)

方式	功 能	N 与输出波形的关系
4	软件触发选通	写入 N 后经过 N+1 个 CLK,输出宽度为 1 个 CLK 的脉冲
5	硬件触发选通	门控触发后,经过 N+1 个 CLK,输出宽度为 1 个 CLK 的脉冲

6 种方式中,只有方式 2 和方式 3 是连续计数,其他 4 种方式都是一次计数,要继续工作需要重新启动,方式 0、方式 4 由写入计数值(软件)启动,方式 1、方式 5 要由外部信号(硬件)启动。

3. 门控信号的作用

Intel 8253 在不同方式下门控输入信号 GATE 的作用,如表 9-3 所示。

表 9-3 Intel 8253 门控输入信号 GATE 的作用

方式	功 能	GATE		
		低或变为低	上升沿	高
0	计完最后一个数中断	禁止计数	—	允许计数
1	硬件再触发单拍脉冲	—	① 启动计数 ② 下一个 CLK 脉冲使输出变低	—
2	速率发生器	① 禁止计数 ② 立即使输出为高	① 重新装入计数值 ② 启动计数	允许计数
3	方波速率发生器	① 禁止计数 ② 立即使输出为高	启动计数	允许计数
4	软件触发选通	禁止计数	—	允许计数
5	硬件触发选通	—	启动计数	—

GATE 输入总是在 CLK 输入时钟的上升沿被采样。在方式 0、方式 2、方式 3、方式 4 中,GATE 输入是电平起作用,逻辑电平在 CLK 的上升沿采样。在方式 1、方式 2、方式 3、方式 5 中,GATE 输入是上升沿起作用的,在这种情况下,GATE 信号的上升沿使计数器内部的一个边沿敏感的触发器置位,它由下一个 CLK 脉冲的上升沿采样,采样之后,这个触发器被复位。这样不管 GATE 的上升沿何时出现总能被检测到,且对 GATE 高电平的持续时间没有要求。在方式 2 和方式 3 中,GATE 信号的上升沿和电平都可以起作用。

4. 在计数过程中改变计数值

Intel 8253 在不同方式时都可以在计数过程中写入计数值,但它的作用在不同方式时有所不同,如表 9-4 所示。表 9-4 中的立即有效都是指写入计数值后的下一个 CLK 脉冲以后,新的计数值开始起作用。

5. 计数到 0 后计数器的状态

计数器减到 0 后并不会停止不动。在方式 0、方式 1、方式 4、方式 5,计数器计数到 0 后,都从这个最大计数值(十六进制的 FFFFH 和 BCD 的 9999)继续倒计数。方式 2 与方式 3 是连续计数,计数器自动装入计数值继续计数。

表 9-4　计数过程中改变计数值的结果

方　　式	功　　　能	改变计数值
0	计完最后一个数中断	立即有效
1	硬件再触发单拍脉冲	外部触发后有效
2	速率发生器	计数到 1 后有效
3	方波速率发生器	① 外部触发后有效 ② 计数到 0 后有效
4	软件触发选通	立即有效
5	硬件触发选通	外部触发后有效

9.4　8253-PIT 的编程

要使用 Intel 8253 必须首先进行初始化编程,初始化编程的内容为:必须先写入每一个计数器的控制字,然后写入计数器的计数值。如前所述,在有些方式下,写入计数值后此计数器就开始工作了,而有的方式需要外界门控信号的触发启动。

在初始化编程时,某一计数器的控制字和计数值,是通过两个不同的端口地址写入的。任一计数器的控制字都是写入至控制字寄存器的(地址总线低两位 $A_1A_0=11$),由控制字中的 D_7D_6 来确定是哪一个计数器的控制字;而计数值是由各个计数器的端口地址写入的。

初始化编程的步骤为:

① 写入计数器控制字,规定计数器的工作方式。

② 写入计数值。

- 若规定只写低 8 位,则写入的为计数值的低 8 位,高 8 位自动置 0。
- 若规定只写高 8 位,则写入的为计数值的高 8 位,低 8 位自动置 0。
- 若是 16 位计数值,则分两次写入,先写入低 8 位,再写入高 8 位。

例如:若要用计数器 0,工作在方式 1,按 BCD 码计数,计数值为 5080H。则初始化编程的步骤如下。

① 确定通道控制字:

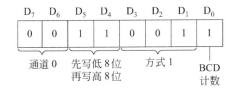

② 计数值的低 8 位为 80H。

③ 计数值的高 8 位为 50H。

若端口地址位为 F8H~FBH,则初始化程序为:

```
MOV     AL,33H
OUT     0FBH,AL
MOV     AL,80H
```

```
OUT        0F8H,AL
MOV        AL,50H
OUT        0F8H,AL
```

CPU 可以用输入指令读取 Intel 8253 任一计数器的计数值,此时 CPU 读到的是执行输入指令瞬间计数器的现行值。由于 Intel 8253 的计数器是 16 位的,所以要分两次读至 CPU,因此,若不设法锁存,则在输入过程中,计数值可能已变化了。计数值的锁存有两种办法:

① 利用 GATE 信号使计数过程暂停。

② 向 Intel 8253 输送一个控制字,令 Intel 8253 计数器中的锁存器锁存。Intel 8253 的每一个计数器都有一个输出锁存器(16 位),平时,它的值随计数器的值变化,当向计数器写入锁存的控制字时,它把计数器的现行值锁存(计数器中继续计数)。于是 CPU 读取的就是锁存器中的值。当对计数器重新编程,或 CPU 读取了计数值后,自动解除锁存状态,它的值又随计数器变化。

若要读取计数器 1 的 16 位计数值,其程序为:

```
MOV        AL,40H        ;计数器 1 的锁存命令
OUT        0FBH,AL       ;写入至控制字寄存器
IN         AL,0F9H       ;读低 8 位计数值
MOV        CL,AL         ;存于 CL 中
IN         AL,0F9H       ;读高 8 位计数值
MOV        CH,AL         ;存于 CH 中
```

9.5 Intel 8254-PIT

Intel 8254-PIT 是 Intel 8253-PIT 的改进型,因此它的操作方式以及引脚与 Intel 8253 完全相同。它的改进主要反映在两个方面:

① Intel 8254 的计数频率更高。Intel 8254 的计数频率可由直流至 6MHz,Intel 8254-2 的计数频率可高达 10MHz。

② Intel 8254 多了一个读回命令(写入至控制字寄存器),其格式如图 9-7 所示。

这个命令可以令 3 个计数器的计数值都锁存(在 Intel 8253 中要 3 个计数器的计数值都锁存,需写入 3 个命令)。

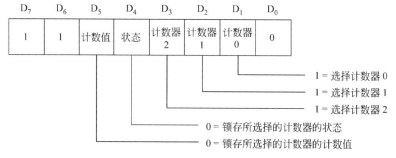

图 9-7 Intel 8254 的读回命令

另外,Intel 8254 中每个计数器都有一个状态字可由读回命令令其锁存,然后由 CPU 读取。其状态字的格式如图 9-8 所示。

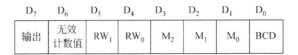

D₇	D₆	D₅	D₄	D₃	D₂	D₁	D₀
输出	无效 计数值	RW₁	RW₀	M₂	M₁	M₀	BCD

图 9-8 Intel 8254 的计数器状态字

图 9-8 中,$D_5 \sim D_0$ 即为写入此计数器的控制字的相应部分。D_7 反映了该计数器的输出引脚,输出(OUT)为高电平,$D_7 = 1$;输出为低电平,$D_7 = 0$。D_6 反映了计数初值寄存器中的计数值是否已写入计数单元中。当向计数器写入控制字以及计数值后,状态字节中的 $D_6 = 1$;只有当计数值已写入计数单元后,$D_6 = 0$。

习　　题

9.1　定时与计数技术在微型计算机系统中有什么作用?

9.2　计数器/定时器 8253 有哪几种工作方式? 各有何特点? 其用途如何?

9.3　在某一应用系统中,计数器/定时器 8253 地址为 340H～343H,定时器 0 用作分频器(N 为分频系数),定时器 2 用作外部事件计数器,如何编制初始化程序?

9.4　若已有一频率发生器,其频率为 1MHz,若要求通过计数器/定时器 8253,产生每秒一次的信号,8253 应如何连接? 编写出初始化程序。

9.5　条件同上,若要求每隔 5s 产生一个正脉冲,8253 应如何连接? 编写出初始化程序。

9.6　在计数器/定时器 8253 中,时钟信号 CLK 和门脉冲信号 GATE 分别起什么作用?

9.7　说明计数器/定时器 8253 在 6 种工作模式下的特点,并举例说明使用场合。

9.8　计数器/定时器 8253 工作于模式 4 和模式 5 时有什么不同?

9.9　编程将计数器/定时器 8253 计数器 0 设置为模式 1,计数初值为 3000H;计数器 1 设置为模式 2,计数初值为 2010H;计数器 2 设置为模式 4,计数初值为 4030H;计数器 3 设置为模式 3,计数初值为 5060H。

9.10　下面是一个计数器/定时器 8253 的初始化程序段。8253 的控制端口地址为 46H,3 个计数器端口地址分别为 40H、42H、44H。在 8253 初始化前,先将 8259A 的所有中断进行屏蔽,8259A 的奇地址端口为 81H。请对下面程序段加详细注释,并以十进制数表示出各计数器初值。

```
INI:    CLI
        MOV     AL,0FFH
        OUT     81H,AL          ;屏蔽 8259A 的所有中断
        MOV     AL,36H          ;通道 0 先输出低 8 位后输出高 8 位,方式 3,二进制计数
        OUT     46H,AL
        MOV     AL,0
        OUT     40H,AL
```

	MOV	AL,40H	
	OUT	40H,AL	;计数值为 4000H(1024)
	MOV	AL,54H	;通道 1 只写低 8 位,方式 2,二进制计数
	OUT	46H,AL	
	MOV	AL,18H	;计数值为十进制 24
	OUT	42H,AL	
	MOV	AL,0B6H	;通道 2 只先写低 8 位后写高 8 位,方式 3,二进制计数
	OUT	46H,AL	
	MOV	AL,46H	
	OUT	44H,AL	
	MOV	AL,80H	
	OUT	44H,AL	

9.11 下面是一个用 8253 作为定时器的发音程序,程序中已加了部分注释。请对计数器/定时器 8253 的有关程序段中的语句加上注释。设 8253 的控制端口地址为 46H,3 个计数器端口地址分别为 40H、42H、44H,8255A 的 B 端口接扬声器驱动电路,B 端口的地址为 61H。

SOUND:	PUSHF		
	CLI		
	OR	DH,DH	;DH 中为发长音的个数
	JZ	K3	;如不发长音,则转 K3
K1:	MOV	BL,6	;如发长音,则置长音计数器
	CALL	BEEL	;调用发音程序
K2:	LOOP	K2	;两音之间留一点间隙
	DEC	DH	;长音发完否
	JNZ	K1	;否,则继续
K3:	MOV	BL,1	;如发完长音,则置短音计数器
	CALL	BEEL	;调用发音程序
K4:	LOOP	K4	;发音之间留一点间隙
	DEC	DL	;继续发短音吗
	JNZ	K3	;是,则继续
K5:	LOOP	K5	;否,则留一个间隙
	POPF		;标志恢复
	RET		;返回
BEEL:	MOV	AL,B6H	
	OUT	46H,AL	
	MOV	AX,533H	
	OUT	44H,AL	
	MOV	AL,AH	
	OUT	44H,AL	
	IN	AL,61H	
	MOV	AH,AL	
	OR	AH,03	
	OUT	61H,AL	
	SUB	CX,CX	

```
K7:        LOOP      K7
           DEC       BL
           JNZ       K7
           MOV       AL,AH
           OUT       61H,AL
           RET
```

第 10 章　并行接口芯片

如前所述,当 CPU 要从外设输入信号或输出信息给外设时,可以采用程序查询方式、中断的方式和 DMA 方式。但不论哪一种方式 CPU 总是通过接口电路(Interface)才能与外设适当地、正确地连接。所以,接口电路一边与 CPU 连接,另一边与外设连接。这就需要有与 CPU 连接以及与外设连接相应的设施和控制、状态信息。

在接口电路中要有输入输出数据的锁存器和缓冲器,要有状态(如 READY、BUSY 等)和控制命令的寄存器、中断信号等以便于 CPU 与接口电路之间交换信息。接口电路与外设间要有选通、应答等信号与外设间传送信息。接口电路中还要有端口的译码和控制电路,以及为了与 CPU 用中断方式交换信息所需要的中断请求触发器、中断屏蔽触发器、中断优先权排队电路和能向 CPU 发出中断向量的电路等。这样才能解决 CPU 的驱动能力问题、时序的配合问题和实现各种控制,保证 CPU 能正确地、可靠地与外设交换信息。

随着大规模集成电路技术的发展,生产出了许多通用的可编程(接口电路的功能可以用程序予以改变,使它更具有通用性)的接口芯片。这些接口芯片按数据传送的方式可分为并行接口和串行接口两大类。本章只讨论并行接口芯片,串行接口芯片放在下一章中介绍。

通常并行接口芯片应具有以下部件:

① 两个或两个以上的具有锁存器或缓冲器的数据端口;

② 每个数据端口都有与 CPU 用查询方式交换信号所必需的控制和状态信息,也有与外设交换信息所必需的选通、应答等控制和状态信息;

③ 通常每个数据端口还具有能用中断方式与 CPU 交换信息所必需的电路;

④ 片选和控制电路;

⑤ 通常这类接口芯片可用程序选择数据端口,选择端口的传送方向(输入或输出或双向),选择与 CPU 交换信息的方法(查询或中断)等。故片中要有能实现这些选择的控制字寄存器,它可由 CPU 用输出指令来写入。这就是可编程通用接口的优点。

因为它是可编程的芯片,所以在工作前必须要由 CPU 用输出指令对它编程——初始化,以规定它的工作方式。

10.1　可编程的并行输入输出接口芯片 Intel 8255A-5 的结构

Intel 8255A-5 是一个为 8088、8086 微型计算机系统设计的通用 I/O 接口芯片。它可用程序来改变功能,通用性强,使用灵活。

Intel 8255A 的方框图如图 10-1 所示。

它由以下几部分组成。

1. 与外设的接口部分,主要是数据端口 A、B、C

它有 3 个输入输出端口:端口 A、端口 B 和端口 C。每一个端口都是 8 位,都可以选择作为输入或输出,但功能上有着不同的特点。

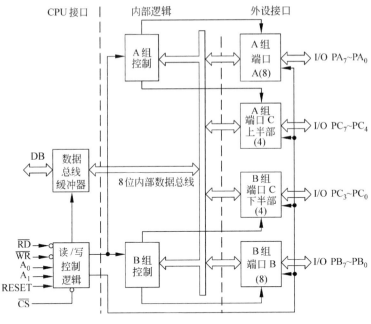

图 10-1　Intel 8255A 的方框图

（1）端口 A

一个 8 位数据输出锁存和缓冲器，一个 8 位数据输入锁存器。

（2）端口 B

一个 8 位数据输入输出、锁存/缓冲器，一个 8 位数据输入缓冲器。

（3）端口 C

一个 8 位数据输出锁存/缓冲器，一个 8 位数据输入缓冲器（输入没有锁存）。

通常端口 A 或端口 B 作为输入输出的数据端口，而端口 C 作为与外设之间的控制或状态信息的端口，它在方式字的控制下，可以分成两个 4 位的端口。每个端口包含一个 4 位锁存器。它们分别与端口 A 和端口 B 配合使用，可用作为控制信号输出至外设，或作为从外设输入的状态信号。

2．8255 的内部控制逻辑，即 A 组和 B 组控制电路

这是两组根据 CPU 的命令字控制 Intel 8255A 工作方式的电路。它们有控制寄存器，接受 CPU 输出的命令字，然后分别决定两组的工作方式，也可根据 CPU 的命令字对端口 C 的每一位实现按位"复位"或"置位"操作。

A 组控制电路控制端口 A 和端口 C 的上半部（$PC_7 \sim PC_4$）。

B 组控制电路控制端口 B 和端口 C 的下半部（$PC_3 \sim PC_0$）。

3．与 CPU 的接口部分

（1）数据总线缓冲器

这是一个三态双向 8 位缓冲器，它是 Intel 8255A 与系统数据总线的接口。输入输出的数据以及 CPU 发出的控制字和接口电路的状态信息，都是通过这个缓冲器传送的。

（2）读/写和控制逻辑

它与 CPU 的地址总线中的 A_1、A_0 以及有关的控制信号（$\overline{RD}$、$\overline{WR}$、RESET、$IO/\overline{M}$）相

连,由它控制把 CPU 的控制命令或输出数据送至相应的端口;也由它控制把外设的状态信息或输入数据通过相应的端口,送至 CPU。

4. 控制信号功能

(1) $\overline{CS}$

片选信号,低电平有效,由它启动 CPU 与 Intel 8255A 之间的通信(Communication)。

(2) $\overline{RD}$

读信号,低电平有效。它控制 Intel 8255A 送出数据或状态信息至 CPU。

(3) $\overline{WR}$

写信号,低电平有效。它控制把 CPU 输出的数据或命令信号写到 Intel 8255A。

(4) RESET

复位信号,高电平有效,它清除控制寄存器并置所有端口(A、B、C)为输入方式。

5. 端口寻址

Intel 8255A 中有 3 个输入输出端口,另外,内部还有一个控制字寄存器,共有 4 个端口,要有两个输入端来加以选择,这两个输入端通常接到地址总线的最低两位 A_1 和 A_0。

A_1、A_0 和 $\overline{RD}$、$\overline{WR}$ 及 $\overline{CS}$ 组合所实现的各种功能,如表 10-1 所示。

表 10-1 Intel 8255A 端口选择表

(a) Intel 8255A 输入操作的端口选择表

A_1	A_0	$\overline{RD}$	$\overline{WR}$	$\overline{CS}$	输入操作(读)
0	0	0	1	0	端口 A→数据总线
0	1	0	1	0	端口 B→数据总线
1	0	0	1	0	端口 C→数据总线

(b) Intel 8255A 输出操作的端口选择表

A_1	A_0	$\overline{RD}$	$\overline{WR}$	$\overline{CS}$	输出操作(写)
0	0	1	0	0	数据总线→端口 A
0	1	1	0	0	数据总线→端口 B
1	0	1	0	0	数据总线→端口 C
1	1	1	0	0	数据总线→控制字寄存器

(c) Intel 8255A 断开功能端口选择表

A_1	A_0	$\overline{RD}$	$\overline{WR}$	$\overline{CS}$	断开功能
×	×	×	×	1	数据总线→三态
1	1	0	1	0	非法状态
×	×	1	1	0	数据总线→三态

10.2 方 式 选 择

8255A 有 3 种基本的工作方式。

- 方式 0 (Mode 0)—— 基本输入输出;
- 方式 1 (Mode 1)—— 选通输入输出;
- 方式 2 (Mode 2)—— 双向传送。

如图 10-2 所示,它们由 CPU 输出的控制字来选择。

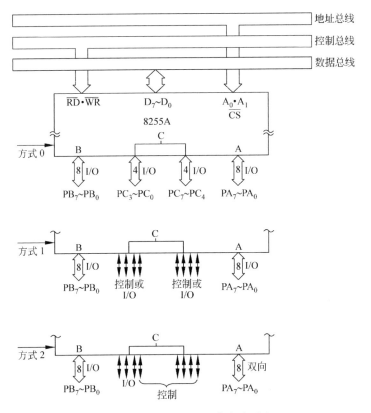

图 10-2 Intel 8255A 工作方式示意

10.2.1 方式选择控制字

Intel 8255A 的工作方式,可由 CPU 用 I/O 指令输出一个控制字到 Intel 8255A 的控制字寄存器来选择。这个控制命令字的格式如图 10-3 所示。可以分别选择端口 A 和端口 B 的工作方式,端口 C 分成两部分,上半部随端口 A,下半部随端口 B。端口 A 能工作于方式 0、1 和 2,而端口 B 只能工作于方式 0 和 1。

10.2.2 方式选择举例

若有一个 8086 系统,它有两个 Intel 8255A 芯片,分别与不同的外设交换信息,如图 10-4 所示。

要确定两个 Intel 8255A 的工作方式,就要在输出控制字前,先确定两个 Intel 8255A 的各自的控制字寄存器的端口地址。

I/O 端口地址由 CPU 地址总线的低 8 位 $A_7 \sim A_0$ 确定。在本例中,端口地址的考虑如图 10-5 所示。

8 位地址线可选择 256 个不同端口,现 A_0、A_1 用于 Intel 8255A 内部的端口选择,另 6 位就用于选择不同的 Intel 8255A 及其他外设,在本系统中外设少,故可用线选的方法来选择不同的 Intel 8255A,因而,两个 Intel 8255A 的各个端口地址如表 10-2 所示。

当地址确定后,把地址总线的 A_0、A_1 直接接至 Intel 8255A 的 A_0、A_1 输入端;地址总线

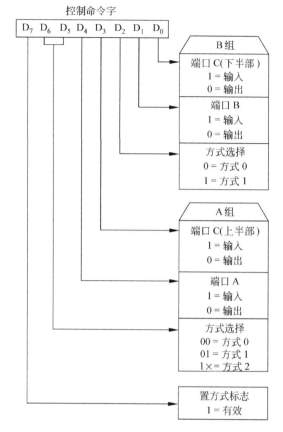

图 10-3 Intel 8255A 的控制字

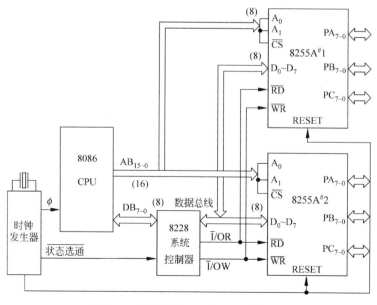

图 10-4 具有两个 Intel 8255A 的系统

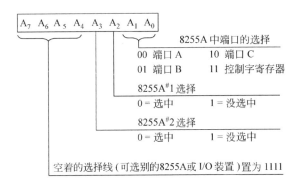

图 10-5　两个 Intel 8255A 的端口地址的选择

的其他 6 位应按地址的规定经译码后送至 8255A 的 $\overline{CS}$ 输入端。

表 10-2　两个 Intel 8255A 的端口地址表

端口选择		十六进制的端口地址（用于 IN 或 OUT 指令）
♯1	端口 A	F8
	端口 B	F9
	端口 C	FA
	控制字寄存器	FB
♯2	端口 A	F4
	端口 B	F5
	端口 C	F6
	控制字寄存器	F7

若要求 Intel 8255A♯1 的各个端口处在如下的工作方式：

端口 A	方式 0	输入
端口 B	方式 1	输出
端口 C（上半部）	$PC_7 \sim PC_4$	输出
端口 C（下半部）	$PC_3 \sim PC_0$	输入

则要用如图 10 6 所示的控制字。

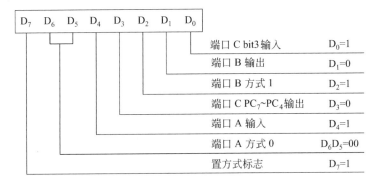

图 10-6　Intel 8255A♯1 的控制字

从图 10-6 可以得出,方式控制字＝10010101B 或 95H。

可用以下汇编程序来设置上述工作方式:

```
CWR:    EQU     0FBH            ;8255A＃1 控制字寄存器端口地址
        MOV     AL,10010101B    ;输出方式控制字
        OUT     CWR,AL
```

10.2.3 按位置位/复位功能

端口 C 的 8 位中的任一位,可用一条输出指令来置位或复位(其他位的状态不变)。这个功能主要用于控制。能实现这个功能的控制字如图 10-7 所示。

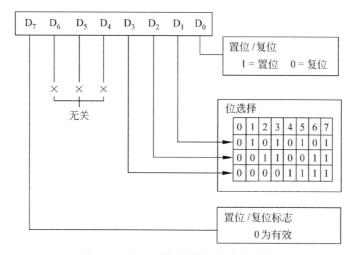

图 10-7 端口 C 按位置位/复位控制字

若要使端口 C 的位 3 置位的控制字为 00000111B,而使它复位的控制字为 00000110B。相应的汇编程序为:

```
CWR:    EQU     0FBH
        MOV     AL,00000111B    ;置位端口 C      位 3
        OUT     CWR,AL
        MOV     AL,00000110B    ;复位端口 C      位 3
        OUT     CWR,AL
```

注意:使端口 C 按位置位或复位的控制字被写入控制字寄存器。

10.3   方式 0 的功能

10.3.1 方式 0 的基本功能

方式 0 是一种基本的输入或输出方式。在这种工作方式下,3 个端口的每一个都可由程序选定作为输入或输出,但这种方式没有规定固定的用于在接口电路与外设之间的应答式的联络信号(handshaking)线。其基本功能为:

- 两个 8 位端口(A、B)和两个 4 位端口(端口 C)；
- 任一个端口可以作为输入或输出；
- 输出是锁存的；
- 输入是不锁存的；
- 在方式 0 时,各个端口的输入、输出可以有 16 种不同的组合。

在这种工作方式下,任一个端口都可由 CPU 用简单的输入或输出指令来进行读或写。方式 0 可作为查询式输入或输出的接口电路,此时端口 A 和 B 可分别作为一个数据端口,而端口 C 的某些位可作为这两个数据端口的控制和状态信息。

10.3.2　方式 0 的时序

方式 0 的输入时序

在方式 0 时,基本的输入时序如图 10-8 所示。

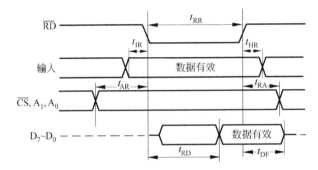

符　号	参　　数	8255A		单　位
		最小	最大	
t_{RR}	读脉冲宽度	300		ns
t_{IR}	输入领先于 RD 的时间	0		ns
t_{HR}	输入滞后 RD 的时间	0		ns
t_{AR}	地址稳定领先读信号的时间	0		ns
t_{RA}	读信号无效后地址保持时间	0		ns
t_{RD}	从读信号有效到数据稳定		250	ns
t_{DF}	读信号去除后至数据浮空	10	150	ns

图 10-8　方式 0 的输入时序

图 10-8 是 Intel 8255 在方式 0 输入时的时序。它告诉我们,若外设的数据已经准备好,CPU 用输入指令从 Intel 8255A 读入这个数据,则读命令信号 $\overline{RD}$ 的宽度至少应为 300ns,且地址信号必须在 $\overline{RD}$ 有效前 t_{AR} 时间有效。这样在 $\overline{RD}$ 有效后,经过时间 t_{RD},数据即可在数据总线上稳定。

若用 8086 从 8255 读入数据,则 8086 的地址在 T_1 状态有效,读命令信号自 T_2 状态开始有效,读命令的宽度大于 8255 要求的 300ns。因此,8086 在 T_4 状态的前沿能从数据总线上读入外设通过 8255 输入的数据。

但是在 8086 通过 8255 输出数据时,8086 写信号的宽度小于 8255 要求的写命令的宽度。因而要求 8086 插入一个 T_W 状态。

10.4 方式 1 的功能

这是一种选通的 I/O 方式。在这种方式时,端口 A 或端口 B 仍作为数据的输入输出,但同时规定端口 C 的某些位作为 Intel 8255 与外设间的选通与应答信息。

10.4.1 方式 1 的主要功能

Intel 8255A 的端口工作在方式 1 时,具有以下主要功能。

① 用作一个或两个选通端口。

② 每一个端口包含有:

- 8 位的数据端口;
- 3 条控制线(是固定指定的,不能用程序改变);
- 提供中断逻辑。

③ 任一个端口都可作为输入或输出。

④ 若只有一个端口工作于方式 1,余下的 13 位,可以工作在方式 0(由控制字决定)。

⑤ 若两个端口都工作于方式 1,端口 C 还留下两位,这两位可以由程序指定作为输入或输出,也具有置位/复位功能。

10.4.2 方式 1 输入

当任一端口工作于方式 1 输入时,如图 10-9 所示。其中各个控制信号的意义介绍如下。

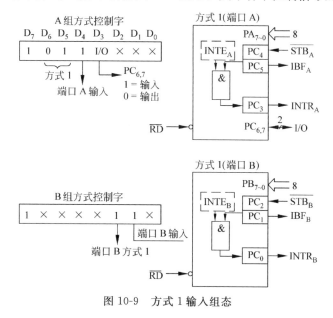

图 10-9 方式 1 输入组态

1. 主要的控制信号

(1) $\overline{STB}$(Strobe)

选通输入,低电平有效。这是由外设供给的输入信号,当其有效时,把输入装置来的数据送入输入锁存器。

(2) IBF(Input Buffer Full)

输入缓冲器满,高电平有效。这是一个 Intel 8255A 输至外设的联络信号,当其有效时,表示数据已输入至输入锁存器,它由 $\overline{STB}$ 信号置位(高电平),而 $\overline{RD}$ 信号的上升沿使其复位。

(3) INTR(Interrupt Request)

中断请求信号,高电平有效。这是 Intel 8255A 的一个输出信号,可用于作为向 CPU 的中断请求信号,以要求 CPU 服务。它在当 $\overline{STB}$ 为高电平、IBF 为高电平和 INTE(中断允许)为高电平时被置为高,而由 $\overline{RD}$ 信号的下降沿清除。

(4) $INTE_A$(Interrupt Enable A)

端口 A 中断允许信号,可由用户通过对 PC_4 的按位置位/复位来控制($PC_4=1$,允许中断)。而 $INTE_B$ 由 PC_2 的置位/复位控制。

2. 时序

方式 1 的输入时序,如图 10-10 所示。

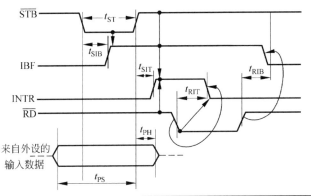

符　号	参　数	8255A		单　位
		最小	最大	
t_{ST}	$\overline{STB}$脉冲宽度	500		ns
t_{SIB}	$\overline{STB}=0$ 到 $IBF=1$		300	ns
t_{SIT}	$\overline{STB}=1$ 到 $INTR=1$		300	ns
t_{RIB}	$\overline{RD}=1$ 到 $IBF=0$		300	ns
t_{RIT}	$\overline{RD}=0$ 到 $INTR=0$		400	ns
t_{PS}	数据提前$\overline{STB}$无效的时间	0		ns
t_{PH}	数据保持时间	180		ns

图 10-10　方式 1 的输入时序

图 10-10 非常清楚地说明了 CPU、8255 以及与外设之间的时序关系。输入是由外部设

备启动的,当外设的数据已经输入至 Intel 8255A 的端口数据线上,用选通信号把数据锁入 Intel 8255A 的输入锁存器,选通信号的宽度至少为 500ns。选通信号经过时间 t_{SIB} 后,Intel 8255 输出的应答信号 IBF 有效,输给外设,阻止外设输入新的数据,此信号也可供 CPU 查询,说明 Intel 8255 已经有了由外设输入的数据;在选通信号结束后,经过 t_{SIT},Intel 8255 向 CPU 发出中断请求 $\overline{INTR}$ 信号(若中断允许)。CPU 响应中断,发出 $\overline{RD}$ 信号,把数据读入 CPU。在 $\overline{RD}$ 信号有效后经过时间 t_{RIT} 后,就清除中断请求,当 $\overline{RD}$ 信号结束后,数据已读至 CPU,经过 t_{RIB} 后使 IBF 变低。表示输入缓冲器已空,通知外设可输入新的数据。

10.4.3 方式 1 输出

在方式 1 输出时,如图 10-11 所示。

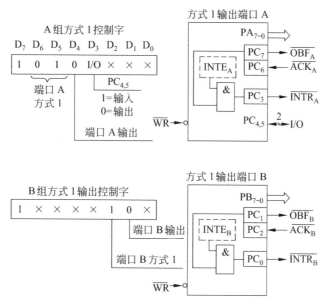

图 10-11 方式 1 的输出组态

1. 主要的控制信号

(1) $\overline{OBF}$(Output Buffer Full)

输出缓冲器满信号,低电平有效。这是 Intel 8255A 输出给外设的一个控制信号,当其有效时,表示 CPU 已经把数据输出给指定的端口,外设可以把数据输出。它由 CPU 输出命令 $\overline{WR}$ 的上升沿设置为有效,由 $\overline{ACK}$ 的有效信号使其恢复为高电平。

(2) $\overline{ACK}$(Acknowledge)

响应信号,低电平有效。这是一个外设的响应信号,指示 CPU 输出给 Intel 8255A 的数据已经由外设接收。

(3) INTR(Interrupt Request)

中断请求信号,高电平有效。当输出装置已经接收了 CPU 输出的数据后,它用来作为向 CPU 提出新的中断请求,要求 CPU 继续输出数据。当 $\overline{ACK}$ 为"1"(高电平),$\overline{OBF}$ 为"1"(高电平)和 INTE 为"1"(高电平)时,使其置位(高电平),而 $\overline{WR}$ 信号的下降沿使其复位(低电平)。

(4) $INTE_A$ 和 $INTE_B$

$INTE_A$ 由 PC_6 的置位/复位控制,而 $INTE_B$ 由 PC_2 的置位/复位控制。

2. 时序

方式 1 输出时的时序如图 10-12 所示。

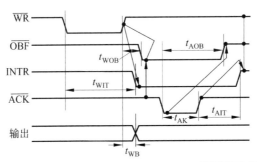

符　号	参　　数	8255A		单　位
		最小	最大	
t_{WOB}	$\overline{WR}=1$ 到 $\overline{OBF}=0$		650	ns
t_{WIT}	$\overline{WR}=0$ 到 $INTR=0$		850	ns
t_{AOB}	$\overline{ACK}=0$ 到 $\overline{OBF}=1$		350	ns
t_{AK}	$\overline{ACK}$ 脉冲宽度	300		ns
t_{AIT}	$\overline{ACK}=1$ 到 $INTR=1$		350	ns
t_{WB}	$\overline{WR}=1$ 到输出		350	ns

图 10-12　方式 1 输出时序

当使用中断控制方式时,输出过程是由 CPU 响应中断开始的,在中断服务程序中,CPU 输出数据和发出 $\overline{WR}$ 信号,$\overline{WR}$ 信号一方面清除 INTR(经过时间 t_{WIT}),另外在 $\overline{WR}$ 上升沿,使 $\overline{OBF}$ 有效,通知外设接收数据,实质上 $\overline{OBF}$ 信号是外设的一个选通命令。在 $\overline{WR}$ 上升沿后经过 t_{WB} 时间数据就输出了,当外设接收数据后,发出 $\overline{ACK}$ 信号,它一方面使 $\overline{OBF}$ 无效(经过 t_{AOB}),另一方面在 $\overline{ACK}$ 的上升沿使 INTR 有效(经过 t_{AIT}),发出新的中断请求。

10.5　方式 2 的功能

这种工作方式,使外设在单一的 8 位总线上,既能发送,又能接收数据(双向总线 I/O)。工作时可用程序查询方式,也可工作于中断方式。

10.5.1　方式 2 的主要功能

Intel 8255A 的端口工作在方式 2 时,具有以下主要功能:

① 方式 2 只用于端口 A;

② 一个 8 位的双向总线端口(端口 A)和一个 5 位控制端口(端口 C);

③ 输入和输出是锁存的;

④ 5 位控制端口是用作端口 A 的控制和状态信息,如图 10-13 所示。

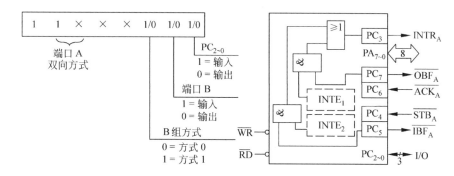

图 10-13　Intel 8255A 方式 2 组态

各个信号的意义为:

1. INTR

中断请求,高电平有效。在输入和输出方式时,都可用来作为向 CPU 的中断请求信号。

2. $\overline{OBF}$

输出缓冲器满,低电平有效。这是对外设的一种命令信号,表示 CPU 已把数据输至端口 A。

3. $\overline{ACK}$

响应信号,低电平有效,$\overline{ACK}$ 的下降沿启动端口 A 的三态输出缓冲器,送出数据;否则,输出缓冲器处在高阻状态。$\overline{ACK}$ 的上升沿是数据已输出的回答信号。

4. $INTE_1$

与输出缓冲器相关的中断屏蔽触发器,由 PC_6 的置位/复位控制。

5. $\overline{STB}$

选通输入,低电平有效。这是外设供给 Intel 8255A 的选通信号,把输入数据选通至输入锁存器。

6. $\overline{IBF}$

输入缓冲器满,高电平有效。这是一个控制信息,指示数据已进入输入锁存器。在 CPU 未把数据读走前,$\overline{IBF}$ 始终为高电平,阻止输入设备送来新的数据。

7. $INTE_2$

与输入缓冲器相关的中断屏蔽触发器,由 PC_4 的置位/复位控制。

10.5.2　方式 2 的时序

Intel 8255A 的端口工作在方式 2 的时序如图 10-14 所示。

方式 2 实质上是方式 1 的输入与输出方式的组合,故各个时间参数的意义也相同,这里不再赘述。输出是由 CPU 执行输出指令开始的,输入是由选通信号开始的。

图 10-14 上的输入、输出的顺序是任意的,只要 $\overline{WR}$ 在 $\overline{ACK}$ 以前发生;$\overline{STB}$ 在 $\overline{RD}$ 以前发

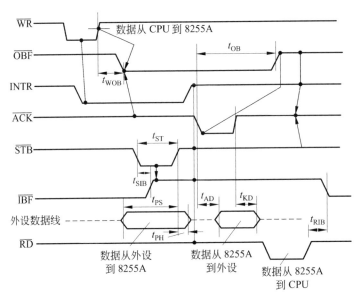

图 10-14　方式 2 时序图

生就行。

在输入和输出的情况下,都可以用中断方式。故

$$\text{INTR} = \text{IBF} \cdot \overline{\text{MASK}} \cdot \overline{\text{STB}} \cdot \overline{\text{RD}} + \overline{\text{OBF}} \cdot \overline{\text{MASK}} \cdot \overline{\text{ACK}} \cdot \overline{\text{WR}}$$

其中,$\overline{\text{MASK}} = \text{INTE}$。

10.5.3　方式 2 的控制字

当端口 A 工作于方式 2 时,端口 B 可以工作在方式 0 或方式 1;既可以作为输入,也可以作为输出。此时端口 C 的各位的功能如图 10-15 所示。

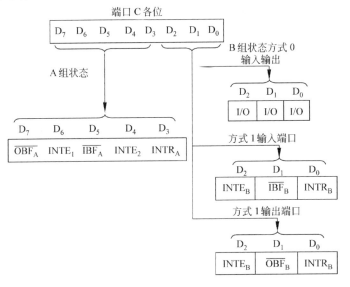

图 10-15　方式 2 时端口 C 的各种组态

若要求 Intel 8255A 工作于如下所示的方式：

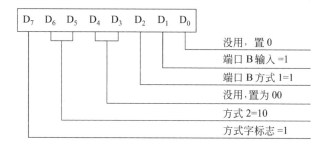

则方式字 ICW＝11000110B＝C6H。

在 Intel 8255A 方式控制命令字已经输出后，读端口 C 则可得如下的方式 2 状态字：

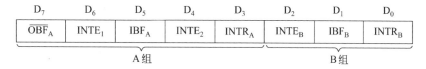

若要允许方式 2 中断，则可用端口 C 的置位/复位命令：

允许输出中断，置 PC_6，则控制字为 00001101B。

允许输入中断，置 PC_4，则控制字为 00001001B。

10.6 Intel 8255A 应用举例

下面以双机并行通信接口为例，说明 Intel 8255A 的应用。

1. 要求

在甲乙两台微型计算机之间并行传送 1KB 数据。甲机发送，乙机接收。甲机一侧的 Intel 8255A 采用方式 1 工作，乙机一侧的 Intel 8255A 采用方式 0 工作。两机的 CPU 与接口之间都采用查询方式交换数据。

2. 分析

根据要求，双机均采用可编程并行接口芯片 Intel 8255A 构成接口电路，只是 Intel 8255A 的工作方式不同。

3. 设计

（1）硬件连接

根据上述要求，接口电路的连接如图 10-16 所示。

甲机 8255A 为方式 1 发送（输出），因此，把 PA 口指定为输出，发送数据，PC_7 和 PC_6 引脚由方式 1 规定作为联络线 $\overline{OBF}$ 和 $\overline{ACK}$。乙机 8255A 为方式 0 接收（输入），把 PA 口用作为输入，接收数据，联络信号自行选择，可选择 PC_4 和 PC_0 作为联络信号线，PC_4 输入、PC_0 输出。虽然，两侧的 8255A 都设置了联络信号线，但它们是不同的，甲机 8255A 工作在方式 1，其联络信号 PC_7、PC_6 是由方式规定的；而乙机的 8255A 工作在方式 0，其联络信号线是可以选择的，比如可选 PC_5、PC_7 或 PC_6、PC_7 等。

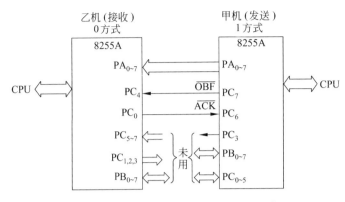

图 10-16　利用 Intel 8255A 进行并行通信

（2）软件编程

① 甲机发送程序：

	MOV	DX,303H	;8255A 命令口
	MOV	AL,10100000B	;端口 A,方式 1,端口 B 没用方式字
	OUT	DX,AL	;输出方式字
	MOV	AL,0DH	;置发送中断允许 $INTE_A=1$
	OUT	DX,AL	;PC_6 置 1
	MOV	AX,030H	;发送数据的首地址
	MOV	ES,AX	
	MOV	BX,00H	
	MOV	CX,3FFH	;置发送字节数
	MOV	DX,300H	;置 8255A 数据字地址
	MOV	AL,ES:[BX]	;取第一个发送数据
	OUT	DX,AL	;写第一个数,产生第一个 $\overline{OBF}$ 信号
	INC	BX	;指向下一个数
	DEC	CX	;字节数-1
L:	MOV	DX,302H	;8255A 状态口
	IN	AL,DX	;输入状态
	AND	AL,08H	;检查有无 $INTR_A$
	JZ	L	;若无中断请求则等待
	MOV	DX,300H	;置数据口地址
	MOV	AL,ES:[EBX]	;取数据
	OUT	DX,AL	;输出
	INC	BX	
	DEC	CX	
	JNZ	L	;未发送完循环
	MOV	AX,4C00H	
	INT	21H	;发送完,返回 DOS

上述发送程序检查的是 INTR 位的状态,实际上,也可以检查发送缓冲器满 $\overline{OBF}$（PC_7）位的状态。

② 乙机接收程序：

```
        MOV     DX,303H          ;置 8255A 命令口地址
        MOV     AL,10011000B     ;端口 A 方式 0、PC4 输入、PC0
                                 ;输出的方式字
        OUT     DX,AL
        MOV     AL,00000001B     ;PC0 置 1 控制字
        OUT     DX,AL            ;输出使 ACK＝1
        MOV     AX,040H          ;接收区首地址
        MOV     ES,AX
        MOV     BX,00H
        MOV     CX,3FFH          ;置字节数
L1：    MOV     DX,302H          ;8255A PC 口
        IN      AL,DX            ;查甲机的 OBF＝0?（PC4＝0?）
        AND     AL,10H
        JNZ     L1               ;无数据,等待
        MOV     DX,300H          ;8255A 数据口地址
        IN      AL,DX            ;输入数据
        MOV     ES:[BX],AL       ;存入内存
        MOV     DX,303H
        MOV     AL,00000000B     ;PC0 置 0
        OUT     DX,AL            ;产生 ACK 信号
        NOP
        NOP
        MOV     AL,00000001B     ;PC0 置 1
        OUT     DX,AL            ;ACK 变高
        INC     BX
        DEC     CX
        JNZ     L1               ;未接收完,循环
        MOV     AX,4C00H
        INT     21H              ;接收完,返回 DOS
```

习　　题

10.1　接口部件的输入输出操作具体对应哪些功能？请举例说明。

10.2　从广义上说,接口部件有哪些功能？

10.3　在输入过程和输出过程中,并行接口分别起什么作用？

10.4　可编程并行接口芯片 8255A 的 3 个端口在使用时有什么差别？

10.5　当数据从 8255A 的端口 C 向数据总线上传送时,8255A 的几个控制信号 $\overline{CS}$、A_1、A_0、$\overline{RD}$、$\overline{WR}$ 分别是什么状态？

10.6　可编程并行接口芯片 8255A 的方式选择控制字和置 1/置 0 控制字都是写入控制端口的,那么,它们又是由什么来区分的？

10.7　8255A 有哪几种基本工作方式？对这些工作方式有什么规定？

10.8 设置 8255A 工作方式,8255A 的控制端口地址为 00C6H。要求端口 A 工作在方式 1,输入;端口 B 工作在方式 0,输出;端口 C 的高 4 位配合端口 A 工作,低 4 位为输入。

10.9 设可编程并行接口芯片 8255A 的 4 个端口地址为 00C0H、00C2H、00C4H、00C6H,要求用置 0/置 1 方式对 PC_6 置 1,对 PC_4 置 0。

10.10 可编程并行接口芯片 8255A 在方式 0 时,如进行读操作,CPU 和 8255A 分别要发什么信号? 对这些信号有什么要求? 据此画出 8255A 在方式 0 的输入时序。

10.11 可编程并行接口芯片 8255A 在方式 0 时,如进行写操作,CPU 和 8255A 分别要发什么信号? 画出这些信号之间的时序关系。

10.12 可编程并行接口芯片 8255A 的方式 0 一般使用在什么场合? 在方式 0 时,如何使用应答信号进行联络?

10.13 可编程并行接口芯片 8255A 的方式 1 有什么特点? 参考教材中的说明,用控制字设定 8255A 的端口 A 工作于方式 1,并作为输入口;端口 B 工作于方式 1,并作为输出口,用文字说明各个控制信号和时序关系。假定 8255A 的端口地址为 00C0H、00C2H、00C4H、00C6H。

10.14 可编程并行接口芯片 8255A 的方式 2 用在什么场合? 说明端口 A 工作于方式 2 时各信号之间的时序关系。

10.15 现有 4 种简单外设:一组 8 位开关、一组 8 位 LED 指示灯、一个按钮开关、一个蜂鸣器。要求:

(1)用 8255A 作为接口芯片,将这些外设构成一个简单的微型计算机应用系统,画出接口连接图;

(2)编制 3 种驱动程序,每个程序必须包括至少有两种外设共同作用的操作。给出程序清单。

第11章　串行通信及接口电路

11.1　串行通信

11.1.1　概述

前面曾介绍过,CPU 与外部的信息交换称为通信。基本的通信方式有两种:

① 并行通信——数据的各位同时传送;

② 串行通信——数据一位一位顺序传送。

本章讨论串行通信及其接口电路。

1. 串行通信的优点

在并行通信中,数据有多少位就需要有多少条传送线,而串行通信只需要一条传送线。故串行通信节省传送线,特别是长距离传送时,这个优点就更为突出。但是串行传送的速度慢,若并行传送所需的时间为 T,则串行传送的时间至少为 NT(其中 N 为位数)。

2. 同步通信与异步通信

在串行通信中,有两种最基本的通信方式:

(1) 非同步(异步)通信 ASYNC(Asynchronous Data Communication)

它用起始位表示字符的开始,用停止位表示字符的结束,如图 11-1 所示。

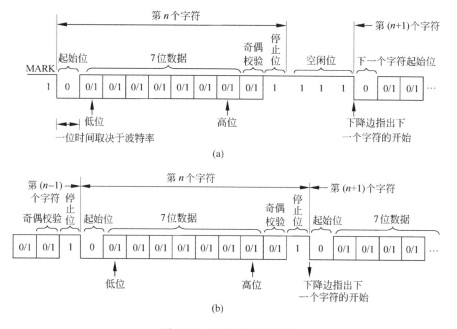

图 11-1　异步通信的格式

起始位占用一位;字符编码为 7 位(ASCII 码);第 8 位为奇、偶校验位,加上这一位将使字符中"1"的个数为奇数(或偶数);停止位可以是1位、1.5位或2位。于是一个字符就由10个或10.5个或11个二进制位构成。

用这样的方式表示字符,则字符可以一个挨着一个传送。

在非同步数据传送中,在CPU与外设之间必须遵循3项规定:

① 字符格式。

即前述的字符的编码形式、奇偶校验形式,以及起始位和停止位的规定。例如用ASCII编码,字符为7位,加1个奇偶校验位,1个起始位,以及1个停止位共10位。

② 数据信号传送速率。

数据信号传送速率的规定,对于CPU与外界的通信是很重要的。假如数据传送的速率是120字符/秒,而每一字符包含10个数据位,则每秒传送的二进制位数为

$$10 \times 120 = 1200(\text{bps})$$

则每一位的传送时间是:

$$T_d = 1/1200 = 0.833(\text{ms})$$

③ 波特率。

串行通信的信号常常要通过调制解调器进行传送。

在数据信源出口与调制器入口间,或者解调器出口与数据信宿入口间,用数据信号传输率(bps)来描述数字信号的传输速度;而在调制器出口、通信线路与解调器入口之间,用单位时间内线路状态变化(电信号变化)的数目即波特率来描述传输速度,如图11-2所示。

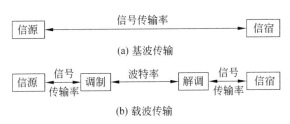

图 11-2　信号传输率与波特率的关系

当采用"零调制"或"空调制",即基波传输时,或在单位时间内仅调制或解调一个信号时,则数字信号传输率(bps)与波特率是一致的。在采用调制解调器的载波传输系统中,两者间的关系为:

$$C = B \cdot \log_2 n$$

其中:

C——数据信号传输速率(bps);

B——调制速率(baud);

n——调制信号数或线路状态数,是2的整数倍。

异步通信的传送速度在50~9600波特,常用于计算机到CRT终端和字符打印机之间的通信、直通电报,以及无线电通信的数据发送等。

(2) 同步传送

在异步传送中,每一个字符都要用起始位和停止位作为字符开始和结束的标志,至少占用了1/5的时间,所以,在数据块传送时,为了提高速度,就去掉这些标志,在数据块开始处

用同步字符来指示,如图 11-3 所示。

同步传送的速度高于异步的,通常为几十到几百千波特(kilobaud)。但它要求有时钟来实现发送端与接收端之间的同步,故而硬件复杂。常应用于:

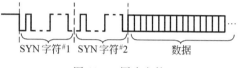

图 11-3 同步字符

① 计算机到计算机之间的通信。

② 计算机到 CRT/外设之间的通信等。

3. 数据传送方向

通常的串行通信,数据在两个站之间是双向传送的,A 站可作为发送端,B 站作为接收端,也可以 A 站作为接收端,而 B 站作为发送端,根据要求又可以分为半双工和完全双工两种。

(1) 半双工

半双工(Half Duplex)传送如图 11-4 所示。

每次只能有一个站发送,即只能由 A 发送到 B,或由 B 发送到 A,不能 A 和 B 同时发送。

(2) 完全双工

完全双工(Full Duplex)传送方式如图 11-5 所示,即两个站同时都能发送。

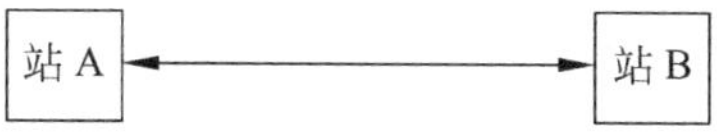

图 11-4 半双工示意图 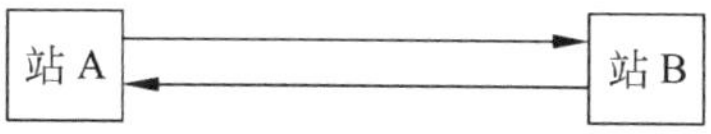   图 11-5 完全双工示意图

4. 信号的调制和解调

计算机的通信是一种数字信号的通信,如图 11-6 所示。

它要求传送线的频带很宽,而在长距离通信时,通常是利用电话线传送的,但电话线不可能有这样宽的频带,其频带如图 11-7 所示。所以,若有数字信号直接通信,经过传送线,信号就会产生畸变,如图 11-8 所示。

图 11-6 通信信号示意   图 11-7 电话线的频带图

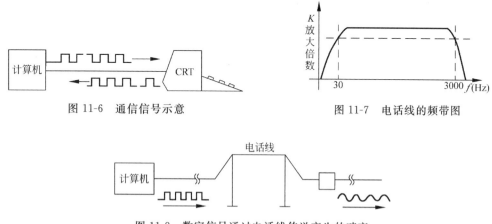

图 11-8 数字信号通过电话线传送产生的畸变

所以要用调制器(Modulator)把数字信号转换为模拟信号;用解调器(Demodulator)检测此模拟信号,再把它转换成数字信号,如图 11-9 所示。

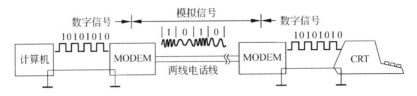

图 11-9　调制与解调示意图

FSK(Frequency Shift Keying)是一种常用的调制方法：它把数字信号的"1"与"0"调制成不同频率(易于鉴别)的模拟信号,其原理如图 11-10 所示。

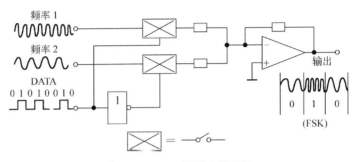

图 11-10　FSK 调制法原理图

两个不同频率的模拟信号,分别由电子开关控制,在运算放大器的输入端相加,而电子开关由要传输的数字信号(即数据)控制。当信号为"1"时,控制上面的电子开关导通,送出一串频率较高的模拟信号;当信号为"0"时,控制下面的电子开关导通,送出一串频率较低的模拟信号,于是在运算放大器的输出端,就得到了调制后的信号。

5. 串行 I/O 的实现

如上所述,串行传送时数据是一位一位依次传送的,而在计算机中数据是并行的。所以当数据由计算机送至数据终端时,要先把并行的数据转换为串行的再传送,而在计算机接收由终端送来的数据时,要先把串行的转换为并行的才能处理加工,这样的转换可用软件也可用硬件实现。目前通常用可编程的串行接口芯片来实现。如后面要介绍的 Intel 8251 芯片。

为了使传送过程更可靠,在 UART 中还设立了各种出错标志。

6. 串行通信的校验方法

串行通信主要适用于远距离通信,因而噪声和干扰较大,为了保证高效而无差错地传送数据,对传送的数据进行校验就成了串行通信中必不可少的重要环节。常用的校验方法有：奇偶校验和循环冗余校验(Cyclic Redundancy Check,CRC)等。下面介绍一下奇偶校验方法。

奇偶校验方法主要用于对一个字符的传送过程进行校验。在发送时,在每一个字符的最高位之后(发送时总是最低有效位 D_0 先发送)都附加一个奇偶校验位,这个校验位本身有可能是"1"或"0",加上这个校验位后,使所发送的字符中"1"的个数始终为奇数——奇校验,或偶数——偶校验。

接收时,检查所接收的字符连同这个奇偶校验位,其为"1"的个数是否符合规定,若不符合规定就置出错标志,供 CPU 查询及处理。

根据原国际电报电话咨询委员会(Consultative Committee on International Telegraph and Telephone,CCITT)的建议：在异步操作中使用偶校验，而在同步操作中使用奇校验。

奇偶校验位的产生和检验，可用软件或硬件的方法实现。

（1）软件奇偶校验

在 8086 中，有判断字符奇偶性的标志及相应的转移指令。所以，用软件产生奇偶校验位（发送时），或进行奇偶校验（接收时）是比较方便的。

若每字符为 7 位，用偶校验，产生奇偶校验位的程序如下：

```
        MOV        AL,DATA        ;取出要发送的数据
        AND        AL,AL          ;检查数据本身的奇偶性
        JPE        TRANS          ;若"1"的个数已为偶数，则直接发送
        OR         AL,10000000B   ;否则，置最高位为"1"
TRANS：  OUT        (UART),AL      ;输出
```

进行奇偶校验的程序如下：

```
        IN         AL,UART        ;输入接收的数据
        AND        AL,AL          ;检查"1"的个数的奇偶性
        JPO        ERROR          ;若"1"的个数为奇数，则转至出错处理
        MOV        DATA,AL        ;否则存入内存
```

（2）硬件奇偶校验

目前有专门的奇偶发生器/校验器器件，可对 7 位或 8 位字符进行奇偶校验。这是一种中规模 TTL 集成电路如 SN54/74280 9 位奇偶发生器/校验器（8 位数据位加 1 个校验位）和 SN54/74180 8 位奇偶发生器/校验器（7 位数据位加 1 个校验位）。

但在实际的串行通信中，通常采用可编程的串行通信接口芯片，如 Intel 8251A 或 Z80 SIO。芯片中就包含硬件的奇偶校验和产生电路，可用程序选择是否用奇偶校验，或选择是奇校验还是偶校验。

11.1.2 串行接口标准 EIA RS-232C 接口

EIA(Electronic Industry Association)RS(Recommended Standard)-232C 是目前最常用的一种串行通信接口。实质上这是一种标准，它是一个 25 引脚的连接器，它的每一个引脚的规定是标准的，对各种信号的电平规定也是标准的，因而便于互相连接。其最基本的最常用的信号规定如图 11-11 所示。

图 11-11　RS-232C 的引脚图

凡是符合 RS-232C 标准的计算机或外设,都把它们往外发送的数据线连至 25 个引脚的连接器的 2 号引脚,接收的数据线连至 3 号引脚。显然在插头连线时,这方的接收数据线应连至对方的发送数据线,反之亦然。

在串行通信中,除了数据线和地线以外,为了保证信息的可靠传送,还有若干条联络控制信息线。

- 请求发送$\overline{\text{RTS}}$(Request To Send)

通常当一个通信站的发送器已经做好了发送的准备,为了了解接收方是否做好了接收的准备,是否可以开始发送,就向对方输出一个有效的$\overline{\text{RTS}}$信号($\overline{\text{RTS}}$信号在转换为 TTL 电平时为低电平有效,但在 RS-232C 的标准中另有规定,见下面的介绍),以等待对方的回答。

- 准许发送$\overline{\text{CTS}}$(Clear To Send)

通常当接收方做好了接收的准备,在接收到发送方送来的有效的$\overline{\text{RTS}}$信号以后,就以有效的$\overline{\text{CTS}}$信号作为回答。

- 数据终端准备好$\overline{\text{DTR}}$(Data Terminal Ready)

通常当某一个站的接收器已做好了接收的准备,为了通知发送器可以发送了,就向发送器送出一个有效的$\overline{\text{DTR}}$信号。

- 数据装置装备好$\overline{\text{DSR}}$(Data Set Ready)

当发送方接收到接收方送来的有效的$\overline{\text{DTR}}$信号,在发送方做好了发送的准备后,就向接收方送出一个有效的$\overline{\text{DSR}}$信号作为回答。

- 载波检测$\overline{\text{CD}}$(Carried Detect)

有的器件,例如 Z80-SIO 把它当作$\overline{\text{DSR}}$来使用。

总之,为了使设备具有通用性和互换性就制定了标准,凡是遵照 RS-232C 标准的设备,它们的各种信号线都按规定的标准(即指定的引脚)连接。其次,标准的另一个重要含义是这些信号的电气性能也是标准的。

对各种信号的规定如下:

(1) 在 TxD 和 RxD 线上

MARK(即表示为 1)=−3～−25V

SPACE(即表示为 0)=+3～+25V

例如:

是符合标准的。

(2) 在$\overline{\text{RTS}}$、$\overline{\text{CTS}}$、$\overline{\text{DSR}}$、$\overline{\text{DTR}}$、$\overline{\text{CD}}$等线上

ON=+3～+25V

OFF=−3～−25V

显然,RS-232C 规定的信号电平及极性与 TTL 是不同的,需要经过转换。如从 TTL 电平转换为 RS-232C 的电平,或从 RS-232C 电平转换为 TTL 的电平。RS-232C 本来只是一种标准,它规定了进行串行通信所需要的信号,规定了它们的引脚号,也规定了它们的电

气性能。由于目前大部分微型计算机的输入输出信号电平是 TTL 标准的,所以凡具
有RS-232C串行接口的都需要有一个转换电路(接口电路)。

1488 和 1489 就是能实现从 TTL 电平向
RS-232C 电平(发送器)转换及从 RS-232C 电平
向 TTL(接收器)转换的器件,如图 11-12 所示。

图 11-12 接收器和发送器的具体电路

EIA 电缆的任何一个引脚都能够直接接至任
何其他的引脚而不会引起对驱动器和接收器的损坏。

对于计算机像对于 CRT 终端一样,都看成是数据终端设备。计算机和远方以及当地
终端(用查询方式交换信号)的连接的示意图如图 11-13 所示。当地终端可直接通过
RS-232 接口连接,而远方的终端要经过调制后通过电话线传送。在数据终端与调制器之间
用 RS-232 接口。

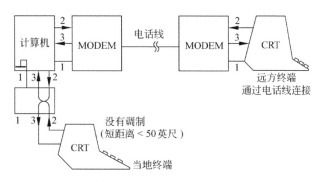

图 11-13 计算机与远方终端和当地终端连接示意图

11.2 Intel 8251A 可编程通信接口

11.2.1 Intel 8251 的基本功能

Intel 8251 具有以下基本功能:

① 可用于同步和异步传送。

② 同步传送:5~8 位/字符,内部或外部同步,可自动插入同步字符。

③ 异步传送:5~8 位/字符,时钟速率为通信波特率的 1 倍、16 倍或 64 倍。

④ 可产生中止字符(Break Character);可产生 1 位、1.5 位或 2 位的停止位;或检查假
启动位,自动检测和处理中止字符。

⑤ 波特率:DC—19.2K(异步);DC—64K(同步)。

⑥ 完全双工,双缓冲器发送和接收器。

⑦ 出错检测:具有奇偶、溢出和帧错误等检测电路。

11.2.2 Intel 8251 的框图

Intel 8251 的结构如图 11-14 的方框图所示。整个 8251 可以分成 5 个主要部分:接收
器、发送器、调制控制(这是 8251 与进行串行通信的外设的接口部分)、读写控制以及 I/O 缓
冲器(这是 8251 与 CPU 的接口部分)。而 I/O 缓冲器由状态缓冲器、发送数据/命令缓冲器

和接收数据缓冲器 3 个部分组成。8251 的内部由内部数据总线实现相互之间的通信。图 11-14 中的外部数据总线连至系统(CPU)的数据总线。

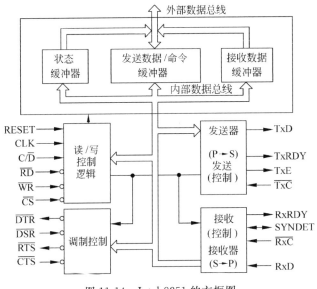

图 11-14　Intel 8251 的方框图

1. 接收器

接收器接收来自外设送至 RxD 引脚上的串行数据,并按规定的格式把它转换为并行数据,存放在接收数据缓冲器中。当 Intel 8251 工作于异步方式且允许接收和准备好接收数据时,监视 RxD 线。在无字符传送时,RxD 线上为高电平(即所谓的 Mark),当发现 RxD 线上出现低电平时,则认为是起始位(即所谓的 Space),就启动一个内部计数器,当计数到一个数据位宽度的一半(若时钟脉冲频率为波特率的 16 倍时,则为计数到第 8 个脉冲)时,又重新采样 RxD 线,若其仍为低电平,则确认为起始位,而不是噪声信号。以后每隔 16 个时钟脉冲采样一次数据线,作为输入数据,如图 11-15 所示。

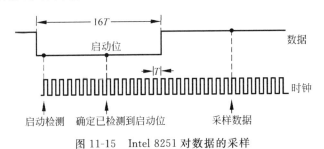

图 11-15　Intel 8251 对数据的采样

此后,每隔 16 个脉冲,采样一次 RxD 线作为输入信号,送至移位寄存器,经过移位,又经过奇偶校验和去掉停止位后,就得到了变换为并行的数据,经过 Intel 8251 的内部数据总线传送至接收数据缓冲器,同时发出 RxRDY 信号,告诉 CPU 字符已经可用。

在同步方式下,USART 监视 RxD 线,每出现一个数据位就把它移一位,然后把接收寄存器与含有同步字符(由程序给定)的寄存器相比较,看是否相等,若不等则 USART 重复上述过程。当找到同步字符后(若规定为两个同步字符,则必须出现在 RxD 线上的两个相邻字符与规定的同步字符相同),则置 SYNDET 信号,表示已找到同步字符。

在找到同步字符后,利用时钟采样和移位 RxD 线上的数据位,且按规定的位数,把它送至接收数据缓冲器,同时发出 RxRDY 信号。

2. 发送器

发送器接收 CPU 送至的并行数据,加上起始位、奇偶校验位和停止位,然后由 TxD 引脚向外设发送。

在异步方式时,发送器加上起始位,检查并根据程序规定的检验要求(奇校验还是偶校验)加上适当的校验位,最后根据程序的规定,加上 1 位、1.5 位或 2 位停止位。

在同步方式时,发送器在数据发送前插入一个或两个同步字符(这些都在初始化时由程序给定),而在数据中,除了奇偶校验位外,不再插入别的位。只有在 USART 工作于同步发送方式,而 CPU 来不及把新的字符送给它,则 USART 自动地在 TxD 线上插入同步字符,因为在同步方式时,在字符间是不允许存在间隙的。

不论在同步或异步工作方式下,只有当程序设置了 TxEN(Transmitter Enable——允许发送)和 $\overline{\text{CTS}}$(Clear To Send——这是对调制器发出的请求发送的响应信号)有效时,才能发送。

另外,发送器的另一个功能是能发送中止符(BREAK)。中止符是由在通信线上的连续的 Space 符组成,它是用来在完全双工通信时中止发送终端的。只要 Intel 8251 的命令寄存器的位 3(SBRK)为"1",则 USART 就始终发送中止符。

3. 读/写控制

读/写控制逻辑对 CPU 输出的控制信号进行译码,以实现如表 11-1 所示的读/写功能。Intel 8251 是以 $\overline{\text{RD}}$ 或 $\overline{\text{WR}}$ 信号中的一个为"0"来实现 I/O 操作的。若两者中无一为"0",则 Intel 8251 不执行 I/O 操作;若两者全为"0",则是一种无确定结果的非法状态。

表 11-1　Intel 8251 读写操作真值表

CE	C/$\overline{\text{D}}$	$\overline{\text{RD}}$	$\overline{\text{WR}}$	功　　能
0	0	0	1	CPU 从 8251 读数据
0	1	0	1	CPU 从 8251 读状态
0	0	1	0	CPU 写数据到 8251
0	1	1	0	CPU 写命令到 8251
1	×	×	×	8251 总线浮空(无操作)

11.2.3　Intel 8251 的接口信号

Intel 8251 可用来作为 CPU 与外设或调制解调器之间的接口,如图 11-16 所示。它的接口信号可以分为两组:一组为与 CPU 接口的信号,另一组为与外设(或调制器)接口的信号。

1. 与 CPU 的接口信号

(1) $\text{DB}_{7\sim0}$

Intel 8251 的外部三态双向数据总线,它可以连到 CPU 的数据总线。CPU 与 Intel 8251 之间的命令信息、数据以及状态信息都是通过这组数据总线传送的。

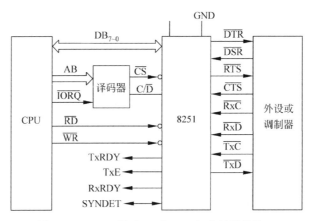

图 11-16　CPU 通过 Intel 8251 与串行外设接口

（2）CLK

由这个 CLK 输入产生 Intel 8251 的内部时序。CLK 的频率在同步方式工作时，必须大于接收器和发送器输入时钟频率的 30 倍；在异步方式工作时，必须大于输入时钟的 4.5 倍。

另外，规定 CLK 的周期范围是 $0.42 \sim 1.35 \mu s$。

（3）$\overline{CS}$

片选信号，由 CPU 的 $IO/\overline{M}$ 及地址信号经译码后供给。

（4）$C/\overline{D}$

控制/数据端。在 CPU 读操作时，若此端为高电平，由数据总线读入的是 Intel 8251 的状态信息；此端为低电平，读入的是数据。在 CPU 进行写操作时，此端为高电平，CPU 通过数据总线输出的是命令信息；此端为低电平，输出的是数据。此端通常连到 CPU 地址总线的 A_0。

（5）TxRDY（Transmitter Ready）

发送准备好信号。只有当 Intel 8251 允许发送（即 $\overline{CTS}$ 是低电平并且 TxEN 是高电平），且发送命令/数据缓冲器为空时，此信号有效。它用以通知 CPU，Intel 8251 已准备好接收一个数据。当 CPU 与 Intel 8251 之间用查询方式（Polling）交换信息时，此信号可作为一个"状态"信号（hand shake）；在用中断方式交换信息时，此信号可作为 Intel 8251 的一个中断请求信号。当 Intel 8251 从 CPU 接收了一个字符时，TxRDY 复位。

（6）TxE（Transmitter Empty）

发送器空信号。当 TxE 有效（高电平）时，表示发送器中的并行到串行转换器空。在同步方式工作时，若 CPU 来不及输出一个新的字符，则 TxE 变高，同时发送器在输出线上插入同步字符，以填补传送空隙。

（7）RxRDY（Receiver Ready）

接收器准备好信号。若命令寄存器的 RxE（Receive Enable）位置位，当 Intel 8251 已经从它的串行输入端接收了一个字符，可以传送到 CPU 时，此信号有效。在查询方式时，此信号可作为一个"状态"信号；在中断方式时可作为一个中断请求信号。当 CPU 读了一个字符后，此信号复位。

（8）SYNDET（Synchronous Detect）

同步检测信号。它只用于同步方式，究竟作为输入端还是输出端，取决于 Intel 8251 是工作于外同步还是内同步方式。在 RESET 时,此信号复位。当工作于内同步方式时,这是一个输出端。在 Intel 8251 已经检测到所要求的同步字符时,此信号为高,输出以指示 Intel 8251 已达到同步。若 Intel 8251 由程序规定为双字符同步时,则此信号在第二个同步字符的最后一位的中间变高。当 CPU 执行一次读状态操作时,SYNDET 复位。

当工作于外同步方式时,这是一个输入端从此端输入的一个正跳沿,使 Intel 8251 在下一个 RxC 的下降沿开始收集字符。SYNDET 输入高电平至少应维持一个 RxC 周期,直至 RxC 出现下一个下降沿。

2. 与调制解调装置的接口信号

(1) $\overline{\text{DTR}}$(Data Terminal Ready)

数据终端准备好。这是一个通用的输出信号,低电平有效。它能通过将命令字的位 1 置"1"变为有效,用以表示 Intel 8251 准备就绪。

(2) $\overline{\text{DSR}}$(Data Set Ready)

数据装置准备好。这是一个通用的输入信号,低电平有效。用以表示调制器或外设已准备好。CPU 可通过读入状态字检测这个信号(状态字的位 7)。$\overline{\text{DTR}}$与$\overline{\text{DSR}}$是一组信号,通常用于接收器。

(3) $\overline{\text{RTS}}$(Request To Send)

请求传送。这是一个输出信号,等效于$\overline{\text{DTR}}$。这个信号用于通知调制器 CPU 准备好发送。可通过将命令字的位 5 置 1 来使其有效(低电平有效)。

(4) $\overline{\text{CTS}}$(Clear To Send)

准许传送。这是调制器对 Intel 8251 的$\overline{\text{RTS}}$信号的响应,当其有效时(低电平),Intel 8251 发送数据。

(5) $\overline{\text{RxC}}$(Receiver Clock)

接收器时钟。这个时钟控制 Intel 8251 接收字符的速度。

在同步方式,$\overline{\text{RxC}}$等于波特率,由调制解调器供给。

在异步方式,$\overline{\text{RxC}}$是波特率的 1 倍、16 倍或 64 倍,由方式控制字预先选择。Intel 8251 在$\overline{\text{RxC}}$的上升沿采样数据。

(6) $\overline{\text{RxD}}$(Receiver Data)

接收器数据。字符在这条线上串行地被接收,在 Intel 8251 中转换为并行的字符。高电平表示 Mark,即"1"。

(7) $\overline{\text{TxC}}$(Transmitter Clock)

发送器时钟。这个时钟控制 Intel 8251 发送字符的速度。时钟速度与波特率之间的关系同$\overline{\text{RxC}}$。数据在$\overline{\text{TxC}}$的下降沿由 Intel 8251 移位输出。

(8) $\overline{\text{TxD}}$(Transmitter Data)

发送器数据。由 CPU 送来的并行的字符在这条线上被串行地发送。高电平代表 Mark,即"1"。

11.2.4　Intel 8251 的编程

Intel 8251 是一个可编程的多功能通信接口,所以在具体使用时必须对它进行初始化编程,确定它的具体工作方式。例如:规定工作于同步还是异步方式、传送的波特率、字符格式等。

初始化编程必须在系统 RESET 以后,在 Intel 8251 工作以前进行,即 Intel 8251 不论工作于何种方式,都必须先经过初始化。

初始化编程的过程如图 11-17 的流程图所示。

1. 方式选择字

方式选择字格式如图 11-18 所示。

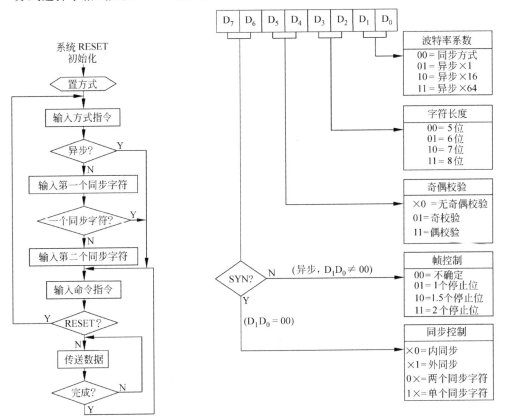

图 11-17　Intel 8251 初始化
　　　编程的流程图

图 11-18　Intel 8251 的方式选择字格式

方式选择字可以分为 4 组,每组 2 位。首先,由 D_1D_0 确定是工作于同步方式还是异步方式。当 $D_1D_0=00$ 时,则为同步方式;而在 $D_1D_0\neq00$ 时,则为异步方式,且 D_1D_0 的 3 种组合用以选择输入时钟频率与波特率之间的系数。

D_3D_2 用以确定字符的位数,D_5D_4 用以确定奇偶校验的性质,它们的规定都是很明确的。D_7D_6 在同步和异步方式时的意义是不同的。异步时,用以规定停止位的位数;同步时,用以确定是内同步还是外同步,以及同步字符的个数。

在同步方式时,紧跟在方式选择字后面的是由程序输入的同步字符。它是用与方式选择字类似的方法由 CPU 输送给 USART 的。

2. 命令字

在输入同步字符后,或在异步方式时,在方式选择字后应由 CPU 输送给命令字,其格式如图 11-19 所示。

方式选择字用于规定 Intel 8251 的工作方式;而命令字直接使 Intel 8251 处于规定的工作状态,以准备接收或发送数据。

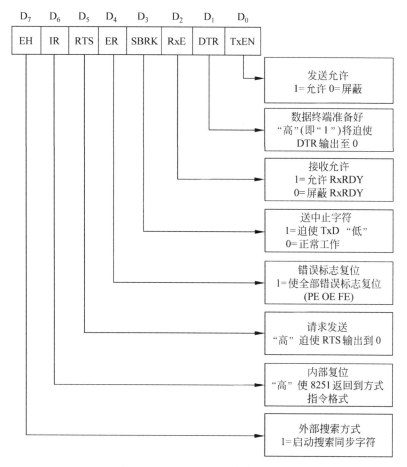

图 11-19 Intel 8251 的命令字格式

3. 状态寄存器

Intel 8251 上还有状态寄存器，CPU 可通过 I/O 读操作把 Intel 8251 的状态字读入 CPU，用以控制 CPU 与 Intel 8251 之间的数据交换。

读状态字时，C/$\overline{D}$ 端为"1"。Intel 8251 状态字的格式如图 11-20 所示。

状态字中的 TxRDY，只要数据缓冲器一空就置位；而引脚 TxRDY 只有当条件：

数据缓冲器空 · $\overline{CTS}$ · TxEN

成立时，才置位。

11.2.5 Intel 8251 应用举例

我们以两台微型计算机之间进行双机串行通信的硬件连接和软件编程来说明 Intel 8251 在实际中是如何应用的。

1. 要求

在 A、B 两台微型计算机之间进行串行通信，A 机发送、B 机接收。要求把 A 机上开发的应用程序（其长度为 2DH）传送到 B 机中去。采用异步方式，字符长度为 8 位，2 个停止位，波特率因子为 64，无校验，波特率为 4800。CPU 与 Intel 8251 之间采用查询方式交换数

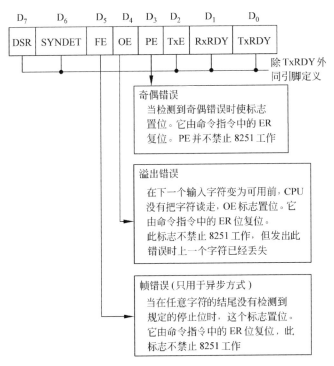

图 11-20　Intel 8251 的状态字格式

据。端口地址分配是：命令/状态口为 309H，数据口为 308H。

2. 分析

由于是近距离传输，所以可以不用 MODEM，而直接互连。同时采用查询方式，故接收/发送程序中只需检查发送/接收的准备好状态位是否置位，在准备好时就发送或接收一个字节。

3. 设计

（1）硬件连接

根据以上分析，我们把两台微型计算机都当作 DTE。它们之间只需 TxD、RxD 和 SG（信号地）3 根线连接就能通信。采用 Intel 8251A 作为接口的主芯片再配置少量附加电路，如波特率发生器、RS-232C 与 TTL 电平转换电路、地址译码器电路等就可构成一个串行通信接口，如图 11-21 所示。

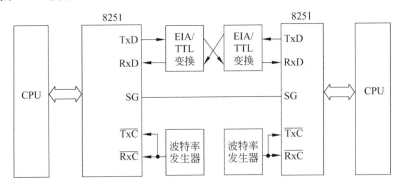

图 11-21　Intel 8251 应用举例

（2）软件编程

接收和发送程序分开编写，每个程序段中都包括 Intel 8251A 初始化、命令字、状态查询和输入输出几部分。

① 发送程序（略去堆栈 STACK 和数据 DATA 段）：

```
CSEG    SEGMENT
        ASSUME      CS：CSEG
TRA     PROC        FAR
START：  MOV         DX,309H         ;控制口地址
        MOV         AL,00H
        OUT         DX,AL
        MOV         AL,40H          ;内部复位
        OUT         DX,AL
        NOP
        MOV         AL,0CFH         ;方式字(异步、2 个停止位、字符长度
                                    ;为 8 位,无校验,波特率因子为 64)
        OUT         DX,AL
        MOV         AL,37H          ;命令字(RTS、RR、RxE、DTR
                                    ;和 TxEN 均置为 1)
        OUT         DX,AL
        MOV         CX,2DH          ;传送字节数
        MOV         SI,300H         ;发送区首地址
L1：     MOV         DX,309H         ;状态口地址
        IN          AL,DX           ;输入状态
        TEST        AL,38H          ;检查 3 个出错标志位
        JNZ         ERR             ;有错,转出错处理
        AND         AL,01H
        JZ          L1              ;发送未准备好,则等待
        MOV         DX,308H         ;数据口地址
        MOV         AL,[SI]         ;取发送数据
        OUT         DX,AL           ;输出
        INC         SI
        DEC         CX
        JNZ         L1              ;未发送完,循环
ERR：    (略)
        MOV         AX,4C00H
        INT         21H             ;发送完返回 DOS
TRA     ENDP
CSEG    ENDS
        END         START
```

② 接收程序（略去 STACK 和 DATA 段）：

```
CSEG    SEGMENT
        ASSUME      CS：BEC
REC     PROC        FAR
```

```
BEGIN:  MOV        DX,309H
        MOV        AL,0AAH              ;空操作
        OUT        DX,AL
        MOV        AL,40H               ;内部复位
        OUT        DX,AL
        NOP
        MOV        AL,0CFH              ;方式控制字
        OUT        DX,AL
        MOV        AL,14H               ;命令字(ER、RxE 置位)
        OUT        DX,AL
        MOV        CX,2DH               ;置字节数
        MOV        DI,400H              ;接收区首地址
L2:     MOV        DX,309H              ;状态口地址
        IN         AL,DX                ;输入状态
        TEST       AL,38H               ;有错误吗?
        JNZ        ERR                  ;有错,转至出错处理程序
        AND        AL,02H               ;接收准备好了吗?
        JZ         L2                   ;未准备好,等待
        MOV        DX,308H              ;数据口地址
        IN         AL,DX                ;输入数据
        MOV        [DI],AL              ;存入接收缓冲区
        INC        DI
        DEC        CX
        LOOP       L2                   ;未接收完,循环
ERR:    (略)
        MOV        AX,4C00H
        INT        21H                  ;接收完返回 DOS
REC     ENDP
CSEG    ENDS
        END        BEGIN
```

<h1 style="text-align:center">习　题</h1>

11.1　为什么串行接口部件中的 4 个寄存器可以只用 1 位地址来进行区分?

11.2　在数据通信系统中,什么情况下可以采用全双工方式? 什么情况下可用半双工方式?

11.3　什么叫同步通信方式? 什么叫异步通信方式? 它们各有什么优缺点?

11.4　什么叫波特率因子? 什么叫波特率? 设波特率因子为 64,波特率为 1200,那么时钟频率是多少?

11.5　标准波特率系列指的是什么?

11.6　设异步传输时,每个字符对应 1 位起始位、7 位信息位、1 位奇/偶校验位和 1 位停止位,如果波特率为 9600,则每秒钟能传输的最大字符数是多少个?

11.7　在 RS-232-C 标准中,信号电平与 TTL 电平不兼容,问:RS-232-C 标准的 1 和 0

分别对应什么电平? RS-232-C 的电平和 TTL 电平之间通常用什么器件进行转换?

11.8 在 8251A 的编程结构中,8251A 有几个寄存器和外部电路有关? 一共需要几个端口地址? 为什么?

11.9 8251A 内部有哪些功能模块? 其中读/写控制逻辑电路的主要功能是什么?

11.10 什么叫异步工作方式? 画出异步工作方式时 8251A 的 TxD 和 RxD 线上的数据格式。

11.11 什么叫同步工作方式? 什么叫双同步字符方式? 外同步和内同步有什么区别? 画出双同步工作时 8251A 的 TxD 线和 RxD 线上的数据格式。

11.12 8251A 和 CPU 之间有哪些连接信号? 其中 C/$\overline{D}$ 和 $\overline{RD}$、$\overline{WR}$如何结合起来完成对命令、数据的写入以及状态、数据的读出?

11.13 在 8086/8088 系统中,8251A 的 C/$\overline{D}$ 端应当和哪个信号相连,以便实现状态端口、数据端口、控制端口的读和写操作?

11.14 8251A 和外设之间有哪些连接信号?

11.15 为什么 8251A 要提供$\overline{DTR}$、$\overline{DSR}$、$\overline{RTS}$和$\overline{CTS}$这 4 个信号作为和外设的联络信号? 平常使用时是否可以只用其中两个或者全部不用? 要注意什么? 说明$\overline{CTS}$端的连接方法。

11.16 8086 在系统中采取什么措施来实现 8 位接口芯片和低 8 位数据线的连接且满足对奇/偶端口地址的读/写? 这样做的道理是什么?

11.17 对 8251A 进行编程时,必须遵守哪些约定?

11.18 8251A 的模式字格式如何? 参照教材上给定格式编写如下模式字:异步方式,1 个停止位,偶校验,7 个数据位,波特率因子为 16。

11.19 8251A 控制字的格式如何? 参照教材上列出的格式给出如下控制字:发送允许,接收允许,$\overline{DTR}$端输出低电平,TxD 端发送空白字符,$\overline{RTS}$端输出低电平,内部不复位,出错标志复位。

11.20 8251A 的状态字格式如何? 哪几位和引脚信号有关? 状态位 TxRDY 和引脚信号 TxRDY 有什么区别? 它们在系统设计中有什么用处?

11.21 参考初始化流程,用程序段对 8251A 进行同步模式设置。奇地址端口地址为66H,规定用内同步方式,同步字符为 2 个,用奇校验,7 位数据位。

11.22 设计一个采用异步通信方式输出字符的程序段,规定波特率因子为 64,7 位数据位,1 位停止位,用偶校验,端口地址为 40H、42H,缓冲区首址为 2000H:3000H。

第 12 章　数模转换与模数转换接口

12.1　D/A 转换器接口

数模(D/A(Digit to Analog))转换和模数(A/D(Analog to Digit))转换是计算机与外部世界联系的重要接口。在一个实际的系统中,有两种基本的量——模拟量和数字量。外界的模拟量要输入计算机,首先要经过 A/D 转换,才能进行运算、加工处理等。若计算机的控制对象是模拟量,也必须先把计算机输出的数字量经过 D/A 转换,才能控制模拟量。

D/A 和 A/D 转换的具体电路已在数字电路课程中讲述过。本章将主要介绍把 D/A 和 A/D 转换的芯片与 CPU 接口的方法以及用 CPU 控制这些转换的软件。

12.1.1　CPU 与 8 位 D/A 芯片的接口

1. D/A 转换

D/A 转换通常是由输入的二进制数的各位控制一些开关,通过电阻网路,在运算放大器的输入端产生与二进制数各位的权成比例的电流,经过运算放大器相加和转换而成为与二进制数成比例的模拟电压。

2. CPU 与 D/A 转换器的接口

若 CPU 的输出数据要通过 D/A 转换变为模拟量输出,当然要把 CPU 数据总线的输出连到 D/A 的数字输入线上。但是,由于 CPU 要进行各种信息的加工处理,它的数据总线上的数据是不断地改变的,它输出给 D/A 的数据只在输出指令的若干微秒中出现在数据总线上。所以,必须有一个锁存器,把 CPU 输给 D/A 转换的数据锁存起来,直至输入新的数据为止。一个最简单的 D/A 芯片与 CPU 的接口电路如图 12-1 所示。

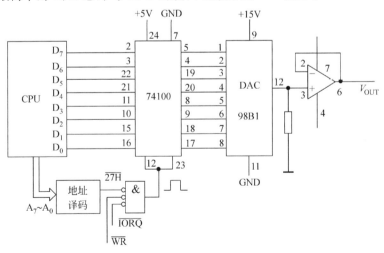

图 12-1　CPU 与 D/A 转换器的接口电路

在图 12-1 中,锁存器 74100 作为 CPU 与 D/A 转换之间的接口。CPU 把 74100 作为一个输出端口,用地址 27H 来识别,则 CPU 输给 D/A 的数据要用一条 I/O 写(即输出)指令来实现。

图 12-1 的电路可应用于许多场合,例如:

① 驱动一个伺服电机;

② 控制一个电压-频率转换器(用于锁相环路);

③ 控制一个可编程的电源;

④ 驱动一个模拟电表。

12.1.2　8 位 CPU 与 12 位 D/A 转换器的接口

1. 一种 12 位 D/A 转换芯片

这里介绍一种 12 位 D/A 转换芯片 DAC 1210。

DAC 1210 是美国国家半导体公司生产的 12 位 D/A 转换器芯片,是智能化仪表中常用的一种高性能的 D/A 转换器。DAC 1210 的逻辑结构框图如图 12-2 所示。

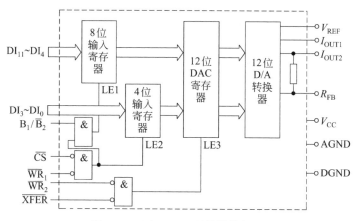

图 12-2　DAC 1210 逻辑结构框图

图 12-2 所示的 DAC 1210 的逻辑结构是一个 12 位的 D/A 转换器。它有两个输入寄存器,一个是 8 位的,一个是 4 位的。若它与 8 位 CPU 接口,则 DAC 1210 的输入线 $DI_{11} \sim DI_4$ 以及 $DI_3 \sim DI_0$ 都连至 CPU 的数据总线 $DB_7 \sim DB_0$。12 位数据需分两次输送,若 CPU 输出的地址及控制信号使 LE1 有效,则 8 位数据输入至 8 位输入寄存器;若 CPU 使 LE2 有效,则 12 位数据中的另 4 位输入至 DAC 1210 的 4 位输入寄存器。再使 LE3 有效,把 12 位输入寄存器的内容同时输入给 12 位 DAC 寄存器,进行 D/A 转换。若 DAC 1210 与 16 位 CPU 相连,则 $DI_{11} \sim DI_0$ 连至 CPU 的数据总线 $DB_{11} \sim DB_0$。CPU 的输出地址与控制信号使 LE1 与 LE2 同时有效。则 CPU 输出的 12 位数据同时输入至 8 位输入寄存器与 4 位输入寄存器。然后,使 LE3 有效,把 12 位输入寄存器的内容同时输送给 12 位 DAC 寄存器,进行 D/A 转换。

DAC 1210 共有 24 个引脚,各引脚定义如下。

- $DI_{11} \sim DI_0$:12 位数字量输入信号,其中 DI_0 为最低位,DI_{11} 为最高位。
- $\overline{CS}$:片选输入信号,低电平有效。
- $\overline{WR}_1$:数据写入信号 1,低电平有效。当此信号有效时,与 $B_1/\overline{B}_2$ 配合起控制作用。
- $B_1/\overline{B}_2$:字节控制信号。此引脚为高电平时,12 位数字同时送入输入寄存器;为低电平时,只将 12 位数字量的低 4 位送到 4 位输入寄存器。

- $\overline{\text{XFER}}$：传送控制信号,低电平有效,与 $\overline{\text{WR}}_2$ 配合使用。
- $\overline{\text{WR}}_2$：数据写入信号 2,低电平有效。此信号有效时,$\overline{\text{XFER}}$ 信号才起作用。
- I_{OUT1}：电流输出 1。
- I_{OUT2}：电流输出 2。
- R_{FB}：内部反馈电阻引脚。
- V_{REF}：参考电压,$-10\text{V}\sim+10\text{V}$。
- V_{CC}：芯片电源,$+5\text{V}\sim+15\text{V}$。
- AGND：模拟地。
- DGND：数字地。

2. DAC 的输出连接方式

有的 D/A 转换芯片的输出是电压,有的芯片输出的是电流。在实际应用中,执行部件往往要求电压驱动,所以,电流输出的要经过电流-电压变换器。输出电压又可能只要求单极性,而有的要求有正有负(双极性)。

(1) 单极性输出

一个电流输出的 D/A 芯片转换为单极性电压输出的电路,如图 12-3 所示。

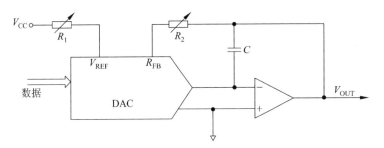

图 12-3　单极性电压输出电路

输出与 R_{FB} 端间接的电阻 R_2 以及接于参考电源的 R_1 是为了调整增益,电容 C 则起防止振荡的作用。

(2) 双极性输出

双极性电压输出电路如图 12-4 所示。

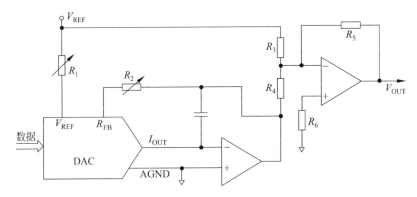

图 12-4　双极性电压输出电路

随着输入的数码不同,输出电压可为正或负,如表 12-1 所示。

表 12-1 双极性输出电压

数码 MSB	模拟输出电压	数码 MSB	模拟输出电压
1 1 1 1 1 1 1 1	$+(127/128)V_{REF}$	0 1 1 1 1 1 1 1	$-(1/128)V_{REF}$
1 0 0 0 0 0 0 1	$+(1/128)V_{REF}$	0 0 0 0 0 0 0 1	$-(127/128)V_{REF}$
1 0 0 0 0 0 0 0	0	0 0 0 0 0 0 0 0	$-(128/128)V_{REF}$

3. 8 位 CPU 与 12 位 D/A 的接口方法

许多应用场合要求 D/A 有更高的灵敏度和精度,8 位就不能满足要求了,常常要求 10 位、12 位或 14 位 D/A 转换器。

那么,如何把一个多于 8 位的 D/A 转换器接口接到 8 位的微型计算机上呢?

可以把 12 位分成两段,第一次微型计算机先输出低 8 位到锁存器,第二次再把另 4 位送到另一个锁存器上,如图 12-5 所示。

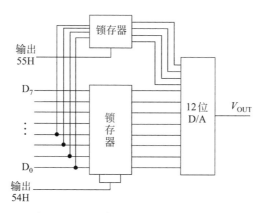

图 12-5 CPU 与 12 位 D/A 接口示意图

而要输出的 12 位是存储在两个相邻的单元内,如表 12-2 所示。

表 12-2 12 位输出数据

地 址	数 据 位	地 址	数 据 位
A	D_7 D_6 D_5 D_4 D_3 D_2 D_1 D_0	A+2	D_7 D_6 D_5 D_4 D_3 D_2 D_1 D_0
A+1	× × × × D_{11} D_{10} D_9 D_8	A+3	× × × × D_{11} D_{10} D_9 D_8

注:×为无用的位。

但是,若用图 12-5 的电路输出,则输出电压上会出现毛刺。这是由于:若原来的数据为 0000 1111 0000,下一个输出的值为 0001 0000 1011,但在输出过程中是先输出低 8 位,如下所示:

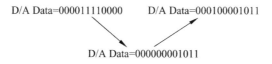

数据先由 0000 1111 0000 变为 0000 0000 1011,则输出电压要下降;然后再输出高 4 位,变为 0001 0000 1011,输出电压再升高,就出现了毛刺。为了解决这个问题,可以采用双缓冲器结构,如图 12-6 所示。

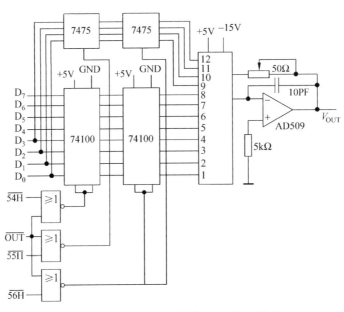

图 12-6 CPU 用双缓冲器结构与 12 位 D/A 接口

CPU 输出时,先输出低 8 位给缓冲器 1(此时缓冲器 2 不通,故输出不变),然后输出高 4 位。等这两者都输出后,再输出一个打开缓冲器 2 的选通脉冲,把 12 位同时输给 D/A 转换,这样就避免了毛刺。

程序如下:

```
        ORG     2000H
START:  MOV     BX,DATA
        MOV     CL,64H
DAC:    MOV     AL,[BX]
        OUT     54H,AL
        INC     BX
        MOV     AL,[BX]
        OUT     55H,AL
        OUT     56H,AL
        INC     BX
        DEC     CL
        JNZ     DAC
        JMP     START
        ORG     3000H
DATA:   DW      W1,W2,…,W100    ;定义 100 个字(每个字 10 位)
        END     START
```

DAC 1210 中的输入寄存器与 DAC 寄存器即为双缓冲器结构。

12.2 A/D 转换器接口

12.2.1 概述

在一个实际的系统中,要用微型计算机来监视和控制过程中产生的各种参数,就首先要用传感器把各种物理参数(如压力、温度等)测量出来,且转换为电信号,再经过 A/D 转换,传送给微型计算机;微型计算机对各种信号计算、加工处理后输出,经过 D/A 转换再去控制各种参数,其过程如图 12-7 所示。

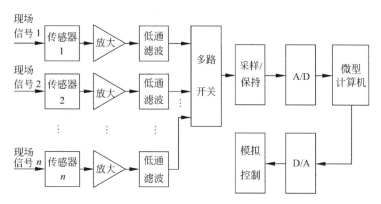

图 12-7　微型计算机与控制系统的接口

其中:
- 传感器——把各种现场的物理量测量出来,且转换为电信号。
- 量程放大器——把传感器的信号(通常为 mV 或 μV 级)放大到 A/D 转换所需的量程范围。
- 低通滤波器——降低干扰,提高信噪比。
- 多路开关——通常要监视和控制的现场信号是很多的,且它们的变化是缓慢的,所以没有必要一种现场信号就有一个 A/D 转换器和占用一条与微型计算机联系的通路,而可以利用多路开关,把多个现场信号,用一条通路来监视和控制。
- 采样/保持电路——因为现场信号总是在变化的,而 A/D 转换总是需要一定时间的,所以,需要把要转换的信号采样后保持一段时间,以备转换。另外,现场信号的变化是缓慢的,没有必要始终监视,而可以用巡回检测的办法,所以,也要求有采样/保持电路。

当用巡回检测的办法来监视现场信号时,就存在一个问题:应该经过多长时间去采样一次被测信号,使采样的结果能够反映被测信号呢,即采样频率应多高。采样定理告诉我们:采样频率至少应大于被测信号频谱中的最高频率的两倍。

本章主要讨论 A/D 转换,对上述的其他电路就不进行讨论了。

12.2.2 用软件实现 A/D 转换

利用 D/A 转换器,CPU 可用软件实现 A/D 转换。

1. 计数器式 A/D 转换

计数器式 A/D 转换可以用硬件实现,如图 12-8 所示。

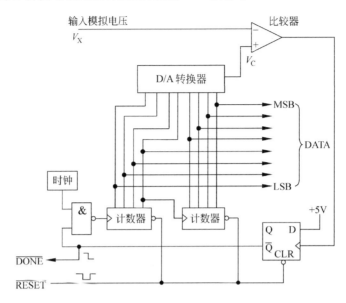

图 12-8　计数器式 A/D 转换器硬件逻辑图

也可以利用一个 D/A 转换电路,用软件实现,如图 12-9 所示。

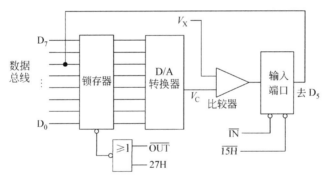

图 12-9　用软件实现计数器式 A/D 转换的接口电路

软件实现 A/D 转换实际上是一种类似于线性搜索的办法,每次让一个锁存器加 1,再把它经 D/A 转换后为 V_C,与输入模拟电压 V_X 相比较,把比较的结果用一个输入端口输入,若仍是 $V_X > V_C$,则循环;当 $V_X = V_C$ 时就停止循环,此时锁存器中的数据即为转换所得的结果。其程序如下:

```
            ORG       2000H
START：MOV       CL,0          ;用 CL 作比较用的寄存器,初值为零
DALOOP：MOV       AL,CL
            OUT       27H,AL
            IN        AL,15H        ;输入比较器的状态,若 V_X>V_C,则 D_5=0
            AND       20H           ;屏蔽除 D_5 外的其他位
```

```
            JNZ       DONE          ;D₅≠0,则转换完成
            INC       CL
            JMP       DALOOP
DONE：      MOV       AL,CL
            OUT       02H,AL        ;转换完成数据输出显示
            HALT
```

但是用上述程序来实现转换,比硬件更慢。显然转换的位数越多,时间就越长。

所以,用软件实现计数器式的 A/D 转换并不实用;但是当转换速度要求不高时,硬件实现的芯片仍是有用的,它的成本较低。

2. 逐次逼近式 A/D 转换

用软件实现逐次逼近式 A/D 转换,实际上是把输入模拟电压 V_x 作为一个关键字,用对分搜索的办法来逼近它。

例如,在 8 位的情况下,要转换一个相当于数 113 的模拟电压,搜索过程可用表 12-3 来描述。

表 12-3　逐次逼近过程

试探值	响　　应	和
128	太高,不把它加到和上去	0
64	太低,把它加到和上去,继续进行	64
32	64+32,仍太低,把 32 加到和上去,继续进行	96
16	64+32+16,仍太低,把 16 加到和上去	112
8	和太高,8 不加到和上去	112
4	和太高,4 不加到和上去	112
2	和太高,2 不加到和上去	112
1	64+32+16+1 的和恰好	113

用软件实现上述过程的流程图如图 12-10 所示。

如果仍使用图 12-9 所示的接口电路,则寄存器 AL 用于 I/O 数据传送和位操作,寄存器 DH 存放每次试探的数据,寄存器 DL 存放累加的结果,寄存器 CL 作为循环次数计数器。

程序如下:

```
            ORG       2000H
START：     SUB       AL,AL         ;清 AL
            MOV       DX,8000H      ;置 DH=80H,DL=00H
            MOV       CL,8          ;置循环次数
AGAIN：     OR        AL,DH         ;建立新试探值
            MOV       DL,AL         ;存入 DL 中
            OUT       27H,AL
            IN        AL,15H        ;输入比较结果的状态,
                                    ;若 Vₓ>V_c,
                                    ;则 D₅=0
```

	AND	AL,20H	;屏蔽除 D_5 外的
			;所有位
	JZ	OK	;小于 V_X,转至 OK
	MOV	AL,DH	
	NOT	AL	
	AND	AL,DL	;使新的试探值置 0
	MOV	DL,AL	;和→DL
OK:	RR	DH	;移至下一位试探
	MOV	AL,DL	
	DEC	CL	
	JNZ	AGAIN	;未完,进入下一循环
DONE:	HALT		

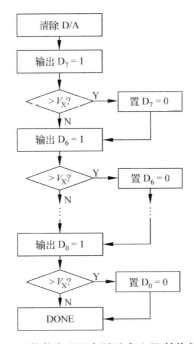

图 12-10 用软件实现逐次逼近式 A/D 转换的流程图

对于 8 位的转换,若 CPU 为 8086,时钟周期为 125ns,则转换时间为 60μs。若要求更快转换,则可用硬件实现的逐次逼近式转换器。目前大部分 A/D 转换器都是用硬件实现的逐次逼近式转换器。

12.2.3 A/D 转换芯片介绍

1. 8 通道 8 位 A/D 转换器 ADC 0809

ADC 0809 是 CMOS 的 8 位单片 A/D 转换器。片内有 8 路模拟开关,可控制选择 8 个模拟量中的一个。A/D 转换采用逐次逼近原理。输出的数字信号有 TTL 三态缓冲器控制,故可直接连至数据总线。

(1) 主要功能

① 分辨率为 8 位;

② 总的不可调误差在±1/2 LSB 和±1 LSB 范围内；

③ 转换时间为 $100\mu s$；

④ 具有锁存控制的 8 路多路开关；

⑤ 输出有三态缓冲器控制；

⑥ 单一 5V 电源供电，此时模拟输入范围为 0～5V；

⑦ 输出与 TTL 兼容；

⑧ 工作温度范围为－40℃～85℃。

（2）ADC 0809 结构方框图

ADC 0809 的结构如图 12-11 所示。

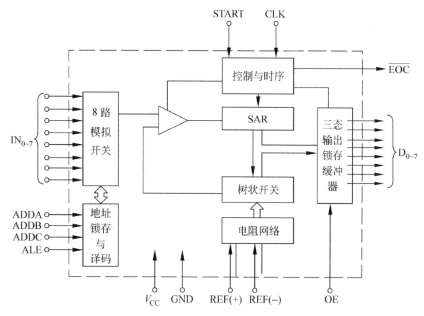

图 12-11　ADC 0809 的结构方框图

　　模拟输入部分有 8 路多路开关，可由 3 位地址输入 ADDA、ADDB、ADDC 的不同组合来选择（这 3 条地址输入信号可锁存）。

　　主体部分是采用逐次逼近式的 A/D 转换电路，由 CLK 信号控制内部电路的工作，由 START 信号控制转换开始。转换后的数字信号在内部锁存，通过三态缓冲器接至输出端。

　　ADC 0809 的引脚如图 12-12 所示。

　　其中，START 为启动命令，高电平有效。由它启动 ADC 0809 内部的 A/D 转换过程。当转换完成，输出信号$\overline{\text{EOC}}$(End of Convert)有效（低电平有效）。OE(Output Enable)为输出允许信号，高电平有效。当在此输入端供给一个有效信号时，打开输出三态缓冲器，把转换后的结果输至数据总线。

　　（3）ADC 0809 时序

　　ADC 0809 的时序如图 12-13 所示。

　　当模拟量送至某一输入端后，由 3 位地址信号来选择，地址信号由地址锁存允许 ALE (Address Latch Enable)锁存。由启动命令 START 启动转换。转换完成$\overline{\text{EOC}}$输出一个负

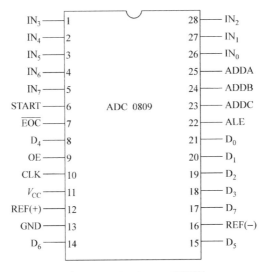

图 12-12　ADC 0809 引脚图

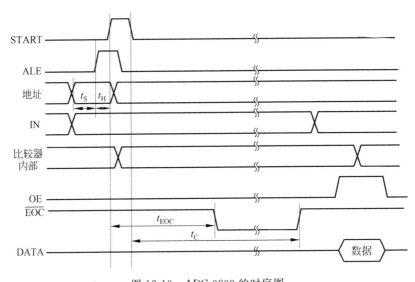

图 12-13　ADC 0809 的时序图

脉冲,外界的输出允许信号 OE,打开三态缓冲器把转换的结果输至数据总线。一次 A/D 转换的过程就完成了。

2. 12 位 A/D 转换器 AD 7870/AD 7875/AD 7876

(1) 主要功能

AD 7870/AD 7875/AD 7876 是一组完全 12 位 $8\mu s$ 逐次逼近 A/D 转换器。它们由基于快速设置的电压输出 DAC、高速比较器和逐次逼近寄存器(SAR)、采样保持放大器、时钟和控制逻辑组成。它有一个自包含的内部时钟以保证转换时间的精确控制,不需要外部时钟。若需要,则内部时钟也可被外部时钟超越。

整个操作由 $\pm 5V$ 电源供电。

AD 7870 和 AD 7876 分别接收范围为 $\pm 3V$ 和 $\pm 10V$ 的输入信号,AD 7875 接收单极

性的 0～＋5V 输入信号。

（2）AD 7870 的结构和引脚

AD 7870 的结构如图 12-14 所示。

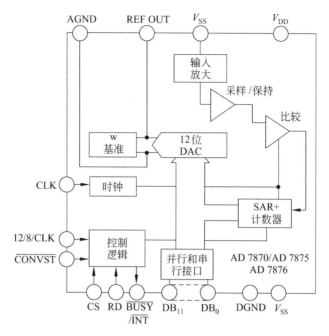

图 12-14　AD 7870 结构图

AD 7870 接收到有效的$\overline{\text{CONVST}}$命令后，内部的逐次逼近寄存器从最高位开始顺次经 DAC 在比较器上与模拟量相比较。检测完所有位后，SAR 中包含转换后的 12 位二进制码。

转换完成后，SAR 发出$\overline{\text{INT}}$信号（低电平有效），打开三态缓冲器输出数据。

AD 7870 所有部件都可以 24 引脚、0.3 英寸宽的塑料或气密双列直插式（DIP）封装，如图 12-15 所示。

对于 AD 7870 和 AD 7875，可用 28 引脚的塑料引脚芯片作为载体（Plastic Leaded Chip Carrier，PLCC），而 AD 7876 可用 24 引脚小轮廓（small outline，SOIC）包装，如图 12-16 所示。

各个引脚的功能为：

引脚 1——$\overline{\text{RD}}$读。输入，低电平有效。此输入用于与$\overline{\text{CS}}$结合以允许数据输出。

引脚 2——$\overline{\text{BUSY}}/\overline{\text{INT}}$忙/中断，低电平有效，输出以指示转换器状态。

引脚 3——CLK 时钟输入。一外部 TTL 兼容的时钟可以供给至此输入引脚。若连接此引脚至V_{SS}，则启用内部时钟。

引脚 4——DB_{11}/HBEN 数据位 11（最高有效位）/高字节启用。此引脚的功能取决于

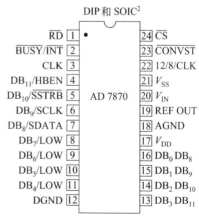

图 12-15　双列直插式封装图

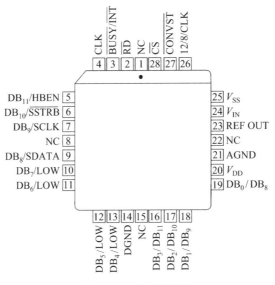

图 12-16　平面封装图

12/8/CLK 输入的状态。当选择 12 位并行数据时,此引脚提供 DB_{11} 输出。当选择字节数据时,此引脚变为 HBEN 逻辑输入,用于与 8 位总线接口。当 HBEN 为低,$DB_7/LOW \sim DB_0/DB_8$ 变为 $DB_7 \sim DB_0$。若 HBEN 为高,$DB_7/LOW \sim DB_0/DB_8$ 用于数据的高 4 位(如表 12-4 所示)。

引脚 5——$DB_{10}/\overline{SSTRB}$ 数据位 10/串行选通。当选择 12 位数据时,此引脚提供 DB_{10} 输出。$\overline{SSTRB}$ 是一个低有效漏极开路输出,用于为串行数据提供选通或帧脉冲。在 $\overline{SSTRB}$ 上需要一个 4.7 kΩ 的上拉电阻。

引脚 6——$DB_9/SCLK$ 数据位 9/串行时钟。当选择 12 位并行数据时,此引脚提供 DB_9 输出。SCLK 是以内部或外部 ADC 时钟导出的可控的串行时钟输出。若 12/8/CLK 输入是 $-5V$,则 SCLK 继续运行。若 12/8/CLK 是 0V,则 SCLK 在串行发送完成之后关闭。SCLK 是一个漏极开路输出,并要求外部 2 kΩ 上拉电阻。

引脚 7——$DB_8/SDATA$ 数据位 8/串行数据。当选择 12 位并行数据时,此引脚提供 DB_8 输出。SDATA 是一个漏极开路串行数据输出,它与 CLK 和 $\overline{SSTRB}$ 一起用于串行数据传送。当 $\overline{SSTRB}$ 为低时,串行数据在 SCLK 的下降沿有效。在 SDATA 上要求一个外部的 4.7 kΩ 上拉电阻。

引脚 8~11——$DB_7/LOW \sim DB_4/LOW$ 由 $\overline{CS}$ 和 $\overline{RD}$ 控制的三态数据输出。它们的功能取决于 12/8/CLK 和 HBEN 输入。

在 12/8/CLK 为高时,它们是 $DB_7 \sim DB_4$。在 12/8/CLK 为低或 $-5V$ 时,它们的功能由 HBEN 控制(如表 12-4 所示)。

引脚 12——DGND 数字地。

引脚 13~16——$DB_3/DB_{11} \sim DB_0/DB_8$ 由 $\overline{CS}$ 和 $\overline{RD}$ 控制的三态数据输出。它们的功能取决于 12/8/CLK 和 HBEN 输入。若 12/8/CLK 为高,则它们是 $DB_3 \sim DB_0$。若 12/8/CLK 为低或 $-5V$,则它们的功能由 HBEN 控制(如表 12-4 所示)。

表 12-4　字节接口输出数据

HBEN	DB$_7$/LOW	DB$_6$/LOW	DB$_5$/LOW	DB$_4$/LOW	DB$_3$/DB$_{11}$	DB$_2$/DB$_{10}$	DB$_1$/DB$_9$	DB$_0$/DB$_8$
高	低	低	低	低	DB$_{11}$ (MSB)	DB$_{10}$	DB$_9$	DB$_8$
低	DB$_7$	DB$_6$	DB$_5$	DB$_4$	DB$_3$	DB$_2$	DB$_1$	DB$_0$(LSB)

引脚 17——V_{DD}正电源，$+5V\pm5\%$。

引脚 18——AGND 模拟地。

引脚 19——REF OUT 电压参考输出。此引脚提供内部 3V 参考电压外部负载能力是 $500\mu A$。

引脚 20——V_{IN}模拟输入。对于 AD 7870 是 $\pm3V$,对于 AD 7876 是 $\pm10V$,对于 AD 7875是 $+5V$。

引脚 21——V_{SS}负电源,$-5V\pm5\%$。

引脚 22——12/8/CLK 三功能输入。定义数据格式和串行时钟格式。若此引脚为 $+5V$,则输出数据是 12 位并行。若此引脚为 0V,则输出数据是字节或者是串行数据,且 SCLK 不连续。若此引脚为 $-5V$,则输出数据是字节或者串行数据,但 SCLK 连续。

引脚 23——$\overline{CONVST}$启动转换。在此输入引脚上由低变为高,使采样/保持处在保持方式并启动转换。此引脚与 CLK 输入是异步的。

引脚 24——$\overline{CS}$片选,输入,低有效。当此输入有效,选中此设备。若$\overline{CONVST}$连接为低,当$\overline{CS}$变低,则启动新的转换。

（3）AD 7870 的操作方式与时序

AD 7870/AD 7875/AD 7876 有两种基本操作模式：模式 1 和模式 2。在第一种模式（模式 1)中,$\overline{CONVST}$线用于启动转换并驱使采样/保持电路进入保持方式。在转换结束,采样/保持电路返回采样方式。对于要求在时间上精确采样的数字信号处理和别的应用程序,倾向于用这种模式。对于这种情况,$\overline{CONVST}$线由定时器或若干精确时钟源驱动。

第二种模式由把$\overline{CONVST}$线硬连为低实现。这种模式（模式 2)倾向用于微处理器同时控制和启动 ADC 转换并读数据的系统中。$\overline{CS}$启动转换,在转换间隔由$\overline{BUSY}/\overline{INT}$线使微处理器处在 WAIT 状态。

① 模式 1 接口。

转换由在$\overline{CONVST}$输入脚上的低脉冲启动。$\overline{CONVST}$脉冲的上升沿启动转换并驱使采样/保持放大进入保持方式。若$\overline{CS}$是低电平,则转换不启动。在这种模式,$\overline{BUSY}/\overline{INT}$状态输出作为中断功能。INT 正常是高电平,在转换结束时变低。INT 线能用于中断微处理器。对 ADC 的读操作访问数据且在$\overline{CS}$和$\overline{RD}$的下降沿,$\overline{INT}$线重置为高。为了对这种模式的 ADC 正确操作,当$\overline{CS}$和$\overline{RD}$都变低时,$\overline{CONVST}$必须为高电平。在这种模式,$\overline{CS}$和$\overline{RD}$不能硬连为低。在转换期间不能读数据,因为芯片中的锁存器在转换过程中是屏蔽的。

图 12-17 显示了 12 位并行数据输出格式(12/8/CLK＝$+5V$)时模式 1 的时序图。在转换结束时对 ADC 的读同时访问所有 12 位数据。对于这种数据输出格式,串行数据是不可用的。

AD 7870 提供 3 种数据输出格式：单个并行的 12 位字、两个 8 位字节或串行数据。

并行数据格式是对 16 位数据总线提供单 12 位并行字,对于 8 位数据总线提供两个字

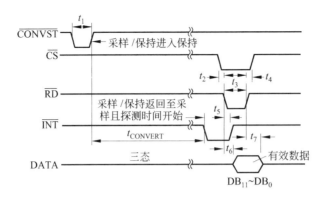

图 12-17　模式 1：12 位输出时序图

节格式。

数据字节格式由 12/8/CLK 输入控制。若在此引脚上为逻辑高电平，则只选择 12 位并行输出格式。若此引脚为逻辑低电平或 −5V 供给此输入，则允许用户访问字节格式或串行的数据。在任一种操作模式中，这 3 种数据输出格式都是可选的。

● 并行输出格式。

在第一种格式中，12 位数据在 DB_{11}（最高有效位）～DB_0（最低有效位）上同时可用。在第二种格式中，访问数据要求两次读。在选择了这种格式时，DB_{11}/HBEN 引脚作为 HBEN（高字节允许）功能，它选择从 ADC 读数据的哪个字节。当 HBEN 为低电平时，在读操作期间数据的低 8 位放至数据总线；当 HBEN 为高电平时，12 位字的高 4 位放至数据总线。这 4 位是右对齐的，因此占用低 4 位而高 4 位包含 4 个 0。

● 串行输出格式。

在 AD 7870/AD 7875/AD 7876 上可以输出串行数据。当 12/8/CLK 输入是 0V 或 −5V 时，DB_{10}/$\overline{SSTRB}$、DB_9/SCLK 和 DB_8/SDATA 引脚起串行功能。串行数据是一个 16 位的字，4 个前导 0，跟着是 12 位转换的结果，最高有效位在前。数据同步于串行时钟输出（SCLK）由串行选通（SSTRB）确定一帧。数据当 $\overline{SSTRB}$ 输出为低时，在串行时钟由低变高时输出而在时钟的下降沿有效。$\overline{SSTRB}$ 在 $\overline{CONVST}$ 后 3 个时钟周期内变低，且第一个串行数据位（第一个前导 0）在 SCLK 的第一个下降沿有效。这 3 个串行线都是漏极开路并要求外部上拉电阻。

串行时钟输出是以 ADC 时钟源导出的，它可以是内部的或外部的。

对于字节和串行数据模式 1 的时序如图 12-18 所示。

$\overline{INT}$ 在转换结束后变低，然后由 $\overline{CS}$ 和 $\overline{RD}$ 的第一个下降沿重置为高。在转换结束后的第一次读能访问数据的低字节或高字节取决于 HBEN 的状态（图 12-18 作为例子只显示了低字节）。图 12-18 同时显示了非连续和连读的运行时钟（虚线部分）。

② 模式 2 接口。

第二种接口模式由硬连 $\overline{CONVST}$ 为低，转换是由当 HBEN 为低使 $\overline{CS}$ 为低启动的。采样/保持放大器在 $\overline{CS}$ 的下降沿进入保持方式。在此模式，$\overline{BUSY}$/$\overline{INT}$ 引脚起 BUSY 功能（作为 8086 的 READY 线）。在转换开始 $\overline{BUSY}$ 变低且在转换期间保持为低，当转换完成返回高电平。它通常用作并行接口，使微处理器在转换期间处在 WAIT 状态。

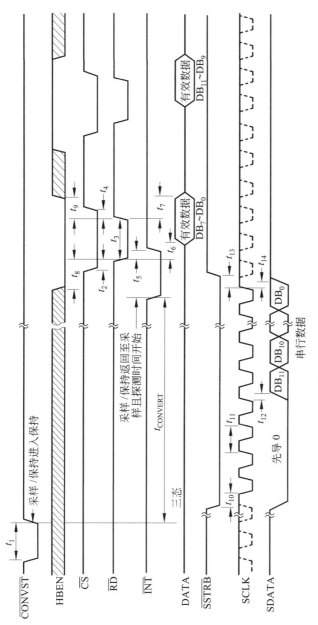

图 12-18 模式 1: 输出字节和串行数据的时序

图 12-19 显示了 12 位并行数据输出格式（12/8/CLK ＝ ＋5V）模式 2 时序图。在这种情况下，ADC 的行为像慢速存储器。这种接口的主要优点是允许微处理器启动转换、等待，然后用单个读指令读数据。用户不需要关心中断服务或保证在转换期间的延时。

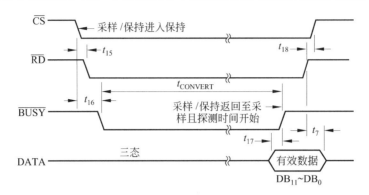

图 12-19　模式 2：12 位并行输出时序

对于字节和串行数据的模式 2 时序图如图 12-20 所示。对于读两字节，必须先访问低字节（$DB_0 \sim DB_7$），因为要启动转换，HBEN 必须为低。

对于此第一次读，ADC 的行为像慢速存储器。但第二次访问数据的高字节是正常的读。串行功能的操作在模式 1 和模式 2 是相同的，如图 12-20 所示。

12.2.4　A/D 转换芯片与 CPU 的接口

1. A/D 转换芯片与 CPU 接口要注意的问题

（1）启动信号

A/D 转换器要求的启动信号一般有两种形式：即电平启动信号和脉冲启动信号。

有些 A/D 转换芯片要求用电平作为启动信号，整个转换过程中都必须保证启动信号有效，如果中途撤走启动信号，就会停止转换而得到错误结果。为此，CPU 一般要通过并行接口向 A/D 芯片发送启动信号，或者用 D 触发器使启动信号在 A/D 转换期间保持在有效电平。

另外一些 A/D 转换芯片要求用脉冲信号来启动，对这种芯片，通常用 CPU 执行输出指令时发出的片选信号和写信号即可在片内产生启动脉冲，从而开始转换。

（2）转换结束与转换数据的读取

A/D 转换结束时，A/D 转换芯片会输出转换结束信号，通知 CPU 读取转换数据。

CPU 一般可以采用 4 种方式和 A/D 转换器进行联络以实现对转换数据的读取。

① 程序查询方式。这种方式的思想就是在启动 A/D 转换器工作之后，程序不断地读取 A/D 转换结束信号，如果发现结束信号有效，则认为完成一次转换，因而用输入指令读取数据。

② 中断方式。用这种方式时，把转换结束信号作为中断请求信号，送到中断控制器（如 8259）的中断请求输入端。

③ CPU 等待方式。这种方式利用 CPU 的 READY 引脚的功能，设法在 A/D 转换期间使 READY 处于低电平，以使 CPU 停止工作，转换结束时，则使 READY 成为高电平，CPU 读取转换数据。

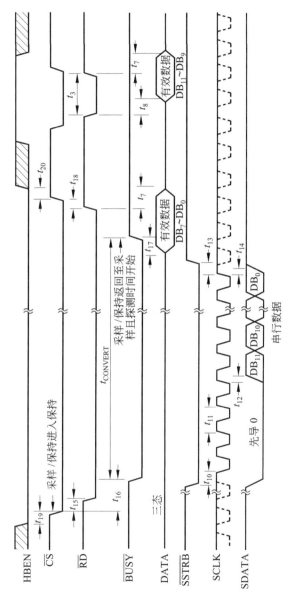

图 12-20 模式 2：输出字节和串行数据的时序

④ 固定的延迟程序方式。用这种方式时,要预先精确地知道完成一次 A/D 转换所需要的时间。这样,CPU 发出启动命令之后,执行一个固定的延迟程序,此程序执行完时,A/D 转换也正好结束,于是,CPU 读取数据。

如果 A/D 转换时间比较长,或者有几件事情需要 CPU 处理,那么,用中断方式效率比较高。但是,如果 A/D 转换时间比较短,中断方式就失去了优越性,因为响应中断、保护现场、恢复现场、中断返回这一系列环节所花去的时间将和 A/D 转换的时间相当。此时可用3 种非中断方式之一来实现转换数据的读取。

采用中断方式时,程序设计非常简单。主程序中,只要有一条输出指令即可以启动A/D转换。假设 A/D 转换器的端口号为 PORTAD,则执行指令:

    OUT PORTAD,AL

后,A/D 转换器便开始转换。在这条输出指令中,寄存器 AL 预先放什么内容是无关紧要的,执行这条指令的目的是为了得到有效的片选信号和写信号,使 A/D 转换器启动。此后,便开始 A/D 转换过程。转换结束后,A/D 芯片会输出一个转换结束信号,此信号产生中断请求,CPU 响应中断后,便转去执行中断处理程序。中断处理程序中最主要的指令是读取转换结果的输入指令:

    IN AL,PORTAD

这条指令在执行时使三态输出门开启,从而 CPU 获得转换数据。

2. 8 位转换器的接口

当 A/D 转换芯片与 CPU 接口时,除了数据的输出(至 CPU)外,与通常的 I/O 接口一样,还需要有控制和状态信息,如图 12-21 所示。

在实际应用时,A/D 的模拟输入端接至采样/保持电路的输出,请参见图 12-7。但转换的开始,要由 CPU 用软件来控制(输出一条指令);而转换总是需要一定时间才能完成,故 A/D 转换电路必须给出一个 DONE/BUSY 的状态信息。

一个典型的 8 位 A/D 转换的接口电路如图 12-22 所示。其中,输入输出接口电路采用 8212,显然也可以采用 8255A。

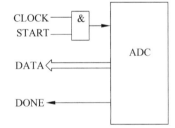

图 12-21 CPU 与 A/D 转换器的接口信息

程序如下:

```
        ORG     2000H
START： LD      BX,DATA
CONV：  OUT     37H,AL          ;启动转换
TEST：  IN      AL,66H          ;输入状态
        AND     AL,80H          ;检测 DONE 标志
        JZ      TEST            ;未完成,等待
        IN      AL,65H          ;输入转换后的数据
        MOV     [BX],AL         ;存入内存
        RET
```

```
           ORG        3000H
DATA:      DS         1                    ;给输入数据保留一个存储单元
           END
```

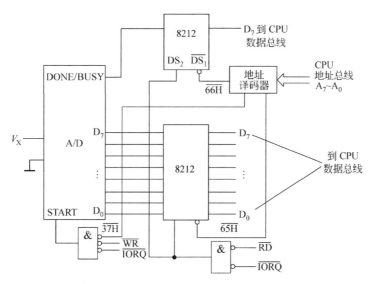

图 12-22 A/D 转换器与 CPU 的接口电路

上述程序是用查询方式与 A/D 交换信息,显然也可以用中断方式,用 DONE 信息作为中断请求信号。

若把 ADC 0809 接至 TP801A 单板机,其接线如图 12-23 所示。

若要把 8 个模拟量轮流输至内存缓冲区,输入在中断服务程序(省略)中执行。程序如下:

```
;主程序
START：MOV        BX,DATA          ;设输入缓冲器指针
       MOV        CH,8
       MOV        CL,0
       STI
       MOV        AL,CL
       OUT        PADC,AL
       HALT
LOOP：  XOR        AL,AL
       INC        CL
       MOV        AL,CL
       CMP        AL,8
       JZ         DONE
       OUT        PADC,AL
       JMP        LOOP
DONE：  HALT
;中断服务程序(略)
```

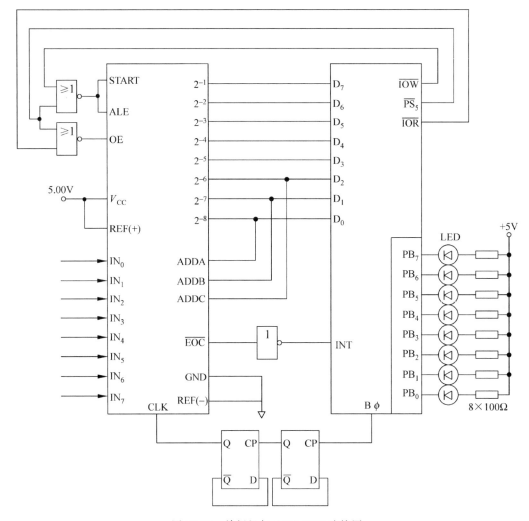

图 12-23　单板机与 ADC 0809 连接图

3. 10 位 A/D 转换接口

当 A/D 转换的精度要求高时,就要求有 10 位、12 位或更多位的 A/D 的转换芯片。如何把一个多于 8 位的 A/D 转换芯片与 8 位的微型计算机接口呢? 图 12-24 是一个典型的 10 位 A/D 转换的接口电路。其中,状态信号和数据的高两位,用了同一个输入接口芯片 8212,只要在程序上加以区分是不会混淆的。

程序如下:

```
              ORG      2000H
ADC：  PUSH     AX
              PUSH     BX
              MOV      BX,ADTA
              OUT      37H,AL       ;启动转换
TEST：  IN       AL,66H       ;输入状态及高两位数据
              ADD      AL,80H       ;检查 D₇=1? 但不影响 D₁ 和 D₀
```

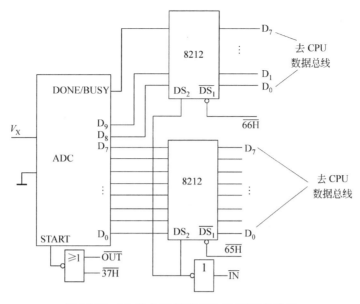

图 12-24　10 位 A/D 转换芯片与 CPU 的接口

```
            JNC      TEST            ;转换未完则等待
            MOV      [BX+1],AL       ;存入高位字节(两位)
            IN       AL,65H          ;输入低 8 位
            MOV      [BX],AL
            POP      BX
            POP      AX
            RET
            ORG      3000H
DATA        DS       2               ;为输入数据保留两个存储单元
            END
```

12.2.5　D/A 和 A/D 转换应用举例

1. D/A 转换举例

锯齿波信号广泛用于示波器的扫描电路,锯齿波信号一般是利用阻容电路的充电来实现的,由于阻容充放电的过程是近似线性的,所以很难得到一个线性好的波形,通过 D/A 转换电路可以得到线性度相当高的波形。图 12-25 就是一个利用 DAC 0832 芯片实现锯齿波信号的电路。

对于图 12-25 所示电路,执行下面的程序时,就可以产生一个锯齿波信号。

```
            MOV      DX,PORTA        ;PORTA 为 D/A 转换器端口地址
            MOV      AL,0FFH         ;初值为 0FFH
ROTATE:INC           AL
            OUT      DX,AL           ;往 D/A 转换器输出数据
            JMP      ROTATE
```

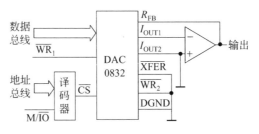

图 12-25　锯齿波信号发生器

2. A/D 转换举例

有一个数据采集电路如图 12-26 所示,其中的 ADC 0809 通过 8255A 同 8086 CPU 连接,要求从模拟通道 IN_0 开始转换,连续采样 24 个数据,然后采样下一通道,同样采样 24 个数据,……直至 IN_7,采样后的数据存放在数据段中从 2000H 开始的数据区中。

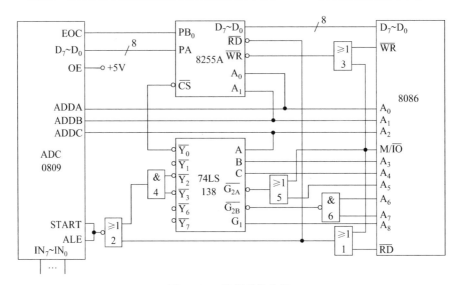

图 12-26　数据采集电路

（1）电路分析

地址译码器 74LS138 的地址输入端 C、B、A 分别接 A_4、A_3、A_2,$\overline{G_{2A}}$ 同或门 5 输出相连,或门 5 的输入为 $M/\overline{IO}$ 和 A_5,只有在 $M/\overline{IO}=0$(即 I/O 操作)且 $A_5=0$ 时,才可能使 $\overline{G_{2A}}$ 为有效低电平,从而使 74LS138 能正常译码。$\overline{G_{2B}}$ 同与非门 6 的输出相连,而与非门 6 的输入为 $A_6 A_7$,只要 $A_6 A_7$ 为高电平,$\overline{G_{2B}}$ 才能是有效低电平。而 G_1 同 A_8 直接相连,只有当 A_8 为高电平时,G_1 才为有效高电平。这样,从 $\overline{G_{2A}}$、$\overline{G_{2B}}$ 和 G_1 的要求来看,$A_8 A_7 A_6 A_5$ 必须为 1110 且为 I/O 操作时,才能满足 74LS138 的译码条件。

8255A 的 PA 口同 ADC 0809 的数据线 $D_7 \sim D_0$ 相连,即可从 8255A 的 PA 口读入转换后的数字量。8255A 的片选端接 74LS138 的输出端 Y_0,所以 8255A 的端口地址为 $A_8 A_7 A_6 A_5 A_4 A_3 A_2 A_1 A_0=1110000XX$ 即 1C0H～1C3H。

8255A 的 PB_0 同 ADC 0809 的 EOC 相连,用来检测 ADC 0809 是否转换结束。

ADC 0809 的通道地址选择线 ADDA、ADDB、ADDC 同 8086 CPU 的 A_0、A_1、A_2 相连。

74LS138 的译码输入地址为 $A_8 \sim A_2$，因此每一个输出端包含 4 个端口地址，而对 ADC 0809 的 8 个模拟通道需要用 8 个端口地址，所以采用与门 4，使 $\overline{Y_2}$、$\overline{Y_3}$ 中任一个有效都能使 ADC 0809 启动。当执行 IN AL, Y2 或 IN AL, Y3 指令时，M/$\overline{IO}$ 为低电平，$\overline{RD}$ 为低电平，经过或门 1 输出低电平；$\overline{Y_2}$ 或 $\overline{Y_3}$ 的有效低电平使与门 4 输出低电平；或非门 2 的两个输入为低电平，则输出为高电平，可启动 ADC 0809 按 $\overline{Y_2}$ 或 $\overline{Y_3}$ 指定的模拟通道进行 A/D 转换。

ADC 0809 的 OE 端接 +5V，保证转换后的数字信号送上数据线 $D_7 \sim D_0$。

（2）转换程序

按要求编写的控制程序如下。程序中 8255A 的端口地址为 1C0H～1C3H，ADC 0809 的 8 个模拟通道的端口地址为 1C8H～1CFH。CPU 采用程序查询方式读取转换的数据。

```
          DATA1     SEGMENT
                    ORG 2000H
          AREA      DB 200 DUP(?)

          DATA1     ENDS
          STACK1    SEGMENT
                    DB 50 DUP(?)

          STACK1    ENDS
          CODE1     SEGMENT
                    ASSUME DS：DATA1,SS：STACK1,CS：CODE1
START：   MOV       AL,92H        ;置 8255A 方式字,0 方式,PA、PB 口输入
          MOV       DX,1C3H
          OUT       DX,AL
          MOV       AX,DATA1      ;数据段寄存器赋值
          MOV       DS,AX
          MOV       SI,2000H      ;地址指针指向缓冲区
          MOV       BL,8          ;大循环计数——通道个数
          MOV       DX,1C8H       ;IN₀ 开始转换
LOP1：    MOV       CX,18H        ;每个通道采样 24 次
LOP2：    IN        AL,DX         ;启动转换
          PUSH      DX            ;启动通道地址
          MOV       DX,1C1H
LOP3：    IN        AL,DX         ;检测 EOC
          TEST      AL,01H
          JZ        LOP3
          MOV       DX,1C0H
          IN        AL,DX         ;读入转换后的数字量
          MOV       [SI],AL       ;存入缓冲区
          INC       SI            ;修改缓冲区指针
          POP       DX            ;恢复通道地址
```

LOOP	LOP2	;采样 24 次
INC	DX	;修改通道地址
DEC	BL	;修改大循环计数值
JNZ	LOP1	;转换 8 个通道
HLT		

习　　题

12.1 D/A 转换器接口的任务是什么？它和微处理器连接时，一般有哪几种接口形式？

12.2 DAC 分辨率和微型计算机系统数据总线宽度相同或高于系统数据总线宽度时，其连接方式有何不同？

12.3 利用图 12-1 中的电路，编制在输出端得到锯齿波和梯形波的程序。

12.4 用带两级数据缓冲器的 D/A 转换器时，为什么有时要用 3 条输出指令才完成 16 位或 12 位数据转换？

12.5 设计一个电路和相应程序完成一个锯齿波发生器的功能，使锯齿波呈负向增长，并且锯齿波周期可调。

12.6 A/D 转换器接口电路一般应完成哪些任务？

12.7 A/D 转换器与 CPU 之间采用查询方式和采用中断方式下，接口电路有什么不同？

第 13 章　x86 系列微处理器的结构与工作方式

13.1　x86 系列处理器的功能结构

x86 系列结构微处理器基本上是按摩尔定律发展的,已经经历许多代。但是,从使用者(包括程序员)的角度来看,最关心的是处理器的功能结构。

13.1.1　Intel 8086 的功能结构

Intel 8086 的功能结构已经在第 2 章中介绍过。

13.1.2　Intel 80386 的功能结构

Intel 80386 的功能结构如图 13-1 所示。

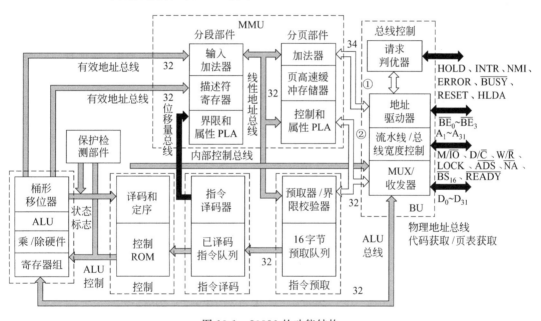

图 13-1　80386 的功能结构

Intel 80386 拥有 32 位数据线和 32 位地址线,可以寻址 4GB(2^{32})的物理地址空间,内部寄存器与数据线都是 32 位,但段寄存器仍为 16 位。80386 处理器首次将 32 位的寄存器组引入 x86 体系的微处理器中,它们都能够用于计算和寻址操作。每个 32 位寄存器的低半部分都与 8086/8088、80286 处理器的 16 位寄存器具有相同的特性,并完全向下兼容。

Intel 80386 的功能结构如图 13-1 所示,由 6 个能并行操作的功能部件组成,即总线接口部件、代码预取部件、指令译码部件、存储器管理部件、指令执行与控制部件。这些部件按流水线结构设计,指令的预取、译码、执行等步骤由各自的处理部件并行处理。这样,可同时处理多条指令,提高了微处理器的处理速度。

总线接口部件提供微处理器与外部环境的接口,在操作时对相应信号进行驱动,包括 32 位地址总线和 32 位数据总线。由于地址总线和数据总线是分开的,所以,最快能在 2 个时钟周期内从存储器存取 32 位数据。显然,具有 32 位操作数和寻址形式的指令在执行性能上得到了增强,提供了一些用于位处理的新指令。80386 总线结构具有动态改变数据和地址宽度的能力,既支持 16 位操作,又支持 32 位操作。

指令部件预取指令,对指令操作码进行译码,并把它们存放在译码指令队列中,以供执行部件调用。执行部件包括 8 个既可用于数据操作,又可用于地址计算的 32 位通用寄存器,还包括一个 64 位的桶形移位器,用于加速移位、循环移位以及乘除法操作,这使典型的 32 位乘法可在 $1\mu s$ 内执行。

存储器管理部件 MMU 由分段部件和分页机构组成。分段部件通过提供一个额外的寻址机构对逻辑地址空间进行管理,可以实现任务之间的隔离,也可以实现指令和数据区的再定位。80386 微处理器也首次将分页机制引入到 x86 结构中,尺寸固定为 4KB 的页面为虚拟存储管理提供了基础,它比 8086/8088 地址空间的分段管理更加有效,并且对应用程序来说是完全透明的,也不会减低应用程序的执行速度。

显然,虚拟存储管理中的分段与 8086/8088 微处理器中 64KB 在寻找段基地址方面有很大的区别。

80386 中的每个段都可以多至 4GB,并可以形成一种受保护的"平面"寻址模式。这广泛应用于如 UNIX/Linux 这样的主流操作系统中。

为保证 80386 在目标码级能向下兼容,保证过去用户开发的软件能够被继续使用。同时,能充分利用新一代微处理器的特性,在 80386 中除了有实地址方式外,还在保护虚地址方式下提出了一种称为虚拟 8086 的新工作模式,该模式是在保护模式下划分出一部分资源仿真 8086/8088 微处理器。当然,这样的环境可以开辟多个,按多任务方式运行。

从 8086 到 80386,处理器的功能有了质的飞跃。主要体现在以下几个方面:

① 16 位寄存器发展为 32 位寄存器;

② 地址寄存器也发展为 32 位。可寻址的地址范围达到 4GB,有了巨大的扩展;

③ 增加了保护方式。使处理器有了两种工作方式:实地址方式和保护虚地址方式。实地址方式与 8086 兼容;保护方式才是 32 位处理器能真正发挥其完整功能的工作方式;

④ 引入了多任务、任务切换的概念;

⑤ 引入了四级特权机制,引入了调用门、陷阱门、中断门,使程序能在不同特权之间切换;

⑥ 引入了存储管理单元(MMU),使采用 80386 的操作系统能方便地实现请页机制(每页为 4KB),从而实现了虚拟存储器管理;

⑦ 增加了新指令(主要是保护方式的指令)。

13.1.3 Intel 80486 的功能结构

Intel 80486 在功能上产生了另一次飞跃,它把 Intel 80386 微处理器、80x87 FPU 和芯片上的高速缓存集成在一起,从功能上形成了 x86 系列微处理器结构,其功能结构如图 13-2 所示。

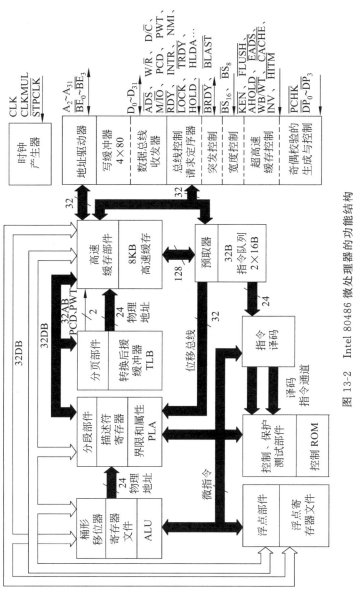

图 13-2 Intel 80486 微处理器的功能结构

80486 的基础结构等同于 80386,它们在寄存器组、寻址方式、存储器管理特征、数据类型方面都完全相同。

为了进一步提高微处理器的执行性能,在内部结构上,对 80486 微处理器进行了一些改进,这些改进主要包括:

① 将 80386 处理器的指令译码和执行部件扩展成 5 级流水线,进一步增强了其并行处理能力,在 5 级流水线中最多可有 5 条指令被同时执行,每级都能在一个时钟周期内执行一条指令,80486 微处理器最快能够在每个 CPU 时钟周期内执行一条指令。

② 增加了一个 8KB 高速缓存(Cache),该高速缓存极大地提高了微处理器处理时的取指性能,如果对存储器进行访问的指令或操作数位于该高速缓存中,每个时钟周期内执行指令的数量将多于 5 个。

③ 在 80486 中,首次将浮点处理部件 80x87 FPU 集成到微处理器内。

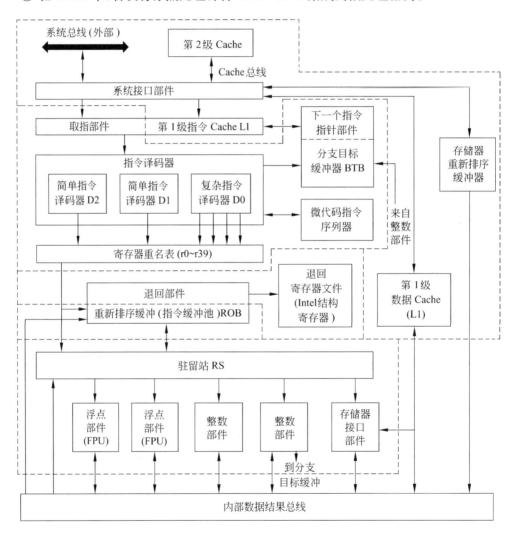

图 13-3 新型的 x86 系列结构微处理器的功能结构

④ 总线接口部件更加复杂,也增加了一些新的引脚、新的位和指令以支持更加复杂、功能强大的系统(支持外部的第二级高速缓存 L2 和多处理器系统)。

过去,浮点部件一直作为一个单独的数字协处理芯片配合微处理器进行浮点数字处理。如 8087、80287、80387、80487 SX 分别与 8086/8088、80286、80386、80486 SX 配合使用,以提高微型计算机对浮点运算的处理能力。如果没有这些浮点处理器,进行浮点运算时只能通过微处理器划分出一部分资源运行仿真软件来实现,这样,对浮点问题的处理是很慢的。在 80486 DX 中已经将浮点处理部件 FPU 集成到了微处理器内部,还增加了一些新的指令以适应结构上的扩展。

80486 从功能结构来说,已经形成了 x86 系列结构微处理器的基础。后续的处理器往往是在指令的流水线结构上、在高速缓存上以及在指令扩展上有了新的发展。较新的 x86 系列微处理器的功能结构如图 13-3 所示。

13.2 80x87 FPU 的结构

13.2.1 概述

16 位微处理器之前的 CPU 是不适合于数值计算的。因为它们的字长太短,能表达的数值范围太小;若用多字节表示,则计算的速度太慢;而且没有乘除法指令,使用很不方便。16 位甚至 32 位微处理器虽然有了较强的功能和较大的数值表示范围,但是完成数值运算仍然十分困难。为此,在 16 位微处理器的基础上设计了与之相配合的专门用于数值计算的协处理器。例如 Intel 公司开发的与 8086(8088)相配合的 8087,与 80286 相配合的 80287,与 80386 相配合的 80387,以及在 80486 中含于片内的协处理器(相当于 80387),统称为 80x87 FPU。它们在许多主要方面是相同的。

数值计算最主要有两个要求:

① 计算精度高;

② 计算速度快。

为了满足这样的要求,80x87 FPU 中设置了 8 个 80 位的寄存器。这样的 80 位的寄存器可用于以下 7 种数据类型:

① 整数字(16 位);

② 短整数(32 位);

③ 长整数(64 位);

④ 短实数(32 位:1 个符号位,8 位阶,23 位尾数)相当于单精度数;

⑤ 长实数(64 位:1 个符号位,11 位阶,52 位尾数)相当于双精度数;

⑥ 组合的十进制数(80 位:1 个符号位,18 位 BCD 数);

⑦ 临时实数(80 位:1 个符号位,15 位阶,64 位尾数)。

在 80x87 FPU 的内部是用 80 位的临时实数表示的,比一般高级语言中用的双精度数还长得多。其可表达的数值范围达到 $3.19 \times 10^{-4932} \leqslant |x| \leqslant 1.2 \times 10^{4932}$,这是一个相当大的数值范围,可以达到很高的精度。

在 80x87 FPU 中设计了有很强数值计算能力的指令系统,其主要的指令种类如表 13-1 所示。

表 13-1　80x87 FPU 的指令种类

分　类	指　令
数据传送	取数、存数、交换
算术运算	$+$、$-$、$*$、$/$、$\sqrt{\ }$、反向减、反向除、换算、求余数、取整、改变符号、求绝对值
比较	比较、测试、检验
超越函数	tan、arctan、2^x-1、$y\cdot\log_2(x+1)$、$y\cdot\log_2 x$
取常数	0.0、1.0、π、$\log_2 10$、$\log_2 e$、$\log_{10}2$、$\log_e 2$
处理器控制	初始化、中断控制、访问控制字、状态/环境的保护/恢复、清除事故

80x87 FPU 的指令是与 x86 系列结构微处理器的指令混合编制在一个完整的程序中的,即程序中有一些指令由 80x87 FPU 执行,而另一些指令由 x86 系列结构微处理器执行。指令的分配是自动实现的。在 80x87 FPU 执行数值运算指令时,x86 系列结构微处理器可以继续执行自己的指令,做到两个处理器的并发执行,从而大大提高了系统的能力。x86 系列结构微处理器的所有寻址方式都可以用于寻址 80x87 FPU 所需的存储器操作数,因而 80x87 FPU 可以方便地处理数值数组、结构、各种变量。80x87 FPU 与 x86 系列结构微处理器的密切配合可以使数值运算(特别是浮点运算)的速度提高约 100 倍。8086 与 8087 结合的一些典型运算指令的执行时间如表 13-2 所示。

表 13-2　8086 和 8087 的一些运算指令的执行时间

指　令　类　型		处理器执行时间(单位: μs)	
		8086＋8087(5MHz)	8086(5MHz)
浮点运算指令	加/减	17	1600
	单精度乘法	19	1600
	双精度乘法	27	2100
	除	39	3200
	比较	9	1300
	取双精度数	10	1700
	存双精度数	21	1200
	求平方根	36	19 600
	求正切	90	13 000
	指数运算	00	17 100
18 位 BCD 指令	加/减	127	12 040
	乘	297	22 990
	除	323	26 560
	比较	150	20 250

特别要指出的是,80x87 FPU 的浮点运算符合 IEEE 的浮点标准。

由于 80x87 FPU 能不带舍入地处理 18 位十进制数,所处理的整数长度可达 64 位 $(\pm10^{18})$,因而在事务处理、商业部门和计算机辅助设计(CAD)等方面大有用武之地。

13.2.2 80x87 FPU 的数字系统

当人们用纸进行数值计算时,从理论上讲可以是完全精确而不带任何误差的。也就是说,人们所使用的实数系统是连续的,任意大小与精度的数值都可以表示。对任何一个实数值来说,总存在着无穷多个更大的数值和无穷多个更小的数值;同时,在任何两个实数之间,也存在着无穷多个实数。例如在 1.5~1.6,就存在着 1.51、1.52、1.555、1.599 999、…、1.599 999 99… 等无穷多个实数。显然,计算机是不可能工作在整个实数轴上的。无论计算机的规模有多大,它的寄存器和存储器的长度总是有限的,这就使得计算机所能表示的数值大小(范围)及数值精度受到限制。所以,实际上计算机所能表示的实数系统是一组离散的、有限的数值,它仅仅是实数集的一个子集,是实数系统的一种近似。计算机的位数越多,可表达的数值范围越大,能表示的数值的精确度也越高。

80x87 FPU 中的实数是一种双精度的长实数,它的表示范围大约为 $\pm 4.19 \times 10^{-307} \sim \pm 1.67 \times 10^{306}$。这是一个相当大的数值范围,在实际应用中,需处理的数据和最终结果超出这一范围的情况是相当罕见的。可见,虽然 80x87 FPU 是微型计算机中的协处理器,但已为实际应用提供了一个"足够大"的取值范围。而 80x87 FPU 中的临时实数的取值范围更大,如表 13-3 所示。

表 13-3 80x87 FPU 中的实数范围

数　据　类　型	近似的取值范围
短实数(单精度)	$8.43 \times 10^{-37} \leqslant \lvert x \rvert \leqslant 3.37 \times 10^{36}$
长实数(双精度)	$4.19 \times 10^{-307} \leqslant \lvert x \rvert \leqslant 1.67 \times 10^{306}$
临时实数	$3.19 \times 10^{-4932} \leqslant \lvert x \rvert \leqslant 1.2 \times 10^{4932}$

把 80x87 FPU 的基本实数系统投影到实数轴上,其中的实点(·)表示 80x87 FPU 所能精确表示的实数,如图 13-4 所示。

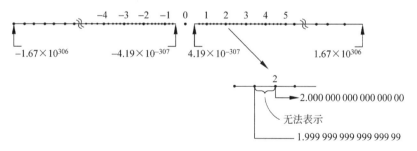

图 13-4 80x87 FPU 的实数系统

80x87 FPU 所能精确表示的两个相邻的实数之间总有一个间隔。如果某次运算的结果正好是 80x87 FPU 所能表示的某个实数值,那么 80x87 FPU 就精确地表示它;但经常会出现结果值落在两个相邻的实数之间的情况,此时,就要根据舍入规则,将该结果舍入成为它所能表示的值。这就有一个精度问题。在 80x87 FPU 中,大部分应用场合精度是足够的。

从图 13-4 还可以看到,80x87 FPU 所能表示的实数不是均匀地分布在实数轴上,在任意的 2 的连续的幂次方之间,80x87 FPU 所能表示的实数个数是相等的(因为它的位数是固定的),即在 $2^{16}(65\,536)\sim2^{17}(131\,072)$ 存在着的可表示的实数个数与 $2^1(2)\sim2^2(4)$ 是相同的。因此,可表示的两个相邻实数之间的间隔是随数值的增大而增大的。

一般来说,双精度数的实数集已经足够大(表达范围)、足够密(精确度)的了。在 80x87 FPU 中之所以还要有 80 位的临时实数,是想给常数和中间结果以更大的范围和更高的精度,以保证最后结果的精确度。所以,在运算过程中,应尽可能把中间结果保存在 80x87 FPU 的寄存器堆栈中,而不要以结果的形式存放在存储器中。80x87 FPU 的 7 种数据类型的格式如图 13-5 所示。

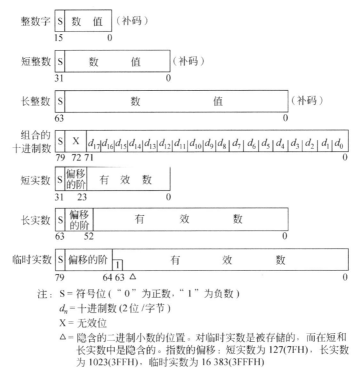

注:S = 符号位("0"为正数,"1"为负数)
d_n = 十进制数(2 位/字节)
X = 无效位
△ = 隐含的二进制小数的位置。对临时实数是被存储的,而在短和长实数中是隐含的。指数的偏移:短实数为 127(7FH),长实数为 1023(3FFH),临时实数为 16 383(3FFFH)

图 13-5　80x87 FPU 的数据类型格式

80x87 FPU 所能表达的数值范围如表 13-4 所示。

表 13-4　各种数的数值范围

数 据 类 型	位 数	有效数位(十进制)	近似范围(十进制)
整数字	16	4	$-32\,767\leqslant x\leqslant32\,767$
短整数	32	9	$-2\times10^9\leqslant x\leqslant2\times10^9$
长整数	64	18	$-9\times10^{19}\leqslant x\leqslant9\times10^{19}$
组合的十进制数	80	18	$\underbrace{-99\cdots99}_{18\,位}\leqslant x\leqslant\underbrace{99\cdots99}_{18\,位}$
短实数	32	6~7	$8.43\times10^{-37}\leqslant\mid x\mid\leqslant3.37\times10^{36}$
长实数	64	15~16	$4.19\times10^{-307}\leqslant\mid x\mid\leqslant1.67\times10^{306}$
临时实数	80	19	$3.19\times10^{-4932}\leqslant\mid x\mid\leqslant1.2\times10^{4932}$

1. 二进制整数

80x87 FPU 中有 3 种二进制整数类型,但它们的格式实际上是相同的,只是位数不同。最高位(最左面的位)是符号位,"0"表示正,"1"表示负。负数用补码表示。值得注意的是,在 80x87 FPU 中只有二进制整数是用补码表示的,其他数据类型均采用原码表示——正负数只是符号不同,数值位是相同的。

2. 十进制整数

在 80x87 FPU 中的十进制整数是用组合的 BCD 码表示,共用 10 个字节即 80 位。最高字节的最高位为符号位,其余位无用,后面 9 个字节,每个字节为两位 BCD 数,故总共为18 位十进制数。

3. 二进制实数

80x87 FPU 的二进制实数都采用科学记数法表示,分为阶和尾数,在计算机中则用浮点表示,符合 IEEE 标准。每个数由 3 部分组成:符号字段、阶码字段和有效数字段。符号字段规定数的正负;有效数字段用于存放数值的有效数字(尾数);阶码字段用于调整二进制小数点的位置,它也决定了数值的大小。

80x87 FPU 中通常是以规格化的格式来表示其有效数字的,即以 1△fff…ff 的格式表示有效数字的。其中"△"表示一个假设的小数点,故有效数字由一位整数及一个由多位数字组成的小数部分组成。其中小数部分的位数取决于实数的类型,短实数为 23 位,长实数为 52 位,而临时实数为 63 位。在实数的这种规格化表示中,整数位取值总是"1",这样就消除了"小"的数值前面的那些"0",从而使得有效位字段中所表示的有效数位的数目达到最大值。但 80x87 FPU 的短实数和长实数中的整数位是一个隐含位,即它实际上并没有真正出现在实数格式当中,而只有在临时实数格式当中,才真正有这个整数位。

为了确定数值大小,还必须考虑指数部分(阶码)。尾数的规格化处理提高了数值的精度,而引入阶码就扩大了数值的表达范围。阶码是为了把二进制小数点定位到有效数字中,它与科学计算中所采用的十进制指数类似。指数(阶码)为正,表示小数点应向右移;指数为负,小数点应向左移。为了省去指数中的符号和便于实现实数之间的比较,80x87 FPU 中以偏移的形式来存放指数,即在原指数上加上了一个常数——偏移基数。这个偏移值对于不同的数据类型是不相同的。对于短实数,偏移值为 127=7FH;对于长实数偏移值为1023=3FFH;对于临时实数,偏移值则为 16 383=3FFFH。选择这样的偏移值是为了使阶码总是为正。这样做的好处是,两个实数可以像两个不带符号的二进制整数一样进行比较,一旦发现某个对应位不同时,就可以确定数的大小,对后面的各位就没有必要再进行比较了。采用了偏移指数以后,实现的真实指数就可以由阶码段的值减去相应的偏移基数来求得。

若有一个用十六进制数表示的短实数为:

BE580000

展开成二进制为:

1011 1110 0101 1000 0000 0000 0000 0000

把它的符号位、阶码字段和有效位字段分开为:

1 0111 1100 1011 000 0000 0000 0000 0000

符号位为 1,则此数为负数。

阶码部分转换的十进制值为 124,则实际的指数为:

$$124-127=-3$$

有效数为：

1.1011 000 0000 0000 0000 0000

把这个二进制数字转换为十进制格式得到：

$$
\begin{array}{r}
1.0 \\
.5 \\
.125 \\
.0625 \\
\hline
1.6875
\end{array}
$$

把这三部分综合起来，可得短实数为：

$$
\begin{aligned}
x &= -1.6875 \times 2^{-3} \\
&= -1.6875 \times (0.125) \\
&= -0.2109375
\end{aligned}
$$

再如，有用十六进制表示的长实数为：

406CD25179FCED82

展开为二进制形式：

0100 0000 0110 1100 1101 0010 0101 0001 0111 1001 1111 1100 1110 1101 1000 0010

按符号、阶、有效位开分为：

0 100 0000 0110 1100 1101 0010 0101 0001 0111 1001 1111 1100 1110 1101 1000 0000

符号位为 0，则是正数。

阶码为 100 0000 0110，转换为十进制数为 1030，减去偏移基数 1023，实际指数为 7。

有效数字为：

1.1100 1101 0010 0101 0001 0111 1001 1111 1100 1110 1101 1000 0000

可以把小数点后的每一位对应的十进制值算出来（第一位为 1/2，第二位为 1/4，第三位为 1/8。即 $1/2^{m}$，m 是位数），然后把它们加起来就可以得到有效数。

$$
\begin{array}{r}
1.0 \\
.5 \\
.25 \\
.031\ 25 \\
.015\ 625 \\
.003\ 906\ 25 \\
.000\ 488\ 281\ 25 \\
.000\ 061\ 035\ 156\ 25 \\
.\ \cdots \\
\hline
1.801\ 330\ 566\ 406\ 25
\end{array}
$$

上面是计算了前 8 位的值，可以根据精度的要求算下去，最后把 3 部分综合起来，则实数：

$$
\begin{aligned}
x &= +1.801\ 330\ 566\ 406\ 25 \times 2^{7} \\
&= +1.801\ 330\ 566\ 406\ 25 \times 128 \\
&= +230.570\ 312\ 4
\end{aligned}
$$

13.2.3 80x87 FPU 的结构

8087、80287、80387 的结构分别如图 13-6、图 13-7 和图 13-8 所示。

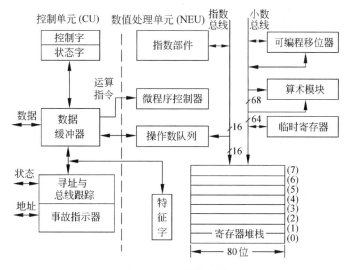

图 13-6　8087 的结构

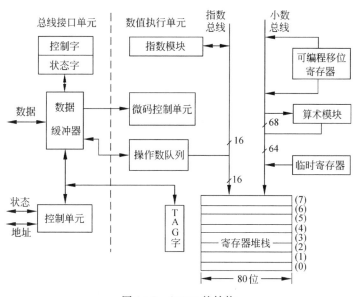

图 13-7　80287 的结构

它们的主体部分是一样的。8087 的结构分成两大部分：控制单元（CU）和数值处理单元（NEU）。数值处理单元负责执行所有的数值运算处理指令；而控制单元则负责取指令、对指令译码、读写操作数、执行 8087 的非数值运算指令等。这两个单元能彼此相对独立地进行操作，可以使有些操作并发进行，并使 NEU 在进行数值运算处理时，由 CU 保持与主 CPU（8086）同步。

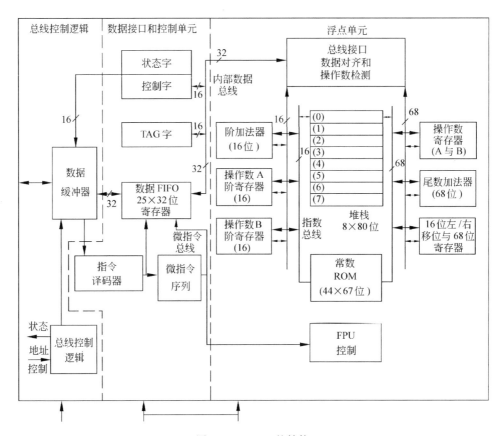

图 13-8　80387 的结构

1. 控制单元

控制单元(CU)的重要功能之一是保持 8087 与 CPU(8086/8088)同步。8087 的设计,可以把 8087 看成是 8086/8088 在结构上、功能上的扩充,8087 的指令与 CPU 的指令是处在同一指令流中的。所以能实现这一点,是由于在 CPU 的指令系统中安排了一条换码(交权)指令 ESC。这是一条 16 位的指令,但只要它的前 5 位为 11011,则 CPU 就把它看为一条 ESC 指令。所有的 8087 指令,对于 CPU 来说就是一条 ESC 类的指令;当主 CPU 取出这样 一条指令时,就按 ESC 指令处理。此时,CPU 内部不进行任何操作——相当于一条 NOP 指令;但 ESC 指令可以寻址存储器操作数,主 CPU 对这个操作数进行一次"假读",即执行一次存储器读周期,按规定的寻址方式,把地址送至地址总线上,发出读存储器的有关控制信号,把存储器中指定单元的信息读出至数据总线上,但封锁了 CPU 的数据总线(即 CPU 不读取这个数据),然后 CPU 执行下一条指令。对于 8087 来说,就要执行指定的指令。所以,8087 就要和 CPU 一样取指令及对指令译码。当译码为 CPU 指令时(非 ESC 指令),8087 不进行任何操作;只有当译码到 ESC 类指令时,8087 才进行指定的操作。

8087 如何能与主 CPU 同步地获取指令呢?这是由于 8087 的 CU 监视 CPU 发出的状态信息($\overline{S_0}$、$\overline{S_1}$、$\overline{S_2}$ 与 S_6)。当它们为(1,0,1,0)时,就是 CPU 的取指周期,则 CU 同样从数据总线上读取指令。

8086/8088 为了做到取指令与执行指令并发进行(流水线结构),在 CPU 内部有一个预取指令队列。所以,8087 中也要有一个预取指令队列。但是,8086 和 8088 的预取指令队列的长度是不同的(8086 中为 6 个字节,8088 中为 4 个字节);而 8087 既可用于 8086,也可用于 8088 系统中,就要能区分 CPU,然后自动调节内部的预取指令队列的长度,以保持同步。这是由于在 8087 和 8086 中都有一条引线 $\overline{BHE}/S_7$(在 8088 中名为 SSO)。在系统复位(RESET)以后,8086 的 $\overline{BHE}/S_7$ 线输出为低电平,而 8088 的 SSO 线输出始终为高电平。故 8087 可以通过测试这条线的状态确定主 CPU 的类型,自动调节指令队列的长度。CU 又可以通过监视 CPU 的队列状态线(QS_0、QS_1)做到与 CPU 同步地从指令队列中取得指令,并及时对其进行译码。

有的 8087 指令没有存储器操作数,这时主 CPU 执行的 ESC 指令与执行 NOP 类似;有的 8087 指令需要存储器操作数,则主 CPU 执行一个上述的"假读"周期,最多可读取一个字(主 CU 不获取这个字),用于执行 ESC 指令。

对于 8087 来说,读出的存储器操作数可能用于加载指令(读),也可能用于存储指令(写),而且操作数往往不只是一个字,这就可能出现以下情况:

① 8087 只读取一个"字存储器操作数",则在上述的主 CPU 的"假读"周期中,8087 把从存储器中读出的一个字,从数据总线上加载至 8087 中。

② 8087 要读取多个"字存储器操作数"。则在主 CPU 执行这条 ESC 指令时,执行一次"假读"周期。8087 一方面在上述的"假读"周期中从数据总线上获取一个字操作数;另一方面把出现在地址总线上的地址锁存下来。接着 8087 向主 CPU 发出 DMA 请求,接管总线,以锁存的地址为基准,从存储器中读取余下所需的字操作数。然后把总线释放给 CPU。

③ 若 8087 要用存储器保存数据,也即要写存储器,则在主 CPU 执行这条 ESC 指令时,进入"假读"周期;但 8087 并不获取"假读"的操作数,而只是获取锁存在地址总线上的地址。当 8087 完成了内部操作,真正要执行写存储器操作时,它向 CPU 发出 DMA 请求,接管总线。以锁存的地址为基准,写入指定数量的操作数。然后把总线释放给主 CPU。

2. 数值处理单元

凡是涉及 8087 寄存器堆栈的所有指令都是由数值处理单元(NEU)执行的。这些指令包括算术运算、逻辑比较、超越函数的计算、数据传送以及常数指令。

在 NEU 中,主要部分是 8 个 80 位的寄存器栈,为了适应各种数据类型的需要,为了保证运算的精确度,也为了使数的传送和处理更为方便,NEU 中的数据通路的宽度是 80 位的,其中小数部分 64 位,指数部分 15 位,另加一个符号位。NEU 中的 80 位数据是放在寄存器栈中的,并通过栈来进行处理。8 个 80 位的寄存器构成了一个先进后出的栈,由状态寄存器中的 3 位形成栈指针(ST),规定了当前的栈顶。栈的操作是以栈顶为基准的。压入(PUSH)操作把 ST 减 1,再将某个数值装入新的栈顶寄存器;弹出(POP)操作把当前栈顶寄存器的数值输出,然后将 ST 加 1。所以,8087 中的堆栈与 8086/8088 中的堆栈相似,是下推式的堆栈。堆栈操作和栈中的数值及堆栈指针的变化情况如图 13-9 所示。

在 8087 初始化时,ST=0,则在入栈操作时 ST-1=000-001=111=7,在工作时要注意这一点。

8087 对寄存器栈操作时,可以明显规定某个寄存器 ST(i),这称为显式寻址;也可以不明显规定是哪个寄存器,则隐含着对当前的栈顶(即状态寄存器中的 ST 所指向的某个寄存器)进行操作。例如,求平方根指令,通常为:

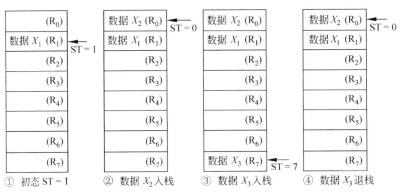

① 初态 ST＝1　② 数据 X_2 入栈　③ 数据 X_3 入栈　④ 数据 X_3 退栈

图 13-9　入栈和退栈示意图

FSQRT

即对栈顶寄存器中的操作数求平方根,这种寻址称为隐式寻址。

要注意的是,隐式寻址是指出当前栈顶寄存器,也即是由状态寄存器中的堆栈指针所指定的寄存器,而不一定是寄存器 0(R_0)。若状态寄存器中的堆栈指针为 000,则当前栈顶即为 R_0;若堆栈指针是 010,则当前栈顶是 R_2。另外,显式指定的 ST(i),其中 $0 \leqslant i \leqslant 7$,也是相对于当前栈顶的,ST($i$)是从当前栈顶计算起的第 i 个寄存器。例如有指令:

FADD ST,ST(2)

若状态寄存器中的 ST＝001,则是指 R_1 与 R_3(001＋2＝3)的内容相加。

为了优化数值协处理器的功能,每一个寄存器都有一个标志位(每寄存器两位)与之相对应,用以反映寄存器的情况,如图 13-10 所示。

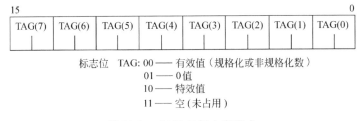

标志位　TAG: 00 —— 有效值(规格化或非规格化数)
　　　　　　01 —— 0值
　　　　　　10 —— 特效值
　　　　　　11 —— 空(未占用)

图 13-10　8087 的标志字格式

这个标志字,对于程序员来说是无用的。

80287 的功能结构几乎与 8087 完全一样,只是把 8087 的控制单元(CU)改称为总线接口单元(BIU),两者在功能上是完全一样的,特别是数值处理单元部分都是以 8 个 80 位的堆栈作为核心,支持多种数据格式。

80387 的结构更为复杂一些。从大的方面来说,由总线控制逻辑、数据接口和控制单元及浮点单元 3 部分。但从本质上来说,仍可分为 80387 内部的浮点运算部分以及与 80386 和存储器连接的接口和控制部分。后一部分负责监视 80386 的指令流,当译码分析到数值运算指令时,由 80387 执行。执行所需的数据以及计算结果的存储也是由这部分负责,其工作过程与 8087 部分介绍的一致。只是 80387 与 80386 相应的有关寄存器和指针是 32 位的,而且有可能与工作在保护虚地址方式的 80386 协同工作,主要反映在事故指针上。但

80387 的主体部分仍是以 8 个 80 位的堆栈为核心配合必要的运算逻辑的浮点运算部分。这部分除了在运算逻辑部分作了较大的改进外,其他部分与 8087 是一致的,特别是堆栈格式和操作方法是完全一样的。

8087、80287 和 80387 的状态字分别如图 13-11、图 13-12 和图 13-13 所示。这三者的状态字基本上是一样的。

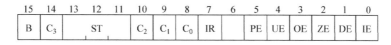

图 13-11　8087 的状态字

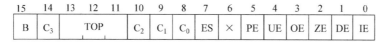

图 13-12　80287 的状态字

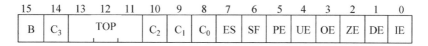

图 13-13　80387 的状态字

最高位都是 B(BUSY)位,是反映 80x87 FPU 是否忙的状态位。80x87 FPU 都有一条 BUSY 引线,一旦它们的数值运算部分开始执行指令,则状态寄存器中的 B 位就置 1,输出引线 BUSY 就变为高电平。在 x86 系列结构微处理器中,设置了引线 TEST(TEST 与 80x87 FPU 的 BUSY 线相连)和指令 WAIT,就可以做到 x86 系列结构微处理器与 80x87 同步。

第 13~11 位 ST 即为堆栈指针,它的值规定了哪一个寄存器是当前的栈顶。ST=000 表示栈顶是第 0 号寄存器 R_0,ST=001 表示栈顶是 R_1,……,ST=111 表示栈顶是 R_7。

4 个条件位——C_3、C_2、C_1、C_0 用于 80x87 FPU 的比较指令后,反映比较的结果,是一些转移指令的依据。

当执行了比较指令(栈顶的内容与指定的操作数相比较)之后,状态位 C_3、C_2、C_0 反映了比较以后的结果,如表 13-5 所示。

表 13-5　比较指令之后的条件位

C_3	C_2	C_0	比 较 结 果
0	0	0	TOP>操作数
0	0	1	TOP<操作数
1	0	0	TOP=操作数
1	1	1	不定(操作数是 NAN 或∞)

若操作数为 0,则上述条件码也可以用来反映栈顶(TOP)的内容是否等于 0,或大于、小于 0。

当执行了检验指令 FXAM 后,条件码反映出栈顶内容的一些特殊情况。8087 的条件码如表 13-6 所示。

表 13-6　8087 的数据检验

条　件　码				说　　　明	
C_3	C_2	C_1	C_0		
0	0	0	0	＋未规格化	（＋Unnormal）
0	0	0	1	＋非有效数	（＋NAN）
0	0	1	0	－未规格化	（－Unnormal）
0	0	1	1	－非有效数	（－NAN）
0	1	0	0	＋规格化	（＋Normal）
0	1	0	1	＋无穷大	（＋Infinity）
0	1	1	0	－规格化	（－Normal）
0	1	1	1	－无穷大	（－Infinity）
1	0	0	0	＋0	
1	0	0	1	空	（Empty）
1	0	1	0	－0	
1	0	1	1	空	（Empty）
1	1	0	0	＋不可规格化	（＋Denormal）
1	1	0	1	空	（Empty）
1	1	1	0	－不可规格化	（－Denormal）
1	1	1	1	空	（Empty）

80287 中的情况如表 13-7 所示。

表 13-7　80287 的数据检验

条　件　码				说　　　明
C_3	C_2	C_1	C_0	
0	0	0	0	有效,正的未规格化
0	0	0	1	无效,正的非有效数
0	0	1	0	有效,负的未规格化
0	0	1	1	无效,负的非有效数
0	1	0	0	有效,正的规格化
0	1	0	1	不定,正
0	1	1	0	有效,负的规格化
0	1	1	1	不定,负
1	0	0	0	零,正
1	0	0	1	空
1	0	1	0	零,负
1	0	1	1	空
1	1	0	0	无效,正,指数＝0

条 件 码				说 明
C_3	C_2	C_1	C_0	
1	1	0	1	空
1	1	1	0	无效,负,指数＝0
1	1	1	1	空

80387 的情况与 8087 有些区别,如表 13-8 所示。

表 13-8　80387 的数据检验

条 件 码				说 明	
C_3	C_2	C_1	C_0		
0	0	0	0	＋不支持	(＋Unsupported)
0	0	0	1	＋非有效数	(＋NAN)
0	0	1	0	一不支持	(－Unsupported)
0	0	1	1	一非有效数	(－NAN)
0	1	0	0	＋规格化	(＋Normal)
0	1	0	1	＋∞	(＋Infinity)
0	1	1	0	一规格化	(－Normal)
0	1	1	1	一∞	(－Infinity)
1	0	0	0	＋0	
1	0	0	1	＋空	(＋Empty)
1	0	1	0	一0	
1	0	1	1	一空	(－Empty)
1	1	0	0	＋不可规格化	(＋Denormal)
1	1	1	0	一不可规格化	(－Denormal)

状态字的第 7 位在 8087 中为 IR 位即中断请求标志位,在 80287 和 80387 中都称为 ES 位,即总的出错状态位。即在 80x87 FPU 中,有任一种未屏蔽的异常发生,则 IR 位或 ES 位置 1,用来表示 8087 向主 CPU 发出了一个待处理的中断请求;在 80287 和 80387 中相应的 $\overline{ERROR}$ 引脚就发出有效信息。

在 80387 中还利用了状态字的第 6 位(在 8087 和 80287 中此位未用,为 0)作为堆栈标志 SF,这一位用于区分无效操作是由于堆栈的上溢或下溢造成的,还是由于别的类型的无效操作造成的。SF＝1,表示是堆栈操作造成的,此时,条件码的 C_1＝1 表示是堆栈上溢; C_1＝0 表示是堆栈下溢。

状态字的第 0～5 位用来反映发生了某种异常事件。当 80x87 FPU 在执行某条指令时,有可能发生下列 6 种异常情况,当某种异常情况发生时,状态字中的相应位置位若未予屏蔽的话,就可以发出中断(或异常)请求。

80x87 FPU 中可能出现如下 6 种异常情况。

① 无效操作(Invalid Operation)。在出现下面某种情况时,80x87 FPU 就认为是一种无效操作:堆栈溢出(80x87 FPU 中的堆栈是由 8 个寄存器组成,在做连续 9 个以上的压栈或退栈操作时,将发生堆栈溢出);将某个非有效数(NAN)(例如字符)作为操作数;操作结果是不定的(例如∞、-∞、求负数的平方根)。这些无效操作,一般说明发生了程序错误。

② 上溢(Overflow)。当运算的结果太大,超过了目标操作数所能表达的范围,就发生上溢错误。

③ 下溢(Underflow)。运算的结果虽然不是 0,但其数值太小,超出了目标操作数能表达的最小值的范围,就发生下溢错误。

④ 被零除(Zero divisor)。当用 0 去除一个非 0 的操作数,就会发生此类错误。

⑤ 不可规格化操作数(Denormalized Operand)。当操作结果中至少有一个为不可规格化的操作数时,就发生此类错误。不可规格化的操作数是指操作数太小,若要规格化就会产生下溢。

⑥ 结果不精确(Inexact Result)。如果操作结果的真值,不能用规定格式的目标操作数精确表示,也就是要按 80x87 FPU 中规定的舍入方法进行舍入处理时,就设置精度事故标志。在实际应用中,这种事件是经常发生的,它表示在运行过程中牺牲了一些精度,这通常是可以接受的。

对以上 6 种异常事件,在状态寄存器中设置了相应的出错标志位(IE、OE、UE、ZE、DE、PE)。在这 6 种异常中,无效操作、被零除、不可规格化操作数等是故障类异常,是在执行实际操作之前产生异常;而上溢/下溢及精度事故等,则要在指令执行完,在结果计算出来后才能检测,因此是陷阱类异常。在发现前一类事故时,寄存器堆栈和存储器中的操作数的内容不会改变,它们与引起错误的指令未被执行时的状态一样;而后一类事故,当发现错误时,指令已经执行,寄存器堆栈和存储器中的内容可能已经更新。因此,这两类事故所需的恢复和处理过程也有所不同。

这 6 种异常事件有可能多个同时发生,此时对异常事件的处理就要按事件的优先权次序顺序进行。80x87 FPU 中规定的优先权次序为:

① 不可规格化操作数(未屏蔽);

② 无效操作;

③ 被零除;

④ 不可规格化操作数(被屏蔽);

⑤ 上溢/下溢;

⑥ 结果不精确。

排在前面的优先权高。

在一般情况下,当这些异常事件发生时,就要求程序员用软件进行处理。故当发生这些异常事件时,80x87 FPU 除了在状态寄存器中设置相应的标志外,还要向主 CPU 发出中断请求,用程序员编制的中断服务程序进行处理。但是,事故处理程序往往是难于编写的,"好"的事故处理程序就更难于编写。Intel 公司的设计者综合了各方面的情况,针对各种异常条件,编写了较合理的事故处理程序,放在 80x87 FPU 中作为隐含的异常处理程序。只要用户对某种异常事故设置屏蔽,则当此类异常发生时,80x87 FPU 一方面设置相应的异常标志,另一方面不发出中断请求,而是转入片内的隐含异常处理程序进行处理。

80x87 FPU 对各种异常事件的响应如表 13-9 所示。

表 13-9　80x87 FPU 对异常的响应

异常事件	屏蔽响应	非屏蔽响应
无效操作	可把 NAN 当作结果	申请中断
被零除	返回一个代表无穷大的码字,其符号是两个操作数的异或值	申请中断
不可规格化	处理照常进行(有可能需要调整)	申请中断
上溢	结果为代表无穷大的码字	寄存器目标：调整指数,使其落入可表示的范围内，存储结果,申请中断。 存储器目标：申请中断
下溢	将小数部分右移,直到指数部分落入能表示的范围内(非规格化)	寄存器目标：调整指数,使其落入可表示的范围内,存储结果,申请中断。 存储器目标：申请中断
结果不精确	返回经舍入处理的结果	送回舍入结果,申请中断

我们在大量应用中发现：在把除无效操作之外的所有事故都屏蔽掉之后,就能够以最少的软件开销获得令人满意的结果。之所以没有把无效操作这种异常事件屏蔽掉,是因为它通常代表了程序中的一种必须加以纠正的“致命”的错误。

要对事故进行屏蔽就要用到控制字。80x87 FPU 的控制字格式分别如图 13-14、图 13-15和图 13-16 所示。

15	14	13	12	11 10	9 8	7	6	5	4	3	2	1	0
×	×	×	IC	RC	PC	IEM		PM	UM	OM	ZM	DM	IM

×即事故屏蔽位(为1时屏蔽事故)
IM 即无效操作
DM即不可规格化
ZM 即被零除
OM 即上溢
UM即下溢
PM 即精度
IEM 即中断允许屏蔽位：0 = 允许中断；1 = 禁止中断
PC即精度控制：00 = 24位；01 = 保留；10 = 53位；11 = 64位
RC即舍入控制：00 = 最近舍入；01 = 向下舍入；10 = 向上舍入；
11 = 截尾舍入
IC即无穷大控制：00 = 投射的(散)；1 = 仿射的(合)
第 6 、13~15位：保留

图 13-14　8087 的控制字格式

三者基本上是相同的,只是在 80287 和 80387 中没用中断允许控制位 IEM,在 80387 中没用无穷大控制位 IC(在 80387 中的无穷大都是仿射的)。

80x87 FPU 为了适应各种数据类型和各种运算处理的需要,设置了 3 个处理方式控制位。

精度控制位 PC,是与参与运算的数据类型相一致的,用以决定操作数是短整数、短实数还是长实数等。

在算术运算或存取操作中,当目标数据的格式不能完全准确地表示结果时,就会发生舍入问题。例如,在把某个实数类型的数值送到一个短实数或整数时,就有可能需要进行舍入处理。

80x87 FPU 中具有 4 种舍入处理方式,采用何种处理方式,由舍入控制 RC 决定。若结果 X 不能用目标数据类型精确地表示,而在给定的数据类型中与它最接近的可表示的数为

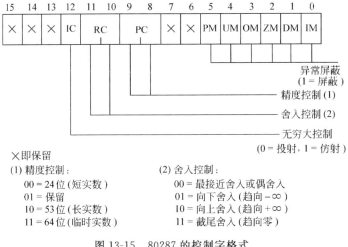

图 13-15 80287 的控制字格式

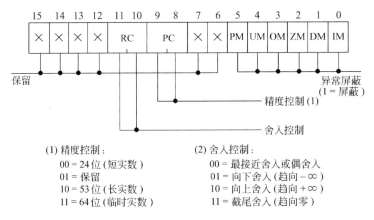

图 13-16 80387 的控制字格式

X_1 和 X_2，且 $X_1 < X < X_2$，那么，在运算得到 X 之后，就要根据舍入控制方式，把 X 舍入成 X_1 或 X_2。四种方式的舍入结果如表 13-10 所示。

表 13-10 80x87 FPU 的舍入控制

RC 字段	舍 入 方 式	舍 入 动 作 及 结 果
00	最近舍入	从 X_1、X_2 中取较接近者，若一样接近，就取最低有效位为 0 者作为结果
01	向下舍入(趋向 $-\infty$)	舍入结果为 X_1
10	向上舍入(趋向 $+\infty$)	舍入结果为 X_2
11	截尾(趋向 0)	X_1、X_2 中绝对值较小者为舍入后的结果

显然，在实际应用中，应根据需要选择舍入方式。在大多数应用中，都是采用"最近舍入"方式，这与习惯的"四舍五入"方式十分相似；"截尾"舍入方式往往用于对整数的运算中；"向下舍入"和"向上舍入"一般用于区间运算。

8087、80287 的控制字中还有一位 IC（第 12 位），专门用于对无穷大进行控制。8087、80287 的实数系统有两种模型，一种是仿射闭包，另一种是投射闭包，如图 13-17 所示。

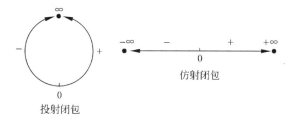

图 13-17　无穷大模型

控制字中的 IC 位用来在这两种模型中选择一个。当 IC 位为 0 时，选择投射闭包。此时 8087、80287 的特殊值无穷大没有正、负之分，即它是不带符号的。在绝大多数计算机中，使用的都是这种模型。当 IC 位为 1 时，选择仿射闭包。此时无穷大就有＋∞和－∞之分。80387 就使用这种方式。

前面提到，有些异常事件是在指令执行后检测到的，当异常发生时，原有的数据已经改变了。为了便于对事故进行分析，在 80x87 FPU 中设置了事故指针。

8087 中的事故指针如图 13-18 所示。这是一个 4 个字（16 位）的指示器，用以保存产生异常指令的 20 位物理地址；保存了此指令操作码的低 11 位（高 5 位为 ESC 指令标志），以确定是什么指令；若此指令有存储器操作数，则保存它的 20 位物理地址，以便查找。每当 8087 的 NEU 执行一条指令时，它的 CU 就把上述内容存入事故指示器中。可用 8087 的 FSAVE/FNSAVE 或 FSTENV/FNSTENV 指令，把事故指示器作为环境的一部分放在存储器中以供查找。

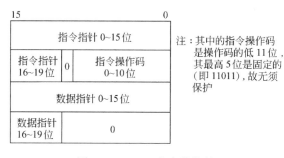

图 13-18　8087 的事故指针

80287 的事故指示器如图 13-19 所示。

80287 主要是与 80286 配合工作的。80286 仍是一个 16 位的 CPU，但它有两种工作方式：与 8086 兼容的实地址方式和保护虚地址方式。在这两种方式下所保存的地址指针和数据指针是不同的。80287 所保存的实地址方式的事故指针与 8087 所保存的指针是相同的。在保护虚地址方式下指令地址由两部分组成：一部分是码段选择子 CS，另一部分是指令指针 IP。操作数的地址也分为两部分：一部分是数据段选择子，通常为 DS；另一部分是段内数据操作数偏移量。

80387 是与 80386 配合工作的。80386 是 32 位的处理器，其内部寄存器是 32 位，地址偏移量一般也是 32 位。80386 也有两种工作方式：实地址方式和保护虚地址方式；而且在

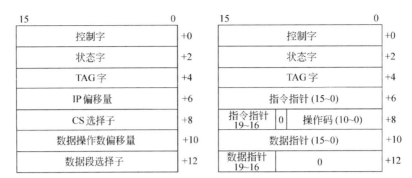

图 13-19 80287 的事故指示器

保护虚地址方式下还有 32 位方式和 16 位方式(为了与 80286 兼容)。在各种方式下的事故指示器分别如图 13-20、图 13-21 和图 13-22 所示。

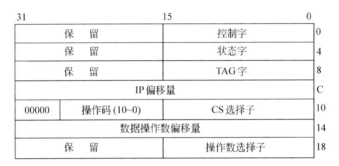

图 13-20 80387 中在保护虚地址方式 32 位方式下的事故指示器

图 13-21 80387 在 32 位方式实地址方式下的事故指示器

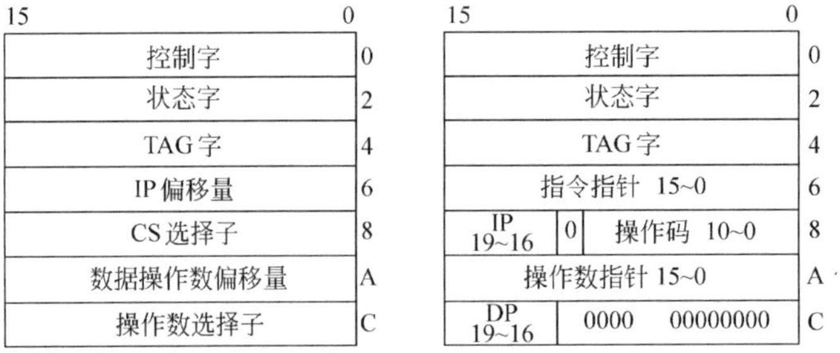

图 13-22 80387 在 16 位方式下的事故指示器

13.3　x86 系列结构微处理器的工作方式

x86 系列结构微处理器有两种主要的工作方式：实地址方式和保护虚地址方式。实地址方式是为了与 8086 兼容而设置的方式。在实地址方式下，具有 32 条地址线的 x86 系列结构微处理器只有低 20 条地址线起作用，能寻址 1MB 的物理地址；此时，x86 系列结构微处理器相当于一个快速的 8086，虽然可以使用 32 位的数据寄存器，但远不能充分发挥 x86 系列结构微处理器的全部功能。保护虚地址方式是 x86 系列结构微处理器的主要工作方式，在此方式下，全部 32 条地址线都能寻址，故可寻址高达 4GB 的物理存储器；在保护方式下，x86 系列结构微处理器支持虚拟存储器的功能，一个任务可运行多达 16K 个段，每个段最大可为 4GB，故一个任务最大可达 64TB 的虚拟地址；在保护方式下运行的程序分为 4 个特权等级：0、1、2、3，操作系统核心运行在最高特权等级 0；用户程序运行在最低特权等级 3。x86 系列结构微处理器中有完善的特权检查机制，既能实现资源共享又能保证程序和数据的安全和保密，任务之间的隔离。在保护方式下，x86 系列结构微处理器支持多用户多任务操作系统，可以用一条指令实现任务切换，而且任务的环境得到了很好的保护，x86 系列结构微处理器的芯片内包含一个存储管理单元 MMU，在保护方式下可以实现分页，通过二级页表，可以把物理地址映射到线性地址空间的任何区域。总之，在保护虚地址方式下，x86 系列结构微处理器有很强的功能，保护方式是 x86 系列结构微处理器的主要工作方式。而且，x86 系列结构微处理器在保护虚地址方式下，增加了一种虚拟 8086 方式，可以在多任务的条件下，有的任务运行 MS-DOS，这是一种与 8086 兼容但又不同于实地址方式的工作方式。

13.3.1　实地址方式

实地址方式和保护虚地址方式的区分是由控制寄存器 CR_0 的最低位 PE 位决定的。若 PE 位为 0，则工作在实地址方式；PE=1，工作在保护虚地址方式。

x86 系列结构微处理器在系统复位后，CR_0 的 PE=0，即工作在实地址方式。在经过了必要的初始化以后（在后面详细介绍），用 MOV 指令使 CR_0 加载一个 PE 位等于 1 的新的操作数，就使工作方式切换到保护虚地址方式。

在实地址方式下的存储器寻址与 8086 是一样的，32 位地址线中的 $A_{31} \sim A_{20}$ 不起作用。由段寄存器（CS、SS、DS、ES）的内容×16 作为段基地址，加上 16 位的段内偏移量形成 20 位的物理地址。在实地址方式下，每一个段最大可达 64KB。所有的段都是可读、写和执行的。在实地址方式下的内存是不能分页的，故线性地址和物理地址是统一的。

在实地址方式下运行的程序不分特权等级。实际上，实地址方式下的程序相当于工作在特权级 0，它能执行控制寄存器（CR_0、CR_3）传送指令，加载 GDTR、LDTR、TR 等特权指令。除保护虚地址方式下的一些专用指令之外，所有其他指令都能在实地址方式下执行。所以，系统复位以后，要在实地址方式下，初始化 gdt、idt 和两级页表，加载 CR_3，然后通过加载 CR_0 使 PE=1 才能进入保护虚地址方式。

实地址方式下不能实现多任务，所以，x86 系列结构微处理器的实地址方式，是系统复位后向保护虚地址方式过渡的一种方式。

一部分 x86 系列结构微处理器机在 DOS 支持下工作,只工作在实地址方式,主要是为了与 8086 兼容,能运行 DOS 支持下的软件。

x86 系列结构微处理器在实地址方式下有两个内存保留区:系统初始化区和中断向量表区。

x86 系列结构微处理器在复位以后,CS 寄存器的值为 F000H,而 IP 初始化为 FFF0H,而且系统强迫地址总线的 高 12 位为 1。所以,初始化后的入口地址为 FFFFFFF0H,FFFFFFF0H～FFFFFFFFH 为初始化的保留区,通常在 FFFFFFF0H 处存放一条段间跳转指令,转至系统的入口处。

实地址方式与 8086 方式相似,在内存的 00000000H～000003FFH 的 1KB 区域内,存放一个具有 256 个向量的中断向量表,每一向量对应着一个 4 个字节的中断服务程序的入口地址(2 个字节的段寄存器值,2 个字节的段内偏移量)。

在实地址方式下的中断与异常和保护虚地址方式下有较大的区别。这主要涉及系统程序员的工作,在本书中不作分析。

13.3.2 保护虚地址方式

1. 保护方式下的寻址机制

在保护方式下,一个存储单元的地址也是由段基地址和段内偏移量两部分组成。从段内偏移量来说,除能扩展到全地址(32 位)外与实地址方式下区别不大,寻址方式的根本区别在于如何确定段基地址。在实地址方式下,段寄存器的内容×16(即左移 4 位)就形成段基地址,故段基地址是 20 位的,只能寻址 1MB;在保护方式下,段基地址也是 32 位的,所以就不能由段寄存器的内容直接形成 32 位的段基地址,而要经过转换。于是在内存中就有一个表,每一个内存段对应着表中的一项,此项中包含 32 位的段基地址。为了适应多用户、多任务操作系统的需要,一个段还要有一些其他信息,例如,段的大小(界限)和段的一些读写权限、段的类型等。在 x86 系列结构微处理器中,一个段用一个 8 字节的描述符来描述,这些描述符构成了一个表,称为描述符表。

由描述符中所规定的段基地址再加上 32 位的段内偏移量就可以寻址一个存储单元,如图 13-23 所示。

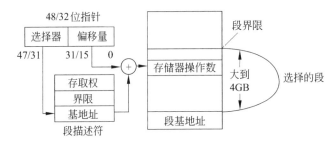

图 13-23 保护方式下的寻址

由段基地址(32 位)和段内偏移量(32 位)形成的地址称为线性地址(32 位)。在 x86 系列结构微处理器内有分页的 MMU,当启用分页机制时(CR$_0$ 的最高位 PG＝1),经过分页机制可以把线性地址转换为存储器的物理地址,如图 13-24 所示。

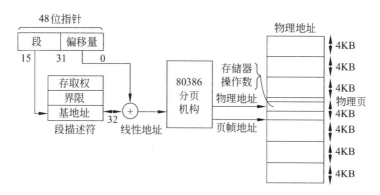

图 13-24　分页和分段

当不启用分页机制时(CR_0 的 PG＝0)，线性地址即为内存的物理地址。本书中暂不讨论分页机制。

保护方式下的段内偏移量为 32 位，故一个段最大可达 4GB。

2. 全局描述符表和局部描述符表

在 x86 系列结构微处理器中，有 3 种类型描述符表：全局描述符表(gdt)、局部描述符表(ldt)和中断描述符表(idt)。在整个系统中，全局描述符表和中断描述符表都只有一个，局部描述符表可以有若干个，每一个任务对应一个。

每个描述符表本身形成一个段，最多可以有 8K(8192)个描述符。但 x86 系列结构微处理器中，最多只能处理 256 个中断向量，故中断描述符表最多只包含 256 个中断描述符。每个描述符表构成一个段，也有段的基地址、段的界限和其他特性，也即有一个相应的描述符来描述。这样的描述符必须放在全局描述符表中。

(1) 全局描述符表(gdt)

全局描述符表中，包含着系统中每一个任务都可能(或可以)访问的段的描述符，通常包含操作系统使用的码段、数据段和堆栈段，各种任务状态段、系统中所有的 ldt 表的描述符等。

(2) 局部描述符表(ldt)

通常，操作系统的设计者使每一个任务都有自己的 ldt。ldt 包含了此任务所使用的码段、数据段、堆栈段描述符；也可包含此任务所使用的一些控制描述符，如任务门、调用门描述符。

使用 ldt 这样的数据结构，就可以使指定任务的码段、数据段等与别的任务相隔离以达到保护。

使用 gdt、ldt 这两种数据结构就可以达到既保护又可共享全局数据的目的。

从系统的虚拟地址空间来看，整个虚拟地址空间可以分成两半，一半空间的描述符在全局描述表中，另一半空间的描述符在局部描述符表中。每一个表都可以包含多达 8192 个描述符(即对应的空间可由 8192 个段组成)，每一个段最大可为 4GB。故最大的虚拟地址空间可为：

$$2×8192×4×4GB＝64TB$$

当任务切换时，ldt 就切换为新任务的 ldt，而 gdt 是不变的。因此，由 gdt 所映像的虚拟地址空间对所有的任务是公共的;而 ldt 所映像的虚拟地址空间,只局限于任务,随着任务而改变。

对于一个系统来说,操作系统是面向所有任务的,它应该在 gdt 的映像中。一些全局性的数据、表格,公用的实用程序等也应在 gdt 的映像中。

上述的全局和局部地址空间的情况如图 13-25 所示。它既可做到互相隔离、保护,又可以做到全局数据的共享。

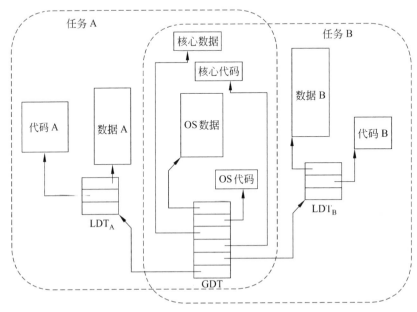

图 13-25　全局和局部地址空间

3. 描述符

在保护虚地址方式下的每一个段,都有一个相应的描述符。描述符由 8 个字节组成,包含了此段的基地址(32 位)、段的大小(20 位)、段的类型等一些主要特性。

在 x86 系列结构微处理器中,主要有两种类型描述符:段码和数据段描述符;特种数据段和控制描述符。后一种描述符又分为特种数据段描述符和控制(门)描述符两大类。

(1) 码段和数据段描述符

码段和数据段描述符的一般格式如图 13-26 所示。图 13-26 中规定了 32 位的段基址(由基址 31…24、基址 23…16 和基址 15…0 三部分构成)、20 位段界限(由界限 19…16 和界限 15…0 两部分构成)。另有一粒度位 G。G=0,段长度以字节为粒度,20 位段界限可定义段的大小 1 兆字节(1MB);G=1,段长度以页为粒度,每页为 4KB,段的界限为 1M 页,可定义段的大小:

$$1M \times 4KB = 4GB$$

描述符中有一个字节,称为段的访问权字节,它描述了段的一些重要特性。

① 段的访问权字节的高 4 位在所有的段描述符中都是相同的。

- 最高位 P(Present)为存在位,P=1,此段被映像到物理存储器;P=0,无物理存储器映像存在。

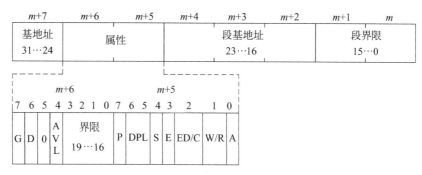

图 13-26　码段和数据段描述符

- 第 6、5 位 DPL(Descriptor Privilege Level)为描述符特权级,规定了此段的特权级,用于特权检查,以决定对此段能否进行访问。
- 第 4 位 S(Segment)区分上述的两大类描述符。S＝0,为特殊数据段或控制描述符;S＝1,为码段或数据段描述符。

② 访问权字节的低 4 位,在 S＝0 或 S＝1 时是不同的。在 S＝1 即为码段或数据段描述符时,其作用如表 13-11 所示。它反映了码段或数据段,以及段能否被读写访问。

表 13-11　码段和数据段的访问权字节

位	命　名	功　　能	
7	存在(P)	P＝1 段映像到物理存储器 P＝0 无物理存储器映像存在,描述符无效	
6,5	描述符特权级(DPL)	段的特权属性,用于访问时的特权测试	
4	段描述符(S)	S＝1 码或数据(包括堆栈)段描述符 S＝0 特种数据段或控制(门)描述符	
在 E＝0 情况下：3 　　　　2 　　　　1	可执行(E) 扩展方向(ED) 可写(W)	E＝0 不可执行,为数据段描述符 ED＝0 向上扩展,偏移量必须≤界限 ED＝1 向下扩展,偏移量必须＞界限 W＝0 数据段不能写入 W＝1 数据段可写入	如果为数据段, 必须：S＝1 　　　　E＝0
在 E＝1 情况下：3 　　　　2 　　　　1	可执行(E) 一致(C) 可读(R)	E＝1 可执行,为码段描述符 C＝1 当 CPL≥DPL 和 CPL 保持 不变时,码段只能执行 R＝0 码段不可读 R＝1 码段可读	如果为码段, 必须：S＝1 　　　　E＝1
0	访问(A)	A＝0 段尚未被访问 A＝1 段已被访问	

段的访问权字节是段的极其重要的属性。描述符的各个字段,可以由相应的指令来读取和设置。

在描述符中,比访问权字节地址高的一个字节的有些位也是很重要的,其中的 G 位如上所述是界限的粒度位。D 位也很重要,其作用如下:

① 码段描述符的 D 位用于设置由指令所引用的地址和操作数据的默认值。D＝1,指示默认值是 32 位地址、32 位或 8 位操作数,这是 x86 系列结构微处理器在保护方式下的正常设置;D＝0,指示默认值是 16 位地址、16 位或 8 位操作数,这是在 x86 系列结构微处理器中为了执行 80286 的程序而设置的。

由 D 位所设置的默认值,可以由前面章中提到的地址前缀和操作数前缀加以改变。

② 对于设置为向下扩展的段,D 位决定段的上边界。D＝1,指示段的上边界为 4G;D＝0,指示段的上边界为 64K。

③ 由 SS 寻址的段,若 D 位＝1,则规定用 ESP 作为指针,堆栈操作是 32 位的;若 D＝0,则用 SP 作为指针,堆栈操作是 16 位的。

(2) 特种数据段和控制描述符

此类描述符的一般格式如图 13-27 所示。

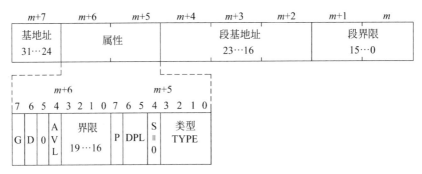

图 13-27　特种数据段和控制描述符格式

其中,TYPE 字段共 4 位,用此 4 位二进制的值区分描述符的具体类型。在 x86 系列结构微处理器中的定义如表 13-12 所示。

表 13-12　TYPE 的定义

TYPE	类　　　型	TYPE	类　　　型
0	未定义	8	未定义
1	有效的 286 TSS	9	有效的 386 TSS
2	ldt 描述符	A	未定义
3	286 TSS 忙	B	386 TSS 忙
4	286 调用门	C	386 调用门
5	任务门(对 286、386 都适用)	D	未定义
6	286 中断门	E	386 中断门
7	286 陷阱门	F	386 陷阱门

(3) 特种数据段描述符

x86 系统中有两种特种数据段,即局部描述符表(ldt)的描述符和任务状态段(Task Status Segment,TSS)的描述符。

ldt 中包含了一个任务所要访问的段的所有描述符,但此表本身就构成了一个存储器数据段,它也有段基地址、段的界限、段的属性,需要一个描述符与之相对应,这样的描述符当然要放在 gdt 中。

当任务切换时,一个任务的环境(状态)需要保存(离去的任务)或需要恢复(进入的任务)。这些环境是保存在内存的某个段内的,如图 13-28 所示,称为任务状态段——TSS。TSS 是一个段,它具有一般段同样的特性,需要有一个描述符与之对应。当然,这样的描述符也存放在 gdt 中。

31		0	
I/O 许可位图偏移量	000000000000000	T	64H
0000000000000000	LDT		60H
0000000000000000	GS		5CH
0000000000000000	FS		58H
0000000000000000	DS		54H
0000000000000000	SS		50H
0000000000000000	CS		4CH
0000000000000000	ES		48H
EDI			44H
ESI			40H
EBP			3CH
ESP			38H
EBX			34H
EDX			30H
ECX			2CH
EAX			28H
EFLAGS			24H
EIP			20H
CR_3			1CH
0000000000000000	SS_2		18H
ESP_2			14H
0000000000000000	SS_1		10H
ESP_1			0CH
0000000000000000	SS_0		8H
ESP_0			4H
0000000000000000	LINK		0H

图 13-28 任务状态段

此类描述符分为 80286、80386 两种,每种都还有可用或忙两种情况,共有 4 种。ldt 描述符和 4 种 TSS 描述符的格式只是 TYPE 字段的值不同,故不再赘述。

(4) 控制(门)描述符

程序在运行中会发生转移,系统会进行任务切换,外部事件会引起中断,指令的执行会引起异常,总之,会发生控制转移。转移至何处?转移可能在同一段内进行,但更一般的是段间转移(任务切换、中断、异常,一定都是段间转移;程序的跳转与调用也可能是段间的)。如何确定目标段和相应的入口呢?控制转移通常会涉及特权级的变换,所以 x86 中设置了调用门、任务门、中断门和陷阱门。调用门用于在程序中调用子程序、过程、函数,任务门用于任务切换,中断门用于外部事件引起的中断,陷阱门用于异常处理。

每一种门都要涉及转移的目标段及在段内的入口,所以门描述符与段描述符非常相似。其一般格式如图 13-29 所示。其中,包括了目标段的选择子(通过选择子来确定相应的段),入口点的偏移量(32 位)以及有关的特性。TYPE 字段的值区分了几种不同的门描述符。只有在调用门中才有 5 位传送字数字段(在其他类型的门中,此字段为 0),它规定了从调用者的堆栈中将多少个双字复制到被调用者的堆栈中,用于传递参数。在任务门中,入口点的偏移量是不用的。

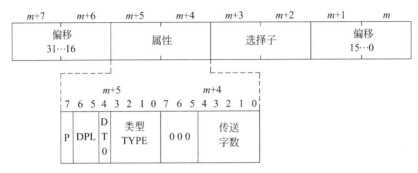

图 13-29　门描述符

4. 选择子

每一个段相应的描述符在 gdt 或 ldt 中。要选择目标段,就要从 gdt 或 ldt 中取出相应的描述符,而目标段是由段寄存器规定的。所以,在保护虚地址方式下,段寄存器的内容就成为段选择子,由它从 gdt 或 ldt 中读取对应的描述符。选择子的格式如图 13-30 所示。

在图 13-30 中,最低两位为请求特权级 RPL (Requested Privilege Level),也用于段访问时的特权测试;第 2 位 TI(Table Indicator)指示从哪个描述符表中去读取描述符。TI=0,指示从 gdt 中读取描述符;TI=1,指示从 ldt 中读取描述符。剩下的 13 位即

图 13-30　选择子

为此段在描述符表中的索引,2^{13}=8192,故可区分 8192 个描述符。这就是一个描述符表最大能包含 8192 个描述符的原因。

有一个特殊的选择子称为空(Null)选择子,它的 DI(索引)字段为 0。TI 字段也为 0,而 RPL 字段可为任意值。空选择子有特定的用途,当用空选择子进行存储器访问时会引起异常。

空选择子是特别定义的,它不对应于 gdt 中的第 0 个描述符,所以,gdt 中的第 0 个描述符是不用的,必须置为 0。一个选择子,当它的 DI(索引)字段为 0 而 TI 字段为 1 时,就不是空选择子,而是选择 ldt 中的第 0 个描述符。

5. 段描述符的高速缓冲寄存器

x86 系列结构微处理器中的每一个段,都有一个段寄存器用以装载段选择子,用于从描述符表中取出此段的描述符。这样,在保护虚地址方式下,要访问一个存储单元,首先要以相应的段寄存器(码段为 CS,数据段为 DS、ES、FS 或 GS,堆栈段为 SS)作为选择子,从相应的描述符表(gdt 或 ldt)中取出描述符(一次存储器访问),找到此段的基地址,与段内偏移

量相加得到存储单元的线性地址(若不考虑分页机制则为物理地址),再进行一次存储器访问才能取出所需的指令或数据。这样,每访问一个存储单元,需要进行两次存储器访问操作,就会大大降低运行速度。为了消除每次存储单元的访问,都要先取出描述符。x86 系列结构微处理器在硬件上增加了一个不可见的段描述符——高速缓冲寄存器(Cache)。每一个段寄存器都有一个对应的高速缓冲寄存器。每当用一个选择子加载一个段寄存器时,x86 系列结构微处理器的硬件就会自动从描述符表中取出相应的描述符,加载至相应的高速缓冲寄存器中。一旦装入,此后对此段的访问都使用此高速缓冲寄存器中的描述符信息,而不用再去取描述符,直至对段寄存器重新装载此高速缓冲寄存器。

x86 系列结构微处理器在保护虚地址方式下的段高速缓冲寄存器如图 13-31 所示。其中包括 32 位的段基地址,32 位已经转换为字节粒度的段界限以及 10 个特性位。

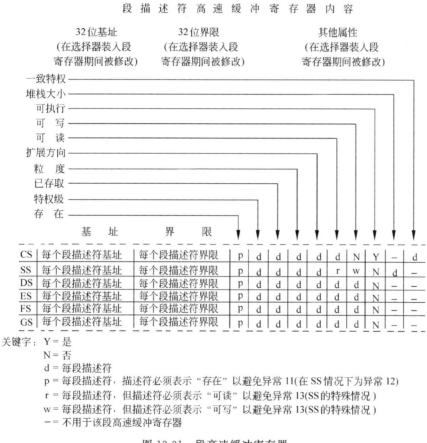

图 13-31　段高速缓冲寄存器

在实地址方式下,每个段寄存器也有相应的高速缓冲寄存器,只是内容上与保护虚地址方式下有所不同,如图 13-32 所示。

例如,段基地址仍是 32 位,但其值为 16×相应的段寄存器值(实际有效的为低 20 位,只能寻址 1MB)。32 位的段界限每个段都固定为 0000FFFFH,即为 64KB。10 个特性位中的许多位也是固定的,如存在位始终是 Y(即存在),特权级始终为 0(实地址方式,相当于工作在 0 特权级)等。

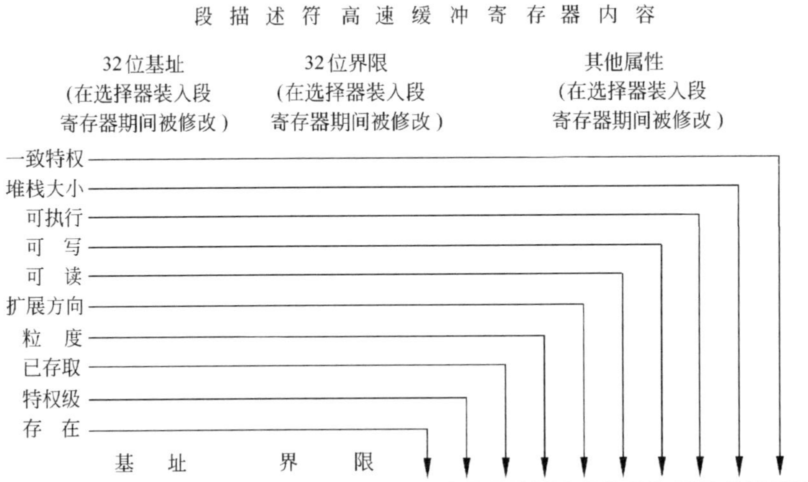

段 描 述 符 高 速 缓 冲 寄 存 器 内 容

	32位基址（在选择器装入段寄存器期间被修改）	32位界限（在选择器装入段寄存器期间被修改）	其他属性（在选择器装入段寄存器期间被修改）

（属性列自左至右：存在、特权级、已存取、粒度、扩展方向、可读、可写、可执行、堆栈大小、一致特权）

	基址	界限	存在	特权级	已存取	粒度	扩展方向	可读	可写	可执行	堆栈大小	一致特权
CS	16× 当前 CS 选择器	0000FFFFH	Y	0	Y	B	U	Y	Y	Y	–	N
SS	16× 当前 SS 选择器	0000FFFFH	Y	0	Y	B	U	Y	Y	N	W	–
DS	16× 当前 DS 选择器	0000FFFFH	Y	0	Y	B	U	Y	Y	N	–	–
ES	16× 当前 ES 选择器	0000FFFFH	Y	0	Y	B	U	Y	Y	N	–	–
FS	16× 当前 FS 选择器	0000FFFFH	Y	0	Y	B	U	Y	Y	N	–	–
GS	16× 当前 GS 选择器	0000FFFFH	Y	0	Y	B	U	Y	Y	N	–	–

*32位 CS 基址，在复位后初始值为 FFFF000H，直到第一个交叉段控制转移（即交叉段 CALL，或交叉段 JMP，或 INT）。

关键字：　Y = 是　　　　　　　　　　D = 向下扩展
　　　　　N = 否　　　　　　　　　　B = 字节粒度
　　　　　0 = 特权级 0　　　　　　　P = 页面粒度
　　　　　1 = 特权级 1　　　　　　　W = 压入/弹出 16 位字
　　　　　2 = 特权级 2　　　　　　　F = 压入/弹出 32 位双字
　　　　　3 = 特权级 3　　　　　　　– = 不用于该段高速缓冲寄存器
　　　　　U = 向上扩展

图 13-32　实地址方式下的段高速缓冲寄存器

6．x86 系列结构微处理器中的特权级

x86 系列结构微处理器中的每一个程序都是在一定的特权等级下工作的。为了支持多用户、多任务操作系统，使操作系统程序和用户的任务程序分离，任务和任务分离，在 x86 系列结构微处理器中提供了 4 个特权等级。利用这个特权系统，可控制特权指令和 I/O 指令的使用，并控制对段和段描述符的访问。

这种 4 级的特权系统如图 13-33 所示。

这实际上是通常在小型计算机以上的系统中采用的用户/管理员特权方式的扩展，而这种用户/管理员方式也是 x86 系列结构微处理器的分页机制所支持的。特权级的编号为 0～3，0 是最高特权级，3 是最低特权级。在一个任务中的特权级是用来提供保护的（任务之间的保护，是通过每一

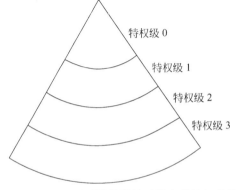

图 13-33　x86 系列结构微处理器中的特权系统

个任务自己的 ldt 来实现的）。操作系统程序、中断处理程序和其他系统软件,可以根据需要分别处于不同的特权级别中而得到相应的保护。通常,操作系统的核心工作在特权级 0,它可以访问工作在任何特权级的段;操作系统的其余部分工作在特权级 1,它可以访问除特权级 0 以外的所有段;而工作在特权级 3 的应用程序,就只能访问自己所有的段。这样就可以做到对操作系统的核心的保护,也可以做到操作系统的其余部分不会受到应用程序的侵犯。例如,如图 13-34 所示,操作系统核心的码段和数据段工作在特权级 0,操作系统其余部分的码段和数据段工作在特权级 1,应用程序的码段和数据段工作在特权级 3。工作在特权级 3 的应用程序的码段,只能访问工作在特权级 3 的数据,在特权级 3 的程序之内实现转移（用实线表示）;没有授权,它就不能访问工作在特权级 0 和 1 的操作系统的码段和数据段（用虚线表示）。

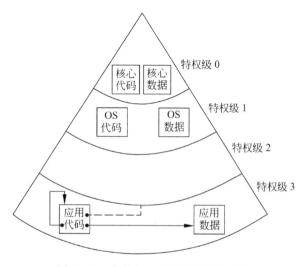

图 13-34　在特权级 3 所能访问的范围

如图 13-35 所示,工作在特权级 1 的操作系统的一部分码段可以访问特权级 1 的码段

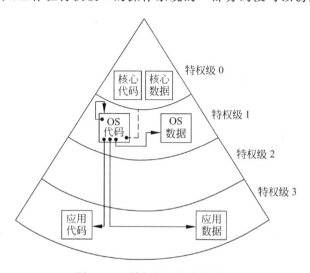

图 13-35　特权级 1 的访问范围

和数据段,也可以访问特权级 3 的应用程序的码段和数据段(用实线表示),但不能访问工作在特权级 0 的操作系统的核心的码段和数据段。

工作在特权级 0 的操作系统的核心的码段,则能对工作在任意特权级的段进行访问。如图 13-36 所示。

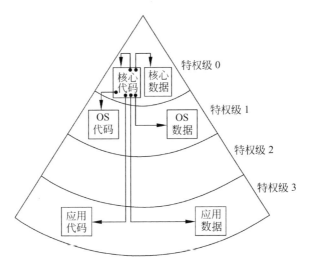

图 13-36　特权级 0 的访问范围

如上所述,操作系统与应用程序(用户程序)之间的隔离和保护,是由特权级来实现的;而都工作在特权级 3 的应用程序之间是通过各自的 ldt 来实现相互之间的隔离和保护的。如图 13-37 所示。

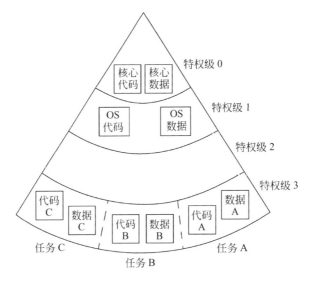

图 13-37　任务之间的保护

一个任务,对每一个特权级都有一个独立的堆栈。任务、描述符、选择子都有一个特权属性,这种属性决定了该描述符是否可以被使用。任务的特权影响指令和描述符的使用,描述符和选择子的特权则仅影响对该描述符的访问。

（1）一些有关特权的概念

① 任务特权

在任何时候，x86系列结构微处理器中的一个任务总是在4个特权级之一下运行。任务在特定时刻的特权，称为当前特权级CPL(Current Privilege Level)，它确定了该任务的特权级。当前特权级是由CS寄存器的最低两位来规定的。一个任务的CPL通常是不变的，只能通过具有不同特权级别的码段门描述符的控制转换才能改变。这样，一个在PL＝3下运行的应用程序，通过门就可以调用一个在PL＝1下的操作系统的子程序，在执行这个操作系统子程序时，该任务的CPL就被设置为1。

当一个任务通过任务切换而启动时，该任务就在由代码段寄存器CS所指定的CPL值所规定的特权级上执行。在特权级0执行的任务，可以访问在gdt和该任务的ldt中定义的所有数据，并被认为处于最高的特权级；而在特权级3执行的任务，对数据的访问受到最大的限制，并被认为处于最低的特权级。

② 描述符特权

描述符特权是由描述符的访问权字节中的描述符特权级DPL(Descriptor Privilege Level)规定的。DPL规定了可以访问该描述符的任务的最低特权级，即只有在满足条件CPL≤DPL(数值上)时，当前的任务才允许访问该描述符。故具有DPL＝3的描述符，受到最少的保护，因为CPL＝0、1、2或3的任务，都可以访问它们。除ldt描述符的DPL字段没有意义外，这个规则适用于所有的描述符。

③ 选择子特权

选择子特权是由一个选择子的最低两位，即它的请求特权级RPL(Request Privilege Level)所确定的。每一个任务有它的当前特权级CPL，若此任务要使用某一段，则要通过一个选择子，以寻找此段的描述符。x86系列结构微处理器要对这样的访问进行特权检查。现在有3个特权级，即任务的当前特权级CPL，选择子的请求特权级RPL和要访问的段的描述符的特权级DPL，如何进行特权检查呢？选择子的RPL的存在，建立了一个比任务的当前特权级更低的特权级，称为任务的有效特权级EPL(Effective Privilege Level)，它是RPL和CPL中的数值较大者，即EPL＝max(RPL,CPL)。由于RPL的存在，使任务的有效特权级降低，从而使任务对段的访问增加了限制。具有RPL＝0的选择子，对任务没有附加的限制；而具有RPL＝3的选择子，则对任务附加了最大的限制，不管任务的CPL是什么，只能访问DPL＝3的段。

当有RPL存在，且EPL＝max(RPL,CPL)≤DPL时，访问才是允许的。

例如，一个如图13-38所示的任务要通过ES寄存器引用一个数据段描述符，在该数据段中存放一个数据。现在CPL＝2，而RPL＝3，故EPL＝3。这样，若要访问的数据段描述符的DPL＝3，则这样的访问是允许的；若要访问的数据段的描述符的DPL＝2，尽管任务的CPL＝2，访问仍是不允许的。

④ I/O特权

在x86系列结构微处理器中I/O指令是敏感指令，利用I/O特权级IOPL，操作系统（在CPL＝0下执行）可以规定允许执行I/O指令的任务的特权级。I/O特权级（IOPL）是由x86系列结构微处理器的标志寄存器EFLAGS中的第14和第13位的值决定的（两位的值为0～3）。EFLAGS的值可由在特权级0下运行的程序用指令来设置。IOPL设置好以

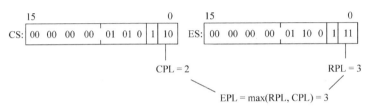

图 13-38　选择子特权的作用

后,当一个任务的 CPL＞IOPL(数值上)时,如果试图执行一条 IN、INS、OUT、OUTS、STI、CLI 等 I/O 指令,就会产生异常 13(一般保护违反)。

但能否执行输入、输出指令,还取决于任务状态段中的 I/O 位图的设置。有关 I/O 位图的详细说明,将在 13.3.3 节中介绍。

(2) 描述符访问和特权检查

决定一个任务能否访问一个段,涉及被访问的段的类型、所用的指令、描述符的类型以及 CPL、RPL 和 DPL 的值。段的访问可以分为两种基本类型：数据访问(选择子装入 DS、ES 或 SS)和控制转换(选择子装入 CS)。

① 访问数据段

每当一条指令装载数据段寄存器(DS、ES、FS、GS)时,x86 系列结构微处理器都要进行保护合法性检查。首先进行段存在性检查。若不存在(P 位为 0),则产生异常 11。然后,检查选择子是否引用了正确的段类型。装入 DS、ES、FS 和 GS 寄存器的选择子,必须只访问数据段或可读的码段。若引用了一个不正确的段类型(如企图装入门描述符或只执行代码段),则引起异常 13。接着要根据特权规则中确定的数据访问规则,进行特权检查。

把选择子装入 DS、ES、FS 和 GS 的指令,必须引用一个数据段描述符或可读代码段描述符。任务的 CPL 和选择子的 RPL,必须是与描述符的 DPL 处在相同或更高的特权级。也即一个任务只能访问特权级等于或低于 CPL 和 RPL 所指定的特权级的数据段,以防止一个程序访问它不能使用的数据。例如,当 CPL＝1 时,用 RPL＝2 的选择子,只能访问 DPL≥2 的数据段描述符。

一般地说,这个规则可表示为：在一个任务中,CPL、RPL 和 DPL 之间满足 max(CPL, RPL)≤DPL 时,程序才能访问具有 DPL 值的数据段描述符。

当访问堆栈段时,其规则与上述的访问数据段的规则稍有不同。把选择子装入 SS 的指令,必须引用可写数据段的描述符,而且描述符特权级 DPL 必须等于选择子的 RPL 和任务的 CPL。例如,在 CPL＝2 时,装入 SS 寄存器的选择子的 RPL 和它所引用的描述符的 DPL 也都必须等于 2,即满足 CPL＝RPL＝DPL,才能实现对作为堆栈段的描述符的访问。这是因为,在一个任务内,对每个特权级,都提供一个独立的堆栈。把其他类型的描述符装入 SS 寄存器,会破坏上述特权规则,都将引起异常 13。堆栈不存在将引起异常 12。

② 控制转移

当把一个选择子装入 CS 寄存器时就发生了控制转移(关于一个任务内的段内转移就不在这里讨论了)。可能的控制转移有 4 种,如表 13-13 所示。当然,每种转移只有在装入选择子的操作引用的描述符的类型是正确的情况下才能发生。这些规则也列在表13-13中。

表 13-13　关于控制转移的描述符访问规则

控制转移类型	操 作 类 型	引用的描述符	描 述 符 表
在同一特权级的段间转移	JMP、CALL、RET、IRET*	代码段	GDT/LDT
到相同或更高特权级的段间转移和任务内的中断,可以改变 CPL	CALL	调用门	GDT/LDT
	中断指令、异常、外部中断	陷阱或中断门	IDT
到较低特权级的段间转移(改变任务的 CPL)	RET、IRET*	代码段	GDT/LDT
任务切换	CALL、JMP	任务状态段	GDT
	CALL、JMP	任务门	GDT/LDT
	IRET** 中断指令、异常、外部中断	任务门	IDT

　　*　在 NT＝0 时，**　在 NT＝1 时。

　　控制转移基本上分为两大类：一类为同一任务内的控制转移；另一类为任务间的控制转移，即从一个任务切换到另一个任务。

　　同一任务内的控制转移，也分为在同一特权级的不同段之间的转移和转移到不同特权级两种情况。x86 系列结构微处理器支持 4 个特权级。目前在微型计算机中最流行的是两个特权级，即核心级(或系统级)与用户级。在核心级运行的是操作系统等系统软件，在用户级运行的是大量的用户应用程序。在应用的程序中常常会利用系统所提供的支持，例如调用工作在核心级的操作系统中的系统调用等函数，这就涉及特权级的转移。从较低特权的用户级调用较高特权的核心级程序，而且在运行核心级程序时，CPL 改变为核心级的特权，显然，这样的特权转移是正常的。相反的情况是不正常的。所以在 x86 系列结构微处理器中不允许由较高特权级的程序调用较低特权级的程序。

　　同一任务内的相同特权级的段间转移，可以使用 JMP 或 CALL 指令，如图 13-39 所示。而不同特权级的控制转移(从低特权级转移至高特权级)，只能用 CALL 指令通过调用门来实现，如图 13-40 所示。

图 13-39　同一特权级的段间转移

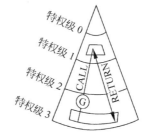

图 13-40　不同特权级之间的段间转移

　　控制转移与访问数据段一样也要进行特权检查，遵循特权规则。

　　③ 特权规则

- 若控制转移要求特权级别发生变化，则必须通过门。
- 若使用 JMP 指令产生段间控制转移，则只能在同一特权级别中进行。

- 若使用 CALL 指令产生段间控制转移,则既可以是同一特权级别内,也可以转移到更高的特权级。
- 在同一任务内处理的中断,遵循与 CALL 指令相同的特权规则。
- 任务的 CPL 与指向门的选择子的 RPL 必须同时小于或等于门的 DPL(特权级高于 DPL)。
- 门的目标段的特权必须高于或等于任务的 CPL 特权,控制转移后目标段的特权级作为新的 CPL。
- 并不切换任务的返回指令,只能将控制返回到具有相同的或更低的特权级的码段。
- 任务切换可以由 JMP、CALL 或 INT 指令完成。若在切换时涉及任务门或任务状态段时,它们的 DPL 必须低于或等于原来任务的 CPL。

④ 同一任务内的控制转移

任务内的控制转移,是指在同一任务内,在同一特权级内的或在不同特权级之间的控制转移。

在同一特权级内的段间转移,如用 CALL 或 JMP 指令,只能引用 DPL 等于任务的 CPL 的代码段描述符。当然引用代码段描述符的选择子的 RPL,必须具有和 CPL 一样的特权。

在不同特权级之间的转移,必须引用 DPL≥CPL 的门描述符,也就是门描述符的特权要低于或等于当前的特权级。若 DPL 处于比 CPL 更高的特权级,则将引起异常 13。门中的目标选择子引用了一个代码段(要转移到的目标代码段)描述符,该代码段描述符的 DPL 的特权要不低于 CPL,即要满足 DPL≤CPL,否则产生异常 13。在控制转移之后,该代码段描述符的 DPL,就是任务的新的 CPL。若门中的目标选择子引用了一个任务状态段,则系统将自动执行一个任务转移。

在一个任务内,使特权级发生变化的控制转移,都会引起堆栈的变化。对特权级 0、1 和 2,堆栈指针 SS: ESP 的值,都保留在此任务的任务状态段内。在 JMP 或 CALL 指令使控制发生转移时,新的堆栈指针由任务状态段中的值加载 SS 和 ESP 寄存器,而原来的堆栈指针被压入新的堆栈中。

与调用指令和进入中断处理相反,RET 和 IRET 指令只能返回到描述符特权低于或等于任务的 CPL 的代码段,也即要满足 CPL≤DPL。在这种情况下,装入 CS 的选择子是从堆栈中恢复的(在 CALL 指令执行时保留至堆栈中的)。在返回以后,选择子的 RPL 就是任务的新的 CPL。若 CPL 改变了,则老的堆栈指针在返回地址之后被弹出,这样,就恢复了原来特权级的堆栈。

(3) 调用门

在 x86 系列结构微处理器中,门是实现控制转移到不同特权级的主要工具。由于操作系统确定了系统内所有的门,因而确保了用户只能使用被授权的门。门描述符遵循数据访问的特权规则,即如果一个任务的有效特权级 EPL=max(CPL,RPL)等于或高于门描述符的特权级 DPL(EPL≤DPL),则对这些门的访问是允许的。门还遵循特权的控制转移规则,因此,只能将控制转移到更高的特权级。

调用门是通过 CALL 指令访问的,且在语法上与调用一个子程序是一样的,即调用指令的目标地址是一个 48 位的全指针,其中,包括 16 位的选择子、32 位的偏移量。选择子即为调用门的选择子;此时,调用指令中的 32 位偏移量是不用的。

当启动 x86 的调用门时,将产生下列操作:

① 在进行了门的合法性检查后,根据目标程序的新的特权级,从任务状态段中取出相应特权的堆栈指针,装入 SS:ESP;

② 把老的 SS 用 0 扩展到 32 位,压入堆栈;

③ 压入老的 ESP;

④ 从老的堆栈复制规定个数(由调用门中的传送字数字段指定)的双字参数到新的堆栈;

⑤ 把返回地址(16 位选择子、32 位偏移量)压入堆栈;

⑥ 用调用门中的选择子装入 CS 寄存器,用调用门中的 32 位偏移量装入 EIP。

利用调用门实现控制转移的过程如图 13-41 所示。

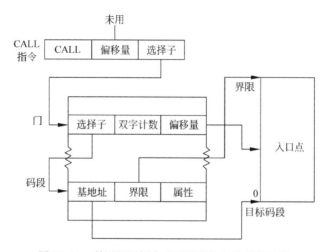

图 13-41　利用调用门实现不同特权级之间的转移

控制转移到更高的特权级,堆栈也要跟着变化,要在新的堆栈内保存老的堆栈指针,而且要把需要传送的参数(保存在老的堆栈内)复制到新的堆栈内,其情况如图 13-42 所示。

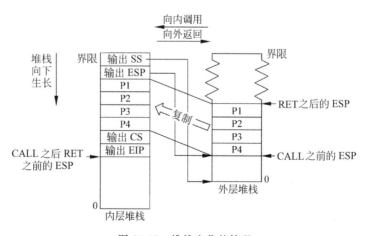

图 13-42　堆栈变化的情况

中断门和陷阱门的工作方式与调用门的类似,也可以实现转移到更高特权级的控制转移。但是,中断门和陷阱门只能出现在中断描述符表中,只能用中断指令或外部中断来访问。但中断门和陷阱门不能复制参数。陷阱门与中断门的唯一区别是对中断标志 IF 位的处理。通过中断门的控制转换,都禁止中断(使 IF 位置 0);而陷阱门却不影响中断标志。

7. 任务切换

任何多用户/多任务操作系统的一个非常重要的属性,就是它在各任务或各过程之间有快速切换的能力。x86 系列结构微处理器通过硬件支持,提供任务切换指令直接支持这种操作。x86 系列结构微处理器的任务切换操作保存机器的整个状态(所有的寄存器、地址空间以及连接到前一个任务的链),装入新的执行状态,完成保护检查,然后在新的任务下开始执行。

x86 系列结构微处理器对任务切换的硬件支持,主要是为每一个任务准备了一个任务状态段。任务状态段的内容如图 13-28 所示,包含了 x86 系列结构微处理器中的所有通用寄存器、所有段寄存器、各级特权(0、1、2、3)的堆栈指针、EIP、标志寄存器、任务的局部描述符表的选择子、在分页机制下的页目录表的起始地址 CR$_3$ 以及在任务嵌套情况下的前一个任务的选择子等。在当前任务下执行任务切换时,当前任务就成为离去的任务,它的状态就要保存至它的任务状态段内;所有这些寄存器的内容,从新进入的任务的任务状态段装载(包括 CS 和 EIP),就开始执行新的任务。另一个重要的寄存器是任务寄存器 TR,其中存放的是当前任务状态段的选择子(每一个任务状态段是一个存储器段,它有一个描述符与之相对应,这些描述符都在 dgt 中,要用选择子来选择)。同时在 x86 系列结构微处理器中,像对每个段寄存器提供了硬件高速缓冲器一样,TR 也有对应的高速缓冲器。每当把一个任务状态段的选择子加载 TR 时,由 TR 中的选择子从 gdt 中取出相应的任务状态段的描述符,加载它的高速缓冲器,为它的任务状态段的访问提供了硬件支持。

任务切换的实质就是用一个新的任务状态段的选择子加载 TR。所以,进行任务切换的方法如下。

① 用 JMP 或 CALL 指令,直接访问新任务的任务状态段。例如:

JMP(或 CALL)	偏移量	选择子
	不用	

指令中的选择子即为新任务的任务状态段的选择子,把此选择子加载 TR 就形成任务切换(当然要经过合法性保护检查)。

在这种情况下,当前任务的特权级为 CPL,JMP(或 CALL)指令中的选择子有 RPL,由此选择子从 gdt 中访问对应的描述符,此描述符有 DPL。必须要满足 max(CPL,RPL)≤DPL,访问才能成功,才能进行任务切换。

若要进行任务切换,但上述的条件 max(CPL,RPL)≤DPL 又不满足,例如 DPL 为 0 级,而当前任务是 3 级。这时候就要借助任务门来进行任务切换。

② 用 JMP 或 CALL 指令访问任务门。一个任务门如图 13-43 所示。它与普通的"门"一样,给出

图 13-43　任务门

了要转移的目标的选择子和偏移量。但对于任务门来说,其中的偏移量是不起作用的。选择子即为要转移到的新任务的任务状态段的选择子,用它加载 TR 就可以实现任务切换。

任务门的访问权字节的低 4 位为 0101(5),即规定为任务门;高 4 位分别为存在位 P、描述符特权级 DPL 和作为控制描述符标志的 S=0。

利用任务门进行任务切换是一种间接的转移,实现任务切换的 JMP 或 CALL 指令:

中的选择子,不是要转移到的新任务的任务状态段的选择子,而是任务门的选择子。用此选择子从 gdt 或 ldt 表中取出所对应的任务门,用任务门的目标选择子加载 TR,以实现任务切换,如图 13-44 所示。

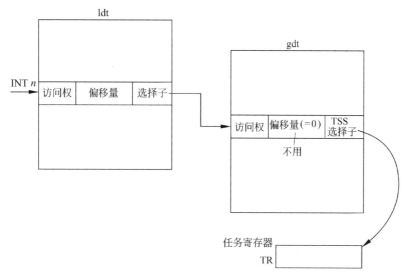

图 13-44　通过任务门实现任务切换

在这样的转换过程中,任务切换前的 CPL、任务门选择子的 RPL 和任务门的 DPL 之间要满足特权访问的规则,即 max(CPL,RPL)≤DPL,而与新任务的任务状态段的 DPL 无关。所以,只要把任务门的 DPL 安排得特权级很低(例如 DPL=3),则任意特权级的 CPL 都可以通过这样的任务门实现任务切换。这就是通过任务门来实现间接的任务切换的好处。

在上述两种任务切换的方法中,若使用 CALL 指令,则实现任务嵌套。也即 CALL 指令使新任务的标志寄存器 EFLAGS 中的 NT 位为"1",而且把离去任务的任务状态段的选择子置入新任务的任务状态段的 link 字段。这样,若在新任务中执行一条

IRET

指令,此指令首先检查当前任务的 EFLAGS 中的 NT 位。若其为 0,则实现中断返回;若其为 1,则不是中断返回而是实现任务切换,即把 link 字段中的老任务的选择子加载 TR,以切换回原来的任务,实现嵌套任务的返回。所以,在 NT=1 的情况下,利用 IRET 指令是实现任务切换的第三种方法。

当用一条 CALL 或 INT 指令实现任务切换时,新的 TSS 被标记为忙,新的 TSS 的 link 字段被设置为原来任务的 TSS 的选择子,而且新任务的 NT 位置为 1(标明为任务嵌套)。

若新任务的标志寄存器中的 VM 位为 1,则为一个虚拟 8086 方式的任务。虚拟的 8086 环境只有通过任务切换才能进入和退出(有关虚拟 8086 方式的问题在本章的后面进行深入讨论)。

当发生任务切换时,并不自动保存协处理器的状态,因为进入的任务可能并不用协处理器。任务已切换位 TS(CR$_0$ 中的位 3)有助于处理多任务环境中的协处理器状态。每当 x86 系列结构微处理器切换任务时,TS 都置位。在任务切换之后,x86 系列结构微处理器检测到第一次使用处理器扩展指令,引起处理器扩展无效异常 7。然后,在异常 7 的处理程序中可以决定是否保存协处理器的状态。如果任务切换位和监控协处理器扩展位都置位(即 TS=1 和 MP=1),则当试图执行一条 ESC 或 WAIT 指令时,都将引起处理器扩展不存在异常 7。

当切换到一个任务时,TSS 中有一个 T 位用以表示处理器是否该产生一个调试 (Debug)异常。如果新任务的 TSS 中的 T=1,则当切换入新任务时,产生调试异常 1。

13.3.3　虚拟 8086 方式

20 世纪 80 年代 PC 系列机的广泛流行和推广使 PC 系列机的年产量早已超过 2000 万台,总装机台数已达到 1.5 亿台,从而使 MS-DOS(PC-DOS)成为使用最广泛、最普及的系统软件。在 MS-DOS 支持下的大量的支撑软件,以及在各行各业、各个领域所使用的应用软件更是数不胜数。这是人类的一笔十分宝贵的智力财富。

计算机技术的迅速发展,使计算机的功能以惊人的速度发展和提高。目前,国际上的 PC 以各种奔腾(Pentium)芯片作为主流,主振频率已超过了 1GHz;64Mb、128Mb 和 256Mb 的存储器芯片已大量生产;几千兆字节的小型硬盘价格急剧降低。这一切使目前 1000 美元的 PC 配置的功能已达到 20 世纪 80 年代末的超级小型机以至中型机的水平。在这样的硬件条件下,若还是运行单用户、单任务的 DOS 系统及相应的软件,则是硬件资源的极大的浪费。DOS 已不能适应硬件的发展,也不能适应用户应用发展的需要。好的多用户、多任务操作系统是 PC 系列机发展的必然的需求(目前大量推广的是 Windows、Linux 和 UNIX 操作系统)。另一方面在 DOS 支持下的大量的软件不能丢弃,必须能在新的操作系统下很好地运行。

为适应这样的需求,在 Intel 的 80386、80486、Pentium 芯片上都设置了实地址工作方式。这种方式是与 8086 方式(DOS 的基础)完全兼容的,可以运行 DOS 支持下的所有软件。但是,实地址方式的功能是十分有限的,它的寻址空间只有 1MB;它不能运行在保护虚地址方式(这是充分发挥 x86 系列结构微处理器功能的工作方式),从而就不能运行多任务;没有特权机制,也不能发挥 x86 系列结构微处理器芯片内的分页式存储管理机制的功能。总之,当 x86 系列结构微处理器工作在实地址方式下就不能支持多用户、多任务操作系统的运行。为了解决这一问题,在 80x86 芯片中增加了一种虚拟 8086 方式。这是在保护虚地址方式下的一种方式,即 x86 总体上是工作在保护虚地址方式,支持多用户、多任务操作系统的运行,而在多任务的环境中,有的任务可以工作在虚拟 8086 方式。也即在一个多用户、多任务的操作系统(例如 UNIX 系统)中,其主体是工作在 x86 系列结构微处理器的保护虚地址方式,可以做到有的任务运行于 32 位的保护方式,运行 UNIX 支持下的软件;有的任务运行在 80286 的应用软件;也有的任务运行在虚拟 8086 方式,执行 DOS 的应用软件。

在虚拟 8086 方式下,支持特权机制,也支持分页式的内存管理机制,能实现任务切换;同时又与 8086 兼容,1MB 的地址空间,与 8086 一样的段机制,完全能运行 DOS 支持下的软件,做到多用户、多任务操作系统与 DOS 的统一。

1. 虚拟 8086 方式的特点

若一个任务的标志寄存器 EFLAGS 中的 VM=1,则此任务工作在虚拟 8086 方式。虚拟 8086 方式的工作情况在许多方面与 8086 类似。所寻址的物理内存是 1MB,段机制也是一样的,段寄存器的内容不再是描述符表的选择子(虚拟 8086 方式的任务没有局部描述符表),它的内容×16(左移 4 位)就是 20 位的段基地址,与段内偏移量相加就形成了线性地址。在分页机制启用的情况下,线性地址可以映射到不同的物理地址。

在虚拟 8086 方式,每一个段寄存器的描述符高速缓冲寄存器的内容如图 13-45 所示。

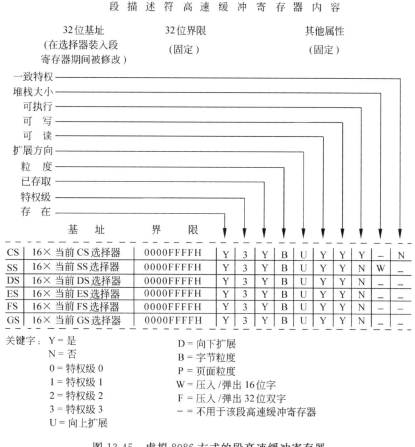

图 13-45 虚拟 8086 方式的段高速缓冲寄存器

与前面提到的实地址方式的情况作对照,除了实地址方式是工作在特权级 0 而虚拟 8086 方式是工作在特权级 3 之外,两者是完全相同的:段基址都是由段寄存器的内容×16 得到;段的界限都是 64KB;段的特性都为存在的、字节粒度(故段界限为 64KB)、向上扩展、可读写、可执行、堆栈操作的指针是 16 位的。其工作特点完全与 8086 一样。

所以，在虚拟 8086 方式下完全可以运行 DOS 所支持的软件。

但由于虚拟 8086 方式是工作在特权级 3，从而也带来了一些其他特点。

在 x86 系列结构微处理器中有一些指令是特权指令，例如：

LGDT、LIDT、LMSW、CLTS、HLT

MOV DRn,reg；MOV reg,DRn

MOV TRn,reg；MOV reg,TRn

MOV CRn,reg；MOV reg,CRn

这些指令只能由工作在特权级 0 的任务执行。实地址方式相当于工作在特权级 0，所以也能执行这些指令，但是在虚拟 8086 方式就不能执行这些指令，否则就会引起异常 13。

有一些指令是保护方式指令：

LTR、STR；LLDT、SLDT；LAR、LSL

ARPL、VERR、VERW

这些指令只能在保护方式下执行，在实地址方式（不是保护方式）和虚拟 8086 方式（特权级太低）下都是不能执行的，否则会产生非法指令异常。

有些指令是 I/O 敏感指令：

CLI、STI；

IN、OUT、INS、OUTS；

REP INS、REP OUTS

在 x86 系列结构微处理器的标志寄存器 EFLAGS 中有两个位构成的字段称为 IOPL(I/O 特权级)，当特权级低于 IOPL 的任务执行上述 I/O 敏感指令时，就会引起通用保护异常。

在虚拟 8086 方式下，I/O 敏感指令的种类略有不同，以下指令是 I/O 敏感指令：

CLI、STI；

INT n、IRET；

PUSHF、POPF

虚拟 8086 的特权级已经固定为 3，能否执行这些指令完全取决于标志寄存器中 IOPL 的设置。当 IOPL<3 时，若工作在虚拟 8086 方式的任务需要执行这些指令，则只能在发生异常后，在异常处理程序中，用软件来模拟这些指令。

2. 虚拟 8086 方式下的 I/O 位图

通常情况下，IOPL<3，若不采取措施则在虚拟 8086 方式下就无法执行 I/O 指令，也就无法实现 DOS 下的输入和输出。所以，在 x86 系列结构微处理器的任务状态段中设置了 I/O 位图，在虚拟 8086 方式下能否执行 I/O 指令完全取决于 I/O 位图的设置。

一个任务的任务状态段的基本组成部分占 104 个字节，104 个字节以外可以安排额外的内容。在虚拟 8086 方式下，通常需要安排 I/O 位图。在 I/O 位图中，每一位与一个 I/O 端口地址相对应。若这位为 0，则此任务可以对对应的端口实现输入输出；否则就不允许。在 x86 系列结构微处理器中，共有 64K 个 I/O 端口地址，故要对其一一作规定的话，需要 8KB 的 I/O 位图。I/O 位图中的位与 I/O 端口地址是顺序一一对应的，即位 0 对应于地址 0，位 1 对应于地址 1，…，位 n 对应于地址 n。若一个任务不需要 64K 个 I/O 端口地址，则

I/O 位图可以截断(只取若干个低地址端口)。在任务状态段内 I/O 位图的起始偏移(由任务状态段的基址算起)放在 TSS 的偏移为 66H 的字中,I/O 位图必须用一个全为"1"的字节结尾,I/O 位图可由 TSS 的界限截断。

由于 I/O 地址空间可按字节进行寻址,所以每条 I/O 指令可输入输出一个字节、一个字或一个双字。输入输出一个字要涉及两个端口地址,一个双字要涉及四个端口地址,也即要涉及 I/O 位图中的四个位,只有所涉及的所有位都为 0,这个 I/O 指令才能允许执行。这样多位的检查,在各种可能的组合下,往往要求读出位图中的两个字节进行检查。为了能尽快地访问位图,检查是否允许 I/O,在 x86 系列结构微处理器中总是读出位图中的两个字节。为了在最高地址处也能读出两个字节以供检查,在 I/O 位图的高边界端要额外增加一个全1的字节。I/O 位图的字节偏移由 I/O 端口地址右移 3 位(除以 8)得到,字节内的偏移即为端口地址的模 8 的余数。得到字节偏移后,从位图中读出的字节偏移开始的两个字节就可以进行检查。

一个 I/O 位图的例子如图 13-46 所示。在这个 I/O 位图中一共用了 17 个字节的位图,外加一个全1的结尾字节共 18 个字节。规定了 $17 \times 8 = 136$ 个 I/O 端口的允许情况,相应的 I/O 端口地址为 0⋯135。此 I/O 位图从 TSS 段的偏移为 m(在 TSS 的 66H 的字中规定)处开始,直至 TSS 结尾。

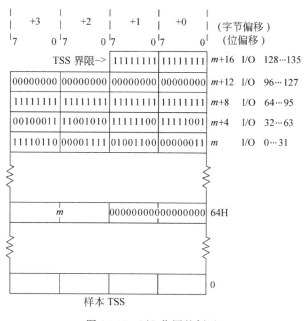

图 13-46 I/O 位图的例子

在这样的位图中,下列的 I/O 地址的访问是允许的:2⋯9、12、13、15、20⋯24、27、33、34、40、41、48、50、52、53、58⋯60、62、63 和 96⋯127。

下面举例说明如何进行检查以决定 I/O 访问是否允许。

例 13-1 要求从 I/O 端口地址 7 访问一个双字操作数。这就要使用端口 7、8、9、10,这 4 个端口都必须允许 I/O,访问才能进行。如何进行检查呢?就要按上面所说的方法,从 I/O 位图中取出两个字节。

字节偏移 7/8＝0，从第 0 个字节开始取出两个字节：

0100 1100 0000 0011

要从位偏移为 7％8＝7 开始，连续检查 4 个位，结果发现 7、8、9 这 3 个位全为 0，但第 10 位为 1，则此 I/O 访问是不允许的。

这样的检查方法不是很方便，能否用一种形式化的方法来进行检查呢？

很容易想到，把取出来的两个字节与一个屏蔽字做"与"运算，使要检查的这些位为"1"，其余位为"0"，则"与"运算的结果为"0"，访问允许；否则，访问是不允许的。

如何来形成屏蔽字呢？

由 I/O 访问的字节数来决定要用到多少位"1"：字节 I/O 只要一位"1"，字要两位"1"，双字要四位"1"。这可以由 1111b 右移（4－length）来实现，length 就是一次 I/O 访问的长度。故在字节访问时 length＝1，把二进制数 1111 右移 3 位就只剩下 0001；字访问就剩下 0011；双字访问则仍为 1111。这就得到了屏蔽字中为"1"的位数。

要形成屏蔽字还要决定这些位对齐于何处。这当然是端口地址所对应的位偏移（由端口地址％8 得到）所决定的，所以要把屏蔽位数再左移位偏移所对应的位（头尾都为 0）就形成了屏蔽字 Mask。

用这种方法再来检查一下例 13-1 的情况：

I/O 端口地址＝7，length＝4

Offset＝7/8＝0，bit＝7％8＝7

$$Mask = (1111 >> (4-length)) << 7$$
$$= (1111 >> 0) << 7$$
$$= 11110000000$$

由字节偏移 0，取出的位串为：

BitString	0100110000000011
AND Mask	0000011110000000
结果	0000010000000000

"与"的结果为非 0，则访问不允许，与上面分析的结果是一样的。

例 13-2 要在端口地址 33 进行字访问：

I/O 端口地址＝33，length＝2

Offset＝33/8＝4，bit＝33％8＝1

$$Mask = (1111 >> (4-2)) << 1$$
$$= (1111 >> 2) << 1 = 110$$

由字节偏移 4 取出的两字节位串为：

BitString	1111110011111001
AND Mask	0000000000000110
结果	0000000000000000

"与"的结果为 0，I/O 访问允许。直接从位图上去分析也可以得到同样的结论。

3. 进入和离开虚拟 8086 方式

虚拟 8086 方式的程序是一个任务，必须要由工作在保护方式下的特权级 0 的程序（一般为操作系统程序）来分派。

有两种进入虚拟 8086 方式任务的方法。

（1）在特权级 0 中执行 IRET 指令

这要求在执行 RET 指令时，在 0 级堆栈中含有虚拟 8086 方式任务的映像。

前面提到过，在特权 3 的用户程序运行时，若发生了中断或异常，由于特权级的变化，在 0 级堆栈中保存用户级堆栈指针（SS 和 ESP）、用户程序中的标志寄存器 EFLAGS、用户程序的断点（CS 和 EIP）。

当在虚拟 8086 方式下工作的程序发生中断或异常时，显然特权级要发生变化，而且在由虚拟 8086 方式进入保护方式时，所有的段寄存器都是无法使用的。因此，在虚拟 8086 方式下段寄存器的内容是段基址的高 16 位；而在保护方式下应是描述符表的选择子。所以，在保护方式下必须对段寄存器重新加载，也即必须保存虚拟 8086 方式下的所有段寄存器 DS、ES、FS 和 GS（SS 和 CS 用别的方法保存）。

因此，在虚拟 8086 方式发生中断或异常进入保护方式时，必须把 DS、ES、FS 和 GS 压入堆栈（每一个作为一个 32 位的双字，高 16 位为 0），然后保存虚拟 8086 方式时的堆栈指针；接着是虚拟 8086 方式的标志寄存器，其中十分重要的是 VM＝1。由于 VM 位是 EFLAGS 中的第 17 位，所以保存的 EFLAGS 必须是 32 位的；接着保存的是断点（CS 和 IP，但都扩展为 32 位）。所以，在虚拟 8086 方式，因中断或异常进入特权 0 时所保存的堆栈映像如图 13-47 所示。这也就是在特权级 0，准备用 IRET 指令由保护方式进入虚拟 8086 方式时堆栈中应含有的映像。这样 IRET 指令按以下步骤执行：

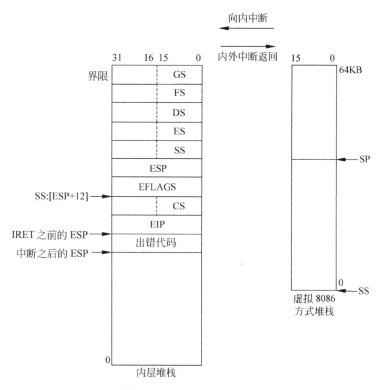

图 13-47　当虚拟 8086 方式进入特权级 0 时的堆栈映像

① 以 SS：[ESP＋8]为地址，从堆栈中读 EFLAGS 映像到标志寄存器 EFLAGS，若检

测到 VM＝1,则返回（或分派）到虚拟 8086 方式。

② 弹出虚拟 8086 方式的指令指针 CS：EIP,先弹出 EIP,然后是 32 位的包含 CS 的段指针,在 VM＝1 时,CS 像实地址方式那样加载。

③ ESP 加 4 跳过已在上面读出的 EFLAGS。

④ 若 VM＝1,则从堆栈的 SS：[ESP＋8]、SS：[ESP＋12]、SS：[ESP＋16]和 SS：[ESP＋20]单元读出并分别加载 ES、DS、FS 和 GS,因为 VM＝1,所以对它们的加载与实地址方式时一样。

⑤ 弹出虚拟 8086 方式的堆栈指针,先弹出 ESP,然后是 SS。因为 VM＝1,所以 SS 像实地址方式那样加载。

⑥ 开始由 CS：EIP 为指针取出和执行指令。

(2) 用任务切换的方法,从当前的特权级 0 的任务切换到虚拟 8086 任务

这个方法与通常的任务切换方法一样,只是新进入的任务的 TSS 中所保存的 EFLAGS 的 VM 位必须为 1。方法如下：

① 可以用 JMP 或 CALL 指令,直接转移到虚拟 8086 方式任务的任务状态段（用虚拟 8086 方式任务的 TSS 描述符的选择子直接作为 JMP 或 CALL 指令的目标）。

② 用 JMP 或 CALL 指令,通过任务门间接转移到虚拟 8086 方式任务的任务状态段。

③ 用 INT n 指令,而在 IDT 的向量 n 处所放的是一个任务门,通过任务门间接转移到虚拟 8086 方式的任务状态段。

4. 虚拟 8086 方式的控制转移

在虚拟 8086 方式下的控制转移可以是在同一任务内的不同特权级之间的转移,或在不同任务之间的控制转移。

(1) 同一任务内的控制转移

在虚拟 8086 方式下发生中断或异常,控制就要转移到特权级 0,这是属于同一任务内的控制转移。通过中断门或陷阱门,把控制转移到特权级 0 的顺序如下：

① 把 EFLAGS 寄存器的内容临时保存,然后使标志寄存器中的 VM 和 TF 位清 0,若是通过中断门转移的,则清除 IF 标志。

② 由于是从特权级 3 转移到特权级 0,所以要先保存一下用户级的堆栈指针。从 TSS 中取出特权级 0 的堆栈指针加载 SS 和 ESP 寄存器。

③ 按 GS,FS,DS,FS 的顺序,把虚拟 8086 方式下的这些段寄存器的值,压入至新的堆栈指针所指的堆栈内（新的 0 级栈）,每一项以 32 位操作数的格式（高 16 位为 0）进栈;然后用空选择子加载这几个段寄存器。

④ 把保存的老的堆栈指针,压入新堆栈中,SS 也转换为 32 位存放。

⑤ 把在第①步中保存的 EFLAGS（其中 VM＝1）压入 0 级栈中。

⑥ 把虚拟 8086 方式的断点指针压入 0 级栈,先压入 CS（作为 32 位格式）,然后是 EIP。

⑦ 用中断门或陷阱门中所给定的指针加载 CS 和 EIP 寄存器,控制就转移到 0 级程序。

在 UNIX 系统中,操作系统是在 0 级工作,它是作为各种用户任务（在特权级 3 工作,或在虚拟 8086 方式工作）的核心态来对待的,可以为各个任务所共享。任务由用户态进入核心态可以获得核心所提供的服务。

在虚拟 8086 方式工作的任务,通过中断或异常进入核心态时,在核心栈内的映像与

图 13-50 中的一致,故在中断或异常处理完了以后,可以用 IRET 指令返回虚拟 8086 方式。

（2）任务之间的控制转移

任务之间的控制转移,也即由虚拟 8086 任务切换到别的任务：保护方式下的任务（任意特权级）或另一个虚拟 8086 方式下的任务。在虚拟 8086 方式下的任务切换与别的任务切换方法是一样的。主要有以下方法：

① 用 JMP 或 CALL 指令,以新任务的 TSS 描述符的选择子作为目标指针,直接跳转到新任务的 TSS。

在使用这种方法时要注意：虚拟 8086 方式工作在特权级 3,所以新任务的 TSS 的描述符的 DPL 也必须为 3,这样的切换是允许的;否则就必须通过任务门。

② 用 JMP 或 CALL 指令,通过任务门间接转移到新任务的 TSS。

③ 用 INT n 指令,而且 IDT 中的向量 n 处放的是一个任务门。

在虚拟 8086 方式时,不理会 EFLAGS 中的任务嵌套标志 NT 位,所以即使是用 CALL 指令进入虚拟 8086 方式,此时 EFLAGS 中的 NT 位置位,在虚拟 8086 方式任务的 TSS 中,也包含前一个任务的链,但仍不能用 IRET 指令来实现任务切换。

13.3.4　x86 系列结构微处理器中的中断和异常

在 x86 系列结构微处理器中有很强的中断和异常处理功能。中断是指与指令的执行无关的事件,通常是由外部的事件（例如 I/O 设备的请求）所引起的对 CPU 的请求,它的发生与指令的执行是异步的。异常是由指令的执行而引起的同步的事件,它与此指令密切相关。例如段和页异常、特权违反等。

1. x86 系列结构微处理器中的中断

在 x86 系列结构微处理器中有两条中断请求引脚：INTR 和 NMI。INTR 是可屏蔽中断请求引脚,可以通过外部的中断控制器芯片（例如 Intel 8259A）,把外部 I/O 设备的多个中断请求源（最多可达 64 个源）的请求,通过 INTR 引脚送至 CPU。在这条引脚上的中断请求,CPU 是否响应取决于 CPU 标志寄存器 EFLAGS 中的 IF 标志位。若 IF＝1,则 CPU 在当前指令执行完后响应中断;若 IF＝0,则中断被屏蔽（中断被挂起）,直至 IF＝1（响应）,或外部的中断请求撤销（INTR 上的信号是高电平有效）。

NMI 是非屏蔽中断请求输入引脚,这是一个上升沿有效的信号,在此引脚上的请求不被 IF 位屏蔽,通常在当前指令执行完后,CPU 响应此中断。NMI 请求不被屏蔽而且是优先权最高的一种中断,故一般用于一些紧急情况的处理,如电源故障、物理存储器的读写错误等。

2. x86 系列结构微处理器中的异常

x86 系列结构微处理器指令的执行可以引起多种异常,但总起来说可以分为 3 类：

（1）故障（Fault）

这类异常是在引起异常的指令执行之前报告的,因此当控制转移到异常处理程序时所保存的 CS 和 EIP（断点）就是引起异常的指令的 CS 和 EIP。在 x86 系列结构微处理器上,故障完全可以重启动。这就是说,当故障处理程序消除了故障以后,用 IRET 指令返回至引起故障的指令,从而使原来的程序恢复执行（从引起故障的指令开始执行）。

故障不管是在引起异常的指令开始执行之前被检测到,还是在指令执行期间被检测到,因指令执行而引起的变化都要被删去,以使源操作数恢复到指令开始执行之前的状态。这样,当故障排除之后恢复执行时的状态与刚开始执行这条指令时处在同样的输入条件下,以保证得到正确的结果。

(2) 陷阱(Trap)

这种异常是在引起异常的指令执行之后报告的,因而当控制转移到异常处理程序时所保留的断点是引起异常的指令的下一条指令的 CS 和 EIP。在这种情况下,引起异常的指令已经执行完,它的结果一般已反映在寄存器或内存中。当异常处理程序用 IRET 指令返回后,程序从引起异常的下一条指令恢复执行。

(3) 夭折(Abort)

引起这种异常的情况是比较严重的,通常是由硬件故障或在系统表中的非法或不一致的值所引起的。在这种情况下,引起异常的程序不能恢复执行。当接收到夭折异常时,可能需要在处理程序中在重建系统表之后重新启动操作系统。

段和页异常是故障类异常的例子。当访问的单元所在的页或段不在物理存储器中时,就会产生此类异常(缺页故障异常)。当缺页处理程序把此页调入物理内存时,就可以返回至引起缺页故障的指令重新执行(此时指令能正确执行)。单步和数据断点是陷阱类异常的很好的例子。当执行到这种指令时,程序暂停就可以在异常处理程序中对程序的运行做必要的调试,然后从下一条指令恢复执行。

在 x86 系列结构微处理器中还有两类软件中断指令:INT n 和 INTO,它们的目的是进行异常处理(INTO 在满足溢出标志 OF=1 时进行异常处理),而且是在相应的指令执行后引起异常,所以把它们归结为陷阱类异常更为恰当。

在 x86 系列结构微处理器上规定的异常有:

(1) 异常 0——除法出错

这是一种故障异常。当在执行指令 DIV 或 IDIV 时,除数是 0,或除数太小,使得商超出了操作数所能表达的范围,就引起此类异常。当控制转移到除法出错处理程序时所保存的断点就是除法指令的 CS 和 EIP。此种异常不提供出错码。

(2) 异常 1——排错异常

为便于调试程序排除错误,在 x86 系列结构微处理器中提供了 6 个排错寄存器,也提供了这种异常。在一条指令中可能产生多个排错异常,这些异常中有些是故障类的,而有些是陷阱类的,可以从 DR_6 中得到反映。这种异常不提供出错码。

(3) 异常 3——单字节断点指令 INT 3

这是软件中断指令 INT n 的一种特殊情况,是一条单字节中断指令,其编号为 INT 3。当执行这条指令时,使程序执行中断,可用于排错,所保存的断点是下一条指令(紧跟在 INT 3 指令之后的)的 CS 和 EIP。这种异常不提供出错码。

(4) 异常 4——溢出

当执行 INTO 指令时,若标志寄存器 EFLAGS 中的溢出标志 OF=1,则引起此种异常;若 OF=0,则不发生异常,顺序执行 INTO 的下一条指令。这是陷阱类的异常,保存的断点是 INTO 指令的下一条指令的 CS 和 EIP。这种异常不提供出错码。

(5) 异常 5——边界检测

当执行 BOUND 指令时,发现所测试的值超出了规定的范围,则产生故障类异常。保存的断点是 BOUND 指令的 CS 和 EIP。这种异常不提供出错码。

（6）异常 6——无效操作码

在 CS 和 IEIP 所指向的编码不是 x86 系列结构微处理器中的有效指令时产生。当一条指令的操作码字段所规定的编码不是 x86 的有效指令，或对于要求存储器操作数的指令规定了一个寄存器操作数，或在不能锁定的指令前面用了 LOCK 前缀，都会产生这种异常。这是属于故障类的异常，当控制转移到异常处理程序时所保存的断点(CS 和 EIP)值，指向无效指令的第一个字节。这种异常不提供出错码。

（7）异常 7——设备不可用

这个故障类异常支持 80387 数字协处理器。它是在以下条件下引起的：

① 当在控制寄存器 CR_0 中的 EM 位或 TS 位为 1 时执行一条浮点指令。

② 当在 CR_0 中的 TS 位和 MP 位都为 1 时，执行一条 WAIT 指令。

利用这种异常可以代替当硬件中不存在 80387 时的软件仿真，也可以用它在任务切换时，把保存 80387 的上下文的操作推迟到要执行协处理器指令时进行。这种异常不提供出错码。

（8）异常 8——双重故障

在报告另一种异常期间检测到一个段或页异常，处理器就发生了双重故障，这是一种夭折类异常。在这种情况下保存的 CS 和 EIP 可能不是指向引起双重故障的指令。这种情况不支持指令的重启动。

双重故障通常指示系统表（例如段描述符表、页表或中断描述符表）发生了严重问题。当调试尚未能适当处理系统表的操作系统时，双重故障是有用处的。在一个正常的产品中，重新建立了系统表之后，应该重新启动操作系统。

在报告段故障时发生页故障是可能的，这时是报告页故障而不是双重故障。然而，当报告段故障或页故障时检测到段故障就是一种双重故障，当在报告页故障时又检测到页故障也是一种双重故障。

在报告双重故障的过程中，检测到段或页异常，处理器停止执行指令进入停机(Shutdown)状态。停机状态类似于处理器在执行 HLT 指令后的状态：不取指令，处理器停留在空闲状态直至接收到 NMI 或处理器复位。在停机状态，INTR 是被屏蔽的。这种异常提供的出错码为 0。

（9）异常 9——协处理器段超出

这是一种夭折类的异常。当浮点指令操作数超出了段的界限时产生这种异常，它不提供出错码。

例如，若浮点指令有一个 8 个字节的操作数，它存放在段内的偏移 0FFFFFFFCH 处，而此段的大小为 0FFFFFFFDH，则就会报告这种异常。引起这种异常的指令不能重启动。80387 协处理器在从这个异常处理程序返回之前，必须用 FNINIT 指令重新初始化。在异常处理程序中保存的断点是引起夭折的指令的 CS 和 EIP，以帮助诊断此问题。

（10）异常 10——无效 TSS

当从 TSS 加载时，发生了除段不存在之外的其他段异常，就引起无效的 TSS 异常。它提供一个出错码，包含引起此异常的段选择子。因为这是故障类异常，故保留的断点指向引起故障的指令；或当故障是作为任务切换的一部分而发生时，指向任务的第一条指令。

（11）异常 11——段不存在

当把有效的描述符装入段寄存器(SS 寄存器除外)时,若描述符中的 P(存在位)为 0 时引起这种异常,称为段不存在异常,它提供一个出错码,包含引起异常的段的选择子。这是一种故障类异常,保存的断点指向引起故障的指令;或当故障是作为任务切换的一部分而发生时,则指向任务的第一条指令。

（12）异常 12——堆栈段异常

当发生以下情况时会引起堆栈段异常:

① 在由 SS 寄存器所规定的段中,发生了界限违反,产生这种异常并提供出错码 0。

② 在不同特权级之间调用或由于中断转移到更高特权级时,若在内层特权级的堆栈上发生界限违反,产生这种异常并提供出错码(包含内层特权级堆栈的选择子)。

③ 把一个描述符装入 SS 寄存器而它的 P＝0,就产生这种异常并提供一个包含不存在段的选择子的出错码。

堆栈段异常处理程序中,要根据出错码和 P 位来区分是上述 3 种异常中的哪一种,从而进行不同的处理。

这种异常是属于故障类异常,故异常处理程序中保存的断点指向引起故障的指令;或作为任务切换的一部分检测到这种异常时,指向新任务的第一条指令。这种异常是可以重启动的。

（13）异常 13——通用保护

若发生了不属于上面提到的类型的段异常,则是通用保护故障。它提供出错码,出错码的值取决于检测到的条件。引起这种异常的条件可以归并为两类,取决于对通用保护异常处理程序可能的响应:

① 一个应用程序(用户级的程序)执行特权指令或 I/O 敏感指令,引起保护方式违反的异常。它提供的出错码为 0。支持虚拟 8086 方式的系统,在异常处理程序中应该仿真这些指令并重启动被中断的程序。

② 保护方式违反应终止引起故障的程序。这种情况下,可能有出错码 0 或在出错码中包含一个选择子。

以上两种情况,能够通过考查引起故障的指令结合出错码来加以区分。因此此异常是一种故障类异常,异常处理程序所保存的断点指向引起故障的指令。如果出错码为 0,且指令是一条能仿真的指令,则处理程序应仿真此指令,且返回至它的下一条指令恢复执行;若指令是不能仿真的,则引起故障的程序可能需要被终止。

（14）异常 14——页异常

在分页机制启用(CR_0 中的 PG＝1)的情况下,若指令引用的存储单元的线性地址所对应的页不存在(P＝0)或页所具有的特性对于访问的类型不匹配(如要写只读页),就会发生页异常。在页异常发生时,处理器把引起异常的线性地址加载至寄存器 CR_2,且提供一个出错码以指示引起页故障的存储器访问的类型。

这是一种故障类的异常,处理程序所保存的断点指向引起故障的指令。更重要的是它是可重启动的,一旦页故障被排除,在故障处理程序中只要用简单的 IRET 指令返回,就可以从引起故障的指令处重启动。

（15）异常16——协处理器出错

当协处理器中发生了未屏蔽的数值错误时（例如溢出或下溢）就引起此异常。它是在引起问题的浮点指令之后，在下一条浮点指令或 WAIT 指令之前作为故障报告的。这种异常不提供出错码。

以上所述的异常可小结如表 13-14 所示。

表 13-14　x86 系列结构微处理器中的异常

向量号	异常名称	异常类别	出错码	引起异常的指令
0	除法出错	故障	无	DIV，IDIV
1	排错异常	故障/陷阱	无	任何指令
3	单字节 INT 3	陷阱	无	INT 3
4	溢出	陷阱	无	INTO
5	边界检测	故障	无	BOUND
6	无效操作码	故障	无	一个无效的指令编码或操作数
7	设备不可用	故障	无	浮点指令或 WAIT
8	双重故障	夭折	有	任何指令
9	协处理器段超出	夭折	无	引用存储器的浮点指令
10	无效 TSS	故障	有	JMP、CALL、RET 中断
11	段不存在	故障	有	装载一个段寄存器的任何指令
12	堆栈段	故障	有	任何加载 SS 的指令或任何引用由 SS 寻址的存储单元
13	通用保护	故障	有	任何特权指令或任何引用存储器的指令
14	页异常	故障	有	任何引用存储器的指令
16	协处理器出错	故障	无	浮点指令或 WAIT
0～255	软件中断	陷阱	无	INT n

3. 中断向量表

在 x86 系列结构微处理器中每一个中断或异常都有一个 8 位的向量与之相对应。x86 系列结构微处理器 CPU 可能产生的异常和相应的向量已在表 13-14 中指出。NMI 的向量号为 2；INTR 引脚上反映的外部中断的向量号由使用系统的人规定，可为 0～255；但系统已经规定 0～31 由 x86 系列结构微处理器 CPU 保留，所以外部中断可取值为 32～255。在中断响应期间由外部设备（通常由中断控制器如 8259）通过数据总线输送至 CPU。

x86 系列结构微处理器中规定向量号是 8 位的，故 x86 系列结构微处理器能处理的中断与异常的总数为 256 种。每一个中断或异常都有相应的处理程序，故都有一个入口。在 x86 系列结构微处理器中处理程序的入口是 48 位的全指针（16 位的 CS 选择子、32 位的偏移量），加上一些必要的特性，故每一种中断或异常都有一个 8 字节的门描述符与之相对应。所有这些门描述符（最多为 256 个）构成了 x86 系列结构微处理器中的中断描述符表——IDT，表中的描述符按向量号为索引而排列。故当某种中断或异常发生时，在 CPU 响应时，根据向量号，从 IDT 中读取相应的门描述符，从而把控制转移到相应的处理程序。

在保护虚地址方式下中断描述符表(IDT)的存放与实地址方式不同。在实地址方式下,中断描述符表中的每一项为 4 个字节(两字节的段基址,两字节的段内偏移量),256 个向量共占 1KB,存放在物理内存的最前面(00000H~003FFH);而在保护虚地址方式下,每一项是 8 个字节的门描述符(包含 48 位的地址指针——两字节段选择子,4 个字节的地址偏移量),256 个向量共占 2KB。存放在存储器的什么位置由系统程序员用

  LIDT 内存操作数

指令规定。

习　　题

13.1 80386 处理器的功能相对于 16 位处理器有哪些质的飞跃?

13.2 从功能结构角度,80486 有哪些主要功能?

13.3 80486 中的 80x87 FPU(浮点单元)中有哪些主要的寄存器? 它们可用于哪些数据类型?

13.4 80x87 FPU 中可能出现哪些异常情况?

13.5 当题 13.4 中的异常发生时,有哪些处理方法?

13.6 在保护方式下的寻址机制与实地址方式下的寻址机制有哪些主要区别?

13.7 在 x86 系列微处理器中有几种描述符表?

13.8 使用描述符表的作用是什么?

13.9 在 x86 系列微处理器中有哪些主要类型的描述符?

13.10 为什么要使用控制(门)描述符?

13.11 什么是选择子? 其作用是什么?

13.12 在 x86 系列微处理器中有哪些特权级? 它们的作用是什么?

第 14 章　x86 系列微处理器的发展

64 位微处理器与嵌入式应用,是 x86 系列微处理器的两个重要的发展方向。

十多亿台微型计算机,使计算机的应用已经渗透和深入至政治、经济、科学技术、社会生活和人们日常生活的各个方面。网络时代的来临、多媒体信息的数字化等,都使信息爆炸增长。信息的存储、处理、交换,强烈地需求和促进微处理器向 64 位时代过渡。

随着因特网及其各种新的应用如电子商务的发展,企业的信息量不断增加,每年增长 1～6 倍,这使得企业对数据存储的需求急剧增长。调查显示全球每年存储设备约增长 1～10 倍(对应于不同的应用环境),并成为计算机硬件系统购买成本中占比例最大的部分。

美国加州大学伯克利分校信息管理学院一项研究分析报告中称:"全球今后 3 年内生成的数据将会多于过去 4 万年中产生的数据"。

数据已成为最宝贵的财富,数据是信息的符号,数据的价值取决于信息的价值。由于越来越多的有价值的关键信息转变为了数据,数据的价值也就越来越高。对于很多行业甚至个人而言,保存在存储系统中的数据是最为宝贵的财富。在很多情况下,数据要比计算机系统设备本身的价值高得多,尤其对金融、电信、商业、社会保险和军事等部门来说更是如此。设备坏了可以花钱再买,而数据丢失了对于企业来讲,损失将是无法估量的,甚至是毁灭性的。因此,信息存储系统的可靠性和可用性、数据备份和灾难恢复能力往往是企业用户首先要考虑的问题。为防止地震、火灾和战争等重大事件对数据的毁坏,关键数据还要考虑异地备份和容灾问题。

微处理器是现代计算机系统的核心和引擎,它不仅提供计算机系统所需的处理能力,而且能够管理缓存、内存和互联子系统、支持整个系统实现多处理器并行计算。

海量的信息,信息的存储、处理和交换,都需要微处理器有更强大的能力,处理器从 32 位向 64 位过渡已经是历史的必然,微处理器已经进入了 64 位时代。

64 位的 x86 系列微处理器主要有两种:Intel 公司的 Itanium 处理器和 AMD 公司的 x86-64 处理器。

14.1　AMD x86-64 处理器

14.1.1　引言

AMD x86-64 体系结构是简单的,然而它是与工业标准(传统的)x86 体系结构后向兼容的、功能强大的 64 位扩展。它增加了 64 位寻址和扩展了寄存器资源,已存在的传统的 x86 体系结构的 16 位和 32 位应用程序和操作系统不需修改或重编译就能在 x86-64 体系结构下运行。对于重新编译的 64 位程序可提供更高的性能。它是一种这样的体系结构,它对于大量已存在的软件和要求更高性能的新的 64 位应用软件两者能提供无缝的高性能支持的处理器。

　　64 位 x86-64 体系结构的需要是由例如高性能服务器、数据库管理系统和 CAD 工具等应用程序,要求大型和高精度数据以及大的虚拟和物理存储器的地址范围引出的。同时它们也从 64 位地址和增加的寄存器数得到了好处。在传统的 x86 体系结构中可用的寄存器数较少,在强计算的应用程序中限制了其性能。寄存器数的增加对许多这样的应用程序提供了性能提高。

1. 新功能

x86-64 体系结构引进了以下新功能。

① 寄存器扩展,如图 14-1 所示。

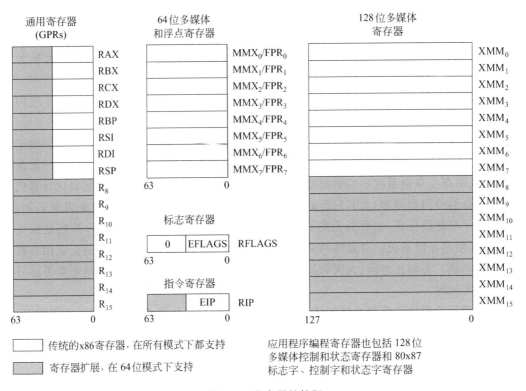

图 14-1　寄存器的扩展

- 8 个新通用寄存器(GPR)。
- 所有 16 个 GPR 都是 64 位宽。
- 8 个新 128 位 XMM 寄存器。
- 为所有 GPR 可寻址的统一字节寄存器。
- 一个新指令前缀(REX)可访问所有扩展的寄存器。

② 长模式,如表 14-1 所示。

- 虚拟地址增至 64 位。
- 64 位指令指针(RIP)。

表 14-1 操作模式

操作模式		操作系统要求	应用程序重编译要求	默认		寄存器扩展	典型的GRP宽度(位)
				地址长度(位)	操作数规模(位)		
长模式	64 位模式	新 64 位	是	64	32	是	64
	兼容模式		否	32		否	32
				16	16		16
传统模式	保护模式	传统 32 位	否	32	32	否	32
				16	16		
	虚拟 8086 模式			16	16		16
	实模式	传统 16 位					

- 新的数据相对指令指针寻址模式。
- 平面的(不分段的)地址空间。

2. 寄存器

表 14-2 比较了不同操作模式对应用程序软件可用的寄存器和堆栈资源。左边的列显示了传统 x86 资源,它可用在 x86-64 体系结构的传统的和兼容的模式。右边列显示了在 64 位模式下可比较的资源。灰色阴影指示在模式之间的不同。这些寄存器的不同(不包括堆栈宽度的不同)表示在图 14-1 中显示的寄存器扩展中。

表 14-2 不同操作模式时的寄存器和堆栈

寄存器和堆栈	传统和兼容模式			64 位模式[1]		
	名字	数	尺寸(位)	名字	数	尺寸(位)
通用寄存器(GPR)[2]	EAX、EBX、ECX、EDX、EBP、ESI、EDI、ESP	8	32	RAX、RBX、RCX、RDX、RBP、RSI、RDI、RSP、$R_8 \sim R_{15}$	16	64
128 位 XMM 寄存器	$XMM_0 \sim XMM_7$	8	128	$XMM_0 \sim XMM_{15}$	16	128
64 位 MMX 寄存器	$MMX_0 \sim MMX_7$[3]	8	64	$MMX_0 \sim MMX_7$[3]	8	64
80x87 寄存器	$FPR_0 \sim FPR_7$[3]	8	80	$FPR_0 \sim FPR_7$[3]	8	80
指令指针[2]	EIP	1	32	RIP	1	64
标志[2]	EFLAGS	1	32	RFLAGS	1	64
堆栈	—		16 或 32	—		64

① 灰色阴影项指示模式之间的不同。这些不同(除了堆栈宽度不同)是 x86-64 体系结构的寄存器扩展。

② GPR 的队列只显示 32 位寄存器,32 位寄存器的 16 位和 8 位映射也是可访问的。

③ $MMX_0 \sim MMX_7$ 寄存器是映射至 $FPR_0 \sim FPR_7$ 物理寄存器,如图 14-1 所示。堆栈寄存器 ST(0)~ST(7) 是 $FPR_0 \sim FPR_7$ 物理寄存器的逻辑映射。

如表 14-2 所示,传统的 x86 体系结构(在 x86-64 体系结构中称为传统模式)支持 8 个

GPR。然而,实际上至少 4 个寄存器(EBP、ESI、EDI 和 ESP)的通用性是折中的,因为当执行许多指令时,它们作为特殊目的寄存器使用。x86-64 体系结构增加的 8 个新 GPR(这些寄存器的宽度从 32 位增至 64 位)允许编译者充分地改进软件性能。在用寄存器保持变量上,编译者有更大的灵活性。编译者在 GPR 寄存器内工作也能使内存开销最小化,因此提高了性能。

3. 指令集

x86-64 体系结构支持全部传统 80x86 指令集,并增加了一些新的指令以支持长模式(关于操作模式的小结如表 14-1 所示)。应用程序编程指令将在下面描述。

① 通用指令(General-Purpose Instructions)——这些是基本的 x86 整数指令,事实上在所有程序中都用。大多数这类指令用于装入、存储或操作存放在通用寄存器(GPR)或内存中的数据。某些指令由分支至其他程序单元以改变程序的顺序流。

② 128 位媒体指令——这些是流 SIMD extension(SSE 和 SSE2)指令,它们用于装入、存储或操作主要定位在 128 位 XMM 寄存器中的数据;它们对向量(组合的)和标量数据类型执行整数和浮点操作。因为向量指令能在数据的多个集上独立和并行地执行单个操作,因而被称为单指令多数据(SIMD)指令。它们对于在数据块上操作的高性能多媒体和科学计算应用程序是有用的。

③ 64 位媒体指令——这些是多媒体扩展(MultiMedia eXtension,MMX™)和 AMD 3DNow!™技术指令。它们用于装入、存储和操作主要定位在 64 位 MMX 寄存器中的数据。与上面描述的 128 位指令类似,它们在向量(组合的)和标量数据类型上执行整数和浮点运算。因此,它们也是 SIMD 指令,对于在数据块上操作的多媒体应用程序是有用的。

④ 80x87 浮点指令——这些是在传统的 80x87 应用程序中使用的浮点指令。它们用于装入、存储和操作定位在 80x87 寄存器中的数据。这些应用程序编程指令中的某些跨越了两个或多个上述指令集。例如,有在通用寄存器和 XMM 或 MMX 寄存器之间传送数据的指令。许多整型向量(组合的)指令能在 XMM 或 MMX 寄存器上操作,虽然不是同时。若指令跨越了两个或多个子集,则它们的描述在应用其子集中重复。

4. 媒体指令

多媒体应用程序(例如图像处理、音乐合成、语音识别、全运动视频和 3D 图形透视)共享一定的功能:

- 处理大量的数据。
- 跨越数据常常重复执行相同的操作序列。
- 数据常常用小的量表示,例如,对于像素值是 8 位,对于音频采样是 16 位和对于以浮点格式表示的对象是 32 位。

128 位和 64 位媒体指令的设计加速了这些应用程序。指令用于已知的单指令多数据(SIMD)处理,用于向量(组合的)的并行处理。这样的向量技术具有以下功能:

- 单个寄存器能保持数据的多个独立片。例如,单个 128 位 XMM 寄存器能保持 16 个 8 位整型数据元素或 4 个 32 位单精度浮点数据元素。
- 向量指令能在一个寄存器中的所有数据元素上独立地和同时操作。例如,在 128 位 XMM 寄存器的两个向量操作数的字节元素上操作的一条 PADDB 指令执行 16 个同时的加法并返回单个操作内的 16 个独立的结果。

128 位和 64 位媒体指令用 SIMD 向量技术,进一步跟随由包括在多媒体应用程序中找到的公共操作的特殊指令。例如,一个图形应用程序,必须防止在加上两个像素的亮度值时,因运算结果使目的寄存器溢出而环绕至小的值。因为一个溢出的结果可能产生不可预料的影响,例如预料是亮的像素,但结果是暗的像素。128 位和 64 位多媒体指令包括饱和算术运算指令可用来简化这种类型的运算。迫使运算结果饱和至目的寄存器能表示的最大或最小值,避免了由于运算结果的上溢或下溢导致的围绕。

5. 浮点指令

x86-64 体系结构用 3 种不同的寄存器集提供 3 个浮点指令子集:

① 128 位媒体指令除了整数运算外,支持 32 位单精度和 64 位双精度浮点操作。同时支持在向量和标量数据上的运算,具有专门的浮点异常报告机制。这些浮点运算遵循 IEEE 754 标准。

② 64 位媒体指令(3DNow!™技术指令的子集)支持单精度浮点运算。同时支持在向量和标量数据上的运算,但这些指令不支持报告浮点异常。

③ 80x87 浮点指令支持单精度、双精度和 80 位扩展精度浮点指令运算。只支持标量数据,带有专门的浮点异常报告机制。80x87 浮点指令包含执行三角函数、对数等超越函数运算的特殊指令。单精度和双精度浮点运算遵循 IEEE 754 标准。

用 128 位媒体指令能达到最高的浮点运算性能。一条这样的向量指令能支持多至 4 个单精度(或两个双精度)运算并行执行。在 64 位模式,x86-64 体系结构提供双倍于传统的 XMM 寄存器数,从 8 个增至 16 个。

用 64 位媒体和 80x87 指令,应用程序能得到附加的好处。由这些指令支持的分别的寄存器集减轻了可用于 128 位媒体指令对 XMM 寄存器的压力。这向应用程序提供了 3 个不同浮点寄存器集。此外,x86-64 体系结构的某些高端实现用分别的执行单元可以分别执行 128 位媒体、64 位媒体和 80x87 指令。

14. 1. 2   操作模式

表 14-1 小结了由 x86-64 体系结构支持的操作模式。在大多数情况下,默认的地址和操作数规模能用指令前缀超越。在表 14-1 的第 2 列中显示的寄存器扩展就是图 14-1 中解释的那些。

1. 长模式

长模式是传统的保护模式的扩展。长模式由两个子模式:64 位模式和兼容模式 (compatibility mode)组成。64 位模式支持 x86-64 体系结构的所有新功能和寄存器扩展。兼容模式支持与已存在的 16 位和 32 位应用程序兼容。长模式不支持传统的实模式或虚拟 8086 模式也不支持硬件任务切换。

本书涉及长模式,则同时涉及 64 位模式和兼容模式。若一个函数只特定于这些子模式中的某一个,则用此特定的子模式代替长模式名。

2. 64 位模式

64 位模式是长模式的一个子模式,它支持 64 位虚拟寻址和寄存器扩展功能的全部范围。此模式在分别的码段基础上启用。因为 64 位模式支持 64 位虚拟地址空间,所以它要求新的 64 位操作系统和工具链。已存在的应用程序二进制码能在兼容模式和运行于 64 位模式的操作系统下运行而不需重编译,应用程序也能重编译以运行于 64 位模式。

寻址功能包括一个 64 位指令指针(RIP)和一个新的 RIP 相对的数据寻址模式。此模式由于只支持平面地址空间,具有单个码、数据和堆栈空间,从而适应现代操作系统。

(1) 寄存器扩展

64 位模式通过一组新的称为 REX 前缀的指令前缀实现寄存器扩展。这些扩展增加了 8 个 GPR($R_8 \sim R_{15}$)并使所有 GPR 宽度为 64 位,并且增加了 8 个 128 位 XMM 寄存器($XMM_8 \sim XMM_{15}$)。

REX 指令前缀也提供了一项新的字节寄存器功能,它使 16 个 GPR 的任一个的低字节都能用于字节操作。这导致字节、字、双字和四字寄存器的统一的集,以更适合于编译器寄存器分配。

(2) 64 位地址和操作数

在 64 位模式,默认的虚拟地址长度是 64 位(实现可以用较少的位)。对于大多数指令,默认的操作数规模是 32 位。对于大多数指令,这些默认能用指令前缀在每个指令的基础上超越。REX 前缀规定 64 位操作数规模和新的寄存器。

(3) RIP 相对的数据寻址

64 位模式支持相对于 64 位指令指针(RIP)的数据寻址。传统的 x86 体系结构支持 IP 相对寻址,这只适用于控制传送指令。RIP 相对寻址改进了位置独立码和寻址全局数据码的效率。

(4) 操作码

少数指令操作码和前缀字节是重定义的,以允许寄存器扩展和 64 位寻址。

3. 兼容模式

兼容模式是长模式的第二种子模式,它允许 64 位操作系统运行现存的 16 位和 32 位 x86 应用程序。这些传统的应用程序在兼容模式运行,不需要再编译。

运行在兼容模式的应用程序用 32 位或 16 位寻址并能访问虚拟地址空间的前 4GB。传统的 x86 指令前缀在 16 位和 32 位地址和操作数规模之间切换。

与 64 位模式一样,兼容模式由操作系统在单个码段的基础上启用。然而,与 64 位模式不同,x86 段功能与传统 x86 体系结构相同,用 16 位和 32 位保护模式语义。从应用程序的角度,兼容模式看上去与传统的 x86 保护模式环境类似。然而,从操作系统的角度看,地址转换、中断和异常处理以及系统数据结构用 64 位长模式机制。

4. 传统模式

传统模式不只与已存在的 16 位和 32 位应用程序,而且与已存在的 16 位和 32 位操作系统保持二进制兼容。传统模式由以下 3 个子模式组成:

① 保护模式——保护模式(Protected Mode)支持 16 位和 32 位程序,具有内存分段、任选的分页和特权核查功能。运行在保护模式的程序能访问 4GB 内存空间。

② 虚拟 8086 模式——虚拟 8086 模式(Virtual 8086 Mode)支持 16 位实模式程序作为保护模式的任务运行。它具有简单形式的内存段、任选的分页和有限的特权核查功能。在虚拟 8086 模式运行的程序能访问内存空间的 1MB。

③ 实模式——实模式(Real Mode)用简单的基于寄存器的内存段支持 16 位程序,它不支持分页或保护核查功能。在实模式运行的程序能访问内存空间的前 1MB。

传统模式与 x86 体系结构的现存的 32 位处理器实现兼容。实现 x86-64 体系结构的处理器引导至传统实模式,就像实现传统 x86 体系结构的处理器那样。本书涉及传统模式,即涉及其全部 3 种子模式——保护模式、虚拟 8086 模式和实模式。若一个函数特定于这些子模式中的某一个,则用特定的子模式名代替传统模式名。

14.2 Intel Itanium 处理器

Intel Itanium 是 Intel 公司在 Intel 32 位体系结构(IA-32)处理器的基础上推出的 64 位体系结构的处理器系列。Intel Itanium 体系结构是显式并行、预测、推断和更多创新特性的极好组合。此体系结构设计的高度可伸缩性能够满足各种服务器和工作站的不断增长的性能需求。Itanium 体系结构是一种 64 位指令集体系结构(Instruction Set Architecture,ISA),它应用了称为显式并行指令计算(Explicity Parallel Instructure Computing,EPIC)的新的处理器体系结构技术。Itanium 体系结构的一个关键特性是与 IA-32 指令集兼容。

本节概要描述 Intel Itanium 的特点。

14.2.1 Intel Itanium 体系结构介绍

Itanium 体系结构设计是为了克服传统的体系结构的性能限制,并为满足将来的需求提供最大的发展空间。为此,Itanium 体系结构用创新的特性组设计以实现更多的指令级平行,包括猜测、预测、大寄存器文件、寄存器堆栈、先进的分支体系结构和许多其他特性。64 位存储器寻址能力能够满足数据仓库、电子商务和其他高性能服务器的增大的存储器空间需求。Itanium 创新的浮点体系结构和其他增强特性可以支持工作站应用程序,例如数字内容创建、设计工程和科学分析的高性能需求。

Itanium 体系结构也提供与 IA-32 指令集的兼容。基于 Itanium 体系结构的处理器在支持 IA-32 应用程序执行的基于 Itanium 的操作系统上能运行 IA-32 应用程序。若系统中存在平台和固件支持,那么这样的处理器能运行 IA-32 继承的操作系统上的 IA-32 二进制代码。

1. 操作环境

Itanium 体系结构支持以下两种操作系统环境。

① IA-32 系统环境:支持 IA-32 32 位操作系统;

② Itanium 系统环境:支持基于 Itanium 的操作系统。

Itanium 体系结构也支持在单个基于 Itanium 的操作系统中 IA-32 和基于 Itanium 应用程序的混合,如图 14-2 所示。

表 14-3 定义了主要支持的操作环境。

2. 指令集转换模型概要

在 Itanium 系统环境中,处理器在任何时候能执行 IA-32 或 Itanium 指令。为在 IA-32 和 Itanium 指令集之间转换,定义了 3 条特定的指令和中断。

- JMPE(IA-32 指令)跳转至 Itanium 目标指令并转换至 Itanium 指令集;
- BR. IA(Itanium 指令)分支至 IA-32 目标指令,并改变指令集至 IA-32;
- RFI(Itanium 指令)"从中断返回"定义返回至 IA-32 或 Itanium 指令;
- 对于所有的中断条件,中断转换处理器至 Itanium 指令集。

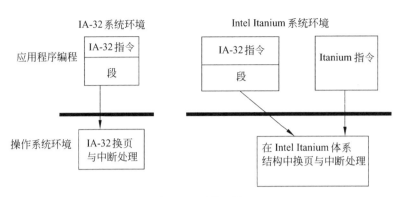

图 14-2　系统环境

表 14-3　主操作系统环境

系统环境	应用程序环境	用　　法
IA-32 系统环境	IA-32 指令集	IA-32 PM、RM 和 VM86 应用程序和操作系统环境 与 IA-32 Intel Pentium、Pentium Pro、Pentium Ⅱ 和 Pentium Ⅲ 处理器兼容
	Intel Itanium 指令集	不支持,基于 Itanium 的应用程序不能在 IA-32 系统环境中执行
Itanium 系统环境	IA-32 保护模式	在 Intel Itanium 系统环境中 IA-32 保护模式应用程序
	IA-32 实模式	在 Intel Itanium 系统环境中 IA-32 实模式应用程序
	IA-32 虚拟模式	在 Intel Itanium 系统环境中 IA-32 虚拟 8086 模式应用程序
	Intel Itanium 指令集	基于 Intel Itanium 的操作系统与基于 Itanium 的应用程序

JMPE 和 BR.IA 提供了一种低开销的机制以使控制在指令集之间转换。这些指令典型地结合至"堆(thunk)"或"桩(stub)"中,它们是实现所要求的调用连接和调用约定以调用动态或静态的连接库。

3. Intel Itanium 指令集特性

Itanium 体系结构具有以下特性。

(1) 显式并行

● 在编译器和处理器之间的协同机制;

● 取指令级并行的优点;

● 128 个整型和浮点寄存器,64 个 1 位预测寄存器,8 个分支寄存器;

● 支持多执行单元和存储器端口。

(2) 增强指令级并行的特性

● 猜测(它使存储器潜在影响最小);

● 预测(它删除分支);

● 具有低开销的循环的软件流水线;

● 分支预测使分支成本最小。

(3) 集中的增强以改善软件性能

● 软件模块化的特殊的支持;

- 高性能浮点体系结构；

- 特殊的多媒体指令。

下面详细介绍 Itanium 体系结构的这些重要特性。

4. 指令级并行

指令级并行(ILP)是同时执行多条指令的能力。为了并行执行，Itanium 允许独立指令以集束(每集束 3 条指令)发出和每个时钟发出多个集束。由大量的并行资源，例如大寄存器文件和多执行单元的支持，Itanium 体系结构允许编译器管理工作进行和调度多线程同时运算。

传统体系结构的编译器常常限制于利用猜测信息的能力，因为它不能保证这些信息始终是正确的。Itanium 体系结构允许编译器利用猜测信息而不牺牲应用程序的正确执行(见"6. 猜测")。在传统体系结构中，过程调用限制性能，因为寄存器需要流出和填入。Itanium 体系结构允许过程就寄存器的使用与处理器通信。

5. 编译器至处理器的通信

编译程序与处理器的通信：Itanium 体系结构提供指令模板、转移暗示和缓存暗示等机制，使编译程序能够把编译时的信息传递给处理器。此外，它允许编译出的程序使用运行时信息来管理处理器硬件。这一通信机制是最大限度地减少转移开销和缓存不命中惩罚的关键：通过允许目标程序在实际转移前把有关该转移的信息传送给硬件，能够大大减少转移的开销；在 Itanium 体系结构中每个内存装入和存储指令有一个 2 位的缓存提示字段，编译程序把对所访问的内存区域空间位置的预测信息置入其中。IPF 系列的处理器可以使用这一信息来确定所访问的内存区域对应缓存区域在缓存层次结构中的位置，以提高缓存的利用效率。这一机制能够大大减少缓存不命中惩罚；由允许代码把分支信息在实际分支进行中通信至硬件，使分支成本最小化。

6. 猜测

IA-64 中有两类猜测机制：控制猜测和数据猜测。其目的都是通过提前发送操作，从关键路径中消除它的延迟，使编译程序能够提高指令级并行度(ILP)、最大限度地减少内存延迟的影响。若有理由确信猜测是有益的，则编译器将发出猜测操作。要保证猜测有益，应当保持两个条件：

- 必须足够频繁(统计地)以至要求恢复的可能性很小；

- 早一点发出操作。

对于编译器由重叠利用统计的 ILP，猜测是一种主要机制，因此容忍操作的延迟。

(1) 控制猜测

控制猜测是指编译程序把指令移动到转移指令的前面执行。这允许提前执行程序内不命中缓存的装入指令等延迟长的操作，以提高程序的执行效率。但是，当把指令移动到转移前时，可能会执行本来不应执行的指令，编译程序必须避免由此产生的副作用。为了解决这一问题，IA-64 引入了两条新的指令：一条是猜测装入(sload)，另一条是猜测检查(scheck)。当出现一个意外条件时，猜测装入将把检查寄存器的第 65 位置位，并对意外置之不理。猜测检查指令检查寄存器的第 65 位，如果置位，则发出意外信号。这允许把意外条件延迟到控制到达装入指令原来所在块时才加以处理，如果控制不到达该块，则永远不加以处理，从而避免了执行不该执行的指令。例如，对如下的条件语句：

```
if (a>b) load(ld_addrl,target1)
else load(ld_addr2,target2)
```

由于编译时不可能知道 a 与 b 哪个大,如果提前执行两条 load 指令(即执行线路猜测),虽然能够得到减少延迟的好处,但也可能会产生副作用。为此,编译程序按照上述的原理,对目标作如下的调度:

```
/ * 分离关键路径 * /
sload(ld_addrl,target1)
sload(ld_addr2,target2)
/ * 其他操作包括使用 target1/target2 * /
if (a>b) scheck(target1,recovery_addr1)
scheck(target2,recovery_addr2)
```

(2)数据猜测

数据猜测是指编译程序将从内存中把数据读入寄存器的指令(load 指令)移动到把数据从寄存器存储到内存的指令(store 指令)前面执行,从而提前从内存中读出数据、减少内存延迟的影响。例如,编译程序把下例中的 load 指令调度到 store 指令前面:

```
store(st_addr,data)load (ld_addr,target)
load (ld_addr,target)store(st_addr,data)
use(target)
```

如果在程序执行时 ld_addr 与 st_addr 不一致,那么该程序将能够正确地享受到猜测带来的好处;但是,如果在执行时两个内存地址重叠,则必须采取必要的补救措施,否则就会产生错误的结果。为了防止数据猜测带来副作用,编译程序在 load 指令原来位置上放置一条检查指令,检查两个内存地址是否重叠。如果重叠,则转移到一段恢复程序,以消除猜测所带来的副作用。于是上面的指令段变成:

```
/ * 分离关键路径 * /
aload (ld_addr, target)
/ * 其他操作包括目标的使用 * /
store (st_addr,data)
acheck (target,recovery_addr)
use (target)
```

7. 预测

众所周知,在流水线机制的处理器中,转移指令开销很大。传统的体系结构中条件语句是通过转移指令来实现的。如果程序中有大量条件判断语句(如许多商业应用软件),将对处理器性能造成很大的影响。为此,IA-64 引入预测机制来消除转移指令:

(1)所有 IA-64 指令都包含一个预测寄存器作为附加的输入,指令仅当预测正确时才被执行。因此,IA-64 的指令实际上是"If(预测寄存器)指令操作"形式的,仅当指令所引用的预测寄存器为真时指令操作才被执行;

(2)为了支持预测机制,IA-64 设置一条功能强大的比较指令来产生预测结果。该指令可以简化如下:

pT,pF CMP(crel r1,r2)

这条比较指令使用 crel 给出比较规则(例如大于)比较 r1 和 r2。比较的结果一般写入预测寄存器 pT,它的相反状态写入预测寄存器 pF。这给出两个预测来控制 if-then-else 语句的两边;

(3) IA-64 的预测机制允许在编译时对程序作优化,消除转移、提高效率。例如,假定程序中原有如下的语句:

if (a>b) then c=c+1 else d=d*e+f

通过编译的优化,可以消除条件语句中的转移指令,把它转化成预测执行:

pT, pF = CMP(a>b)
if (pT) c=c+1
if (pF) d=d*e+f

于是,成功地实现了通过预测机制消除了转移。此外,编译程序还可以把 pT 和 pF 后的指令调度成让处理器并行地执行它们,然后视 pT 和 pF 的状态,采用一边的结果。

另外值得注意的是,有若干种不同的比较指令,它们用不同方法写预测,包括无条件比较和并行比较。

8. 寄存器堆栈

Itanium 体系结构在过程调用和返回接口通过编译器控制的改名,避免了寄存器不必要的流出和填入。IA-64 增加了一个通用寄存器窗来支持高效的函数调用。这个 128 项的通用寄存器窗被分为一个 32 项的全程存储器和一个 96 项的堆栈存储器。IA-64 允许编译程序在被调用的函数过程入口设置一条 ALLOC 指令,创立一个最多包含 96 项的新寄存器堆栈,对于调用的过程可用新的寄存器帧,不需要寄存器的流出和填入(由调用者或者被调用者)。寄存器访问的发生,由在指令中的虚拟寄存器标识,通过一个基寄存器转换为物理寄存器,被调用者可以自由地使用可用的寄存器,而不需流出和最后恢复调用者的寄存器。在返回时,恢复调用程序的寄存器堆栈帧。对编译程序来说似乎有长度无限的物理寄存器堆栈,从而降低了函数调用的开支,提高了效率;如果在调用和返回时,没有足够的寄存器可供使用(堆栈溢出),那么处理器将被阻塞,等待卸出和装入寄存器,直到有足够的寄存器。

在返回侧,基寄存器存储调用者在调用前所访问的寄存器的值。若某些调用者的寄存器可能已经由硬件流出而尚未恢复,则在这种情况(堆栈下溢)下,返回暂停处理器直至处理器已经恢复适当的调用者的寄存器数。硬件能利用显式的寄存器堆栈帧信息以便在寄存器堆栈和内存间在最好的机会流出和填入寄存器(独立于调用者和被调用者过程)。

9. 分支

除了通过使用预测删除分支之外,提供了若干机制减少分支预测失败的比率,同时也可降低保留预测失败的分支的成本。这些机制提供的方法使编译器把关于分支条件的通信信息送至处理器。

提供分支预测指令,它们能用于通信分支的目标地址和单元的早期指示。编译器试图指示分支是否应进行动态或静态预测。即使是在第一次遇到分支时,处理器也能用此信息初始化分支预测体系结构,并可提供好的预测。对于无条件分支或编译器有关于可能的分支行为时,这是有益的。

对于间接分支,有一个分支寄存器用于保持目标地址。当目标地址能早些计算时,分支预测指令提供哪个寄存器将用于这种情况。分支预测指令也能通知间接分支是过程返回,允许调用/返回堆栈体系结构的有效使用。

提供特殊的闭循环分支以加速计数的循环和模调度的循环。这些分支和与其相关的分支预测指令提供允许很好预测循环终止的信息,因此,消除了预测失败的开销并减少了循环开销。

10. 寄存器旋转

循环步之间相互独立的循环可以像硬件流水线一样执行,即下一个循环步可以在上一个循环步结束前开始执行。这也可以称为软件流水线。传统的体系结构在同时执行多个循环步时,需要把循环拆开和软件重新命名寄存器。IA-64 引入了两个新特性:旋转寄存器存储器和蕴含预测来支持软件流水线。IA-64 能够通过旋转寄存器机制为每个循环步提供自己的寄存器,并且不需要把循环拆开,使得软件流水线能够适用于更加广泛范围的循环,包括小的和大的循环,从而大大减少了循环的附加开销。

11. 浮点体系结构

Itanium 体系结构定义了浮点体系结构,它对于单精度、双精度和扩展的双精度(80 位)数据类型完全遵循 IEEE 标准。某些扩展,例如混合的乘法和加法操作、最小和最大功能和具有比扩展的双精度存储格式范围更大的寄存器文件格式等。Itanium 体系结构定义了128 个浮点寄存器。在这些寄存器中,96 个寄存器是旋转的,能用于模调度循环。Itanium 体系结构还为猜测提供了多个浮点状态寄存器。

Itanium 有并行的 FP 指令,它在两个 32 位单精度数上操作,驻留在单个浮点寄存器中,并行且独立。这些指令大大增强了单精度浮点计算的吞吐率,同时也增强了 3D 密集的应用程序和游戏的性能。

12. 多媒体支持

Itanium 体系结构有多媒体指令,它把通用寄存器作为 8 个 8 位、4 个 16 位或 2 个 32 位的级连。这些指令在每个元素上并行操作、相互独立。它们对于建立由具有声音和图像的应用程序使用的高性能压缩/解压算法是很有用的。Itanium 多媒体指令与 HP 的 MAX-2 多媒体技术和 Intel 的 MMX 技术指令和流 SIMD 扩充指令技术语义是兼容的。

14.2.2 执行环境

Itanium 体系结构状态由寄存器和内存构成。指令执行的结果,按照一组执行顺序规则变成体系结构可见的。下面描述对于应用程序体系结构可见的执行顺序状态和规则。

1. 应用程序寄存器状态

以下是一组对于应用程序可见的寄存器清单,如图 14-3 所示:

- 通用寄存器(General Register,GR)——通用寄存器文件,$GR_0 \sim GR_{127}$。当执行 IA-32 指令时,IA-32 的整型和段寄存器包含在 $GR_8 \sim GR_{31}$ 中。
- 浮点寄存器(Floating Register,FR)——浮点寄存器文件,$FR_0 \sim FR_{127}$。当执行 IA-32 指令时,IA-32 浮点和多媒体寄存器包含在 $FR_8 \sim FR_{31}$ 中。
- 预测寄存器(Predicate Register,PR)——$PR_0 \sim PR_{63}$,64 个单位寄存器,用于预测和

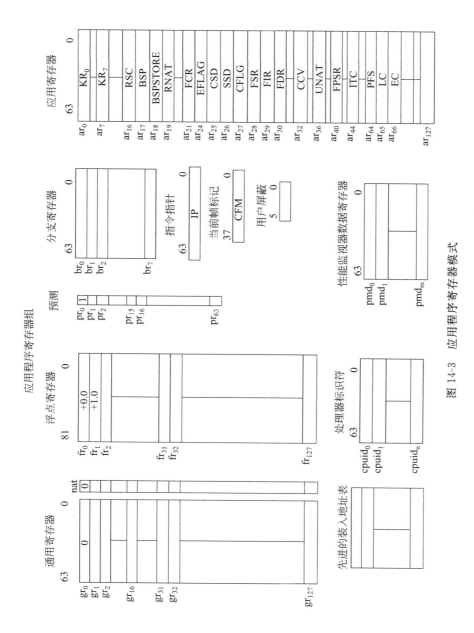

图 14-3　应用程序寄存器模式

分支。

- 分支寄存器(Branch Register, BR)——用于分支的寄存器, $BR_0 \sim BR_7$。
- 指令指针(Instruction Pointer, IP)——保持当前执行的指令集束的地址, 或者当前执行的 IA-32 指令的字节地址。
- 当前帧标记(Current Frame Marker, CFM)——描述当前通用寄存器堆栈帧和 FR/PR 旋转的状态。
- 应用寄存器(Application Register, AR)——特殊目的寄存器的集合。
- 性能监视器数据寄存器(Performance Monitor Data Register, PMD)——用于性能监视器硬件的数据寄存器。
- 用户屏蔽(User Mask, UM)——一组单位值集, 用于对齐陷入、性能监视器和监视浮点寄存器。
- 处理器标识符(Processor Identifiers, CPUID)——描述处理器实现有关特性的寄存器。

IA-32 应用程序寄存器状态整个地包含在更大的 Itanium 应用程序寄存器集中且可由 Itanium 指令访问。IA-32 指令不能访问 Itanium 寄存器集。

未定义的寄存器或者是保留的或者是被忽略的。访问保留的寄存器将引起非法操作故障。对于被忽略的寄存器的读操作, 返回 0。软件可以写任何值至被忽略的寄存器, 而硬件则忽略所写的值。在可变尺寸的寄存器集中, 在具体处理器中未实现的寄存器也是保留的寄存器。对于这些未实现的寄存器之一的访问将引起保留的寄存器/字段故障。

在定义的寄存器内, 未定义的字段或者是保留的或者是被忽略的。对于保留的字段, 在读时, 硬件始终返回 0。软件对这些字段必须始终写 0。在保留的字段中写入非 0 的企图, 将引起保留的寄存器/字段故障。保留的字段将来可能使用。

对于被忽略的字段, 在读时, 硬件返回 0, 除非另有说明。软件可以写任何值至这些字段, 因为, 硬件忽略任何所写的值, 除非另有说明。某些 IA-32 的被忽略的字段可能在将来的处理器中使用。

表 14-4 小结了处理器如何对待保留的和被忽略的寄存器和字段。

表 14-4 保留的和被忽略的寄存器和字段

类　型	读	写
保留的寄存器	非法操作故障	非法操作故障
被忽略的寄存器	0	所写的值被废弃
保留的字段	0	写入非 0 引起保留的寄存器/字段故障
被忽略的字段	0(除非另有说明)	所写的值被废弃

对于在寄存器中定义的字段, 值未定义的是保留的。软件必须始终写定义的值至这些字段。写保留的值的任何企图, 都会引起保留的寄存器/字段故障。一些寄存器是只读寄存器。对于只读寄存器的写操作, 将引起非法操作故障。

当字段标记为保留的时, 它基本上是为了与将来的处理器兼容。当处理保留的字段时, 软件宜遵循以下指南:

- 不依赖任何保留的字段的状态,在测试前,屏蔽所有保留的字段。
- 当存储至内存或寄存器时,不依赖任何保留的字段的状态。
- 不依赖得到写至保留的或被忽略的字段的信息的能力。
- 只要可能,就用相同的寄存器上次返回的值重新装入保留的或被忽略的字段;否则,装入 0。

2. 通用寄存器

一组 128 个(64 位)通用寄存器为整型和整型多媒体计算提供中心资源。它们的编号是 $GR_0 \sim GR_{127}$,这些寄存器对在所有特权级的所有程序是可用的。每个通用寄存器有 64 位正常数据存储,加一个附加位——NaT(Not a Thing,即不是一个事件)位,它用来追踪延迟推理异常。

通用寄存器分成两个子集。通用寄存器 0~31 称为静态通用寄存器。其中,GR_0 是特殊的,当作为一个源操作数时,始终是读回 0,企图写 GR_0 将引起非法操作故障。通用寄存器 32~127 称为堆栈的通用寄存器。

通用寄存器 8~31 包含 IA-32 的整型、段选择子和段描述符寄存器。

3. 浮点寄存器

一组 128 个(82 位)浮点寄存器用于所有浮点计算。它们的编号是 $FR_0 \sim FR_{127}$,对于在所有特权级的所有程序可用。浮点寄存器分成两个子集。浮点寄存器 0~31 称为静态浮点寄存器。其中,$FR_0 \sim FR_1$ 是特殊的。当作为源操作数时,FR_0 始终是读回 0.0,而 FR_1 读回 1.0。若用它们中的任一个作为目的操作数,则引起故障。用称为 NaTVal(Not a Thing Value,即不是一个事件值)的特殊寄存器值记录延迟推理异常。

浮点寄存器 32~127 称为旋转的浮点寄存器。这些寄存器能有计划地改名以加速循环。

浮点寄存器 8~31,当执行 IA-32 指令时,包含 IA-32 浮点和多媒体寄存器。

4. 预测寄存器

一组 64 个(1 位)预测寄存器用于保持比较指令的结果。它们的编号是 $PR_0 \sim PR_{63}$,这些寄存器对于所有特权级的所有程序可用,它们用于指令的条件执行。

预测寄存器分成两个子集。预测寄存器 0~15,称为静态预测寄存器。其中,PR_0 当作为源操作数时,始终读回 1;当用作目的操作数时,结果被废弃。静态预测寄存器也用在条件分支中。

预测寄存器 16~63,称为旋转的预测寄存器。

5. 分支寄存器

一组 8 个(64 位)分支寄存器用于保持分支信息。它们的编号是 $BR_0 \sim BR_7$,这些寄存器对于在所有特权级的所有程序可用。分支寄存器对于间接分支,用于规定分支的目标地址。

6. 指令指针

指令指针(IP)保持与当前正执行的指令集束的地址。IP 用一条 MOVIP 指令可以直接读;IP 不能直接写,但在指令执行时增量并能用分支指令设置一个新值。因为指令集束是 16 字节且是 16 字节对齐的,所以 IP 的最低 4 位始终为 0。对于 IA-32 指令集执行时,IP 保持当前正执行的指令的零扩展的 32 位虚拟线性地址。指令是字节对齐的,因此,对于

IA-32 指令集执行时,IP 的最低 4 位是保留的。

7. 当前帧标记

每一个通用寄存器堆栈帧与一个帧标记相联系。帧标记描述通用寄存器堆栈的状态。当前帧标记(CFM)保持当前堆栈帧的状态。CFM 不能直接读或写。

帧标记包含堆栈帧的各部分的尺寸,加上 3 种寄存器改名的基础值(用在寄存器旋转中)。帧标记的格式,如图 14-4 所示,帧标记字段如表 14-5 所述。

图 14-4   帧标记格式

表 14-5   帧标记字段描述

字段	位范围	描　　述
sof	6～0	堆栈帧的尺寸
sol	13～7	堆栈帧的局部区域的尺寸
sor	17～14	堆栈帧的旋转区域的尺寸(旋转寄存器数是 8 * sor)
rrb. gr	24～18	对于通用寄存器的寄存器改名基础值
rrb. fr	31～25	对于浮点寄存器的寄存器改名基础值
rrb. pr	37～32	对于预测寄存器的寄存器改名基础值

在调用时,CFM 复制至上一个功能状态寄存器(Previous Function State Register)中的上一个帧标记(Previous Frame Marker)字段。新的值写至 CFM,建立一个没有局部或旋转寄存器的新堆栈帧,但有一组是调用者的输出寄存器。此外,所有寄存器改名基础寄存器(Register Rename Base Register)都置为 0。

8. 应用寄存器

IA-32 和 Itanium 指令集体系结构两者都有一些应用程序,应用寄存器文件包括对于上述两种应用程序可见的处理器功能的特殊目的的数据寄存器和控制寄存器。这些寄存器能被基于 Itanium 应用程序访问(除非另有说明)。表 14-6 是应用程序寄存器清单。

表 14-6   应用程序寄存器

寄存器	名　称	描　　述	异常单元类型
$AR_{0\sim7}$	$KR_{0\sim7}$①	核心寄存器 0～7	M
$AR_{8\sim15}$		保留	
AR_{16}	RSC	寄存器堆栈配置寄存器	
AR_{17}	BSP	后向存储指针(只读)	
AR_{18}	BSPSTORE	为内存存储的后向存储指针	
AR_{19}	RNAT	RSE NaT 收集寄存器	
AR_{20}		保留	

寄存器	名　称	描　　述	异常单元类型
AR$_{21}$	FCR	IA-32 浮点控制寄存器	
AR$_{22}$ 和 AR$_{23}$		保留	
AR$_{24}$	EFLAG[2]	IA-32 EFLAGS 寄存器	
AR$_{25}$	CSD	IA-32 码段描述符	
AR$_{26}$	SSD	IA-32 堆栈段描述符	
AR$_{27}$	CFLG[1]	IA-32 组合的 CR$_0$ 和 CR$_4$ 寄存器	
AR$_{28}$	FSR	IA-32 浮点状态寄存器	
AR$_{29}$	FIR	IA-32 浮点指令寄存器	
AR$_{30}$	FDR	IA-32 浮点数据寄存器	
AR$_{31}$		保留	
AR$_{32}$	CCV	比较和交换比较值寄存器	
AR$_{33\sim35}$		保留	
AR$_{36}$	UNAT	用户 NaT 收集寄存器	
AR$_{37}$ ～ AR$_{39}$		保留	
AR$_{40}$	ITC	浮点状态寄存器	
AR$_{41\sim43}$		保留	
AR$_{44}$		间隔时间计数器	
AR$_{45\sim47}$		保留	
AR$_{48\sim63}$		忽略	M 或 I
AR$_{64}$	PFS	上一个功能状态	I
AR$_{65}$	LC	循环计数寄存器	
AR$_{66}$	EC	尾声计数寄存器	
AR$_{67}$ ～ AR$_{111}$		保留	
AR$_{112\sim127}$		忽略	M 或 I

① 若特权级不是 0,则写这些寄存器导致特权的寄存器故障。读始终是允许的。

② 若特权级不是 0,则写某些 IA-32 EFLAGS 字段被忽略。

应用程序寄存器只能由或是 M 或是 I 执行单元访问。这是在表中的最后一列规定的。被忽略的寄存器用于将来的扩充。

14.3　x86 系列的嵌入式处理器

微处理器的嵌入式应用(即把微处理器嵌入至某一智能设备,例如,机顶盒、手机中),是微处理器发展最快、应用最广的一个方面。据统计,全世界生产的大规模集成电路芯片,

80％应用于嵌入式系统中。

AMD 公司的 Geode LX 处理器是一种 x86 系列的嵌入式处理器,也是我国计划重点发展的一种嵌入式处理器。本章概要介绍 Geode LX 处理器的结构与功能。

14.3.1 通用描述

AMD Geode LX 处理器是完整的 x86 处理器,是为用于娱乐、教育和商业的功能强大的嵌入式设备特别设计的,可以满足消费者和商业专业人员的需要。它是瘦客户机、交互式机顶盒、单板计算机和移动计算设备等嵌入式应用的杰出解决方案。

利用 1.2V 电压的核,功耗极低,这使得电池寿命更长、外形更小,可做到无风扇设计。

处理器核提供与大量的互联网设备的最大的兼容性并具有若干其他功能,包括图形和视频的智能集成,提供了真正的系统级多媒体解决方案。

Geode LX 处理器的结构如图 14-5 所示。

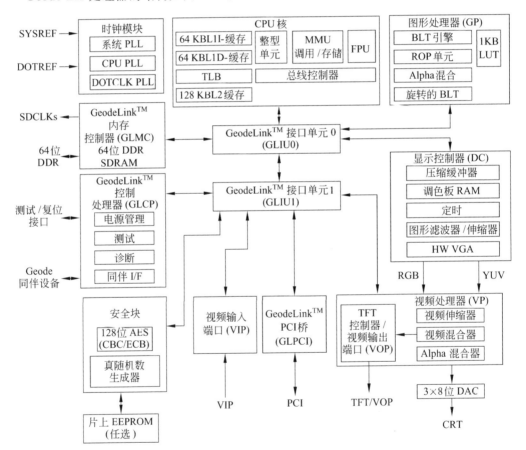

图 14-5　Geode LX 处理器内部方框图

14.3.2 体系结构概要

Geode LX 处理器能分成如图 14-5 所示的主要功能块:

- CPU(处理器)核;

- GeodeLink 控制处理器；
- GeodeLink 接口单元；
- GeodeLink 存储控制器；
- 图形处理器；
- 显示控制器；
- 视频处理器，包括 TFT(Thin Film Transistor，薄膜晶体管)控制器/视频输出端口；
- 视频输入端口；
- GeodeLink PCI 桥；
- 安全块。

1. CPU 核

x86 核由整数单元、缓存存储器子系统和与 80x87 兼容的 FPU(浮点单元)组成。整数单元包括指令流水线和相关的逻辑。存储器子系统包括指令和数据缓存、转换查找缓冲器(TLB)及至 GeodeLink 接口单元(GLIU)的接口。

从功能来说，Geode LX 处理器的功能结构如图 14-6 所示。

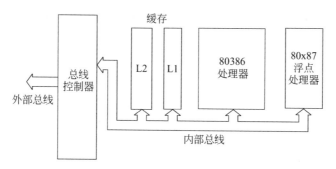

图 14-6　Geode LX 处理器的功能结构

从处理器内部来说，Geode LX 处理器主要由 3 部分组成：32 位的类似 80386 的处理器，它执行整数运算，实现实模式和保护模式两种操作模式，片内的 MMU 实现页式虚拟存储器管理；类似 80x87 的浮点处理器，实现浮点运算与 MMX 指令；由 64KB 指令缓存与64KB 数据缓存组成的片内一级缓存器(L1)和由 128KB 指令与数据统一的二级片上缓存器(L2)。

从性能上，由 u 与 v 两条流水线可提供更为强大的功能。

由核支持的指令集是 Intel Pentium、AMD-K6 微处理器(包含了 8086 的全部指令)和Athlon FPU 与 Geode LX 处理器特定的指令的组合。

(1) 整型单元

整型单元由 8 段流水线和所有必需的支持硬件组成，以保持流水线有效运行。

整型单元中的指令流水线由 8 段组成：

① 指令预取——原始指令数据从指令内存缓存中取。

② 指令预译码——从原始指令数据中抽取前缀字节。此译码向前查找至下一指令。

③ 指令译码——执行指令数据的全译码。把指令长度回送至预取单元，允许预取单元移位适当字节数，以到达下一条指令的开始。

④ 指令队列——FIFO 包含译码的指令。允许指令译码继续下去,甚至流水线是停止向下流。在此阶段执行数据操作数地址计算的寄存器读。

⑤ 地址计算♯1——计算操作数数据的线性地址(若要求)和向数据内存缓存发出请求。微码能超越流水线且若多盒*指令要求附加的数据操作数,在此处插入一条微盒*指令。

⑥ 地址计算♯2——操作数数据被返回(若要求)和若数据缓存命中,设置执行阶段。在数据操作数地址上执行段界限检查。为设置至执行单元读 μROM。

⑦ 执行单元——为算术或逻辑运算从寄存器和/或内存读取并馈至算术逻辑单元(ALU)。为从流水线下来的第一条指令盒,μROM 始终工作。若指令要求多个执行单元阶段完成,微码能超越流水线和在此处插入附加的盒。

⑧ 回写——执行单元阶段的结果写至寄存器文件或数据内存。

（2）内存管理单元

内存管理单元(MMU)把由整数单元提供的线性地址转换为物理地址,供缓存单元和内部总线接口单元使用。内存管理过程是与 80x86 兼容的,坚持使用标准的分页机制。

MMU 也包含装入(load)/存储(store)单元,它有责任调度缓存和外部内存访问。此装入/存储单元合并了两个性能以增强特性:

- load-store 重新排序—— 由整数单元要求的读操作优先于写操作至外部内存。
- 内存读旁路——由用从执行单元的有效数据消除不必要的内存读操作。

（3）缓存和 TLB 子系统

CPU 核的缓存和 TLB 子系统用指令、数据和转换的地址(当需要时)供给整数流水线。为支持指令的有效交付,缓存和子系统有单时钟访问的 64KB 16 路组相关的指令缓存和 16 项全相关的 TLB。当在保护模式时,此 TLB 执行必需的地址转换。对于数据,有 64KB 16 路组相关的回写缓存和 16 项全相关的 TLB。当指令或数据 TLB 有丢失时,有第二级统一的(指令和数据)64 项 2 路组相关 TLB,它用附加的时钟访问。当指令或数据缓存或 TLB 有丢失时,访问必须送至 GeodeLink 内存控制器(GLMC)进行处理。由启用对两种缓存的同时访问,使指令和数据缓存和它们相关的 TLB 全面地改进了整数单元的效率。

由 128KB 统一的 L2 缓存支持 L1 缓存。L2 缓存能配置为保持数据、指令或两者。L2 缓存是 4 路组相关的。

（4）总线控制单元

总线控制单元提供从处理器至 GLIU 的桥。当由于缓存丢失,要求外部内存储器访问时,物理地址传递至总线控制单元,它转换周期为 GeodeLink 周期。

（5）浮点单元

浮点单元(FPU)是一个流水线的算术单元,它执行 IEEE 754 标准的浮点运算。支持的指令集是 80x87、MMX 和 3DNow。FPU 是流水线机制,具有指令的动态调度功能,可最小化由于等待取数据所需的时间。它履行超出顺序的执行和寄存器改名。数据路径为单精度算术运算优化。扩展的精度指令在微码中处理和要求多遍通过流水线。有一条执行流水

---

* 在现代微处理器芯片制造中,微处理的操作是由在制造时嵌入在微处理器中的微指令实现的。一段有特定作用的微指令称为一个微盒。多段指令称为多盒。

线和一条装入/存储流水线。这允许装入/存储操作与算术运算指令并行执行。

2．GeodeLink 控制处理器

GeodeLink 控制处理器(GLCP)用于复位控制、宏时钟管理和在 Geode LX 处理器中提供的调试支持。它包含 JTAG(Joint Test Action Group,联合测试行动组)接口和扫描链控制逻辑。它支持芯片复位,包括启动 PLL(Phased-Locked Loop,锁相环)控制和编程以及运行时电源管理宏时钟控制。

JTAG 支持包括依从 IEEE 114914.3.1 的 TAP(Test Access Path,测试访问路径)控制器。通过在 TAP 控制器中的 JTAG 接口能得到 CPU 控制和能访问所有的内部寄存器包括核寄存器。通过此 JTAG 和 TAP 控制器接口支持电路内仿真(ICE)功能。

GLCP 也包括同伴设备接口。此同伴设备有若干独特的信号连接至此模块,以支持 Geode LX 处理器复位、中断和系统电源管理。

3．GeodeLink 接口单元

两个接口单元(GLIU0 和 GLIU1)一起构成从 GeodeLink 体系结构导出的内部总线。GLIU0 连接 5 个高带宽模块与第 7 个一起连接至 GLIU1,它连接 5 个低带宽模块。

4．GeodeLink 存储器控制器

GeodeLink 存储器控制器(GLMC)是在典型的 Geode LX 处理器系统中需要的所有存储器的源。GLMC 支持具有 64 位的数据总线和支持 200MHz、400MT/S DDR(双数据速率)。

需要存储器的模块是 CPU 核、图形处理器、显示控制器、视频输入端口和安全块。因为 GLMC 支持 CPU 核和显示子系统两者需要的存储器,典型地称为 UMA(统一的存储器体系结构)子系统。GLMC 也支持对主存储器的 PCI 访问。

最多可有 4 个体,每个体中最多有 8 个设备,每个体支持最多 512MB。4 个体意味着在 Geode LX 处理器系统中能用一个或两个 DIMM(Dual In-line Memory Module,双列直插式内存模块)或 SODIMM 模块。某些存储器配置在最大的设备数量上有附加的限制。

5．图形处理器

Geode LX 处理器的图形处理器(GP)是支持模式生成、源扩展、模式/源透明、256 三重的光栅操作、支持 Alpha BLT(Bit Block Transfer,位块传送)的 Alpha 混合、一体的 BLT FIFO。一个 GeodeLink 接口具有 BitBLT/向量引擎,并有能按照视频定时调整 BLT 的能力。它的主要功能及与其前任处理器(Geode GX)的比较,如表 14-7 所示。

表 14-7　图形处理器的特征

特　　征	AMD Geode GX 处理器	AMD Geode LX 处理器
色深	8、16、32bpp	8、16、32bpp(A) RGB 4 位与 8 位索引
ROP	256(源、目的、模式)	156(2-源、目的、模式)
BLT 缓冲器	在图形处理器中的 FIFO	在图形处理器中的 FIFO
BLT 分裂	由硬件管理	由硬件管理
视频同步的 BLT/向量	由 VBLANK 调整	由 VBLANK 调整
Bresenham 线	有	有

特　　征	AMD Geode GX 处理器	AMD Geode LX 处理器
模式的(点画的)线	无	有
屏幕至屏幕 BLT	有	有
具有单色扩展的屏幕至屏幕 BLT	有	有
内存至屏幕 BLT	有(通过 CPU 写)	有(通过重复的 move 写)
加速的文本	无	无
模式尺寸(单色)	8×8 像素	8×8 像素
模式尺寸(彩色)	8×1(32 像素)	8×8 像素
	8×2(16 像素)	
	8×4(8 像素)	
单色模式	有	有(具有倒置)
抖动模式(4 种颜色)	无	无
彩色模式	8、16、32bpp	8、16、32bpp
透明模式	单色	单色
立体填充	有	有
模式填充	有	有
透明源	单色	单色
彩色键源透明	Y 带有屏蔽	Y 带有屏蔽
可变的源步幅	有	有
可变的目前步幅	有	有
可选择的 BLT 方向	垂直和水平	垂直和水平
Alpha BLT	有(常数 α 或 α/每像素)	有(常数 α 或 α/每像素或分别的 α 通道)
VGA 支持	译码 VGA 寄存器	译码 VGA 寄存器
流水线深度	2ops	无限制
加速的旋转 BLT	无	8、16、32bpp
色深转换	无	5:6:5,1:5:5:5,4:4:4:4,8:8:8:8

6. 显示控制器

显示控制器(DC)执行以下任务：

- 检索图形、视频与光标数据。
- 串行化流。
- 执行任一必需的彩色查找与输出格式化。
- 为驱动显示设备,接口至视频处理器。

显示控制器由为光栅化图形数据的内存修补系统、VGA 与后端滤波器组成。VGA 提供与 VGA 图形标准全硬件兼容。光栅化图形与 VGA 共享单个显示 FIFO 和显示刷新内存接口至 GeodeLink 内存控制器(GLMC)。VGA 用 8bpp(每像素位)与同步信号通过彩色查找表扩展至 24bpp 并为了伸缩与交替显示支持,传递信息至图形滤波器。然后此流传递至视频处理器,这用于视频覆盖。视频处理器向前传递此信息至 DAC(数字至模拟转换),它生成模拟的红、绿与蓝信号并缓冲以后能送至显示器的同步信号。视频处理器输出也能被转换为 YUV(PAL 彩色电视制的彩色分量格式,Y 代表亮度,UV 代表两个色差)数据,并能在视频输出端口(VOP)输出。

7. 视频处理器

视频处理器(VP)混合图形与视频流,并输出数字的 RGB 数据至内部的 DAC 或平板接口或通过 VOP 接口输出数字的 YUV 数据。

视频处理器交付高分辨率和真彩色图形。它也能在图形背景上,覆盖或混合一个可伸缩的真彩色视频图像。

视频处理器通过一个 GLIU 主/从接口与 CPU 核接口。所以视频处理器只是一个从设备,因为它无内存需求。

(1) CRT 接口

内部的高性能 DAC 支持 CRT 分辨率高至:

- 在 85Hz 为 1920×1440×32bpp;
- 在 100Hz 为 1600×1200×32bpp。

(2) TFT 控制器

TFT 控制器转换视频混合器块的数字 RGB 的输出为适合于驱动平板 LCD 的数字输出。

平板连接至视频混合器的 RGB 端口。它直接接口至工业标准 18 位或 24 位活动的矩阵薄膜晶体管(TFT)。由视频逻辑供给的数字 RGB 或视频数据转换为合适的格式以驱动具有可变位的平板的宽的范围。此 LCD 接口包括抖动的逻辑以增加为了在少于每彩色 6 位的平板上所用的显示的外观的彩色数。此 LCD 接口也支持平板电源供给的自动的电源顺序。

它支持平板多至 24 位接口和高至 1600×1200 分辨率。

TFT 控制器通过一个 GLIU 主/从接口与 CPU 核接口。TFT 控制器同时是 GLIU 的主与从设备。

(3) 视频输出端口

VOP 从视频处理器接收 YUV 4∶4∶4 编码的数据,并将此数据格式化为遵循 BT.656 标准的视频流。从 VOP 输出至一个 VIP 或一个 TV 编码器。VOP 是遵循 BT.656 标准的,因为输出可以直接(或间接)至一个显示器。

8. 视频输入端口

视频输入端口(VIP)接收 8 位或 16 位视频或其辅助数据、8 位消息数据或 8 位原始视频并将它传递至定位在系统内存中的数据缓冲器。此 VIP 是一个 DMA 引擎。其主要的操作方式是作为遵循 VESA 2.0 标准的从设备。VESA 2.0 规格说明定义了接收视频、VBI 和辅助的数据的协议。增加消息传递和数据流方式在接收不遵循 VESA 2.0 标准的数据流上提供了附加的灵活性。输入的数据打包为四字(QWORD)、缓冲至 FIFO 并通过 GLIU

送至系统内存。VIP 控制内部的 GLIU 并从 FIFO 传送数据至系统内存。最大的输入数据速率(8 位或 16 位)是 150MHz。

9. GeodeLink PCI 桥

GeodeLink PCI 桥(GLPCI)包含为支持外部的 PCI 接口所需的所有逻辑。此 PCI 接口遵循 PCI v2.2 规格说明。这些逻辑包括 PCI 与 GLIU 接口控制、读与写 FIFO 以及一个 PCI 仲裁器。

10. 安全块

Geode LX 处理器有一个片上的 AES(Advanced Encryption Standard,高级加密标准) 128 位加密的加速器块,具有在处理器速度为 500MHz 时加密或解密的 44Mbps 吞吐率。此 AES 块与处理器核心运行异步,它是基于 DMA 的。此 AES 块支持 ECB(Electronic Code Book,电子码本)与 CBC(Cipher Block Chaining,密码块链)两种方式,且能访问 EEPROM 存储器,此存储器可存储唯一的 ID 和/或密码键。此 AES 与 EEPROM 部分有分别的控制寄存器但共享单个中断寄存器组。AES 模块有两个密键源:一个隐藏的 128 位密键(存储在"打包的"EEPROM 中)和一个只写的 128 位密键(读为全零)。隐藏密键是由硬件在复位后自动装入的,对于处理器是不可见的。EEPROM 能被锁定。对于 CBC 方式的初始化向量能由实随机数生成器(TRNG)生成。此 TRNG 可单独寻址并生成一个 32 位随机数。

习　　题

14.1 x86 系列 64 位微处理器有哪几种?

14.2 x86-64 处理器在寄存器上相对于 32 位处理器有哪些主要扩展?

14.3 x86-64 处理器有哪些主要操作模式? 每一种操作模式又有哪些子模式?

14.4 x86-64 处理器的指令集包含哪些主要指令类别?

14.5 Intel Itanium 处理器支持什么样的操作环境?

14.6 Intel Itanium 处理器有哪些主要的应用寄存器?

附录 A ASCII(美国信息交换标准码)字符表(7位码)

LSD		MSD							
		0	**1**	**2**	**3**	**4**	**5**	**6**	**7**
		000	**001**	**010**	**011**	**100**	**101**	**110**	**111**
0	0000	NUL	DLE	SP	0	@	P	`	p
1	0001	SOH	DC1	!	1	A	Q	a	q
2	0010	STX	DC2	"	2	B	R	b	r
3	0011	ETX	DC3	#	3	C	S	c	s
4	0100	EOT	DC4	$	4	D	T	d	t
5	0101	ENQ	NAK	%	5	E	U	e	u
6	0110	ACK	SYN	&	6	F	V	f	v
7	0111	BEL	ETB	'	7	G	W	g	w
8	1000	BS	CAN	(	8	H	X	h	x
9	1001	HT	EM	)	9	I	Y	i	y
A	1010	LF	SUB	*	:	J	Z	j	z
B	1011	VT	ESC	+	;	K	[	k	{
C	1100	FF	FS	,	<	L	\	l	|
D	1101	CR	GS	—	=	M	]	m	}
E	1110	SO	RS	.	>	N	↑	n	~
F	1111	SI	US	/	?	O	←	o	DEL

NUL	空		DC1	设备控制1
SOH	标题开始		DC2	设备控制2
STX	正文结束		DC3	设备控制3
ETX	本文结束		DC4	设备控制4
EOT	传输结果		NAK	否定
ENQ	询问		SYN	空转同步
ACK	承认		ETB	信息组传送结束
BEL	报警符(可听见的信号)		CAN	作废
BS	退一格		EM	纸尽
HT	横向列表(穿孔卡片指令)		SUB	减
LF	换行		ESC	换码
VT	垂直制表		FS	文字分隔符
FF	走纸控制		GS	组分隔符
CR	回车		RS	记录分隔符
SO	移位输出		US	单元分隔符
SI	移位输入		SP	空间(空格)
DLE	数据链换码		DEL	作废

附录 B 8088 指令系统表

1. 指令的一般格式

两个操作数格式,第二个操作数是寄存器

001	SEG	110

（任选）

操作码	DW

MOD	REG	R/M

位移量（低）

（任选）

位移量（高）

（任选）

两个操作数格式,第二个操作数是常数

001	SEG	110

（任选）

操作码	S	W

MOD	操作码	R/M

位移量（低）

（任选）

位移量（高）

（任选）

DATA（低）

DATA（高）

（任选）

一个操作数格式

001	SEG	110

（任选）

操作码	W

MOD	操作码	R/M

位移量（低）

（任选）

位移量（高）

（任选）

位场

$$W = \begin{cases} 0：8\,位操作数 \\ 1：16\,位操作数 \end{cases}$$

$$D = \begin{cases} 0：目的是第一个操作数 \\ 1：目的是第二个操作数 \end{cases}$$

$$S = \begin{cases} 0：数据 = DATA（高），DATA（低） \\ 1：数据 = DATA（低）符号扩展 \end{cases} \quad 若\ W = 1$$

SEG	段
00	ES
01	CS
10	SS
11	DS

REG	寄 存 器	
	8 位（W＝0）	16 位（W＝1）
000	AL	AX
001	CL	CX
010	DL	DX
011	BL	BX
100	AH	SP
101	CH	BP
110	DH	SI
111	BH	DI

第一个操作数的选择取决于寻址方式

第一个操作数在存储器中			第一个操作数在寄存器中		
间 接 寻 址		直接寻址	MOD＝11		
$MOD=\begin{cases}00*: \text{位移量}=0\\01: \text{位移量(低)符号扩展}\\10: \text{位移量}=DISP-\text{高},\\\quad DISP-\text{低}\end{cases}$		MOD＝00 和 R/M＝110 操作数有效地址＝ DISP－高， DISP－低		寄 存 器	
			R/M	8 位（W＝0）	16 位（W＝1）
R/M	操作数有效地址				
000	（BX）＋（SI）＋DISP		000	AL	AX
001	（BX）＋（DI）＋DISP		001	CL	CX
010	（BP）＋（SI）＋DISP		010	DL	DX
011	（BP）＋（DI）＋DISP		011	BL	BX
100	（SI）＋DISP		100	AH	SP
101	（DI）＋DISP		101	CH	BP
110	（BP）＋DISP		110	DH	SI
111	（BX）＋DISP		111	BH	DI

* 例外——直接寻址方式。

2. 指令表

指令类型	指令格式	时钟周期数

(1) 数据传送

① MOV 指令

寄存器与寄存器间传送　　`100010dw` `mod reg r/m`　　2

存储器与寄存器间传送　　9(3)＋EA

立即数传送给存储器　　`1100011w` `mod 000 r/m` `数　据` `数据(若 w=1)`　　10(14)＋EA

立即数传送给寄存器　　`1011w reg` `数　据` `数据(若 w=1)`　　4

存储器传送给累加器　　`1010000w` `位移量(低)` `位移量(高)`　　10(14)

累加器传送给存储器　　`1010001w` `位移量(低)` `位移量(高)`　　10(14)

寄存器传送给段寄存器　　`10001110` `mod 0 reg r/m`　　2

存储器传送给段寄存器　　8(12)＋EA

段寄存器传送给寄存器　　`10001100` `mod 0 reg r/m`　　2

段寄存器传送给仔储器　　9(13)＋EA

② PUSH 指令

存储器　　`11111111` `mod 110 r/m`　　24＋EA

寄存器　　`01010 reg`　　15

段寄存器　　`000 reg 110`　　14

③ POP 指令

存储器　　`10001111` `mod 000 r/m`　　25＋EA

寄存器　　`01011 reg`　　12

段寄存器　　`000 reg 111`　　12

④ XCHG 指令

寄存器与寄存器交换　　`1000011 w` `mod reg r/m`　　4

存储器与寄存器交换　　17(25)＋EA

寄存器与累加器交换　　`10010 reg`　　3

⑤ IN 指令

直接输入　　`1110010w` `端口地址`　　10(14)

间接输入　　`1110110w`　　8(12)

⑥ OUT 指令

直接输出　　`1110011w` `端口地址`　　10(14)

间接输出　　`1110111w`　　8(12)

⑦ XLAT 指令　　`11010111`　　11

⑧ LEA 指令 | `10001101` `mod reg r/m` | 2＋EA

⑨ LDS 指令 | `11000101` `mod reg r/m` | 24＋EA

⑩ LES 指令 | `11000100` `mod reg r/m` | 24＋EA

⑪ LAHF 指令 | `10011111` | 4

⑫ SAHF 指令 | `10011110` | 4

⑬ PUSHF 指令 | `10011100` | 14

⑭ POPF 指令 | `10011101` | 12

（2）算术运算

① ADD 指令

寄存器＋寄存器→寄存器 | | 3

寄存器＋存储器→寄存器 | `000000dw` `mod reg r/m` | 9(13)＋EA

存储器＋寄存器→存储器 | | 16(24)＋EA

立即数＋寄存器→寄存器 | `100000sw` `mod 000 r/m` `数　据` `数据(若 w=1)` | 4

立即数＋存储器→存储器 | | 17(25)＋EA

立即数＋累加器→累加器 | `0000010w` `数　据` `数据(若 w=1)` | 4

② ADC 指令

寄存器＋寄存器→寄存器 | | 3

寄存器＋存储器→寄存器 | `000100dw` `mod reg r/m` | 9(13)＋EA

存储器＋寄存器→存储器 | | 16(24)＋EA

立即数＋寄存器→寄存器 | `100000sw` `mod 010 r/m` `数　据` `数据(若 w=1)` | 4

立即数＋存储器→存储器 | | 17(25)＋EA

立即数＋累加器→累加器 | `0001010w` `数　据` `数据(若 w=1)` | 4

③ INC 指令

存储器增量 | `1111111w` `mod 000 r/m` | 15(23)＋EA

寄存器增量 | `01000 reg` | 2

④ AAA 指令 | `00110111` | 4

⑤ DAA 指令 | `00100111` | 4

⑥ SUB 指令

寄存器－寄存器→寄存器 | | 3

寄存器－存储器→寄存器 | `001010dw` `mod reg r/m` | 9(13)＋EA

存储器－寄存器→存储器 | | 16(24)＋EA

寄存器－立即数→寄存器 | `100000sw` `mod 101 r/m` `数　据` `数据(若 w=1)` | 4

存储器－立即数→存储器 | | 17(25)＋EA

累加器－立即数→累加器 | `0010110w` `数　据` `数据(若 w=1)` | 4

⑦ SBB 指令

　寄存器－寄存器→寄存器 | 3

　寄存器－存储器→寄存器 | `000110dw` | `mod reg r/m` | 9(13)＋EA

　存储器－寄存器→存储器 | 16(24)＋EA

　寄存器－立即数→寄存器 | `100000sw` | `mod 011 r/m` | 数　据 | 数据(若 w＝1) | 4

　存储器－立即数→存储器 | 17(25)＋EA

　累加器－立即数→累加器 | `0001110w` | 数　据 | 数据(若 w＝1) | 4

⑧ DEC 指令

　存储器减量 | `1111111w` | `mod 001 r/m` | 15(23)＋EA

　寄存器减量 | `01001 reg` | 2

⑨ NEG 指令

　寄存器求补 | `1111011w` | `mod 011 r/m` | 3

　存储器求补 | 16(24)＋EA

⑩ CMP 指令

　寄存器与寄存器比较 | `001110dw` | `mod reg r/m` | 3

　寄存器与存储器比较 | 9(13)＋EA

　寄存器与立即数比较 | `100000sw` | `mod 111 r/m` | 数　据 | 数据(若 w＝1) | 4

　存储器与立即数比较 | 10(14)＋EA

　累加器与立即数比较 | `0011110w` | 数　据 | 数据(若 w＝1) | 4

⑪ AAS 指令 | `00111111` | 4

⑫ DAS 指令 | `00101111` | 4

⑬ MUL 指令

　与 8 位寄存器相乘 | 70－77

　与 16 位寄存器相乘 | 118－113

　| `1111011w` | `mod 100 r/m`

　与 8 位存储单元相乘 | (76－83)＋EA

　与 16 位存储单元相乘 | (128－143)＋EA

⑭ IMUL 指令

　与 8 位寄存器相乘 | 80－98

　与 16 位寄存器相乘 | 128－154

　| `1111011w` | `mod 101 r/m`

　与 8 位存储单元相乘 | (86－104)＋EA

　与 16 位存储单元相乘 | (138－164)＋EA

⑮ AAM 指令 | `11010100` | `00001010` | 83

⑯ DIV 指令 | 1

　被 8 位寄存器除 | 86－90

　被 16 位寄存器除 | 144－162

　| `1111011w` | `mod 110 r/m`

　被 8 位存储单元除 | (86－92)＋EA

被 16 位存储单元除   (154−172)＋EA

⑰ IDIV 指令

   被 8 位寄存器除   101−112

   被 16 位寄存器除   165−184

1111011w	mod 111 r/m

   被 8 位存储器除   (107−118)＋EA

   被 16 位存储器除   (175−194)＋EA

⑱ AAD 指令

11010101	00001010

                                         60

⑲ CBW 指令

10011000

                                         2

⑳ CWD 指令

10011001

                                         5

（3）逻辑运算

① NOT 指令

   寄存器求反   3

   存储器求反   16(24)＋EA

1111011w	mod 010 r/m

② SHL/SAL 指令   1

   寄存器,1   2

   寄存器,CL   8＋4/bit

110100vw	mod 100 r/m

   存储器,1   15(23)＋EA

   存储器,CL   20(28)＋EA＋4/bit

③ SHR 指令

   寄存器,1   2

   寄存器,CL   8＋4/bit

110100vw	mod 101 r/m

   存储器,1   15(23)＋EA

   存储器,CL   20(28)＋EA＋4/bit

④ SAR 指令

   寄存器,1   2

   寄存器,CL   8＋4/bit

110100vw	mod 111 r/m

   存储器,1   15(23)＋EA

   存储器,CL   20(28)＋EA＋4/bit

⑤ ROL 指令

   寄存器,1   2

110100vw	mod 000 r/m

   寄存器,CL   8＋4/bit

   存储器,1   15(23)＋EA

   存储器,CL   20(28)＋EA＋4/bit

⑥ ROR 指令

   寄存器,1   2

   寄存器,CL   8＋4/bit

110100vw	mod 001 r/m

   存储器,1   15(23)＋EA

   存储器,CL   20(28)＋EA＋4/bit

⑦ RCL 指令

寄存器,1		2
寄存器,CL		8＋4/bit
存储器,1	`110100vw` `mod 010 r/m`	15(23)＋EA
存储器,CL		20(28)＋EA＋4/bit

⑧ RCR 指令

寄存器,1		2
寄存器,CL		8＋4/bit
存储器,1	`110100vw` `mod 011 r/m`	15(23)＋EA
存储器,CL		20(28)＋EA＋4/bit

⑨ AND 指令

寄存器 AND 寄存器→寄存器		3
寄存器 AND 存储器→寄存器	`001000dw` `mod reg r/m`	9(13)＋EA
存储器 AND 寄存器→存储器		16(24)＋EA
寄存器 AND 立即数→寄存器	`1000000w` `mod 100 r/m` 数 据 数据(若 w＝1)	4
存储器 AND 立即数→存储器		17(25)＋EA
累加器 AND 立即数→累加器	`0010010w` 数 据 数据(若 w＝1)	4

⑩ TEST 指令

寄存器 TEST 寄存器	`1000010w` `mod reg r/m`	3
寄存器 TEST 存储器		9(13)＋EA
寄存器 TEST 立即数	`1111011w` `mod 000 r/m` 数 据 数据(若 w＝1)	5
存储器 TEST 立即数		11＝EA
累加器 TEST 立即数	`1010100w` 数 据 数据(若 w＝1)	4

⑪ OR 指令

寄存器 OR 寄存器→寄存器		3
寄存器 OR 存储器→寄存器	`000010dw` `mod reg r/m`	9(13)＋EA
存储器 OR 寄存器→存储器		16(24)＋EA
寄存器 OR 立即数→寄存器	`1000000w` `mod 001 r/m` 数 据 数据(若 w＝1)	4
存储器 OR 立即数→存储器		17(25)＋EA
累加器 OR 立即数→累加器	`0000110w` 数 据 数据(若 w＝1)	4

⑫ XOR 指令

寄存器 XOR 寄存器→寄存器		3
寄存器 XOR 存储器→寄存器	`001100dw` `mod reg r/m`	9(13)＋EA
存储器 XOR 寄存器→存储器		16(24)＋EA
寄存器 XOR 立即数→寄存器	`1000000w` `mod 110 r/m` 数 据 数据(若 w＝1)	4
存储器 XOR 立即数→存储器		17(25)＋EA
累加器 XOR 立即数→累加器	`0011010w` 数 据 数据(若 w＝1)	4

（4）字符串操作

① REP 指令　　　| 1111001z |

② MOVS 指令

　单个传送　　　| 1010010w |　　　　　　　　　　18(26)

　重复传送　　　　　　　　　　　　　　　　　9＋17(25)/rep

③ CMPS 指令

　单个比较　　　| 1010011w |　　　　　　　　　　22(30)

　重复比较　　　　　　　　　　　　　　　　　9＋22(30)/rep

④ SCAS 指令

　单个搜索　　　| 1010111w |　　　　　　　　　　15(19)

　重复搜索　　　　　　　　　　　　　　　　　9＋15(19)/rep

⑤ LODS 指令

　单个装载　　　| 1010110w |　　　　　　　　　　12(16)

　重复装载　　　　　　　　　　　　　　　　　9＋13(17)/rep

⑥ STOS 指令

　单个存储　　　| 1010101w |　　　　　　　　　　11(15)

　重复存储　　　　　　　　　　　　　　　　　9＋10(14)/rep

（5）控制转移

① CALL 指令

　段内直接调用　| 11101000 | 位移量(低) | 位移量(高) |　19(23)

　段内间接调用(寄存器)　　　　　　　　　　　16(24)

　段内间接调用(存储器)　| 11111111 | mod 010 r/m |　21(29)＋EA

　段间直接调用　| 10011010 | 位移量(低) | 位移量(高) | 段(低) | 段(高) | 28(36)

　段间间接调用　| 11111111 | mod 011 r/m |　37(57)＋EA

② JMP 指令

　段内直接跳转　| 11101001 | 位移量(低) | 位移量(高) |　15

　短段内直接跳转　| 11101011 | 位移量 |　15

　段内间接跳转(寄存器)　　　　　　　　　　　11

　段内间接跳转(存储器)　| 11111111 | mod 100 r/m |　18＋EA

　段间直接跳转　| 11101010 | 位移量(低) | 位移量(高) | 段(低) | 段(高) | 15

　段间间接跳转　| 11111111 | mod 101 r/m |　24＋EA

③ RET 指令

　段内返回　　　| 11000011 |　　　　　　　　　　20

　段内返回立即数加于 SP　| 11000010 | 数据(低) | 数据(高) |　24

　段间返回　　　| 11001011 |　　　　　　　　　　32

　段间返回立即数加于 SP　| 11001010 | 数据(低) | 数据(高) |　31

④ 条件转移指令

指令	操作码		时钟
JE/JZ	01110100	位 移	16/4
JL/JNGE	01111100	位 移	16/4
JLE/JNG	01111110	位 移	16/4
JB/JNAE	01110010	位 移	16/4
JBE/JNA	01110110	位 移	16/4
JP/JPE	01111010	位 移	16/4
JO	01110000	位 移	16/4
JS	01111000	位 移	16/4
JNE/JNZ	01110101	位 移	16/4
JNL/JGE	01111101	位 移	16/4
JNLE/JG	01111111	位 移	16/4
JNB/JAE	01110011	位 移	16/4
JNBE/JA	01110111	位 移	16/4
JNP/JPO	01111011	位 移	16/4
JNO	01110001	位 移	16/4
JNS	01111001	位 移	16/4

⑤ 循环控制指令

指令	操作码		时钟
LOOP	11100010	位 移	17/5
LOOPZ/LOOPE	11100001	位 移	18/6
LOOPNZ/LOOPNZ	11100000	位 移	19/5
JCXZ	11100011	位 移	18/6

⑥ 中断指令

指令	操作码		时钟
指定类型	11001101	类 型	51(71)
类型 3	11001100		52(72)
INTO	11001110		53(73)/4
IRET	11001111		32(44)

(6) 处理器控制指令

① CLC 指令　　11111000

② CMC 指令　　11110101

③ STC 指令　　11111001

④ CLD 指令 | 11111100

⑤ STD 指令 | 11111101

⑥ CLI 指令 | 11111010

⑦ STI 指令 | 11111011

⑧ HLT 指令 | 11110100

⑨ WAIT 指令 | 10011011

⑩ ESC 指令 | 11011xxx | mod xxx r/m

⑪ LOCK | 11110000

注：

若 V=0,则"计数"=1;若 V=1,则"计数"由 CL 定；

X=任意；

Z 用于串基本指令与 Z 标志作比较。

3. 运算指令对标志位的影响

指　　令		状 态 标 志					
		O	C	A	S	Z	P
加法和减法	ADD,ADC	↑	↑	↑	↑	↑	↑
	SUB,SBB	↑	↑	↑	↑	↑	↑
	CMP,NEG	↑	↑	↑	↑	↑	↑
	CMPS,SCAS	↑	↑	↑	↑	↑	↑
	INC,DEC	↑	·	↑	↑	↑	↑
乘法和除法	MUL IMUL	↑	↑	×	×	×	×
	DIV IDIV	×	×	×	×	×	×
十进制运算	DAA,DAS	×	↑	↑	↑	↑	↑
	AAA,AAS	×	↑	↑	×	×	×
	AAM,AAD	×	×	×	↑	↑	↑
逻辑运算	AND,OR	0	0	×	↑	↑	↑
	XOR,TEST	0	0	×	↑	↑	↑
移位和循环	SHL,SHR(一次)	↑	↑	×	↑	↑	↑
	SHL,SHR(CL)	×	↑	×	↑	↑	↑
	SAR	0	↑	×	↑	↑	↑
	ROL,ROR(一次)	↑	↑	·	·	·	·
	ROL,ROR(CL)	×	↑	·	·	·	·
	RCL,RCR(一次)	↑	↑	·	·	·	·
	RCL,RCR(CL)	×	↑	·	·	·	·

指　　令		状 态 标 志					
		O	C	A	S	Z	P
标志操作	POPF,IRET	↑	↑	↑	↑	↑	↑
	SAHF	·	↑	↑	↑	↑	↑
	STC	·	1	·	·	·	·
	CLC	·	0	·	·	·	·
	CMC	·	$\overline{C}$	·	·	·	·

符号说明：

↑	有影响
·	无影响(维持原来状态)
×	无定义(不定)
0	把标志置为 0
1	把标志置为 1
$\overline{C}$	C 标志取反

参 考 文 献

［1］ Intel公司. IA-32 Intel Architecture Software Developer's Manual. Volume 1. Basic Architecture.

［2］ Intel公司. IA-32 Intel Architecture Software Developer's Manual. Volume 2. Instruction Set Reference.

［3］ Intel公司. IA-32 Intel Architecture Software Developer's Manual. Volume 3. System Programming Guide.

［4］ 易先清,莫松海,喻晓峰,等. 微型计算机原理与应用. 北京：电子工业出版社,2001.

［5］ 周明德,张淑玲. 80x86、80x87结构与汇编语言程序设计. 北京：清华大学出版社,1993.

［6］ 周明德. 64位微处理器应用编程. 北京：清华大学出版社,2005.

［7］ 周明德. 64位微处理器系统编程. 北京：清华大学出版社,2006.

［8］ AMD公司. Geode™LX Processors Preliminary Data Book.